全国高职高专电子信息类专业规划教材

电工与电子技术

侯继红　侯　涛　主　编
刘敬平　李春杰　刘金魁　副主编
温铭丽　郭艳红　焦　强　参　编
李向东　主　审

U0316625

中国铁道出版社
CHINA RAILWAY PUBLISHING HOUSE

内 容 简 介

本书是全国高职高专电子信息类专业规划教材，具有较强的可读性和适用性。全书共分为14章，主要内容包括电路的基本概念与基本定律、电路的基本分析方法和基本定理、正弦交流电路、三相交流电路、线性电路的暂态分析、磁路与变压器、异步电动机、可编程序控制器、半导体二极管和晶体三极管、基本放大电路、集成运算放大电路、直流稳压电源、门电路、触发器。每章后附有小结、习题，帮助学生巩固所学知识。

本书突出当前高等职业教育的特点，结构合理，层次分明，条理清晰，内容翔实，通俗易懂，重点突出，概念阐述清楚、准确，例题丰富、讲解详细。

本书可作为高职院校制造大类、电子信息大类相关专业的教材，也可供相关技术人员参考。

图书在版编目（CIP）数据

电工与电子技术/侯继红，侯涛主编．—北京：中国铁道出版社，2012.8（2014.11 重印）
全国高职高专电子信息类专业规划教材
ISBN 978-7-113-14680-1

Ⅰ.①电… Ⅱ.①侯… ②侯… Ⅲ.①电工技术－高等职业教育－教材 ②电子技术－高等职业教育－教材 Ⅳ.①TM ②TN

中国版本图书馆 CIP 数据核字（2012）第 186090 号

书　　名：电工与电子技术
作　　者：侯继红　侯　涛　主编

策　　划：秦绪好　胡冰艳　　　读者热线：400-668-0820
责任编辑：祁　云　吴　飞
封面设计：付　巍
封面制作：白　雪
责任印制：李　佳

出版发行：中国铁道出版社（100054，北京市西城区右安门西街8号）
网　　址：http://www.51eds.com
印　　刷：北京鑫正大印刷有限公司
版　　次：2012年8月第1版　2014年11月第2次印刷
开　　本：787mm×1092mm　1/16　印张：15.5　字数：371千
印　　数：3 001～5 000册
书　　号：ISBN 978-7-113-14680-1
定　　价：30.00元

FOREWORD

前言

随着科技的发展，很多新技术被应用到工业生产中，这些都离不开自动化技术及其应用。本书增加了新技术的引入，以满足当前高职教育的需求。本书的编者都是长期从事电工与电子技术教学和实践的一线教师，有着丰富的教学和实践经验。

针对目前全国许多院校采取的理实一体化教学、精品课程建设等多项教学改革措施和目前的生源情况，编者对教材的内容作了进一步梳理，努力做到贴合实际，深入浅出，通俗易懂。同时对每章起始部分进行了提炼加工，做到开门见山地引入问题。对每章后面的小结内容进行了精简，突出重点和难点，有助于学生复习时抓住重点，巩固所学的知识。

本书由侯继红、侯涛任主编，刘敬平、李春杰、刘金魁任副主编。具体编写分工为：焦作大学侯涛编写第 3 章，焦作大学刘敬平编写第 5 章、第 6 章和第 7 章，焦作大学李春杰编写第 9 章和第 10 章，河南工程技术学校刘金魁编写第 11 章和第 14 章，平高集团有限公司温铭丽编写第 2 章和第 4 章，焦作大学郭艳红编写第 1 章和第 8 章，河南工程技术学校焦强编写第 12 章和第 13 章。全书由焦作大学李向东副教授主审。

由于编者的水平有限，书中难免存在疏漏与不足之处，欢迎广大读者和同行提出宝贵意见。为便于教学，书中习题答案和电子课件可向作者索取，邮箱：dgydzjz@126.com。

编　者

2012 年 5 月

CONTENTS

目录

第一章

电路的基本概念与基本定律

本章要点

本章介绍电路模型，电压、电流参考方向，电路基本物理量和计算方法，电压源和电流源，受控源等基本概念。电路的基本定律——欧姆定律和基尔霍夫定律是本课程的重要内容之一，应很好掌握。

1.1 电路和电路模型

电路是电流所通过的路径。由金属导线和电气以及电子部件组成的导电回路，称为电路。直流电通过的电路称为“直流电路”；交流电通过的电路称为“交流电路”。

1.1.1 电路的作用

电路的作用是实现电能的传输和转换。根据其基本作用，可以分为两大类：

(1) 能量的传输、分配和转换。图 1-1 所示为电力系统的示意图。发电厂将自然界的一次能源通过发电动力装置（主要包括锅炉、汽轮机、发电机及电厂辅助生产系统等）转化成电能，再经输、变电系统及配电系统将电能供应到各负荷中心，通过各种设备再转换成动力、热、光等不同形式的能量。发电机是电源，是供应电能的设备；电灯、电动机、电炉等是负载，是取用电能的设备；变压器、输电线是中间环节，是连接电源和负载的部分，起传输和分配电能的作用。

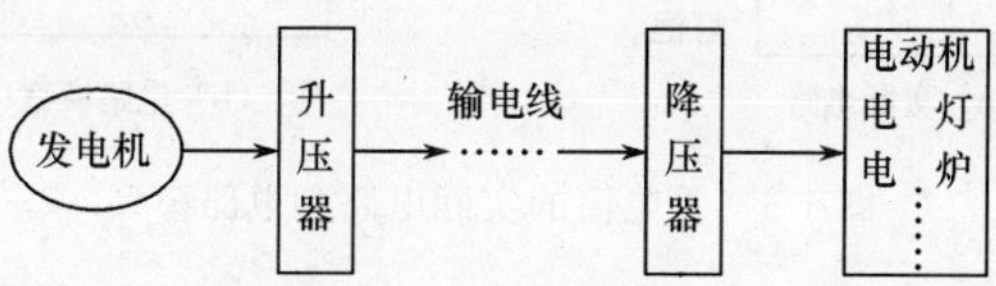

图 1-1　电力系统示意图

(2) 信号的传递和处理。图 1-2 所示为扩音机电路，通过传声器把语言或音乐（通常称为信息）转换为微弱的电压和电流（它们就是电信号），经过放大器，电信号被放大，而后通过电路

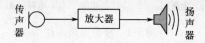

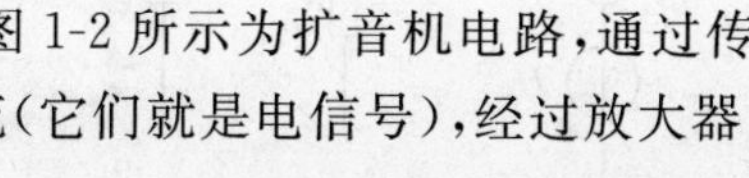

图 1-2　扩音机电路

转递到扬声器，扬声器再把电信号还原为语言或音乐。信号的这种转换和放大，称为信号的处理。

不论电能的传输和转换，还是信号的传递和处理，其中电源或信号源的电压或电流均称为激励。由于激励而在电路各部分产生的电压或电流称为响应。

电路分析的主要内容是在给定电路结构、元件参数的条件下，求取由输入（激励）所产生的输出（响应）。

1.1.2 电路的组成

从前面的电路作用不难分析出，不管是复杂电路还是简单电路，其组成都可以分为电源、负载和中间环节三部分。

(1) 电源。把其他形式的能转换成电能的装置及向电路提供能量的设备称为电源，如干电池、蓄电池、发电机等。

(2) 负载。把电能转换成为其他能的装置称为负载，也就是通常所说的用电器，即各种用电设备，如电灯、电动机、电热器等。

(3) 中间环节。传递、分配和控制电能的装置称为中间环节，如常用的铜导线和铝导线、开关、熔断器、继电器等。

1.1.3 电路模型

由理想元件组成，与实际电器元件相对应，并用统一规定的符号表示而构成的电路，就是实际电路的模型，称为电路模型。手电筒的实际电路和电路模型如图 1-3 所示。其中，理想电路元件是指忽略实际元件的次要物理性质，反映其主要物理性质，把实际元件理想化的电路元件（见图 1-4）。常用的理想元件有：电压源和电流源产生电能的元件；电阻耗能元件；电容和电感（储能元件）。

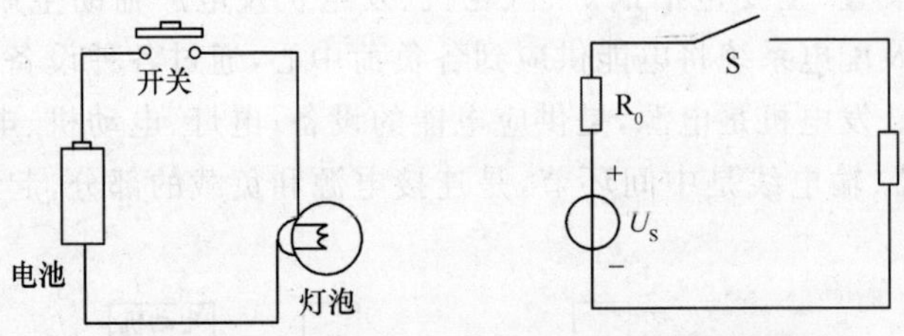

(a) 实际电路　　(b) 电路模型

图 1-3　手电筒的实际电路和电路模型

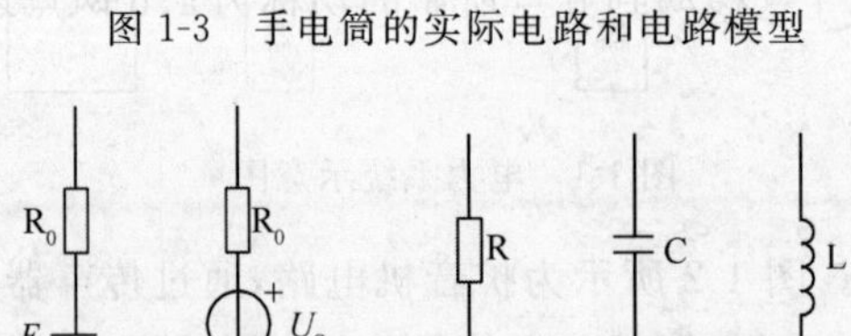

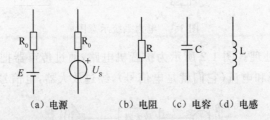

(a) 电源　　(b) 电阻　(c) 电容　(d) 电感

图 1-4　理想电路元件

1.2 电路的基本物理量及参考方向

电路的基本物理量是电流、电压和功率，下面分别介绍电路基本物理量的概念、定义及有关表达式，重点介绍电流和电压的参考方向、功率的计算问题。

1.2.1 电流

1. 定义

电荷或带电粒子有规则地定向运动形成电流。电流在数值上等于单位时间内通过某导体横截面的电荷量，用符号 I 或 i 表示。

$$I=\frac{Q}{t} \quad 或 \quad i=\frac{\mathrm{d}q}{\mathrm{d}t} \tag{1-1}$$

式中：Q,q——电荷量；

t——时间。

在直流电路中，电流是不随时间而变化的，即大小和方向均不随时间而变化，直流电路电流用大写英文字母 I 表示；而在交流电路中，电流的大小和方向均随时间而变化，交流电路电流用小写英文字母 i 表示。

2. 单位和测量

电流的单位是安培(A)，简称安。在实际生产中，有时要表示较小的电流，如三级管电路中的电流，常用毫安(mA)和微安(μA)作单位；要表示较大的电流，如电力系统中的电流，常用千安(kA)作单位。它们之间的换算关系为

$$1\ \mathrm{kA}=10^3\ \mathrm{A} \quad 1\ \mathrm{mA}=10^{-3}\ \mathrm{A} \quad 1\ \mu\mathrm{A}=10^{-6}\ \mathrm{A}$$

电流通常采用电流表测量，也可以用万用表的电流挡测量。测量时，电流表应串联在电路中，直流电流表有正负端子。正负接线柱的接法要正确，使电流从正接线柱流入，从负接线柱流出。

1.2.2 电压

1. 定义

电场力把单位正电荷从 a 点移动到 b 点所做的功称为 a、b 两点之间的电压。用符号 U 或 u 表示。

$$U_{\mathrm{ab}}=\frac{W_{\mathrm{ab}}}{Q} \quad 或 \quad u_{\mathrm{ab}}=\frac{\mathrm{d}w_{\mathrm{ab}}}{\mathrm{d}q} \tag{1-2}$$

式中：Q,q——电荷量；

$W_{\mathrm{ab}},w_{\mathrm{ab}}$——电场力做的功。

直流电路电压用大写英文字母 U 表示，交流电路电压用小写英文字母 u 表示。

2. 单位和测量

电压的单位是伏特(V)，简称伏。在实际生产中，有时要表示较小的电压，常用毫伏(mV)和微伏(μV)作单位；要表示较大的电压，可用千伏(kV)作单位。它们之间的换算关系为

$$1\ \mathrm{kV}=10^{3}\ \mathrm{V}\qquad 1\ \mathrm{mV}=10^{-3}\ \mathrm{V}\qquad 1\ \mu\mathrm{V}=10^{-6}\ \mathrm{V}$$

电压通常采用电压表测量，也可以用万用表的电压挡测量。测量时，电压表应并联在电路中，直流电压表有正负端子之分。

1.2.3 电流和电压的参考方向

1. 实际方向

习惯上规定电流的方向为正电荷运动的方向，电压的方向为高电位点指向低电位点的方向。电源内部的电位差称为电动势，方向为低电位点指向高电位点。

2. 参考方向

以电流为例，在复杂直流电路中，某一段电路里的电流真实方向很难预先确定；在交流电路中，电流的大小和方向都是随时间变化的。这时，为了分析和计算电路的需要，引入了电流参考方向的概念。电流的参考方向又叫假定正方向，简称正方向。

所谓正方向，就是在一段电路里，在电流两种可能的真实方向中，任意选择一个作为参考方向（即假定正方向）。如图 1-5 所示，当实际的电流方向与假定的正方向相同时，电流是正值（见图 1-5(a)）；当实际的电流方向与假定正方向相反时，电流就是负值（见图 1-5(b)）。

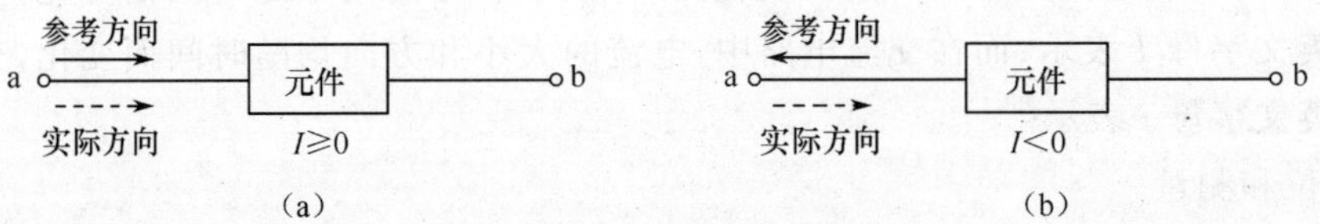

图 1-5　电流的参考方向与实际方向

如图 1-6 所示，电流的正方向常用箭头或双下标表示。用 I_{AB} 表示其参考方向为由 A 指向 B，用 I_{BA} 表示其参考方向为由 B 指向 A。显然，两者相差一个负号，即

$$I_{AB}=-I_{BA}$$

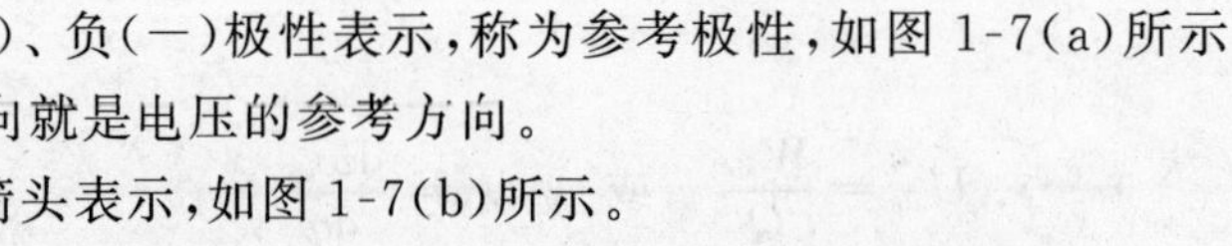

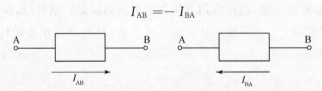

图 1-6　电流的参考方向表示

与电流类似，在电路分析中也要规定电压的参考方向，通常用三种方式表示：

(1) 采用正(+)、负(−)极性表示，称为参考极性，如图 1-7(a)所示。这时，从正极性端指向负极性端的方向就是电压的参考方向。

(2) 采用实线箭头表示，如图 1-7(b)所示。

(3) 采用双下标表示，如 U_{AB} 表示电压的参考方向由 A 指向 B。

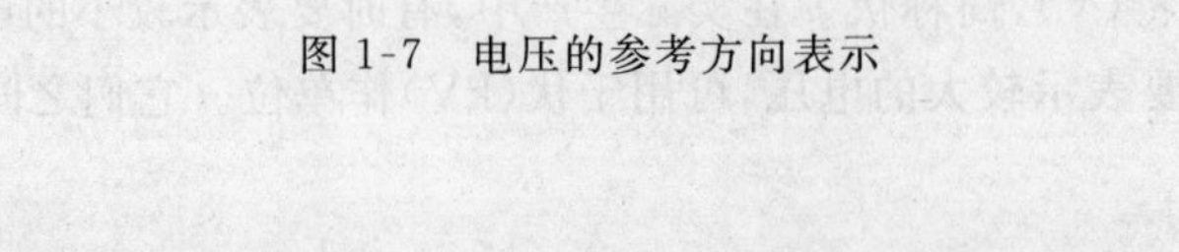

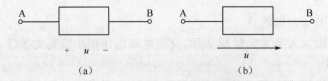

图 1-7　电压的参考方向表示

3. 关联参考方向

如图 1-8 所示，一个元件或者一段电路中电压和电流的方向均可以任意选定，两者可以一致，也可以不一致。如果一致，称为关联参考方向(见图 1-8(a)、(b))；如果不一致，称为非关联方向(见图 1-8(c)、(d))。关联参考方向也可以描述为电流的参考方向从电压参考方向的"+"极流入，"−"极流出。

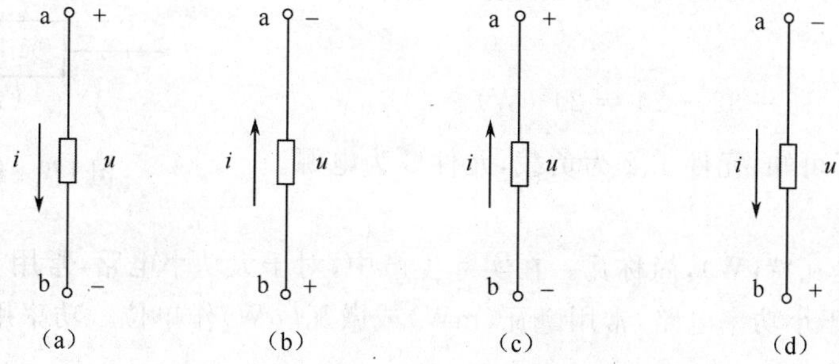

图 1-8　关联参考方向与非关联参考方向

根据上面的介绍，在对电路进行分析计算前需要注意以下几点：

(1) 参考方向的设定对电路分析没有影响，但电压和电流参考方向一经确定，计算过程中不得改变。电路图中标出的方向均为参考方向。

(2) 电路分析必须设定参考方向，按设定的参考方向求解出的值为正，说明实际方向和参考方向相同，为负则相反。

(3) 电流和电压的参考方向关联与否原则上可以任意选定，习惯上在电阻等无源元件上选择关联方向，而在电源等有源元件上选择非关联方向。

1.2.4　功率

1. 定义

理想状态下，单位时间内消耗的电能即为电场力所做的功。下面分别是直流电路中和交流电路中功率的定义式

$$P=\frac{W}{t} \quad \text{或} \quad p(t)=\frac{\mathrm{d}w}{\mathrm{d}t} \tag{1-3}$$

元件的功率的计算式在电压、电流取关联和非关联参考方向时具有不同形式。

联关联参考方向时：　$P=UI$　(1-4)

联非关联参考方向时：　$P=-UI$　(1-5)

根据上面的计算式，若 $P>0$，表明该元件吸收功率，是负载(或是起到负载作用)；若 $P<0$，表明该元件产生功率，是电源(或是起到电源作用)。若整个电路中吸收功率等于产生功率，说明整个电路中功率平衡。

【例 1-1】 图 1-9 所示为直流电路，$U_1=4$ V，$U_2=-8$ V，$U_3=6$ V，$I=4$ A，求各元件吸收或发出的功率 P_1、P_2 和 P_3，判断各元件的性质，并求整个电路的功率 P。

解：元件 1 的电压参考方向与电流参考方向相关联，故

$$P_1=U_1I=4\times4=16\ (\mathrm{W})\quad (\text{吸收功率 } 16\ \mathrm{W})$$

元件 2 和元件 3 的电压参考方向与电流参考方向非关联，故

$P_2 = -U_2 I = -(-8)\times 4 = 32\ (\text{W})$ （吸收功率 32 W）

$P_3 = -U_3 I = -6\times 4 = -24\ (\text{W})$ （发出功率 24 W）

设吸收功率为正，发出功率为负，整个电路的功率 P 为

$$P = 16 + 32 - 24 = 24\ (\text{W})$$

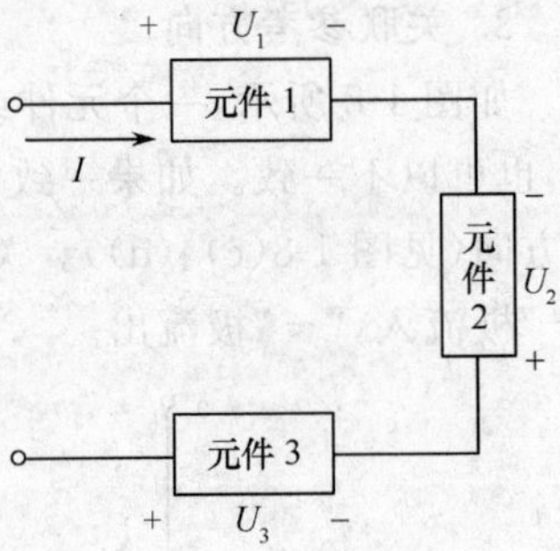

图 1-9　例 1-1 图

从上面的分析可知，元件 1、2 为负载，元件 3 为电源。

2. 单位和测量

功率的单位是瓦特(W)，简称瓦。在实际生产中，对于大功率电路，常用千瓦(kW)或兆瓦(MW)作单位；对于小功率电路，常用毫瓦(mW)或微瓦(μW)作单位。功率用功率表测量。

1.2.5　电位

电路中某点至参考点的电压即为该点的电势，记为“U_X”。电位的单位是伏特。通常设参考点的电位为零，在电路图中用“⊥”表示。某点电位为正，说明该点电位比参考点高；某点电位为负，说明该点电位比参考点的低。

电路中任意两点之间的电位差就是两点之间的电压，即 $U_{ab} = U_a - U_b$。

【例 1-2】　如图 1-10 所示，若分别以设 a、b 点为参考点，求 a、b、c、d 各点的电位和任意两点间的电压。

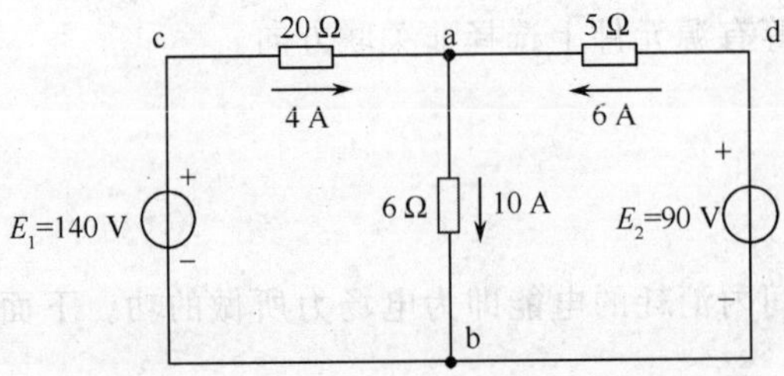

图 1-10　例 1-2 图

解：(1) 设 a 为参考点，即 $U_a = 0$，有

$$U_b = U_{ba} = -10\times 6 = -60\ (\text{V})$$

$$U_c = U_{ca} = 4\times 20 = 80\ (\text{V})$$

$$U_d = U_{da} = 6\times 5 = 30\ (\text{V})$$

(2) 设 b 为参考点，即 $U_b = 0$，有

$$V_a = U_{ab} = 10\times 6 = 60\ (\text{V})$$

$$V_c = U_{cb} = E_1 = 140\ (\text{V})$$

$$V_d = U_{db} = E_2 = 90\ (\text{V})$$

(3) 求两点间的电压。

$$U_{ab} = 10 \times 6 = 60\ (\text{V})$$
$$U_{cb} = E_1 = 140\ (\text{V})$$
$$U_{db} = E_2 = 90\ (\text{V})$$

根据上面的分析可以知道：

(1) 电位值是相对的，参考点的选取不同，电路中各点的电位也将随之改变；

(2) 电路中两点间的电压值是固定的，不会因参考点的不同而变，即与零电位参考点的选取无关。

在研究同一电路系统时，只能选取一个电位参考点。电位概念的引入，给电路分析带来了方便，因此，在电子线路中往往不再画出电源，而改用电位标出。图 1-11 所示为电路的一般画法与电子线路的习惯画法示例。

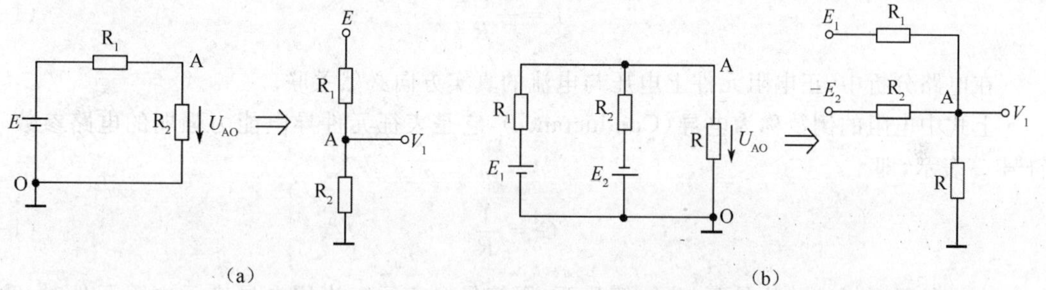

图 1-11　电路的一般画法与电子线路的习惯画法

1.2.6　电动势

电动势是用来衡量电源力大小的物理量。电动势在数值上等于电源力把单位正电荷从电源的负极板移到正极板所做的功，用 E 表示。电动势的方向是电源力克服电场力移动正电荷的方向，从低电位到高电位。对于一个电源设备，若其电动势 E 与其端电压 U 的参考方向相反，当电源内部没有其他能量转换(如不计内阻)时，根据能量守恒定律，应有 $U=E$；若参考方向相同，则 $U=-E$。本书在以后论及电源时，一般用其端电压 U 来表示。

1.3　电阻元件和欧姆定律

1.3.1　电阻元件

在物理学中，用电阻来表示导体对电流阻碍作用的大小。导体的电阻越大，表示导体对电流的阻碍作用越大。不同的导体，电阻一般不同。电阻是导体本身的一种性质。电阻元件是对电流呈现阻碍作用的耗能元件。

导体的电阻通常用字母 R 表示，电阻的单位是欧姆，简称欧，符号是 Ω。比较欧大的单位有千欧(kΩ)、兆欧(MΩ)。

如果把电阻元件的电压取为纵坐标(或横坐标)，电流取为横坐标(或纵坐标)，可绘出 I-U平面(或 U-I 平面)上的曲线，称为电阻元件的伏安特性曲线。根据电阻的伏安特性曲线，可将电阻分为线形电阻和非线形电阻。线性电阻的伏安特性曲线是一条通过坐标原点的直线，阻值 R 为常数；非线性电阻的伏安特性曲线是一条曲线，阻值 R 为变量。本书的电工部分，除特别指明外，一般所说的电阻都是线性电阻。

1.3.2 欧姆定律

欧姆定律反映电阻元件上电压和电流的约束关系。1826 年，德国科学家欧姆通过科学实验总结得出：导体中的电流，跟导体两端电压成正比，跟导体的电阻成反比。

$$I=\frac{U}{R} \tag{1-6}$$

式(1-6)为电流与电压关联参考方向下(即电流和电压的参考方向一致)欧姆定律的表达式。若电阻元件上电流、电压参考方向非关联，则欧姆定律的表达式为

$$I=-\frac{U}{R} \tag{1-7}$$

在电路分析中，正电阻元件上电压与电流的真实方向必然关联。

上式中电阻的倒数称为电导(Conductance)，它是表征元件导电能力强弱的电路参数，用符号 G 表示，即

$$G=\frac{1}{R} \tag{1-8}$$

电导的国际标准单位是西门子，简称西，用符号 S 表示。当用电导表示电阻元件时，欧姆定律可表示为

$$I=GU \tag{1-9}$$

【例 1-3】 已知图 1-12 所示电路中变量的参考方向，求电流 I。

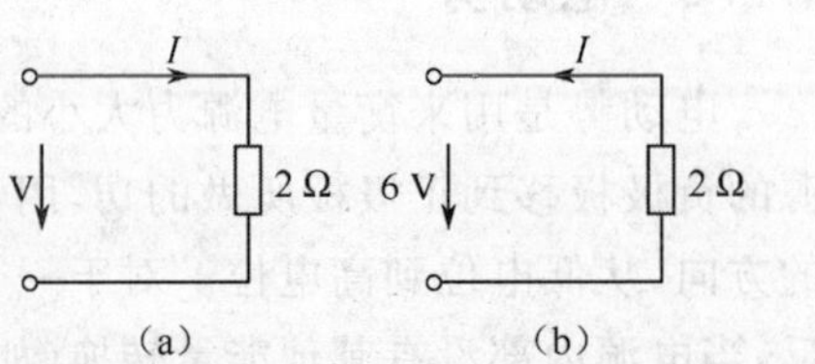

图 1-12　例 1-3 图

解：图 1-12(a)中电阻两端电压与流过电阻电流为关联参考方向，据欧姆定律，有

$$I=\frac{U}{R}=\frac{6}{2}=3\ (\text{A})$$

图 1-12(b)中电压与电流为非关联参考方向，欧姆定律的表达式为

$$I=-\frac{U}{R}=-\frac{6}{2}=-3\ (\text{A})$$

结论：图 1-12(a)中解得 I 为正，表明电流的实际方向与所设参考方向一致；而图1-12(b)中解得 I 为负，表明电流的实际方向与所设参考方向相反。

1.3.3 电阻的串联、并联和混联

1. 电阻串联

电阻的串联就是几个元件依次按顺序首尾相接，中间没有分岔的一种连接形式。图 1-13(a)所示是 2 个电阻串联的模型，它可以等效为图 1-13(b)所示，简化电路。

电阻的串联电路有以下特点：

(1) 通过各电阻的电流为同一电流。

(2) 图 1-13 中已标出电流、电压的参考方向，外加电压等于各个电阻上电压之和，即

$$U = U_1 + U_2 = IR_1 + IR_2$$

(3) 电源供给的功率等于各个电阻所消耗的功率之和。

(4) 电阻串联，其等效电阻等于各串联电阻之和。

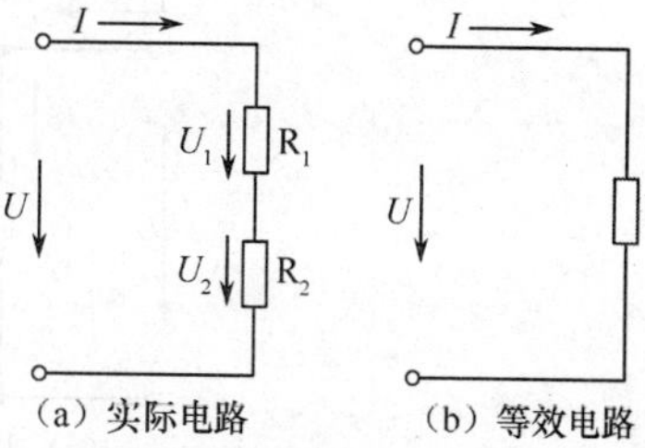

图 1-13　电阻串联的实际电路及等效电路

根据等效的定义，对于图 1-13(a)，有

$$U = I(R_1 + R_2) \tag{1-10}$$

对于图 1-13(b)，有

$$U = IR \tag{1-11}$$

对比式(1-11)和式(1-12)，可知

$$R = R_1 + R_2 \tag{1-12}$$

式(1-12)指出：电阻串联，其等效电阻等于各串联电阻之和。

(5) 电阻串联后，各电阻上的电压与总电压之间的关系称作分压关系。

$$U_1 = IR_1 = U\frac{R_1}{R_1 + R_2}$$

$$U_2 = IR_2 = U\frac{R_2}{R_1 + R_2} \tag{1-13}$$

由式(1-13)不难得到：分电压 U_1 和 U_2 与电阻值 R_1、R_2 成正比，阻值较大的电阻承受较高的电压。同理也可推导出：电阻串联时，电阻值越大消耗的功率越大。

串联电阻的分压作用在电工技术中应用很广泛。例如，电子线路中的信号分压；电压表中用串联电阻来扩大量程；直流电动机用串联电阻减压启动。

【例 1-4】 已知有一表头的内阻 $R_g = 1\ \text{k}\Omega$，允许通过的最大电流(指针偏至满刻度) $I_g = 0.1\ \text{mA}$。问：(1)直接用这个表头可测量多大的电压？(2)欲使量程扩大为 10 V，则应串联多大的电阻？

解：电压表的使用方法是并联于被测电路 U_x 上(见图 1-14)，表头满刻度时，表头两端的电压为 I_gR_g。在本例中，$U_g = I_gR_g = 0.1\times10^{-3}\times1\times10^{3} = 0.1\ (\text{V})$。

欲使量程扩大为 10 V，可根据串联电阻分压原理，串入电阻 R_f，并使 R_f 两端的电压为

$$U_f = 10 - 0.1 = 9.9\ (\text{V})$$

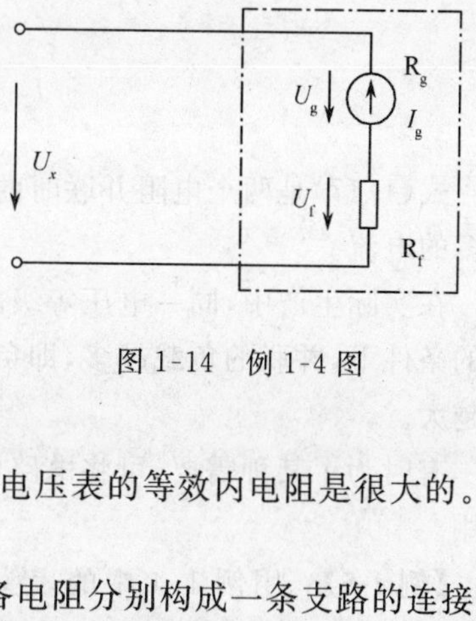

图 1-14　例 1-4 图

由分压公式得：　$R_f = \dfrac{U_f}{U_g}R_g = \dfrac{9.9}{0.1}\times1 = 99(\text{k}\Omega)$

由此可知，电压表的量程愈大，则分压电阻 R_f 也愈大。电压表的等效内电阻是很大的。

2. 电阻并联

电阻的并联就是将几个电阻元件首首相接、尾尾相接，各电阻分别构成一条支路的连接方式。图 1-15(a)所示是 2 个电阻并联的模型，它可以等效为图 1-15(b)所示。

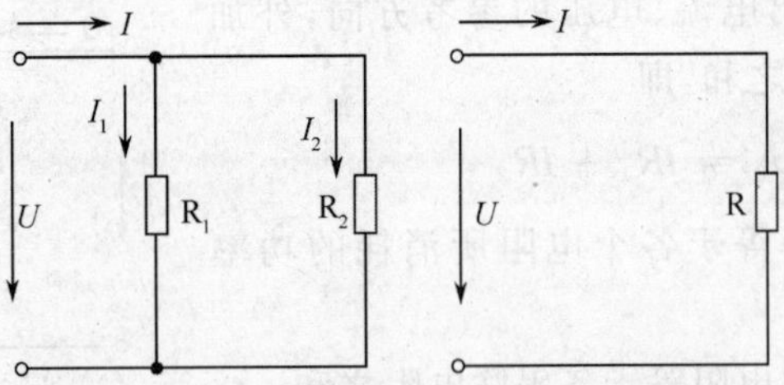

(a) 实际电路　　(b) 等效电路

图 1-15　电阻并联的电路及等效电路

电阻并联有如下特点：

(1) 各电阻上的电压相等。

(2) 电路中总电流等于各支路电流之和，即

$$I = I_1 + I_2 = \frac{U}{R_1} + \frac{U}{R_2} \tag{1-14}$$

(3) 电阻并联时，总的消耗功率等于各电阻上消耗的功率之和。

(4) n 个电阻并联，等效电阻的倒数等于各个电阻的倒数之和。2 个电阻并联时，等效电阻与两个电阻的关系为

$$\frac{1}{R} = \frac{1}{R_1} + \frac{1}{R_2} \quad 或 \quad R = \frac{R_1 R_2}{R_1 + R_2} \tag{1-15}$$

若 n 个电阻并联，则有

$$\frac{1}{R} = \frac{1}{R_1} + \frac{1}{R_2} + \cdots + \frac{1}{R_n} \tag{1-16}$$

上面公式表明，并联电阻的等效电阻值总是小于其中任一个电阻的阻值。计算等效电阻的表示式常用 $R = R_1 /\!/ R_2 /\!/ R_3 /\!/ \cdots$ 表示。

(5) 电阻并联后，各电阻上分得的电流与总电流的关系称作分流关系。

在图 1-15(a)所示的电路中，有

$$\begin{aligned} I_1 &= \frac{U}{R_1} = \frac{RI}{R_1} = I \times \frac{R_2}{R_1 + R_2} \\ I_2 &= \frac{U}{R_2} = \frac{RI}{R_2} = I \times \frac{R_1}{R_1 + R_2} \end{aligned} \tag{1-17}$$

式(1-17)是两个电阻并联时的分流公式，并联电阻中阻值越小的电阻将从总电流中分得越多的电流。

在实际生产中，同一电压等级的用电器是并联在该电压的电源上使用的。在电源电压不变的条件下，并联的负载越多，即负载越大，则电路的等效电阻越小，电路中总电流和总功率也就越大。

有时为了某种需要，可将电路中的某一段与电阻或变阻器并联，以起到分流或调节电流的作用。

【例 1-5】 用例 1-4 中的表头（$I_g = 0.1$ mA，$R_g = 1$ kΩ）制成毫安表，欲使量程扩大为 100 mA，应并联阻值为多大的电阻？

解:要扩大表头测量电流的量程,须在表头上并联相应的分流电阻,如图 1-16 所示。图中 I 为被测电流,分流电阻的电流为 I_f。由于并联支路承受同一电压 U,故有

$$I_g R_g = I_f R_f$$

而 $$I_f = I - I_g = 100 - 0.1 = 99.9\ (\text{mA})$$

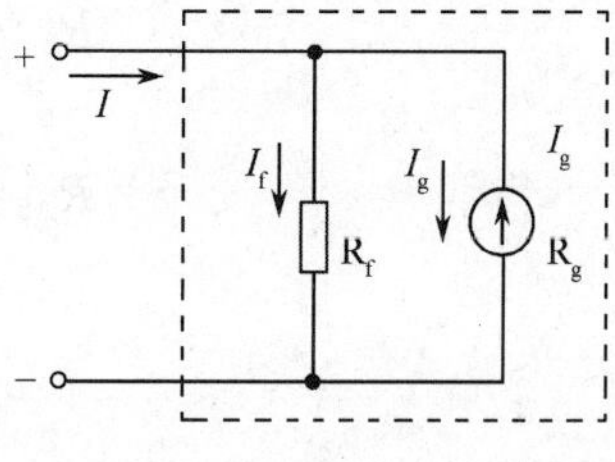

图 1-16　例 1-5 图

欲使电流表量程为 100 mA,应并联的电阻阻值 R_f 为

$$R_f = \frac{0.1 \times 10^3}{99.9} = 1.001 \approx 1\ (\Omega)$$

由此可知,电流表量程愈大,并联的分流电阻则愈小。因此,电流表的等效内阻是很小的。所以测量电流时,必须把电流表串连接在电路中,如果错接成并联,则电流表里会通过很大的电流而使电流表烧坏。

3. 电阻混联

实际电路中更多见的是混联,单纯的串联和并联并不多见,例如照明系统中各照明灯从表面上看是并联关系,但如果考虑到传输导线自身的损耗电阻,则应是混联。对于电阻混联电路的等效电阻计算方法,可采用以下步骤:

(1) 画出两个引入端钮;

(2) 标出中间的连接点,应注意凡是等电位点,应用同一符号标出。

【例 1-6】 求图 1-17 所示电路中 A、B 之间的等效电阻。

解:分析这样的电路,可以按照如下步骤进行:

(1) 将电路中有分支的连接点依次用字母或数字编排顺序,如图中 A、B、C、D。

(2) 把短路线两端的点画在同一点上,即把短路线无穷缩短或伸长,若有多个接地点,可用短路线相连。

(3) 依次把电路元件画在各点之间,再观察元件之间的连接关系。

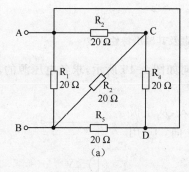

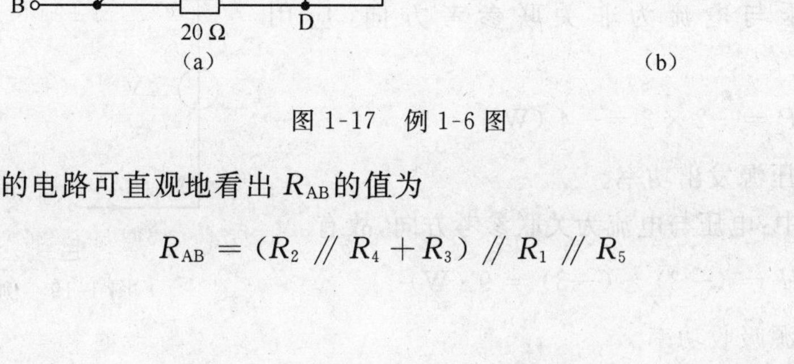

图 1-17　例 1-6 图

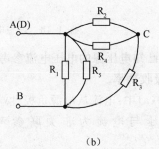

根据改画后的电路可直观地看出 R_{AB} 的值为

$$R_{AB} = (R_2 \,/\!/\, R_4 + R_3) \,/\!/\, R_1 \,/\!/\, R_5$$

而

$$R_2 /\!/ R_4 + R_3 = \frac{20\times 20}{20+20} + 20 = 30\ (\Omega)$$

故
$$R_{AB} = 30 /\!/ R_1 /\!/ R_2 = \frac{30\times 60}{30+60} /\!/ 20 = 10\ (\Omega)$$

1.4 有源元件

把其他形式的能转换成电能的装置称为有源元件，可以采用两种模型表示，即电压源模型和电流源模型。电源在产生电能的同时，也有能量的消耗，例如干电池有电流输出时电池本身发热，这时电池的端电压小于输出电流为零时的端电压，这种电源叫做实际电源。在理想状态下，电源产生电能时不消耗电能，这种电源叫做理想电源。理想电源是不存在的，只是在理论分析中抽象化的模型。

1.4.1 理想电源

1. 理想电压源

不管外部电路如何，其两端电压总能保持一恒定值或一定的时间函数关系的电源称为理想电压源，其电路模型如图 1-18(a)所示。其输出特性(外特性)曲线如图 1-18(b)所示。理想电压源的特点如下：

(1) 任一时刻输出电压与通过电源的电流无关；

(2) 输出电流的大小取决于外电路的负载电阻。

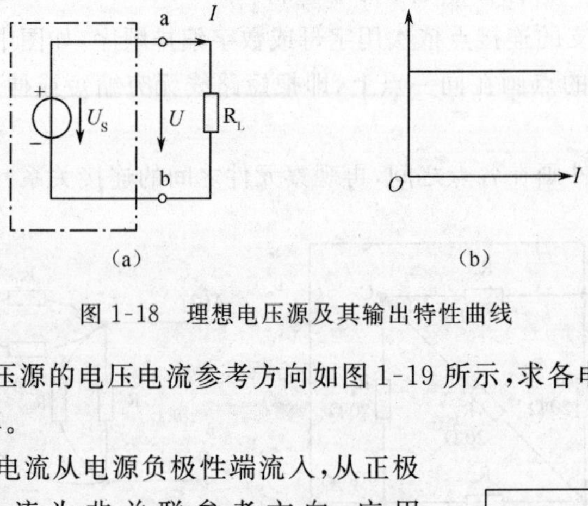

图 1-18 理想电压源及其输出特性曲线

【例 1-7】 已知电压源的电压电流参考方向如图 1-19 所示，求各电压源的功率，并说明是发出功率还是吸收功率。

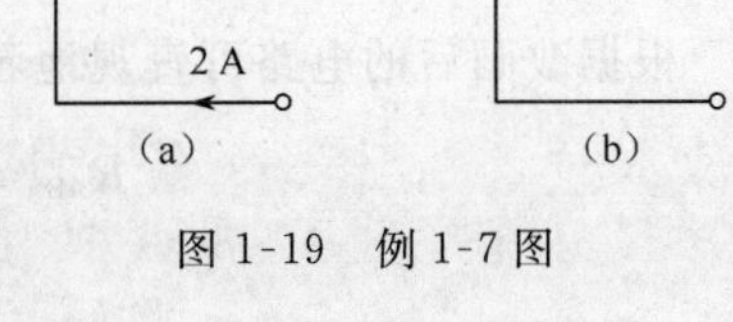

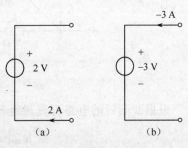

图 1-19 例 1-7 图

解：图 1-19(a)中：电流从电源负极性端流入，从正极性端流出，电压与电流为非关联参考方向，应用 $P=-UI$，可得

$$P = -2\times 2 = -4\ (\text{W})$$

可见 $P<0$，故电压源发出功率。

图 1-19(b)中：电压与电流为关联参考方向，故有

$$P = UI = (-3)\times(-3) = 9\ (\text{W})$$

可见 $P>0$，故电源吸收功率。

2. 理想电流源

不管外部电路如何，其输出电流总能保持一恒定值或一定的时间函数关系的电源称为理想电流源，其电路模型如图 1-20 所示。其输出特性(外特性)曲线如图 1-20(b)所示。理想电流源的特点：

(1) 任一时刻输出电流与其端电压无关；

(2) 输出电压的大小取决于外电路负载电阻的大小。

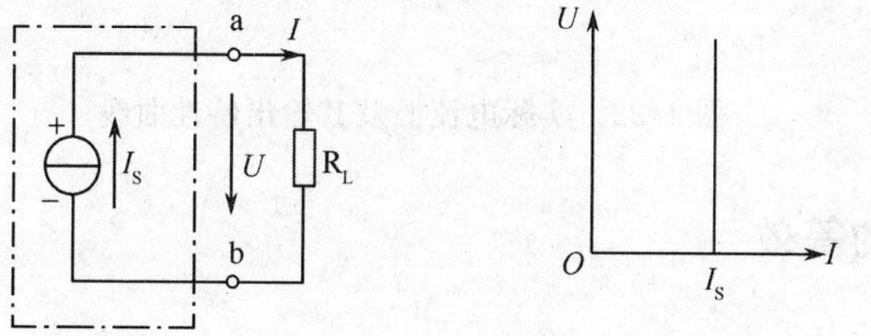

(a)　　　　(b)

图 1-20　理想电流源及其输出特性曲线

1.4.2　实际电源

1. 实际电压源

产生电能的同时还消耗电能的电压源称为实际电压源，简称电压源。其电路模型如图 1-21 所示，其中 R_0 称为电源的内阻，其消耗的电能即为电源消耗的电能。实际电压源的特点：

(1) 图形符号：恒压源 U_S 与内电阻 R_0 串联组合，如图 1-21(a)所示。

(2) 输出特性曲线：电压源输出电压与输出电流的关系为

$$U = U_S - IR_0$$

当 $R_0 \to 0$ 时，$U \to U_S$，电压源→恒压源，其外特性曲线如图 1—21(b)所示。

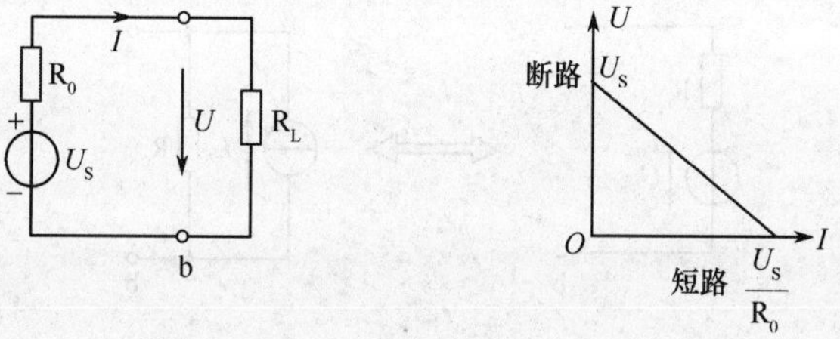

(a)　　　　(b)

图 1-21　实际电压源及其输出特性曲线

2. 实际电流源

把产生电能的同时还消耗电能的电流源定义为实际电流源，简称电流源，其电路模型如图 1-22所示，图中 R_0 亦视为实际电流源的内阻。实际电流源的特点：

(1) 图形符号：恒流源 I_S 与内电阻 R_0 并联组合，如图 1-22(a)所示。

(2) 外特性：电流源输出电流与输出电压的关系为

$$I = I_S - \frac{U}{R_0}$$

当 $R_0 \to \infty$ 时，$I \to I_S$，电流源→恒流源。其外特性曲线如图 1-22(b)所示。

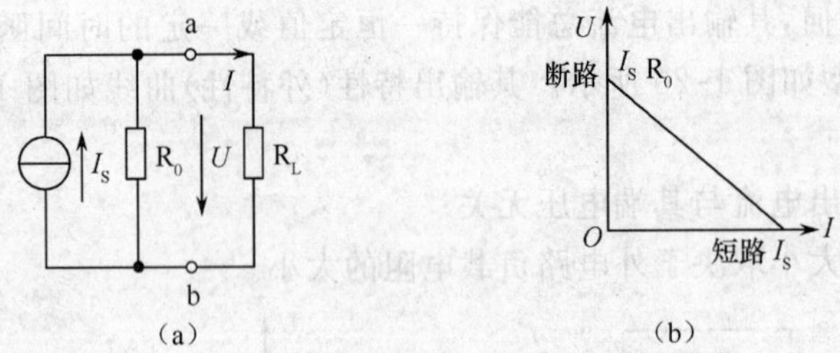

图 1-22　实际电流源及其输出特性曲线

1.4.3　实际电源的等效

1. 等效的条件

一个实际电源可建立电压源和电流源两种电源模型，对同一负载而言，这两种模型应具有相同的外特性，即有相同的输出电压和输出电流(伏安特性相同)，根据电压源和电流源的外特性表达式，可得两种电源等效变换参数之间的关系式为

2. 等效公式

由电压源等效变换为电流源，有

$$I_S = \frac{E}{R_0}$$

由电流源等效变换为电压源，有

$$U_S = I_S R_0$$

等效的电压源和电流源的内阻相等。

两种电源模型对外电路而言是等效的，可以互相变换，如图 1-23 所示。

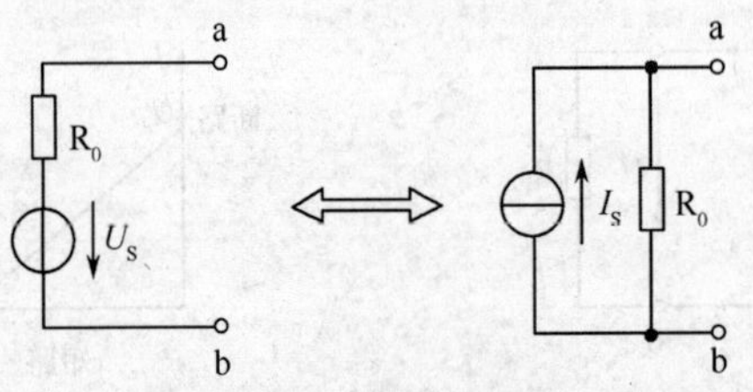

图 1-23　实际电源等效

注意：

(1) 变换时，恒压源与恒流源的极性保持一致，即转换前后 U_S 与 I_S 的方向不变，I_S 应该从电压源的正极流出。

(2) 等效关系仅对外电路而言，在电源内部一般不等效。

(3) 恒压源与恒流源之间不能等效变换。

【例 1-8】　求图 1-24(a)所示电路的电压源模型与电流源模型。

解：在图 1-24(a)中，R_1 与 U_S 并联，将 R_1 去掉后对 U 和 I 不产生任何影响，故图 1-24(a)所示电路可以等效成图 1-24(b)所示的电压源模型。

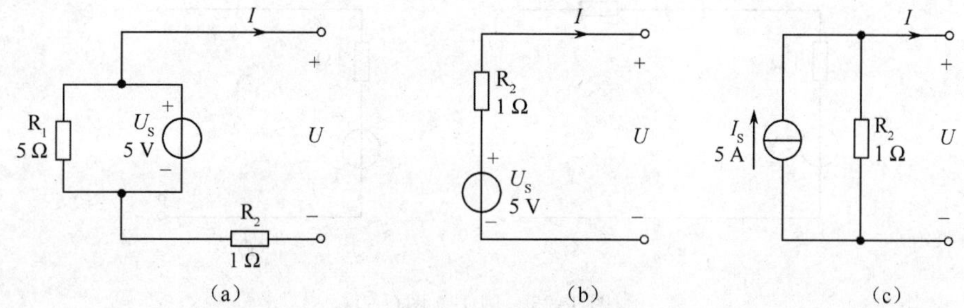

图 1-24　例 1-8 图

将图 1-24(b)变换成图 1-24(c)所示电流源模型，则

$$I_S = \frac{U_S}{R} = \frac{U_S}{R_2} = \frac{5}{1} = 5\ (\text{A})$$

$$R_0 = R_2 = 1\ (\Omega)$$

这里再次强调，电源等效变换仅对电源以外的电路等效，对电源内部并不等效。例如，图 1-24(b)和(c)中的电源模型，当 $I=0$ 时，U 相等，但 R_2 上通过的电流和承受的电压以及消耗的功率均不相等。

【例 1-9】 试将给定电路图 1-25(a)化简为电流源。

解：去除对外电路没有影响的元件 5 Ω 和 3 Ω 电阻，合并电阻为等效电阻，如图 1-25(b)所示。

并联电源中的电压源等效变换为电流源，如图 1-25(c)所示。

合并恒流源，合并与恒流源并联的电阻，如图 1-25(d)所示。

电源串联，等效变换电流源为电压源，如图 1-25(e)所示。

合并恒压源，合并与恒压源串联的电阻，如图 1-25(f)所示。

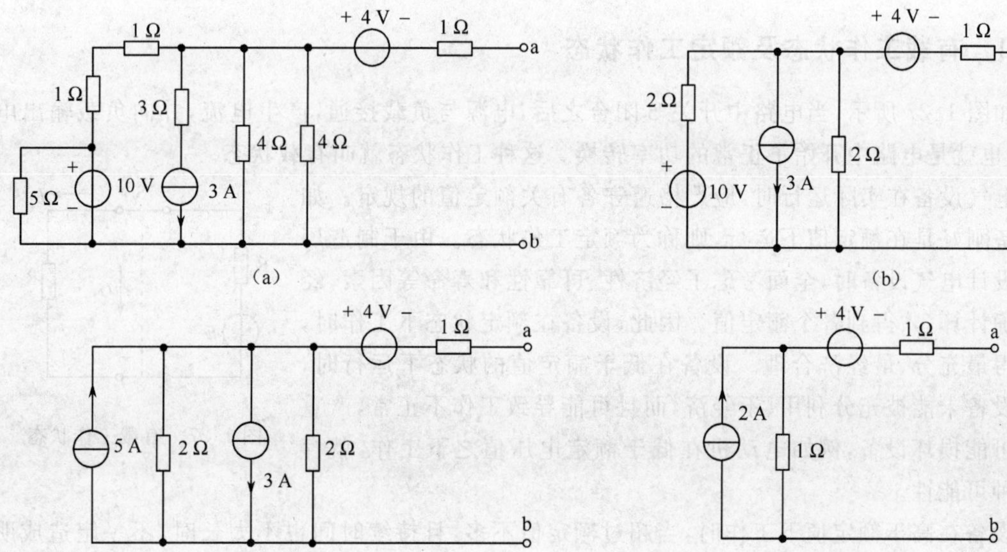

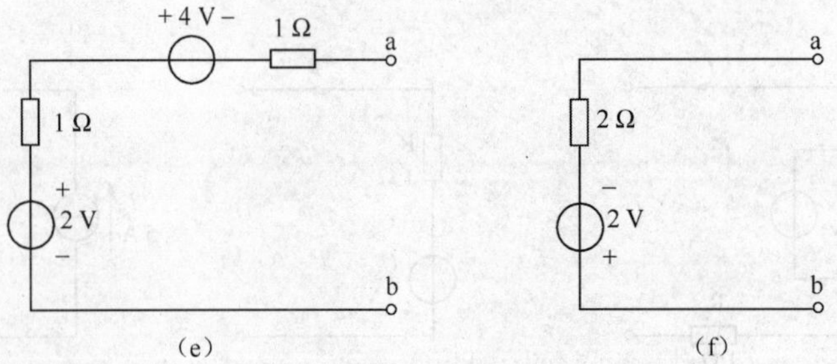

图 1-25　例 1-9 图(一)

按题目要求变换为电流源，如图 1-26 所示。

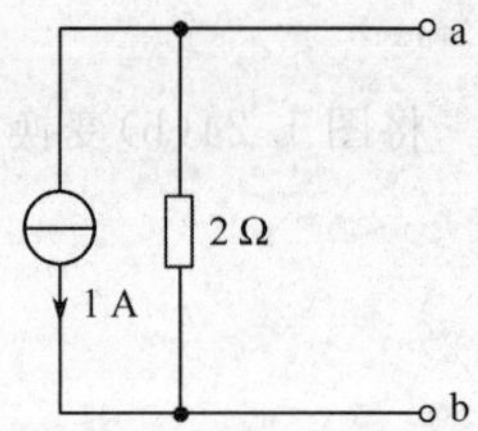

图 1-26　例 1-9 图(二)

根据上面的分析，在应用电源的等效变换化简电源电路时，还须用到以下概念和技巧：

(1) 与电压源串联的电阻或与电流源并联的电阻可视为电源内阻处理。

(2) 与恒压源并联的元件和与恒流源串联的元件对外电路无影响，分别作断路和短路处理。

(3) 两个以上的恒压源串联时，可求代数和，合并为一个恒压源；两个以上的恒流源并联时，可求代数和，合并为一个恒流源。

1.5　电路的工作状态

在实际用电过程中，根据不同的需要和不同的负载情况，电路有不同的状态。一般分为三种状态，有载工作状态、短路和开路。这些不同的状态表现为电路中电流、电压及功率转换、分配情况的不同。应该注意的是，其中有的状态并不是正常的工作状态而是事故状态，应尽量避免和消除。因此，了解并掌握使电路处于不同状态的条件和特点乃是正确、安全用电的前提。

1.5.1　有载工作状态及额定工作状态

如图 1-27 所示，当电路中开关 S 闭合之后，电源与负载接通，产生电流，并向负载输出电功率，也就是电路中开始了正常的功率转换。这种工作状态就叫有载状态。

电气设备在实际运行时，应严格遵守各有关额定值的规定。如果设备刚好是在额定值下运行，则称为额定工作状态。由于制造厂家在设计电气设备时，全面考虑了经济性、可靠性和寿命等因素，经过精确计算，才得到各个额定值。因此，设备在额定状态下工作时，利用得最充分、最经济合理。设备在低于额定值的状态下运行时，不仅设备未能被充分利用、不经济，而且可能导致工作不正常，严重时还可能损坏设备，例如电动机在低于额定电压值之下工作，就存在这种可能性。

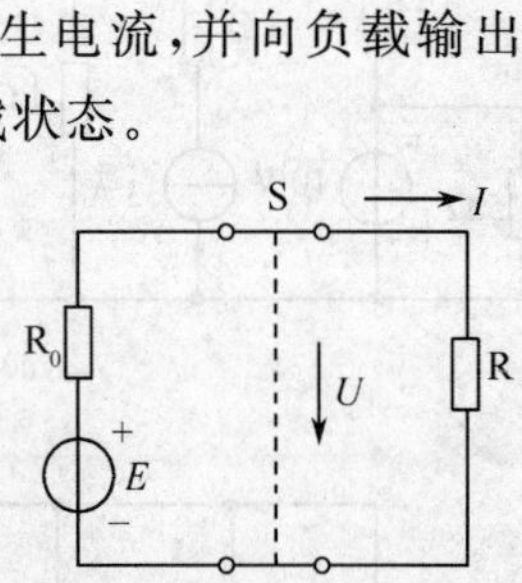

图 1-27　有载工作状态

设备在高于额定值下工作时，当超过额定值不多，且持续时间也不太长时，不一定造成明显事故，但可能影响设备的寿命。

1.5.2 断路

断路又叫开路，典型的断路状态如图 1-28 所示：电源与负载之间的双刀开关 S 断开，也可以理解为未构成闭合回路。这种情况主要发生在负载不用电的场合及检修电源等设备、排除故障的时候。其特点：

(1) 电路中的电流必为零，即 $I=0$。

(2) 出现在开关 S 两侧的电压是不同的。在负载一侧 $U_0=0$；在电源一侧 $U_0=E$。因为电流 $I=0$，内阻无压降，所以电源一侧的开路电压就等于电源的电动势。

(3) 此时电源不向负载提供电功率，电路中也无电功率的转换，所以这种状态又叫电源的空载状态，即电源功率 $P_E=0$。

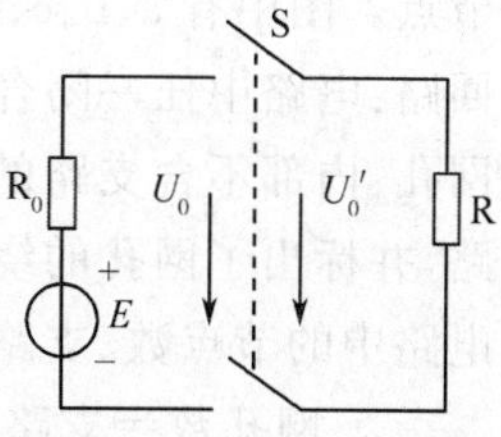

图 1-28 开路工作状态

1.5.3 短路

从广义上说，电路中任何一部份被电阻等于零的导线直接连通起来，使其两端电压降为零，这种现象叫做短路。图 1-29 所表示的是电源被短路的情况：电源两端被一条导线直接连通。电源短路的特点：

(1) 电源直接经过短路导线形成闭合回路，电流不再通过负载，故负载电流 $I_R=0$。因回路内只包含电源内阻 R_0（导线电阻 $r=0$），故该电流是 $I_S=\dfrac{E}{R_0}$，叫做短路电流。通常电源内阻 R_0 总是很小的，比负载电阻要小得多，所以短路电流 I_S 很大，大大超过正常工作电流。

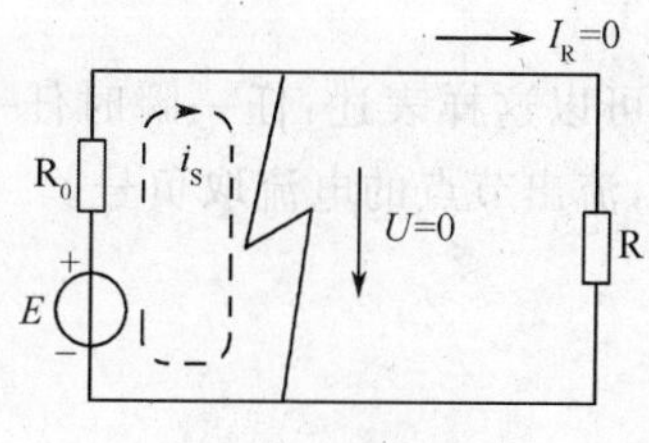

图 1-29 电源短路情况

(2) 电源的端电压 $U=0$。

(3) 负载中无电流通过，端电压是零，故负载吸收的电功率 $P_R=0$。

总结以上分析可知，电源被短路时，将形成极端大的短路电流，电源功率将全部消耗在电源内部，产生大量热量，可能将电源立即烧毁。电源短路是一种严重的事故状态，在用电操作中应注意避免。另外，在电路中都加有保护电器，如最常用的熔断器及工业控制电路中的自动断路器等，以便在发生短路事故或电流过大时，使故障电路与电源自动断开，避免发生严重后果。

1.6 基尔霍夫定律

在电路理论中，把元件的伏安关系式称为元件的约束方程，这是元件电压、电流所必须遵守的规律，它表征了元件本身的性质。当各元件连接成一个电路以后，电路中的电压、电流除了必须满足元件本身的约束方程以外，还必须同时满足电路结构加给各元件的电压和电流的约束关系，这种约束称为结构约束，也称为拓扑约束。这种来自结构的约束体现为基尔霍夫提出的两个定律，即基尔霍夫电流定律和基尔霍夫电压定律。基尔霍夫电流定律应用于节点，电压定律应用于回路。

在介绍基尔霍夫定律之前，首先介绍几个与拓扑约束有关的名词，以图 1-30 为例。

支路：电路中没有分支的一段电路。图中共有 6 条支路，每条支路有一份支路电流。

节点：电路中三条或三条以上的支路相连接的点称为节点。图中有 a、b、c、d 四个节点。

回路：电路中任一闭合路径。

网孔：内部不含支路的单孔回路。图中有 3 个网孔回路，并标出了网孔的绕行方向。

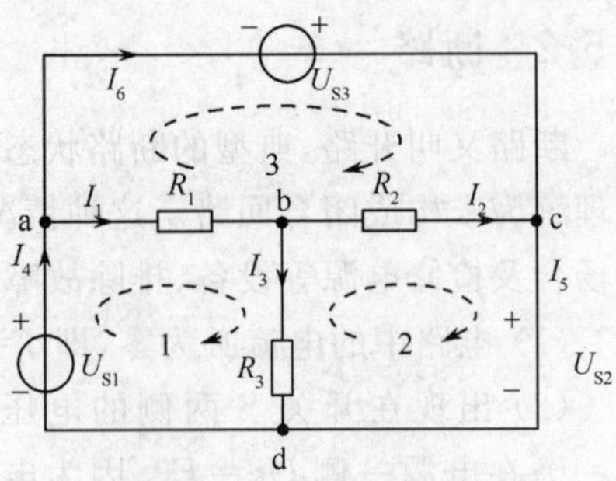

图 1-30　某电路图

电路中的节点数、支路数和网孔数满足下式：

网孔数＝支路数－节点数＋1

1.6.1　基尔霍夫电流定律

基尔霍夫电流定律（简称 KCL）描述的是同一节点相连接的各支路中电流之间的约束关系。简单地说，就是与节点相关的所有支路电流关系。

定律内容：在任意时刻，流入某一节点的电流之和等于流出该节点的电流之和。即

$$\sum I_{\text{入}} = \sum I_{\text{出}} \tag{1-18}$$

也可以这样表述：任一瞬时任一节点上电流的代数和等于零。习惯上，流入节点的电流取正号，流出节点的电流取负号。

$$\sum I_{\text{入}} - \sum I_{\text{出}} = 0$$

则

$$\sum I = 0 \tag{1-19}$$

对节点 a（见图 1-31），可以写出

$$I_1 + I_2 = I_3 \quad \text{或} \quad I_1 + I_2 - I_3 = 0$$

基尔霍夫电流定律通常应用于节点，也可以把它推广应用于包围部分电路的任一假想的封闭面。例如，图 1-32 所示的封闭面包围的是一个三角形电路，它有 3 个节点。应用电流定律，可得出

$$I_A + I_B + I_C = 0$$

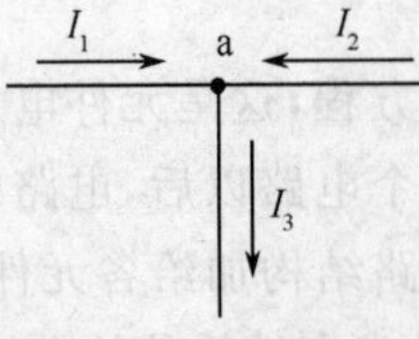

图 1-31　节点

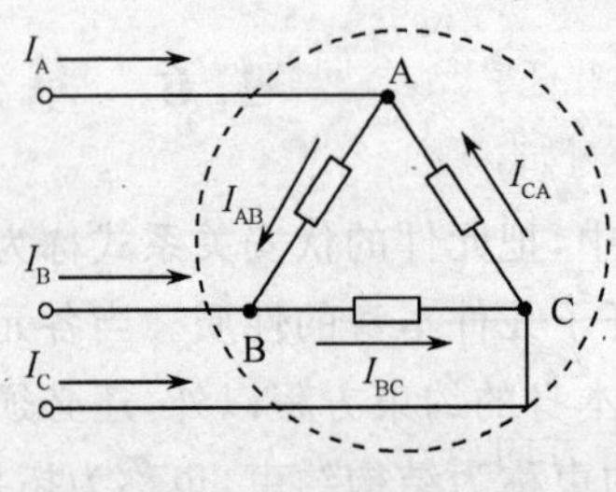

图 1-32　基尔基夫电流定律的推广应用

可见，在任一瞬时，通过任一封闭面的电流的代数和也恒等于零。根据封闭面基尔霍夫电

流定律对支路电流的约束关系可以得到:流出(或流入)封闭面的某支路电流,等于流入(或流出)该封闭面的其余支路电流的代数和。由此可以断言:当两个单独的电路只用一条导线相连接时(见图 1-33),此导线中的电流 i 必定为零。

在任一时刻,流入任一节点或封闭面全部支路电流的代数和等于零,意味着由全部支路电流带入节点或封闭面内的总电荷量为零,这说明 KCL 是电荷守恒定律的体现。

【例 1-10】 在图 1-34 中,$I_1=2$ A,$I_2=-3$ A,$I_3=-2$ A,试求 I_4。

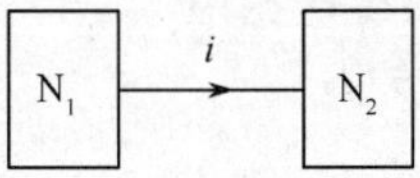

图 1-33 用一条导线相连的两个电路

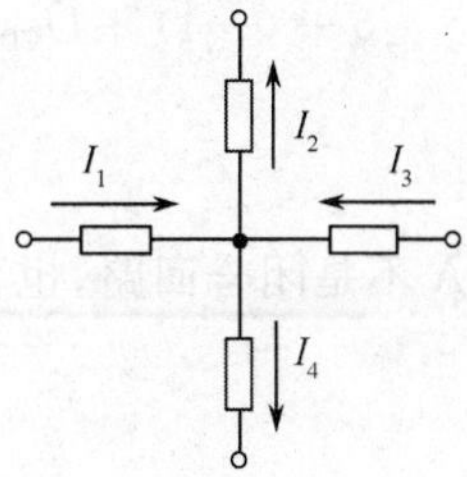

图 1-34 例 1-10 图

解:由基尔霍夫电流定律可列出

$$I_1+I_2-I_3-I_4=0$$

$$2+(-3)-(-2)-I_4=0$$

得

$$I_4=-1\text{ A}$$

由本例可见,式中有两套正负号,I 前的正负号是由基尔霍夫电流定律根据电流的参考方向确定的,括号内数字前的正负号则是表示电流本身数值的正负。

1.6.2 基尔霍夫电压定律

基尔霍夫电压定律(简称 KVL)描述的是任一回路中各个元件(或各段电路)上的电压之间的约束关系。

定律内容:任一瞬时沿任一闭合回路绕行一周,沿该方向各元件上电压升之和等于电压降之和。即

$$\sum U_{升}=\sum U_{降}$$

移项可得

$$\sum U_{升}-\sum U_{降}=0$$

可表示为

$$\sum U=0$$

即任一瞬时沿任一闭合回路绕行一周,沿绕行方向各部分电压的代数和为零。例如,图 1-30 中网孔 1 的 KVL 方程为

$$\sum U=-U_{S1}+I_1R_1+I_3R_3=0$$

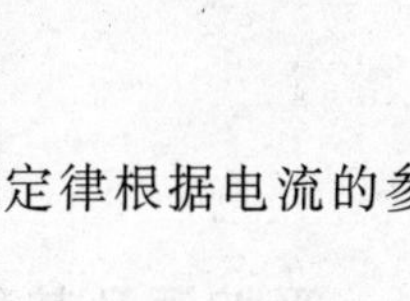

图 1-35 KVL 推广应用

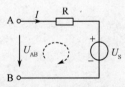

KVL 的应用可以推广到开口回路。图 1-35 所示电路可假想为闭合回路,沿绕行方向,据 KVL 有

$$\sum U=-U_{AB}+U_S+IR=0$$

沿电路任一闭合路径各段电压代数和等于零,意味着单位正电荷沿任一闭合路径移动时能量不能改变,这表明 KVL 是能量守恒定律的体现。

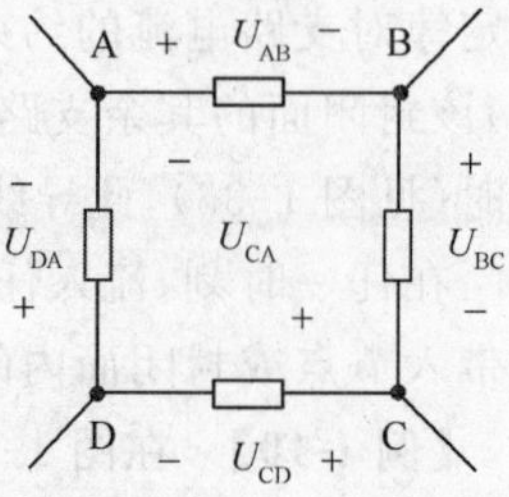

图 1-36　例 1-11 图

【例 1-11】　有一闭合回路如图 1-36 所示，各支路的元件是任意的，已知 $U_{AB}=5$ V，$U_{BC}=-4$ V，$U_{DA}=-3$ V。试求：(1)U_{CD}；(2)U_{CA}。

解：(1)由基尔霍夫电压定律可列出

$$U_{AB}+U_{BC}+U_{CD}+U_{DA}=0$$

即

$$5+(-4)+U_{CD}+(-3)=0$$

得

$$U_{CD}=2\text{ V}$$

(2) ABCA 不是闭合回路，也可应用基尔霍夫电压定律列出

$$U_{AB}+U_{BC}+U_{CA}=0$$

即

$$5+(-4)+U_{CA}=0$$

得

$$U_{CA}=-1\text{ V}$$

注意：在应用基尔霍夫定律求解前，要先标出电流、电压及回路的绕行方向。

1.7　受控源

1.7.1　受控源及其种类

受控源是一种非独立电源，这种电源的电压或电流是电路中其他部分的电压或电流的函数，或者说它的电压或电流受到电路中其他部分的电压或电流的控制。根据控制量和受控量的不同组合，受控源可分为电压控制电压源(VCVS)、电流控制电压源(CCVS)、电压控制电流源(VCCS)和电流控制电流源(CCCS)四种，如图 1-37 所示。

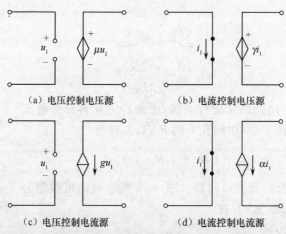

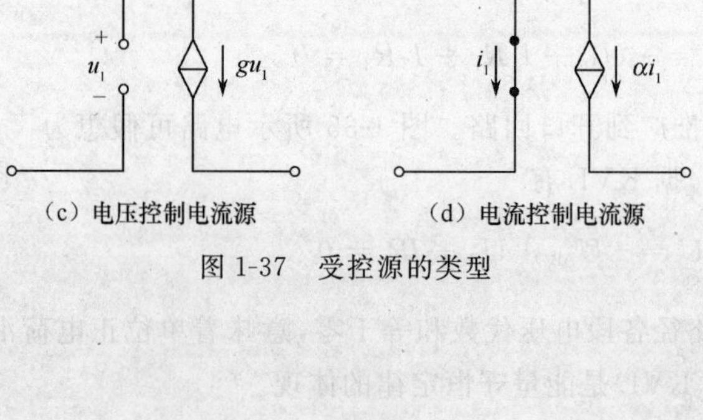

图 1-37　受控源的类型

1.7.2 受控源和独立源的异同

受控源的电路符号及特性与独立源有相似之处，即受控电压源具有电压源的特性，受控电流源具有电流源的特性；但它们又有本质的区别，受控源的电流或电压由控制支路的电流或电压控制，一旦控制量为零，受控量也为零，而且受控源自身不能起激励作用，即当电路中无独立电源时就不可能有响应，因此受控源是无源元件。受控源是一种电路模型，实际存在的一些电气器件，如晶体管、运算放大器、变压器等，它们的电特性可用含受控源的电路模型来模拟。

在电路分析中，实际受控源和电压源、电流源一样，也可以进行等效变换，其变换方法与电压源、电流源的变换方法完全相同。但在变换过程中，必须保留控制变量的所在支路。

1.7.3 受控源电路的计算

【例 1-12】 将图 1-38(a)所示电路分别等效成一个受控电压源和受控电流源，并计算 A、B 端的等效电阻 R_{AB}。

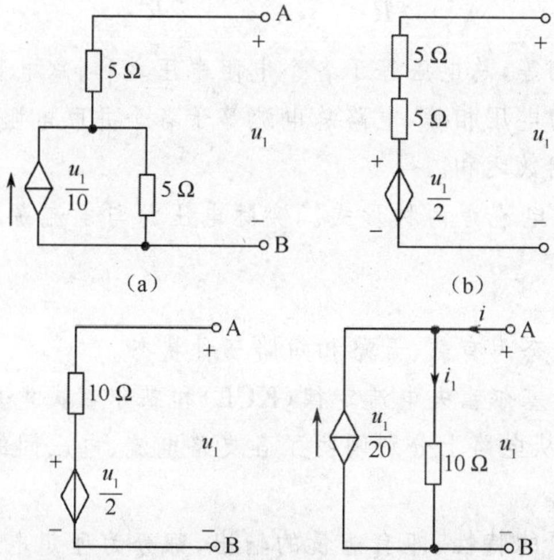

图 1-38 例 1-12 图

解：在图 1-38(a)中，理想受控电流源 $u_1/10$ 与 5 Ω 电阻并联构成实际受控电流源，可以等效成图 1-38(b)所示电路。图 1-38(b)中的两个电阻合并后等效成图 1-38(c)所示实际受控电压源。应用电源互换等效，将图 1-38(c)等效成图 1-38(d)所示实际受控电流源。在图 1-38(d)中给 A、B 间加电压源 u_1，求电流 i，i 与 u_1 的比值即为 R_{AB}。

$$i = i_1 - \frac{u_1}{20} = \frac{u_1}{10} - \frac{u_1}{20} = \frac{u_1}{20}$$

$$R_{AB} = \frac{u_1}{i} = 20\ (\Omega)$$

小　结

(1) 电路是指电流通过的路径,电路由电源、负载和中间环节三部分组成。电路的作用为:一是实现电能的传输、分配和转换;二是实现信号的传递和处理。实际电路可用由理想电器元件组成的电路模型。

(2) 电路的基本物理量的参考方向,是在电路图上任意选定一个方向也成为正方向,该方向即为参考方向。根据参考方向进行计算时,若计算结果为正值,说明实际方向与参考方向相同;若计算结果为负值,说明实际方向与参考方向相反。参考方向一旦选定,在电路分析中就不能再变动。

关联参考方向是指一个元件或者一段电路中电压和电流的方向一致。

(3) 欧姆定律确定了导体中电流、电压、电阻的关系。其内容为:导体中的电流,跟导体两端电压成正比,跟导体的电阻成反比。欧姆定理用公式表示为

$$I=\frac{U}{R}\quad 或\quad I=-\frac{U}{R}$$

电阻串联时电流处处相等,总电压等于各个电阻电压之和,总电阻等于各个电阻之和。电阻并联时各并联电阻两端的电压相等,电路总电流等于各个并联电阻上的电流之和,总电阻的倒数等于各个并联电阻的倒数之和。

(4) 电源分为电压源和电流源两种形式。实际电压源与电流源可以相互转换,转换公式为 $I_S=\frac{U_S}{R_0}$ 或 $U_S=I_SR_0$。

(5) 电路的基本工作状态为有载、开路和短路三种状态。

(6) 基尔霍夫定律包括基尔霍夫电流定律(KCL)和基尔霍夫电压定律(KVL),表示式分别为 $\sum I=0$ 和 $\sum U=0$。它从电路上分别阐明了各支路电流、电压间的约束关系。在运用两定律时要注意正、负号的问题。

(7) 受控源具有独立源的特性,即有能量的输出,都分为理想电源和实际电源,实际受控电压源和实际受控电流源也可以等效互换;受控源输出的能量是将其他独立电源的能量转移而输出的,即受控源本身并不产生电能,电路分析中受控源不能单独作为电源使用,含有受控源的电路的等效电阻有可能出现负电阻。

习　题　一

1-1　如图 1-39 所示电路和变量的参考方向,求电流 I。

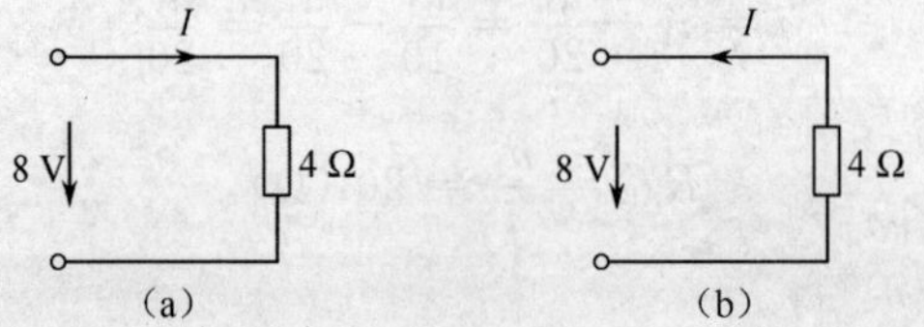

图 1-39

1-2　各元件的情况如图 1-40 所示。

(1) 若元件 A 吸收的功率为 10 W,求 U_A;(2) 若元件 B 吸收的功率为 10 W,求 I_B;
(3) 若元件 C 产生的功率为 10 W,求 I_C;(4) 若元件 D 产生的功率为 10 W,求 U_D。

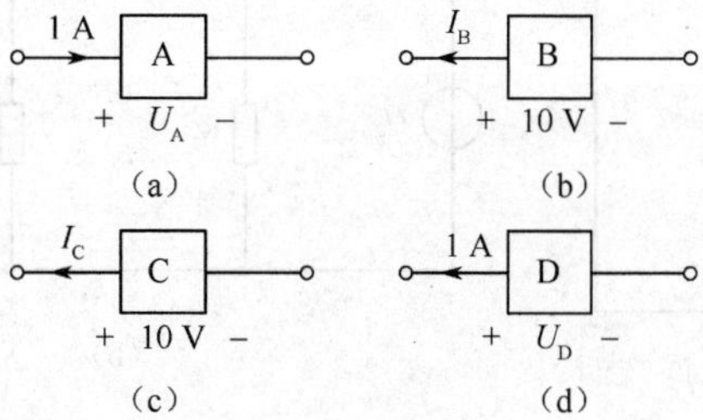

图 1-40

1-3　电路如图 1-41 所示,已知 $I_1=2$ A、$I_3=3$ A、$U_1=10$ V、$U_4=5$ V,试计算各元件吸收的功率。

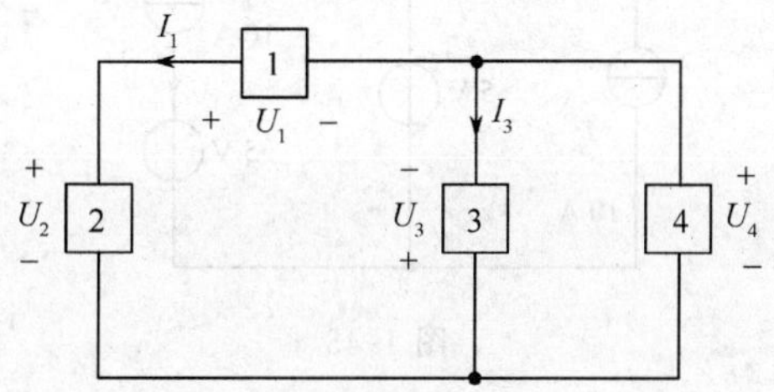

图 1-41

1-4　计算图 1-42 所示各电路中 U_a、U_b 和 U_c。

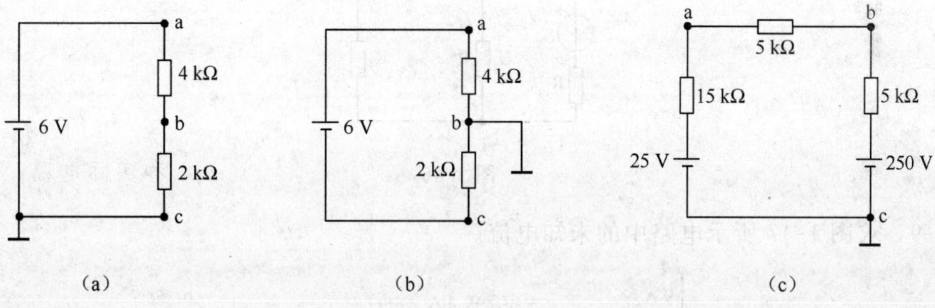

图 1-42

1-5　画出图 1-43 所示电路的原图。

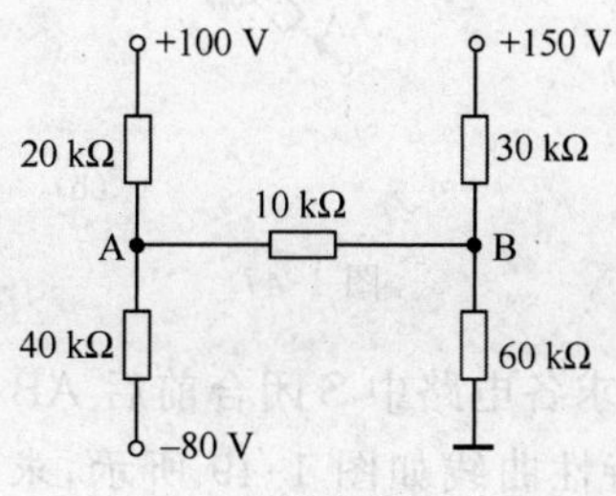

图 1-43

1-6　指出图 1-44(a)、(b)所示两电路中各有几个节点，几条支路，几个回路，几个网孔？

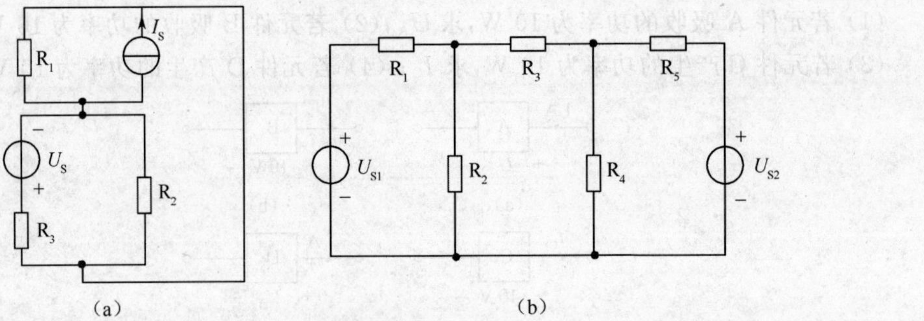

图 1-44

1-7　求图 1-45 所示电路的电压 U。

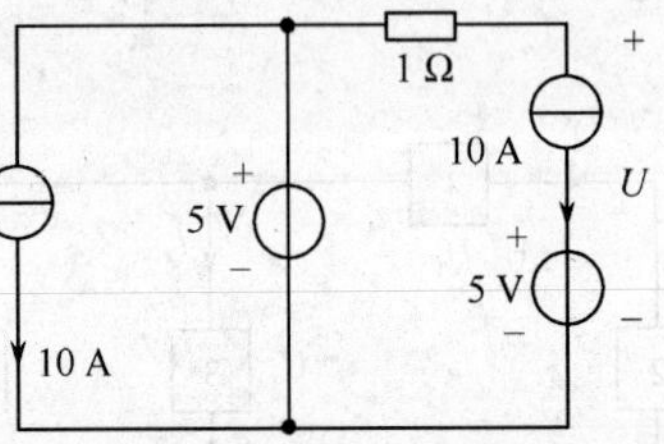

图 1-45

1-8　如图 1-46 所示电路，已知 $U_S=80$ V，$R_1=6$ kΩ，$R_2=4$ kΩ，当(1)S 断开时，(2)S 闭合且 $R_3=0$ 时，电路参数 U_2 和 I_2。

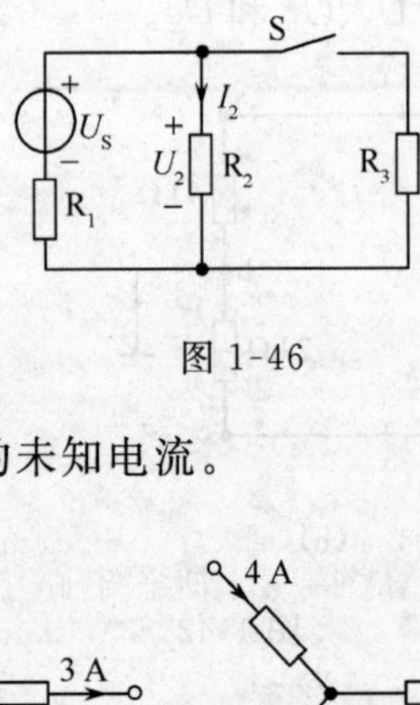

图 1-46

1-9　求图 1-47 所示电路中的未知电流。

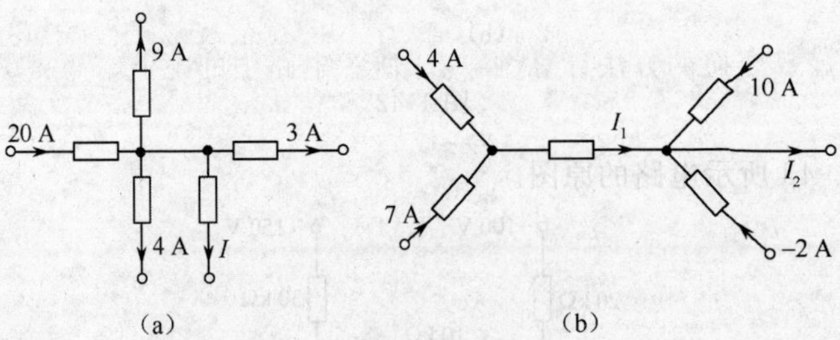

图 1-47

1-10　电路如图 1-48 所示，求各电路中 S 闭合前后 AB 端的等效电阻。

1-11　某实际电源的伏安特性曲线如图 1-49 所示，求其电压源模型，并变换成电流源模型。

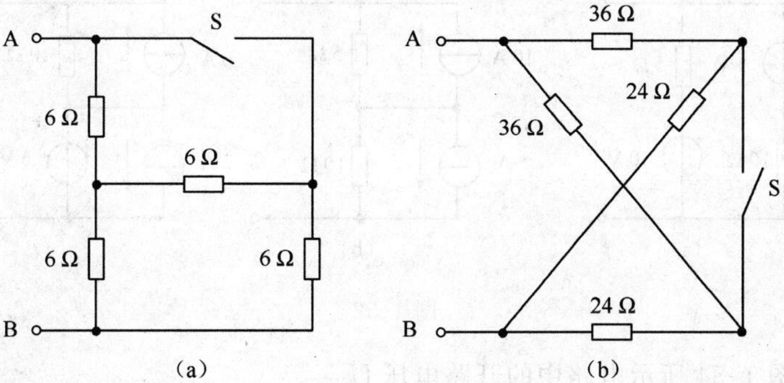

图 1-48

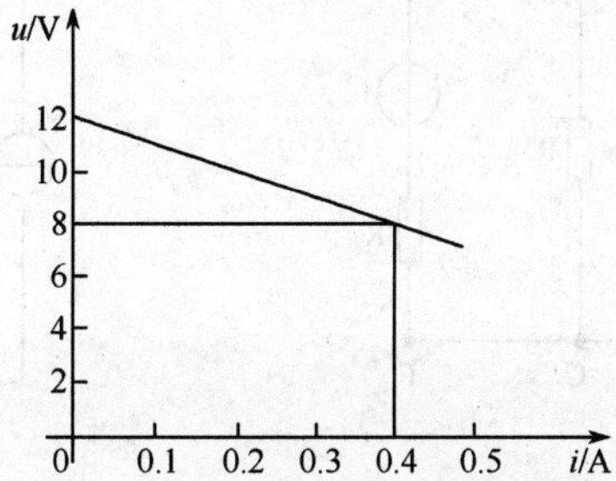

图 1-49

1-12　图 1-50 所示为一个 3 A 理想电流源与不同的外电路相接，求 3 A 电流源在三种情况下产生的功率和电流源的端电压。

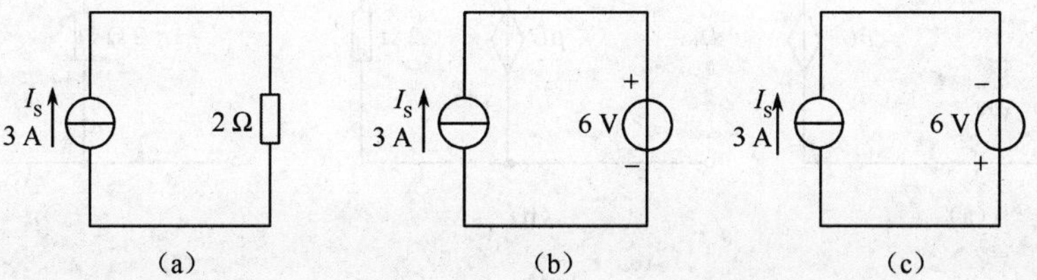

图 1-50

1-13　用电源等效变换的方法计算图 1-51 所示电路中的电流。

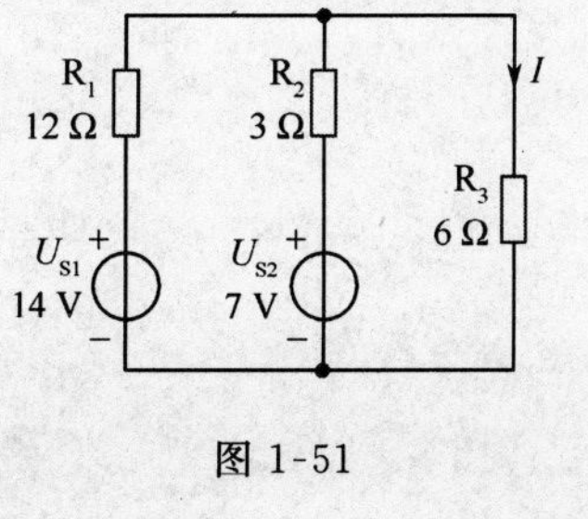

图 1-51

1-14　将图 1-52 所示各电路简化为一个电压源-电阻串联组合。

1-15　在图 1-53 所示电路中，假定支路电流和电流源电压参考方向如图中所示，列出节点 B、C、D 的电流方程和回路 ABCDA、ABFCDA、BCDEB 的电压方程。

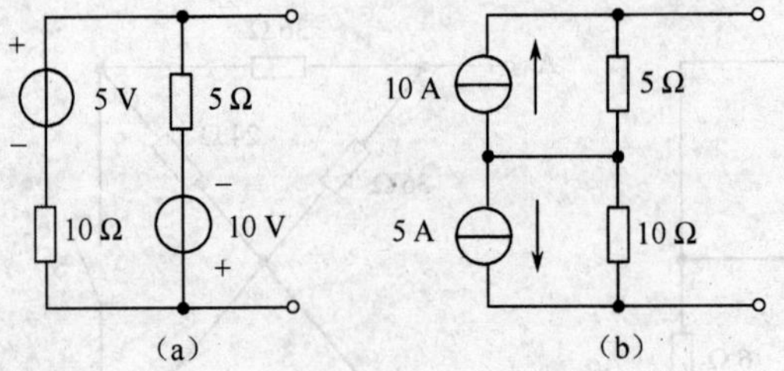

图 1-52

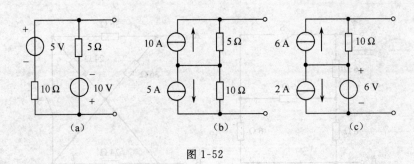

1-16　试求图 1-54 所示电路中的开路电压 U_{ab}。

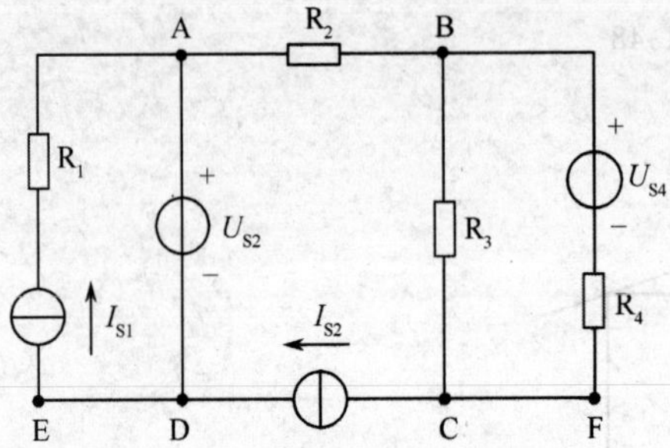

图 1-53

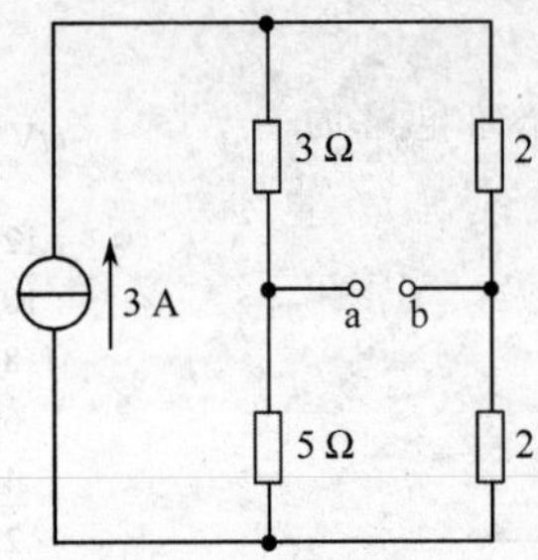

图 1-54

1-17　求解图 1-55 所示电路的输入电阻 R_i。

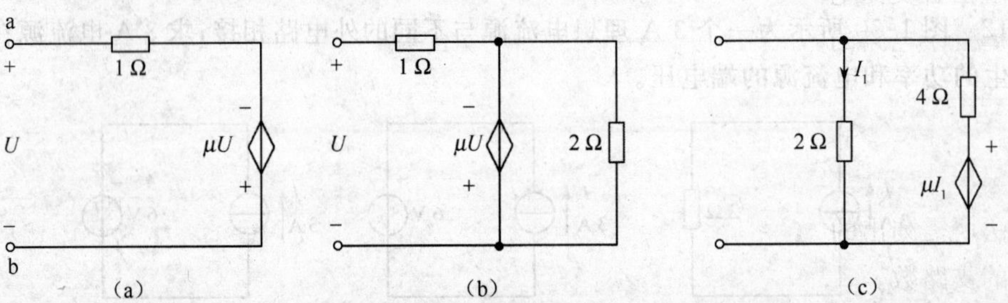

图 1-55

第二章

电路的基本分析方法和基本定理

本章要点

本章介绍电路的基本分析方法(包括支路电流法和节点电位法)和基本定理(包括叠加定理和戴维南定理)。电路的基本分析方法和基本定理是本课程的重要内容之一,应很好掌握。

2.1 支路电流法

当组成电路的元件不是很多,但又不能用串联和并联方法计算等效电阻时,这种电路称为复杂电路。支路电流法是电路分析中普遍适用的求解方法,它可以在不改变电路结构的情况下,以各支路电流为待求量,利用基尔霍夫电压定律和基尔霍夫电流定律列出电路的方程组,从而求解出各支路电流。

计算复杂电路的方法很多,本节介绍支路电流法。

2.1.1 定义

支路电流法是以支路电流为变量列出电路方程(组)求解电路的方法,简称为支路法。支路电流法所需列出的方程是独立节点的 KCL 方程和独立回路的 KVL 方程。方程的总数等于电路的支路数。

2.1.2 解题步骤

使用支路电流法解题的步骤如下:

(1) 选定各支路电流为未知量,并标出各电流的参考方向;

(2) 按基尔霍夫电流定律,列出$(n-1)$个节点电流方程;

(3) 指定回路的绕行方向,按基尔霍夫电压定律,列出$b-(n-1)$个回路电压方程;

(4) 代入已知条件,解联立方程组,求出各支路的电流。

2.1.3 应用举例

【例 2-1】 如图 2-1 所示,已知$U_{S1}=70$ V,$U_{S2}=6$ V,$R_1=7\ \Omega$,$R_2=11\ \Omega$,$R_3=6\ \Omega$。求各支路电流及各元件的功率。

解:(1) 根据 KCL 方程 $\Sigma I=0$

独立节点数 $n=2-1=1$

可知，对于节点 a，有　　$I_1+I_2-I_3=0$

(2) 根据 KVL 方程　　$\Sigma U=0$

独立回路数　　$b-n+1=2$

可列方程组

$$\begin{cases}-U_{S1}+U_{S2}+R_1I_1-R_2I_2=0\\-U_{S2}+R_2I_2+R_3I_3=0\end{cases}$$

带入数据 $\begin{cases}-70+6+7I_1-11I_2=0\\-6+11I_2+6I_3=0\end{cases}$

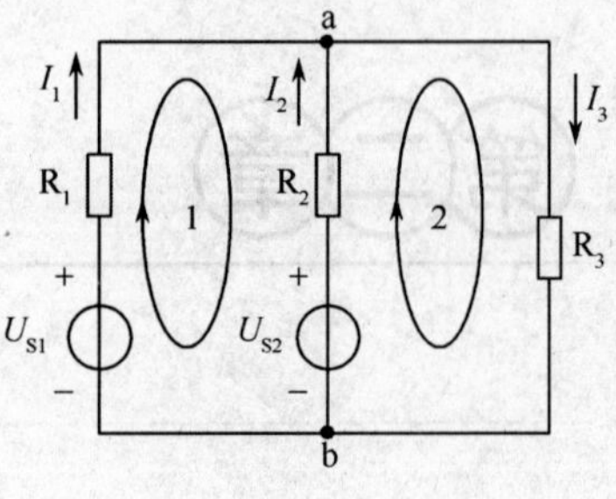

图 2-1　例 2-1 图

解得　　$I_3=4$ A　$I_1=6$ A　$I_2=-2$ A

下面求各元件上吸收的功率，进行功率平衡校验。

R_2 上吸收的功率为　　$P_{R2}=(-2)^2\times11=44$ (W)

R_3 上吸收的功率为　　$P_{R3}=4^2\times7=112$ (W)

U_{S1}上吸收的功率为　$P_{S1}=-(70\times6)=-420$ (W)　发出功率

U_{S2}上吸收的功率为　　$P_{S2}=-6\times(-2)=12$(W)　吸收功率

元件上吸收的总功率　　$P=6^2\times7+44+112+12=420$ (W)

电路中吸收的功率等于发出的功率，计算结果正确。

2.1.4　注意事项

1. 支路电流法是分析电路的基本方法，在需要求解电路的全电流时，均可采用此法。但如果只需要求出某一条支路的电流，用支路法计算就会比较烦琐，特别是当电路的支路数比较多时，这时，就可以选用后面将介绍的较简便的方法。

2. 支路中含有受控源时，需要增加辅助方程。

【例 2-2】　已知图 2-2 所示电路中，$\mu=3$，$U_{S1}=6$ V，$R_1=1\ \Omega$，$R_2=12\ \Omega$，$R_3=1.5\ \Omega$，求各支路电流。

解：$n=2$，$m=2$，$b=3$，各支路电流参考方向如图中所示。

根据 KCL，对节点 A，有

$$i_1-i_2-i_3=0$$

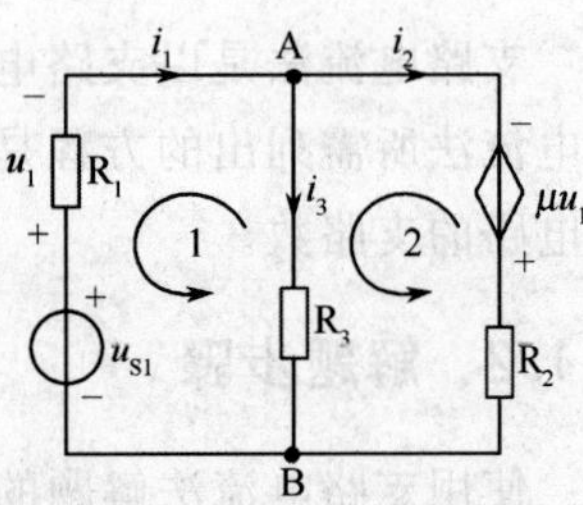

图 2-2　例 2-2 图

假定网孔回路绕行方向如图中所示，根据 KVL，对于网孔 1，有

$$u_{S1}-i_1R_1-i_3R_3=0$$

对于网孔 2，有

$$\mu u_1-i_2R_2+i_3R_3=0$$

代入数据，且考虑到 $u_1=i_1R_1$（辅助方程），整理方程式，得

$$\begin{cases}i_1-i_2-i_3=0\\i_1+1.5i_3=6\\3i_1-12i_2+1.5i_3=0\end{cases}$$

解方程组，得

$$i_1=3\text{ A}\quad i_2=1\text{ A}\quad i_3=2\text{ A}$$

2.2 节点电位法

2.2.1 定义

节点电位法是以节点电压(选电路中一节点为参考点,令该节点的电势为零,其余节点与该点的电势差即为节点电压)为待求量,利用基尔霍夫定律列出各节点电压方程式,进而求得电路中需要求的电流、电压、功率等的方法,简称节点法。

2.2.2 节点电压方程和弥尔曼定理

下面以图 2-3 为例,介绍节点电压方程的推导过程。

(1) 选定 C 点为参考节点,其余各节点与参考点之间的电压就是待求的节点电压。

(2) 标出各支路电流的参考方向如图 2-3 所示,对 A、B 节点分别列出 KCL 方程式。

$$I_1 = I_2 + I_3$$

$$I_3 = I_4 + I_5$$

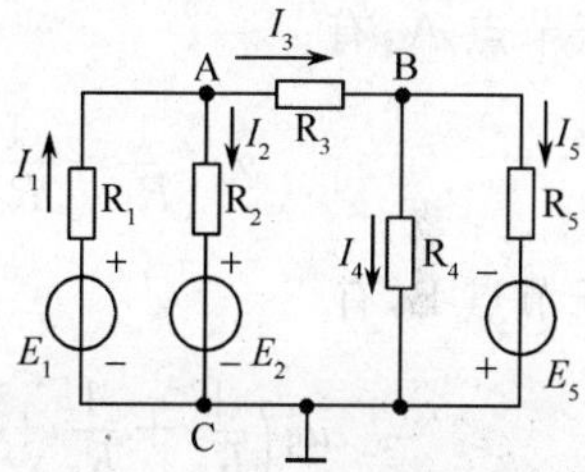

图 2-3　节点电压方程推导电路图

(3) 用 KVL 和欧姆定律,将节点电流用节点电压的关系式代替,写出节点电压方程式。

$$I_1 = \frac{E_1 - U_A}{R_1} \quad I_2 = \frac{U_A - E_2}{R_2}$$

$$I_3 = \frac{U_A - U_B}{R_3} \quad I_4 = \frac{U_B}{R_4}$$

$$I_5 = \frac{U_B + E_5}{R_5}$$

将各支路电流代入 A、B 两节点电流方程,然后整理得

$$\begin{cases} U_A\left(\frac{1}{R_1}+\frac{1}{R_2}+\frac{1}{R_3}\right)-U_B\left(\frac{1}{R_3}\right)=\frac{E_1}{R_1}+\frac{E_2}{R_2} \\ U_B\left(\frac{1}{R_3}+\frac{1}{R_4}+\frac{1}{R_5}\right)-U_A\left(\frac{1}{R_3}\right)=-\frac{E_5}{R_5} \end{cases}$$

根据以上分析,可以总结出节点电位法列方程的规律:

方程左边:未知节点电位乘以聚集在该节点上所有支路电导的总和(称为自电导),减去相邻节点电位乘以与未知节点共有支路上的电导(称为互电导)。

方程右边:与该节点相联系的各有源支路中的电动势与本支路电导乘积的代数和。当电动势方向朝向该节点时,符号为正,否则为负。

对于含恒流源支路的电路,列节点电位方程 时应遵循以下规则:

方程左边:按原方法编写,但不考虑恒流源支路的电阻。

方程右边:写出恒流源的电流。其符号为:电流朝向未知节点时取正号,反之取负号。电压源支路的写法不变。

对于只有两个节点、多条支路并联的电路，可以直接用公式求解节点电压。

$$U=\frac{\sum\frac{U_{Si}}{R_i}+\sum I_j}{\sum\frac{1}{R_k}} \tag{2-1}$$

这一特殊情况下的节点电压法称作弥尔曼定理。

2.2.3 应用举例

【例 2-3】 如图 2-4 所示电路中，$I_S=260$ A，$R_1=R_2=0.5\ \Omega$，$R_3=0.6\ \Omega$，$R_4=24\ \Omega$，$U_S=117$ V，用节点法求各支路电流。

解：选 C 点为参考点，方程如下：

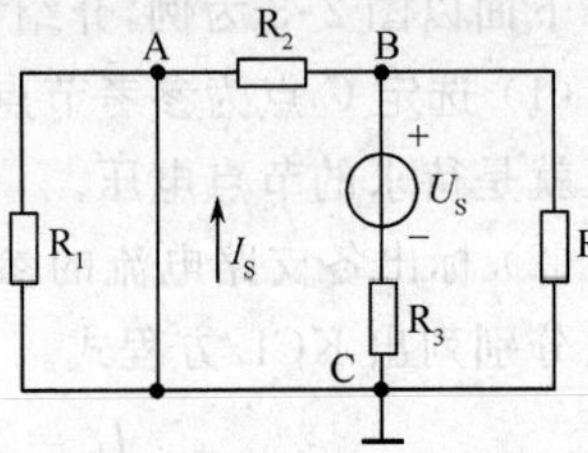

图 2-4 例 2-3 图

对于节点 A，有

$$u_A\left(\frac{1}{R_1}+\frac{1}{R_2}\right)-\frac{u_B}{R_2}=I_S$$

对于节点 B，有

$$u_B\left(\frac{1}{R_2}+\frac{1}{R_3}+\frac{1}{R_4}\right)-\frac{u_A}{R_2}=\frac{U_S}{R_3}$$

代入数据并整理方程组，得

$$\begin{cases}4u_A-2u_B=260\\89u_B-48u_A=4680\end{cases}$$

解方程组得

$$u_A=125\text{ V}\qquad u_B=120\text{ V}$$

设各支路电流参考方向如图中所示，有

$$i_1=\frac{u_A}{R_1}=250\text{ A}\qquad i_2=\frac{u_A-u_B}{R_2}=10\text{ A}$$

$$i_3=\frac{u_B-U_S}{R_2}=5\text{ A}\qquad i_4=\frac{u_B}{R_4}=5\text{ A}$$

【例 2-4】 应用弥尔曼定理求图 2-5 所示电路中各支路电流。

解：本电路只有一个独立节点，以 0 为参考点，设节点 1 电位为 U_1，由式(2-1)，得

$$U_1=\frac{\frac{20}{5}+\frac{10}{10}}{\frac{1}{5}+\frac{1}{20}+\frac{1}{10}}\approx 14.3\text{ (V)}$$

设各支路电流 I_1、I_2、I_3 的参考方向如图中所示，求得各支路电流分别为

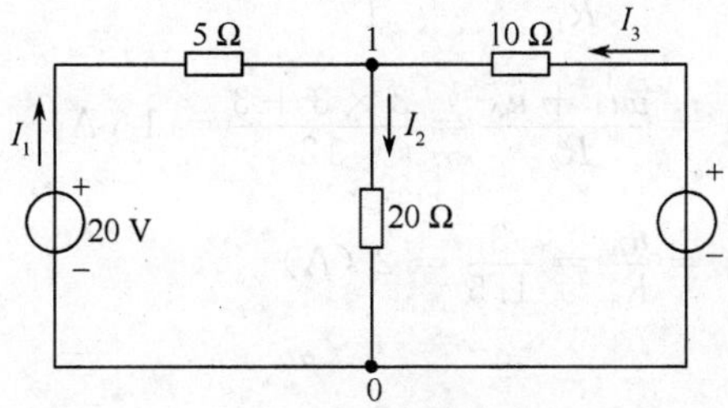

图 2-5　例 2-4 图

$$I_1=\frac{20-U_1}{5}=\frac{20-14.3}{5}=1.14\ (\mathrm{A})$$

$$I_2=\frac{U_1}{20}=\frac{14.3}{20}\approx 0.72\ (\mathrm{A})$$

$$I_3=\frac{10-U_1}{10}=\frac{10-14.3}{10}=-0.43\ (\mathrm{A})$$

2.2.4　注意事项

（1）电路中的独立节点数少于独立回路数时，用节点电压法比较方便，方程个数较少。

（2）选择参考点时，习惯上使参考点与尽可能多的节点相邻，这样求出各节点电位后计算支路电流较方便；若电路含有理想电压源支路，应选择理想电压源支路所连的两个节点之一作参考点，这样另一节点电位等于理想电压源电压，使方程数减少。若二者发生矛盾，应优先考虑第二点。

（3）对含有受控源的电路，在列出节点方程时先将受控源与独立源同样对待，同时根据需要将控制量用节点电位表示。

【例 2-5】　已知图 2-6 所示电路中，$\mu=3$，$u_{S1}=6\ \mathrm{V}$，$R_1=1\ \Omega$，$R_2=12\ \Omega$，$R_3=1.5\ \Omega$，求各支路电流。

解：该电路具有两个节点，选 B 为参考点，有

$$u_A\left(\frac{1}{R_1}+\frac{1}{R_2}+\frac{1}{R_3}\right)=\frac{u_{S1}}{R_1}-\frac{\mu u_1}{R_2}$$

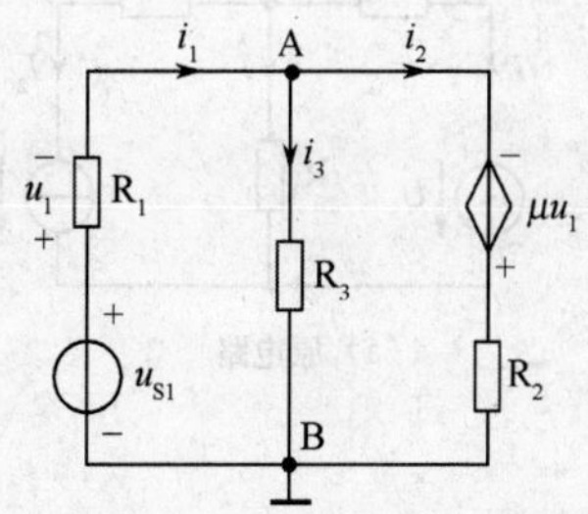

图 2-6　例 2-5 图

考虑到 $u_1=u_{S1}-u_A$，则方程为

$$u_A\left(\frac{1}{R_1}+\frac{1}{R_2}+\frac{1}{R_3}\right)=\frac{u_{S1}}{R_1}-\mu\frac{(u_{S1}-u_A)}{R_2}$$

整理方程得

$$u_A=\frac{u_{S1}/R_1-\mu u_{S2}/R_2}{1/R_1+1/R_2+1/R_3-\mu/R_2}$$

代入数据，解得 $u_A=3\ \mathrm{V}$，故

$$i_1 = \frac{u_{S1} - u_A}{R_1} = \frac{6-3}{1} = 3\ (A)$$

$$i_2 = \frac{\mu u_1 + u_A}{R_2} = \frac{3 \times 3 + 3}{12} = 1\ (A)$$

$$i_3 = \frac{u_A}{R_3} = \frac{3}{1.5} = 2\ (A)$$

2.3 叠加定理

叠加定理是线性电路的一个基本定理。所谓线性电路，是指由线性元件、线性受控源和独立激励源组成的电路。

2.3.1 定理内容

由多个独立电源共同作用的线性电路中，任一支路的电流（或电压）等于各独立电源分别单独作用时，在该支路中所产生的电流（或电压）的叠加（代数和）。当某一电源单独作用时，应将其他不作用的电源置为零，即将电压源短路，将电流源断路。

2.3.2 应用举例

下面通过例题说明应用叠加原理分析电路的方法和步骤。

【例 2-6】 图 2-7(a)所示电路中，已知 $U_S=9$ V，$I_S=6$ A，$R_1=6\ \Omega$，$R_2=4\ \Omega$，$R_3=3\ \Omega$，试用叠加原理求各支路中的电流。

解：(1)在原电路中标示各支路电流的参考方向。

(2) 画出各独立电源单独作用的电路图，并用不同标记标示各支路电流的参考方向，该参考方向应与原电流参考方向一致。I_S单独作用时，恒压源 U_S 用短路线代替($U_S=0$)，如图 2-7(b)所示；U_S单独作用时，恒流源 I_S 为断路($I_S=0$)，如图 2-7(c)所示。

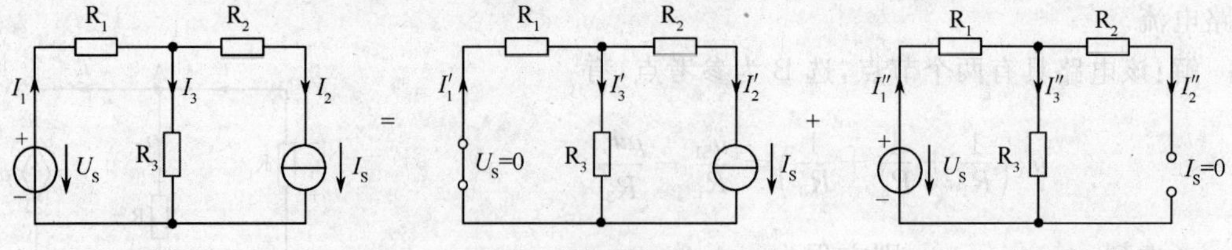

图 2-7 例 2-6 图

(3) 根据图 2-7(b)、(c)，分别求出各电源单独作用时的各支路电流。

I_S单独作用时，根据分流原理，有

$$I'_2 = I_S = 6\ A$$

$$I'_1 = \frac{R_3}{R_1+R_3} I_S = \frac{3}{6+3} \times 6 = 2\ (A)$$

$$I'_3 = -I_S + I'_1 = -6 + 2 = -4\ (A)$$

U_S单独作用时，$I''_2=0$，有

$$I''_1 = I''_3 = \frac{U_S}{R_1+R_2} = \frac{9}{6+3} = 1\ (A)$$

(4) 根据叠加原理，求出原电路各支路电流。

$$I_1 = I'_1 + I''_1 = 2+1 = 3\ (A)$$

$$I_2 = I'_2 + I''_2 = 6+0 = 6\ (A)$$

$$I_3 = I'_3 + I''_3 = -4+1 = -3\ (A)$$

由上面的例子，可归纳出用叠加定理分析电路的一般步骤：

(1) 将复杂电路分解为含有一个(或几个)独立源单独(或共同)作用的分解电路。

(2) 分析各分解电路，分别求得各电流或电压分量。

(3) 叠加后得出最后结果。

【例 2-7】 图 2-8(a)所示桥形电路中，已知 $R_1=2\ \Omega$，$R_2=1\ \Omega$，$R_3=3\ \Omega$，$R_4=0.5\ \Omega$，$U_S=4.5\ V$，$I_S=1\ A$。试用叠加定理求电压源的电流 I 和电流源的端电压 U。

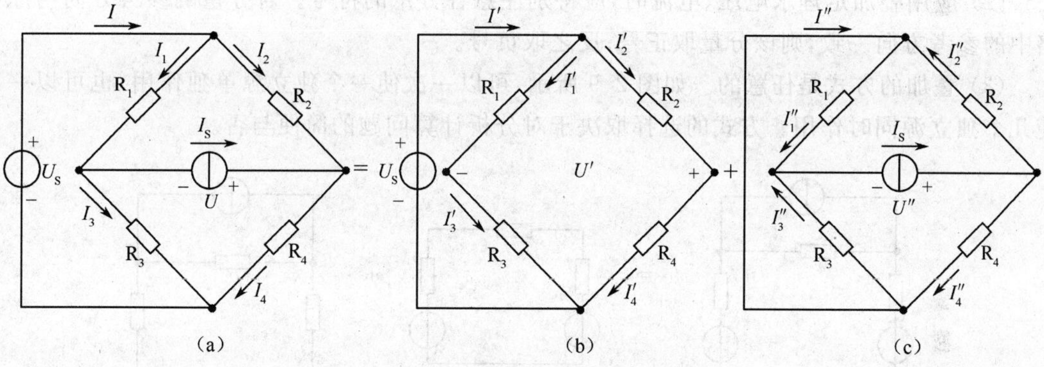

图 2-8 例 2-7图

解：(1) 当电压源单独作用时，电流源断路，如图 2-8(b)所示，各支路电流分别为

$$I'_1 = I'_3 = \frac{U_S}{R_1+R_3} = \frac{4.5}{2+3} = 0.9\ (A)$$

$$I'_2 = I'_4 = \frac{U_S}{R_2+R_4} = \frac{4.5}{1+0.5} = 3\ (A)$$

电流源支路的端电压为

$$U' = R_4 I'_4 - R_3 I'_3 = 0.5\times 3 - 3\times 0.9 = -1.2\ (V)$$

(2) 当电流源单独作用时，电压源短路，如图 2-8(c)所示，各支路电流分别为

$$I''_1 = \frac{R_3}{R_1+R_3}\cdot I_S = \frac{3}{2+3}\times 1 = 0.6\ (A)$$

$$I''_2 = \frac{R_4}{R_2+R_4}\cdot I_S = \frac{0.5}{1+0.5}\times 1 = 0.33\ (A)$$

$$I'' = I''_1 - I''_2 = 0.6 - 0.33 = 0.27\ (A)$$

电流源的端电压为

$$U'' = R_1 I_1'' + R_2 I_2''$$
$$= 2 \times 0.6 + 1 \times 0.33 = 1.53\ (\text{V})$$

(3) 两个独立源共同作用时，电压源的电流为

$$I = I' + I'' = 3.9 + 0.27 = 4.17\ (\text{A})$$

电流源的端电压为

$$U = U' + U'' = -1.2 + 1.53 = 0.33\ (\text{V})$$

2.3.3 注意事项

用叠加定理分析电路时，应注意以下几点：

(1) 叠加定理仅适用于线性电路，不适用于非线性电路；仅适用于电压、电流的计算，不适用于功率的计算。

(2) 应用叠加定理求电压、电流时，应特别注意各分量的符号。若分量的参考方向与原电路中的参考方向一致，则该分量取正号；反之取负号。

(3) 叠加的方式是任意的。如图 2-9 所示，可以一次使一个独立源单独作用，也可以一次使几个独立源同时作用。方式的选择取决于对分析计算问题的简便与否。

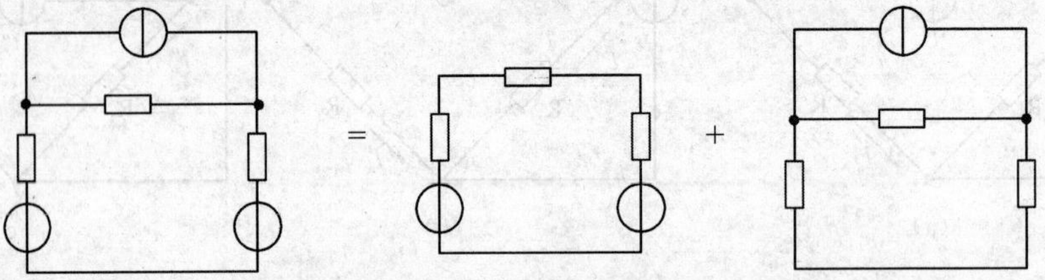

图 2-9 叠加的方式

(4) 受控源在没有其他电源激励的情况下不可能独立存在，不能将受控源视为独立电源。如果电路中含有受控源，在考虑某个电源单独作用时，受控源应保留在原处。

【例 2-8】 应用叠加原理分析计算多电源线性电路。如图 2-10(a)所示电路，试用叠加定理求电压 U 和电流 I。

解：本题是一含受控源多电源线性电路，含有两个独立电压源和一个独立电流源。按叠加定理，应现分别作出每一独立电源单独作用的电路，这时其他所有独立电源置零，而受控源应该保留，各电流电压的参考方向应保持不变。计算出每一独立电源单独作用时的待求电压和电流的分量，最后进行叠加，即计算各电压和电流分量的代数和，便求出电压 U 和电流 I。

应用叠加定理解题，步骤如下：

(1) 作 6 V 电压源单独作用时的电路，如图 2-10(b)所示。根据 KVL，可得

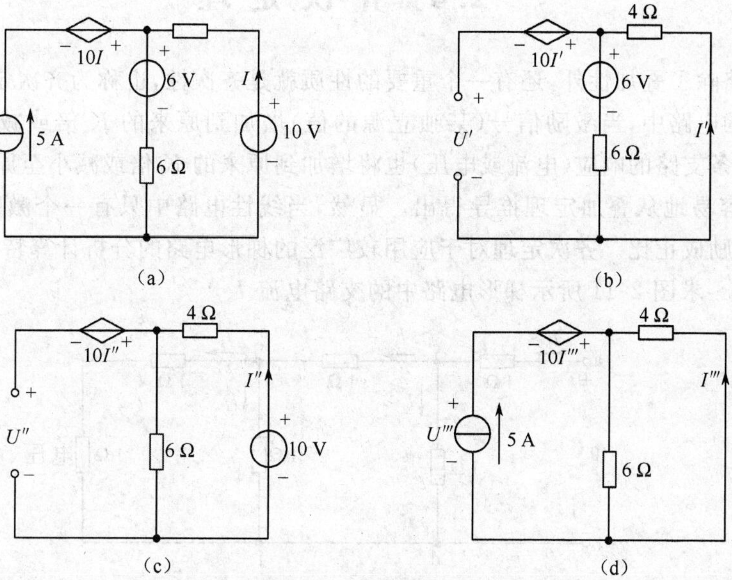

图 2-10　例 2-8 图

$$I' = -\frac{6}{6+4} = -0.6\ (\text{A})$$

$$U' = -10I' + 6 + 6I' = -4I' + 6$$

$$= -4 \times (-0.6) + 6 = 8.4\ (\text{V})$$

(2) 作 10 V 电压源单独作用时的电路，如图 2-10(b)所示。根据 KVL，可得

$$I'' = \frac{10}{4+6} = 1\ (\text{A})$$

$$U'' = -10I'' + 6I'' = -4I''$$

$$= -4 \times 1 = -4\ (\text{V})$$

(3) 作 5 A 电流源单独作用时的电路如图 2-10(c)所示。根据分流公式，得出电流为

$$I''' = -\frac{6}{4+6} \times 5 = -3\ (\text{A})$$

电压为

$$U''' = -10I''' - 4I''' = -14I'''$$

$$= -14 \times (-3) = 42\ (\text{V})$$

(4) 进行叠加，求出 U 和 I。

$$U = U' + U'' + U'''$$

$$= 8.4 - 4 + 42 = 46.4\ (\text{V})$$

$$I = I' + I'' + I'''$$

$$= -0.6 + 1 + (-3) = -2.6\ (\text{A})$$

2.4 齐次定理

线性电路除了叠加性外，还有一个重要的性质就是齐次性，也称为齐次定理。齐次定理是指单个激励的电路中，当激励信号（某独立源的值）增加到原来的 K 倍或减小至原来的 $1/K$ 时，电路中某条支路的响应（电流或电压）也将增加到原来的 K 倍或减小至原来的 $1/K$。齐次定理可以很容易地从叠加定理推导得出。显然，当线性电路中只有一个激励时，根据齐次定理，响应与激励成正比。齐次定理对于应用较广泛的梯形电路的分析计算特别有效。

【例 2-9】 求图 2-11 所示梯形电路中的支路电流 I_5。

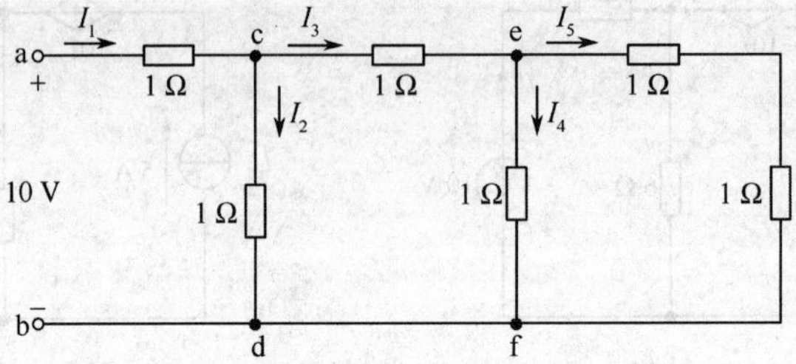

图 2-11 例 2-9 图

解：此电路是简单电路，可以用电阻串并联的方法化简，求出总电流，再由分流、分压公式求出电流 I_5，但这样很烦琐。为此，可应用齐次定理，采用"倒推法"来计算。

先给 I_5 一个假定值，用加撇的符号（′）表示。设 $I'_5=1$ A，然后依次推算出其他电压、电流的假定值。

$$U'_{ef}=2\ \text{V}$$

$$I'_3=I'_4+I'_5=3\ \text{A}$$

$$U'_{cd}=U'_{ce}+U'_{ef}=5\ \text{V}$$

$$I'_1=I'_2+I'_3=8\ \text{A}$$

$$U'_{ab}=U'_{ac}+U'_{cd}=13\ \text{V}$$

由于实际电压为 10 V，根据齐次定理计算得

$$I_5=1\times\frac{10}{13}=0.769\ (\text{A})$$

【例 2-10】 如图 2-12 所示线性二端网络，已知 $u_S=5$ V，$i_S=2$ A 时，$u_0=10$ V；$u_S=8$ V，$i_S=3$ A 时，$u_0=2$ V。现有 $u_S=2$ V，$i_S=1$ A，求电压 u_0。

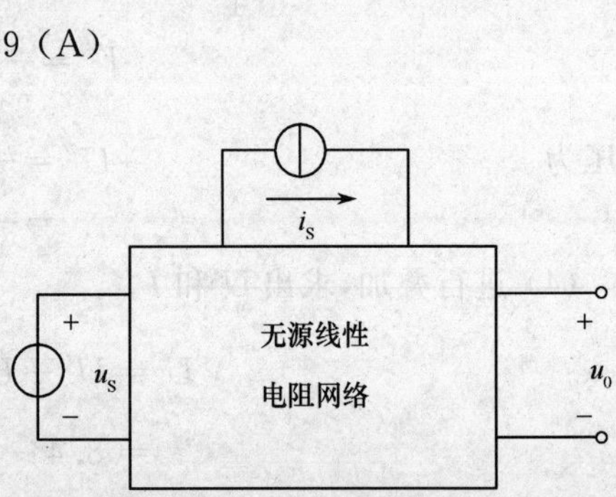

图 2-12 例 2-10 图

解题思路：根据叠加定理，当电压源 u_S 单独作用时，端口电压 $u'_0=k_1u_S$；当电流源 i_S 单独作用时，端口电压 $u''_0=k_2i_S$。故当 u_S 和 i_S 共同作用时，端口电压为

$$u_0=u'_0+u''_0=k_1u_S+k_2i_S$$

根据已知条件，可以得出两个方程为

$$u'_0 = k_1 u'_S + k_2 i'_S$$
$$u''_0 = k_1 u''_S + k_2 i''_S$$

联立求解上述两个方程，求出系数 k_1 和 k_2。于是，便得出 u_0 与 u_S、i_S 的函数关系为 $u_0 = k_1 u_S + k_2 i_S$。将待求条件代入方程，便可解出待求量 u_0。

解：由于二端网络是线性电阻网络，按叠加定理可得

$$u_0 = k_1 u_S + k_2 i_S$$

当 $u_S = 5$ V，$i_S = 2$ A 时，$u_0 = 10$ V。代入式，则有

$$5k_1 + 2k_2 = 10$$

当 $u_S = 8$ V，$i_S = 3$ A 时，$u_0 = 6$ V。则有

$$8k_1 + 3k_2 = 6$$

联立求解以上两个方程式，可得

$$k_1 = -18 \qquad k_2 = 50$$

故得出 u_0 与 u_S、i_S 的函数关系为

$$u_0 = -18u_S + 50i_S$$

现 $u_S = 2$ V，$i_S = 1$ A，则端口电压 u_0 为

$$u_0 = -18 \times 2 + 50 \times 1 = 14\ (\text{V})$$

2.5 戴维南定理

若一个电路只通过两个输出端与外电路相连，则该电路称为二端网络。若含有独立电源，就称作有源二端线性网络；若二端网络内部没有电源，就称为无源二端网络。无源二端网络可以用一个等效电阻来代替。本节将讨论一般线性二端网络的等效变换。

对于任意含独立源，线性电阻和线性受控源的二端网络，都可以用一个电压源与电阻相串联的二端网络来等效。这个电压源的电压，就是此二端网络的开路电压，这个串联电阻就是从此二端网络两端看进去，当二端网络内部所有独立源均置零以后的等效电阻。

一个有电压源、电流源及电阻构成的二端网络，可以用一个电压源 U_0 和一个电阻 R_0 的串联等效电路来等效。U_0 等于该二端网络开路时的开路电压；R_0 称为戴维南等效电阻，其值是从二端网络的端口看进去，该网络中所有电压源及电流源为零值时的等效电阻。电压源 U_0 和电阻 R_0 组成的支路叫戴维南等效电路。

应用戴维南定理必须注意：

(1) 戴维南定理只对外电路等效，对内电路不等效。也就是说，不可应用该定理求出等效电源电动势和内阻之后，又返回来求原电路(即有源二端网络内部电路)的电流和功率。

(2) 应用戴维南定理进行分析和计算时，如果待求支路后的有源二端网络仍为复杂电路，可再次运用戴维南定理，直至成为简单电路。

(3) 戴维南定理只适用于线性的有源二端网络。如果有源二端网络中含有非线性元件，则不能应用戴维南定理求解。

2.5.1 定理内容

对于任意含独立源,线性电阻和线性受控源的二端网络,都可以用一个电压源与电阻相串联的二端网络来等效。这个电压源的电压,就是此二端网络的开路电压,这个串联电阻就是从此二端网络两端看进去,当二端网络内部所有独立源均置零以后的等效电阻。

关于戴维南定理,可用图 2-13 作进一步说明。设 N 为线性有源电阻性二端网络,N_0 为 N 中所有独立电源置零后的线性电阻网络。对 N,求出 A、B 间开路时的电压 U_0,对 N_0,求出 A、B 间等效电阻 R_0,则二端网络 N 被等效为图 2-13(c)所示的戴维南等效电路模型。

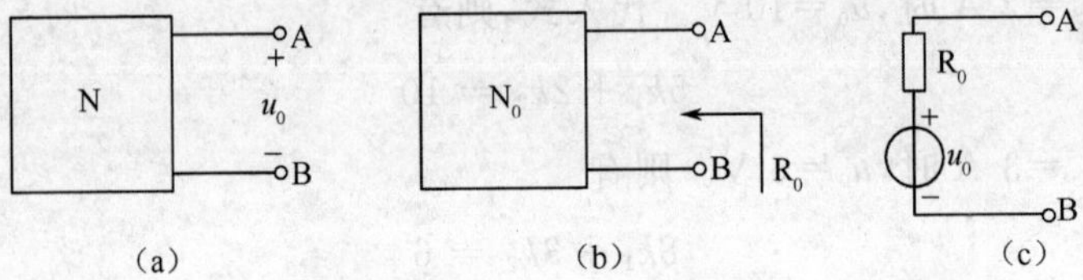

图 2-13 戴维南定理

2.5.2 解题步骤

(1) 断开待求支路,求出有源二端网络的开路电压 U_0;

(2) 将有源二端网络的所电压源短路、电流源开路,求出无源二端网络的等效电阻 R_i;

(3) 画出戴维南等效电路图。

2.5.3 应用举例

【例 2-11】 在图 2-14 所示电路中,已知电阻 $R_1=3\ \Omega$,$R_2=6\ \Omega$,$R_3=10\ \Omega$,$R_4=2\ \Omega$,电压 $U_S=3$ V,$I_S=3$ A,试用戴维南定理求电压 U_1。

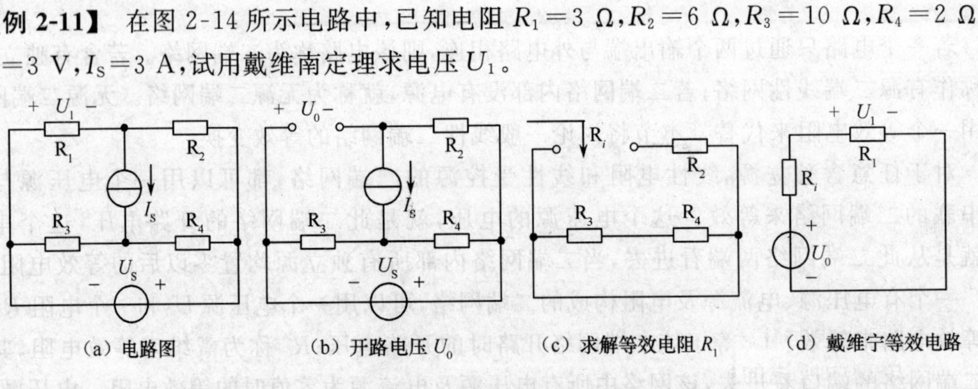

(a) 电路图
(b) 开路电压 U_0
(c) 求解等效电阻 R_1
(d) 戴维宁等效电路

图 2-14 例 2-11 图

解:将电阻 R_1 断开,余下的电路是一个线性有源二端网络,如图 2-14(b)所示。

(1) 该二端网络的开路电压 U_0。

$$U_0=-U_S+I_SR_2=-3+3\times 6=15\ (\text{V})$$

(2) 求等效电源的内电阻 R_i。将电压源 R_S 短路,电流源 I_S 断路,得如图 2-14(c)所示电路。

$$R_1=R_2=6\ \Omega$$

(3) 画出戴维南等效电路，如图 2-14(d)所示。

【例 2-12】 求通过图 2-15(a)中电阻 R_1 的电流 I_1。

解：运用戴维南定理求解。

(1) 将被求支路 ab 两端断开，求开路电压 U_{ab}。如图 2-15(b)所示，有

$$U_{ab} = 10 - 2R_2 = 10 - 2 \times 4 = 2\ (\mathrm{V})$$

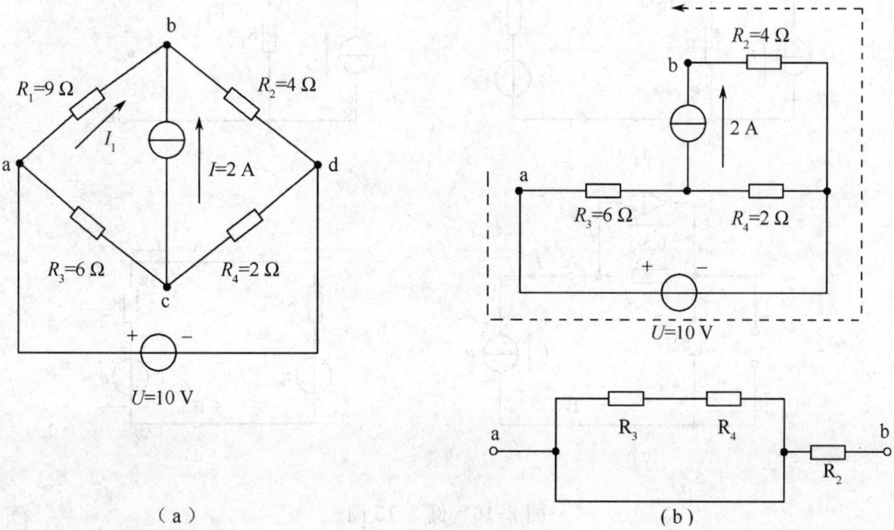

图 2-15 例 2-12 图

(2) 求 ab 两端的等效电阻 R_{ab}（此时应将电压源短路、电流源断路）。

$$R_{ab} = R_2 = 4\ \Omega$$

(3) 求电流 I_1。

$$I_1 = \frac{U_{ab}}{R_1 + R_{ab}} = \frac{2}{9+4} \approx 0.154\ (\mathrm{A})$$

2.5.4 注意事项

1. 适用于求复杂电路中某一条支路的响应。

2. 注意以下三个方面的问题：

(1) 定理中所说的独立源“置零”的概念与叠加定理中的“置零”含义完全相同。

(2) 从断开待求支路后的电路计算开路电压 u_0，可用已学过的任何方法。

(3) 等效电阻 R_0 的计算，通常有下面三种方法：

其一，电源置零法。对于不含受控源的二端网络，将独立电源置零后，可以用电阻的串并联等效方法计算。

其二，开路短路法。即求出网络开路电压 u_0 后，将网络端口短路，再计算短路电流 i_0，则等效电阻 $R_0 = u_0/i_0$。

其三，外加电源法。即将网络中所有独立电源置零后，在网络端口加电压源 u'_S（或电流源 i'_S），求出电压源输出给网络的电流 i（或电流源的端电压 u），则 $R_0 = u'_S/i$（或 $R_0 = u/i'_S$）。

一般情况下，无论网络是否有受控源，均可用后两种方法。

【例 2-13】 已知图 2-16(a)所示电路中，$u_S=18$ V，$i_S=3$ A，$R_1=3\ \Omega$，$R_2=2\ \Omega$，$R_3=2\ \Omega$，求电流 i。

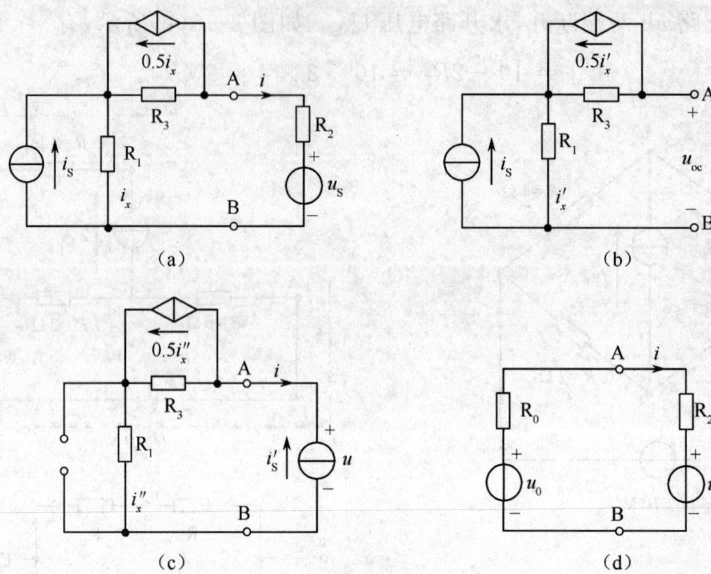

图 2-16　例 2-13 图

解：该电路含有受控电流源，计算等效电阻只能使用第二种或第三种方法。从 A、B 间断开 R_2 与 u_S 串联支路后的电路如图 2-16(b)所示。此时，i_S 只能通过 R_1，$0.5i'_x$ 只能通过 R_3，且 $i'_x=i_S$，故 u_0 为

$$
\begin{aligned}
u_0 &= i_S R_1 - 0.5i'_x R_3 \\
&= i_S R_1 - 0.5 i_S R_3 \\
&= 3\times 3 - 0.5\times 3\times 2 \\
&= 6\ (\mathrm{V})
\end{aligned}
$$

将图 2-16(b)中的 i_S 置零后，在 A、B 间加电流源 i'_S，如图 2-16(c)所示，则

$$i''_x = i'_S$$

$$
\begin{aligned}
u &= i'_S R_1 + (i'_S - 0.5i''_x) R_3 \\
&= i'_S \times 3 + (i'_S - 0.5i''_S)\times 2 \\
&= 4i'_S
\end{aligned}
$$

故
$$R_0 = \frac{u}{i'_S} = 4\ \Omega$$

画戴维南等效电路，如图 2-16(d)所示，故

$$i = \frac{u_0 - u_S}{R_0 + R_1} = \frac{6-18}{4+2} = -2\ (\mathrm{A})$$

小　结

(1) 支路电流法。支路电流法以 b 个支路的电流为未知数，列 $n-1$ 个节点电流方程，用支路电流表示电阻电压，列 $m=b-(n-1)$ 个网孔回路电压方程，共列 b 个方程联立求解。

(2) 节点法。节点电压法以 $n-1$ 个节点电压为未知数，用节点电压表示支路电压、支路电流，列 $n-1$ 个节点电流方程联立求解。

(3) 叠加定理。对于线性电路，当电路中有两个或两个以上的独立源作用时，任何一条支路的电源(或电压)等于电路中每个独立源分别单独作用时，在该支路所产生的电流(或电压)的代数和。

(4) 戴维南定理。任何一个线性有源二端网络，都可以用一个等效电压源代替，等效电压源的电动势 U_S 等于有源二端网络的开路电压 U_0，等效电压源的内阻 R_0 等于有源二端网络中所有电源均除去(理想电压源短路、理想电流源断路)后所得到的无源二端网络的等效电阻。

习　题　二

2-1　电路如图 2-17 所示，试用支路电流法求各支路电流。

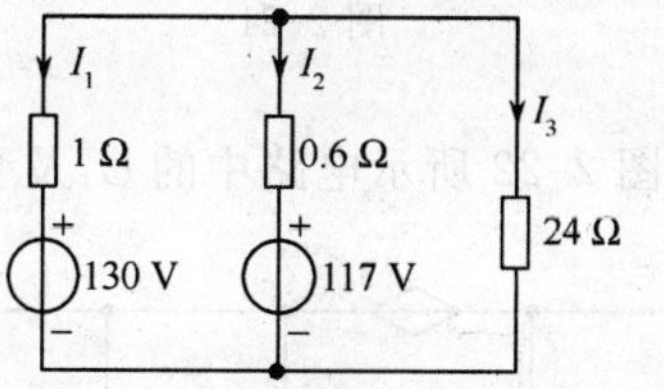

图 2-17

2-2　求图 2-18 所示电路中的电流 I 及电压 U_1。

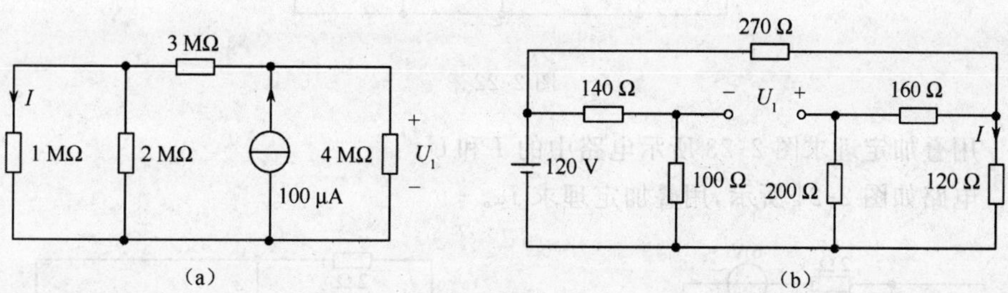

图 2-18

2-3　列出图 2-19 所示电路的节点方程并求出节点电压。

2-4　用节点分析法求图 2-20 所示电路中的 U_1 和 I。

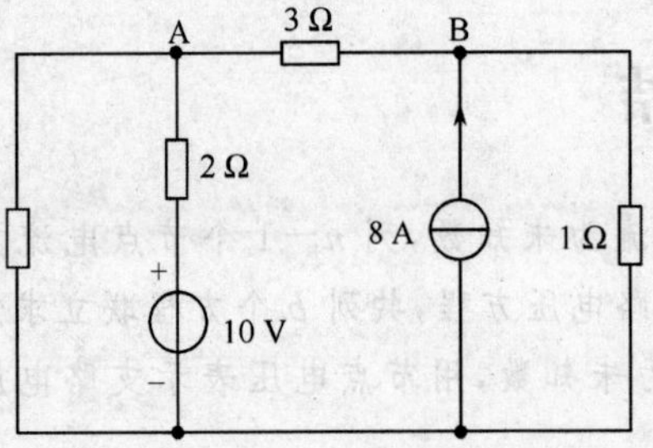

图 2-19

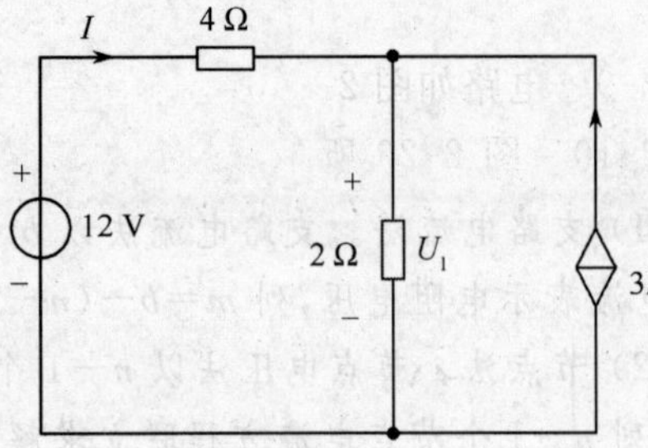

图 2-20

2-5 如图 2-21 所示电路，求通过 50 kΩ 电阻的电流 I_{AB}。

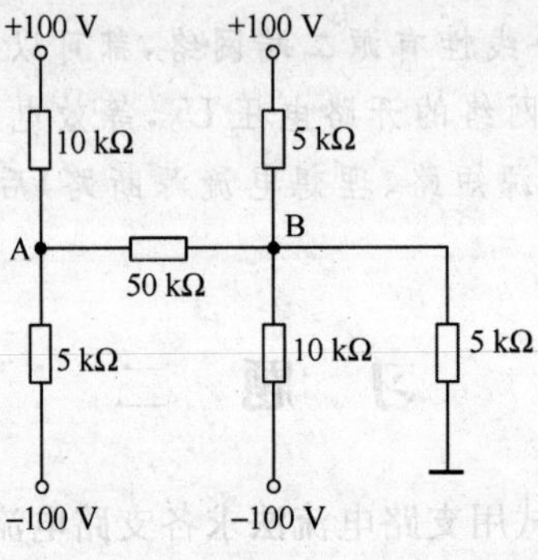

图 2-21

2-6 试用节点分析法求解图 2-22 所示电路中的 U_1 及受控源的功率。

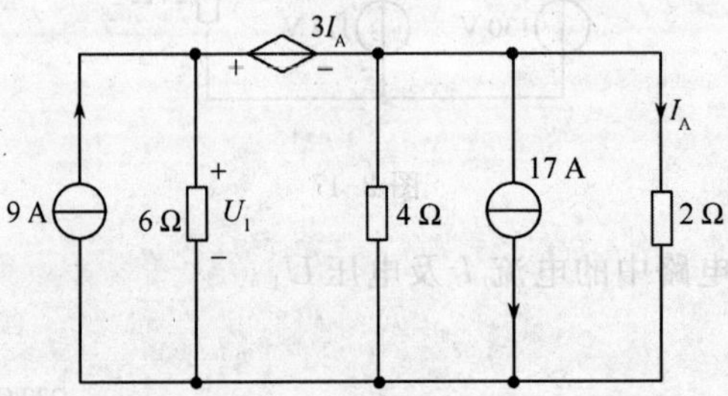

图 2-22

2-7 用叠加定理求图 2-23 所示电路中的 I 和 U。

2-8 电路如图 2-24 所示，用叠加定理求 I_x。

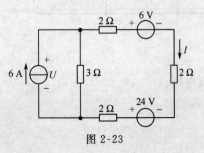

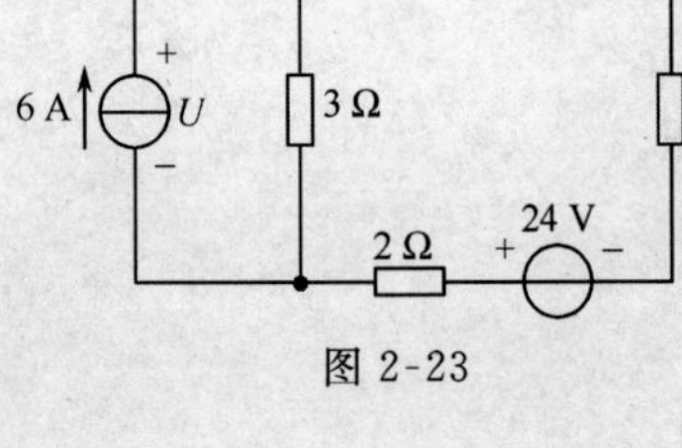

图 2-23

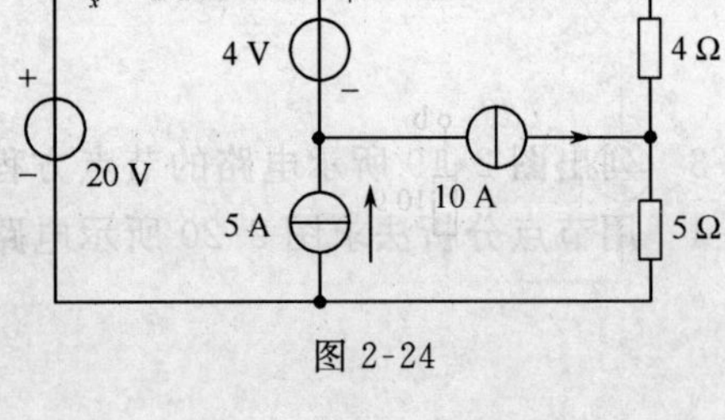

图 2-24

2-9　电路如图 2-25 所示，用叠加定理求 I_x。

2-10　图 2-26 所示线性网络 N 只含电阻。若 $I_{S1}=8$ A，$I_{S2}=12$ A，则 $U_x=80$ V；若 $I_{S1}=8$ A，$I_{S2}=4$ A，则 $U_x=0$。求 $I_{S1}=I_{S2}=20$ A 时，U_x是多少？

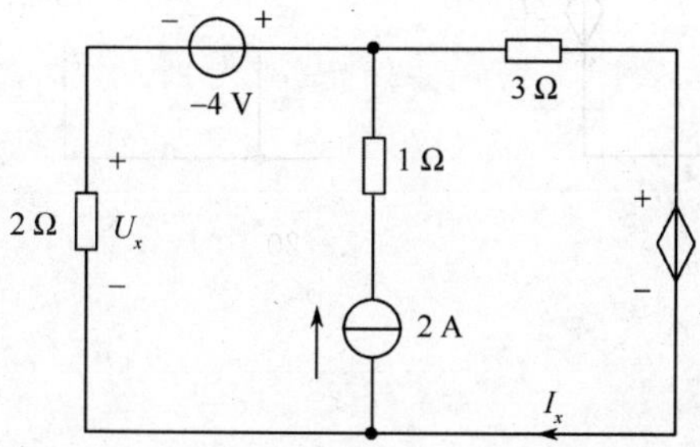

图 2-25

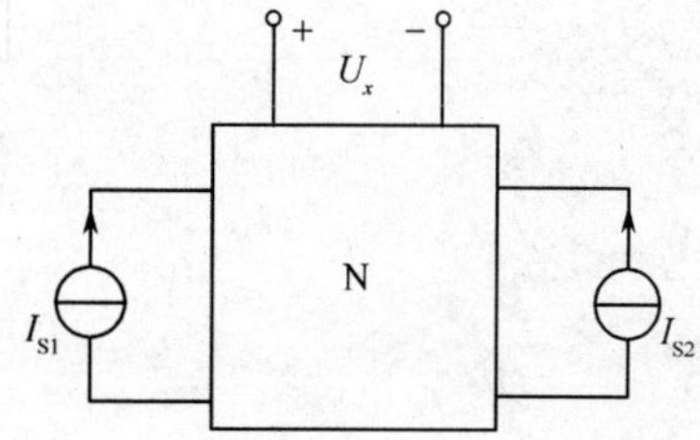

图 2-26

2-11　用戴维南定理求图 2-27 所示电路中通过阻值为 10 Ω 电阻的电流 I。

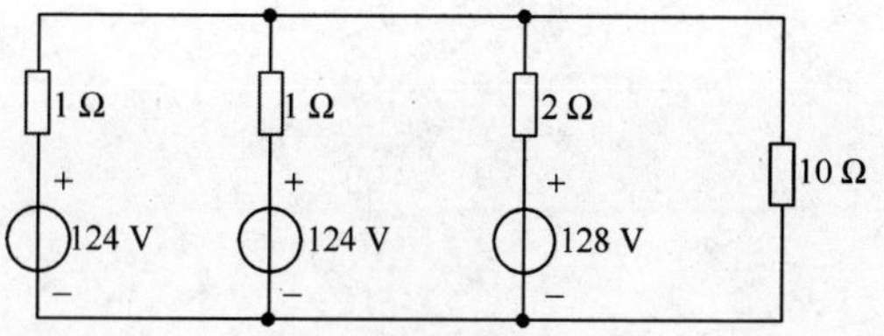

图 2-27

2-12　求图 2-28 所示电路的戴维南等效电路。

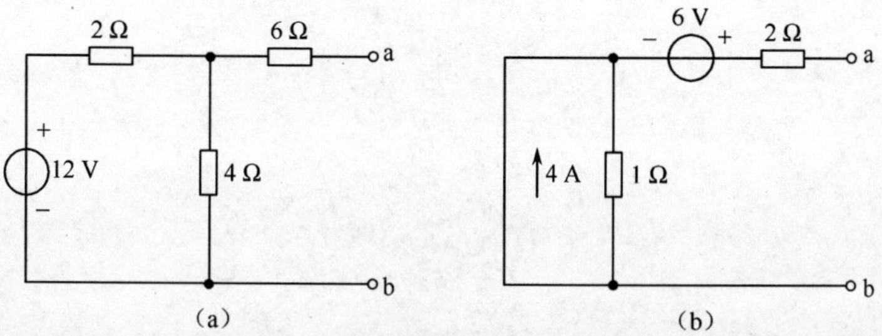

图 2-28

2-13　用戴维南定理求图 2-29 所示二端网络端口 a、b 的等效电路。

2-14　试用戴维南定理求图 2-30 所示电路中的电流 I_L。

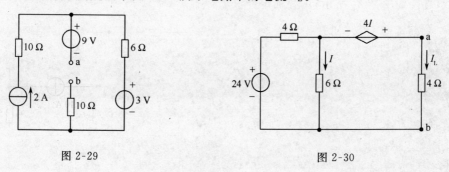

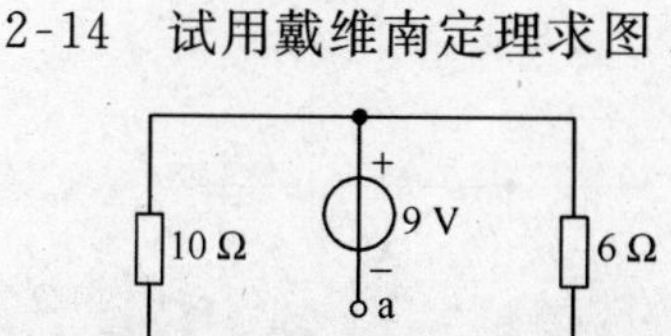

图 2-29

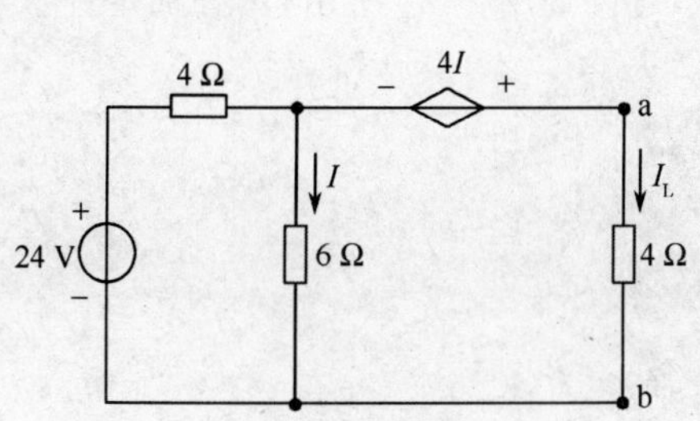

图 2-30

2-15　用任一种方法计算图 2-31 所示电路的各支路电流。

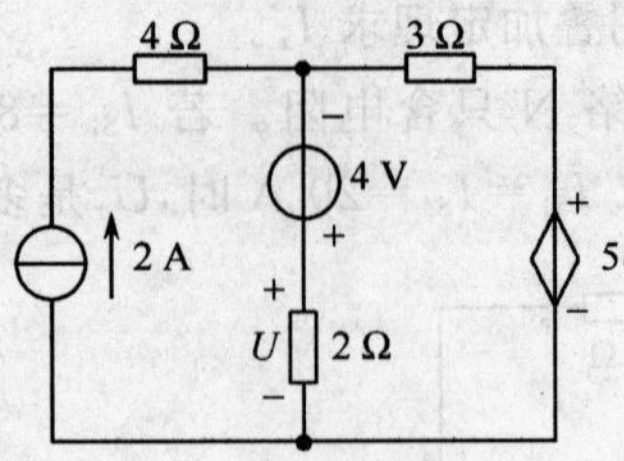

图 2-31

第三章

正弦交流电路

本章要点

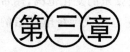

本章先介绍正弦量的基本概念和相量表示法及基尔霍夫定律的相量形式，以及单一参数元件伏安关系的相量形式及其功率。在此基础上，介绍阻抗和以及简单交流电路的分析方法，接着介绍交流电路的功率和功率因数以及提高功率因数的方法。最后对交流电路的谐振作简要介绍。

正弦交流电路的基本理论和基本分析方法是学习三相电路、交流电机、电器及电子技术的重要基础，也是本课程的重要内容之一，应很好掌握。

3.1 正弦量的三要素

大小和方向随时间作有规律变化的电压和电流称为交流电，又称交变电流。正弦交流电是随时间按照正弦函数规律变化的电压和电流。由于交流电的大小和方向都是随时间不断变化的，也就是说，每一瞬间电压（电动势）和电流的数值都不相同，所以在分析和计算交流电路时，必须标明它的正方向。正弦量的瞬时值用小写字母 i、u、e 表示。以 i、为例，其波形如图 3-1所示。它的表达式可写成

$$i = I_{\mathrm{m}}\sin(\omega t+\psi) \tag{3-1}$$

式中，幅值 I_{m}、角频率 ω 和初相位 ψ 称为正弦量的三要素。如果已知这 3 个量，该正弦量就可以被唯一确定了。

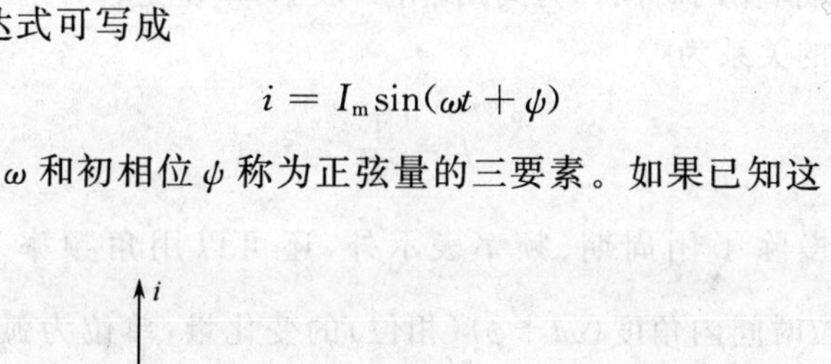

图 3-1 正弦电流 i 的波形

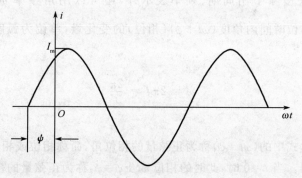

下面分别介绍正弦量的三要素。

1. 幅值

幅值(又称最大值、振幅、峰值)是指正弦量的正的最大值,表示正弦量的变化范围,用带下标 m 的大写字母表示,如式(3-1)中的 I_m。电气设备和器件上的击穿电压或绝缘电压指的是电压的最大值。通常电路元件的耐压值要高于电路电压的最大值。

交流电在实际使用中,如果用最大值来计算交流电的电功或电功率并不合适,因为毕竟在一个周期中只有两个瞬间达到这个最大值。通常用有效值来计算交流电的实际效应。如果周期电流 i 通过电阻 R 在一个周期 T 内产生的热量,与直流电流 I 通过同一电阻 R 在同一周期 T 内产生的热量相等,则这个直流电流 I 的数值称为该周期电流的有效值。有效值用大写字母 I 表示。根据有效值的定义,不难得出正弦电流有效值与幅值的关系为

$$I=\frac{I_m}{\sqrt{2}}\approx 0.707I_m \tag{3-2}$$

同理,正弦电压和正弦电动势的有效值

$$U=\frac{U_m}{\sqrt{2}}\approx 0.707U_m \quad E=\frac{E_m}{\sqrt{2}}\approx 0.707E_m$$

各种仪表测得的交流电数值也均为有效值,常用有效值计算平均功率。

【例 3-1】 电容器的耐压值为 250 V,问能否用在 220 V 的单相交流电源上?

解:因为 220 V 的单相交流电源为正弦电压,其振幅值为 311 V,大于其耐压值 250 V,电容可能被击穿,所以不能接在 220 V 的单相电源上。各种电器件和电气设备的绝缘水平(耐压值)要按最大值考虑。

2. 频率

正弦量每秒内重复变化的周期数称为频率,用来表示正弦量变化的快慢。频率用 f 表示,单位是赫兹(Hz)。我国的工业与民用电采用 50 Hz 作为电力标准频率,又称工频。

正弦量变化一周所需要的时间称为周期,用 T 表示,单位是秒(s)。

频率 f 与周期 T 的关系为

$$f=\frac{1}{T} \tag{3-3}$$

正弦量变化的快慢除了用周期、频率表示外,还可以用角频率 ω 表示。角频率 $\omega=\frac{\mathrm{d}}{\mathrm{d}t}(\omega t+\psi)$,即 ω 是单位时间内角度 $(\omega t+\psi)$(相位)的变化量,单位为弧度每秒(rad/s)。ω 与 f、T 之间的关系为

$$\omega=2\pi f=\frac{2\pi}{T} \tag{3-4}$$

3. 初相

电流瞬时值表达式中的 $(\omega t+\psi)$ 称为正弦量的相位角,简称相位或相角。它用来表示正弦量随时间变化的进程。当 $t=0$ 时,此时的相位 $\omega t+\psi=\psi$,称为正弦量的初相位,简称初相。

初相的单位为弧度(rad),有时为方便也用度(°),习惯上把初相的取值范围规定为 $|\psi|\leqslant\pi$。初相的正负和大小与计时起点的选择有关,如图 3-2 中所示。由图可知,初相为正值的正弦量,在 $t=0$ 时的值为正,离坐标原点最近的零值点在坐标原点之左;初相为负值的正

弦量，在 $t=0$ 时的值为负，离坐标原点最近的零值点在坐标原点之右。

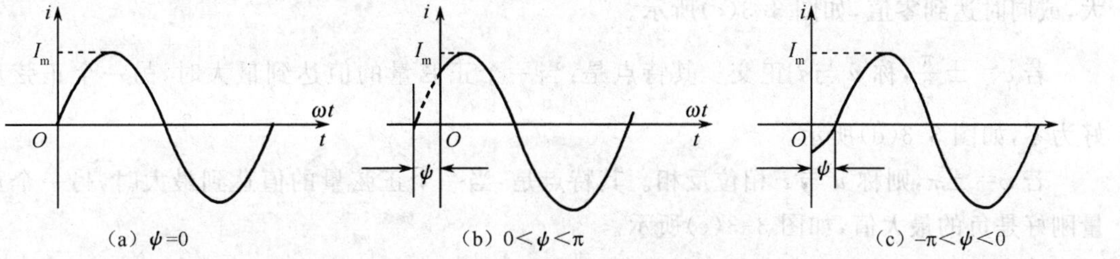

图 3-2　计时起点的选择

在正弦交流电路中，有时要比较两个同频率正弦量的相位。两个同频率正弦量的相位之差称为相位差，用 φ 表示。设

$$u=U_m\sin(\omega t+\psi_u)$$
$$i=I_m\sin(\omega t+\psi_i)$$

则电压与电流的相位差为

$$\varphi=(\omega t+\psi_u)-(\omega t+\psi_i)=\psi_u-\psi_i \qquad (3\text{-}5)$$

即两个同频率正弦量的相位差在任何时刻都是常数，等于它们的初相差。规定 φ 的取值范围是 $|\varphi|\leqslant\pi$。

若 $\varphi>0$，表明 $\psi_u>\psi_i$，则 u 比 i 先达到最大值，称 u 超前于 i 一个相位角 φ，或者说 i 滞后于 u 一个相位角 φ，如图 3-3(a)所示。

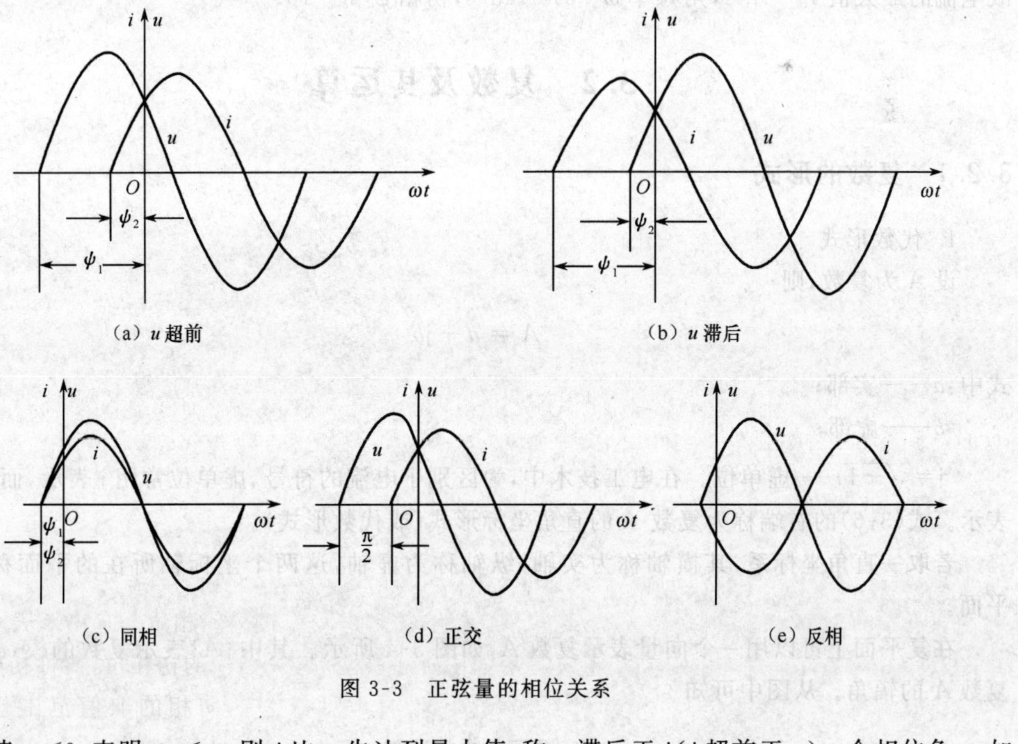

图 3-3　正弦量的相位关系

若 $\varphi<0$，表明 $\psi_u<\psi_i$，则 i 比 u 先达到最大值，称 u 滞后于 i（i 超前于 u）一个相位角 φ，如图 3-3(b)所示。

若 $\varphi=0$，表明 $\psi_u=\psi_i$，则称 u 与 i 同相。其特点是：两个正弦量同时达到正最大值或负最大，或同时达到零值，如图 3-3(c)所示。

若 $\varphi=\pm\frac{\pi}{2}$，称 u 与 i 正交。其特点是：当一个正弦量的值达到最大时，另一个正弦量刚好为零，如图 3-3(d)所示。

若 $\varphi=\pm\pi$，则称 u 与 i 相位反相。其特点是：当一个正弦量的值达到最大时，另一个正弦量刚好是负的最大值，如图 3-3(e)所示。

注意：

(1) 同频率的正弦量的相位差与计时起点的选择无关。计时起点不同，各同频率正弦量的初相不同，但它们之间的相位差是不变的。本书中谈到的相位差都是指同频率之间的相位差。

(2) 在正弦交流电路中，常常需要分析计算相位差，而对正弦量的初相考虑不多，因此正弦量的计时起点可以任意选择。为了方便，在选择计时起点时，往往使得电路中某一正弦量的初相为零，该正弦量称为参考正弦量，在一个电路中只允许选择一个参考正弦量。

【例 3-2】 在选定的参考方向下，已知两个正弦量的解析式为 $u=200\sin(314t+200°)$ V，$i=-5\sin(314t+30°)$ A，试求这两个正弦量的三要素。

解：(1) $$u=200\sin(314t+200°)\ \text{V}=200\sin(314t-160°)\ \text{V}$$

故电压的最大值 $U_m=200$ V，角频率 $\omega=314$ rad/s，初相 $\varphi_u=-160°$。

(2) $$i=-5\sin(314t+30°)\ \text{A}=5\sin(314t+30°-180°)\ \text{A}=5\sin(314t-150°)\ \text{A}$$

故电流的最大值 $I_m=5$ A，角频率 $\omega=314$ rad/s，初相 $\varphi_i=-150°$。

3.2 复数及其运算

3.2.1 复数的形式

1. 代数形式

设 A 为复数，则

$$A=a+\text{j}b \tag{3-6}$$

式中：a——实部；

b——虚部；

$\text{j}=\sqrt{-1}$——虚单位。在电工技术中，为区别于电流的符号，虚单位常用 j 表示，而不用 i 表示。式(3-6)的右端称为复数 A 的直角坐标形式(或代数形式)。

若取一直角坐标系，其横轴称为实轴，纵轴称为虚轴，这两个坐标轴所在的平面称为复平面。

在复平面上可以用一个向量表示复数 A，如图 3-4 所示。其中 $|A|$ 表示复数的模，φ 称为复数 A 的辐角。从图中可知

$$\begin{cases} a=|A|\cos\varphi \\ b=|A|\sin\varphi \end{cases} \tag{3-7}$$

$$\begin{cases} |A| = \sqrt{a^2 + b^2} \\ \tan\varphi = \dfrac{b}{a} \end{cases} \tag{3-8}$$

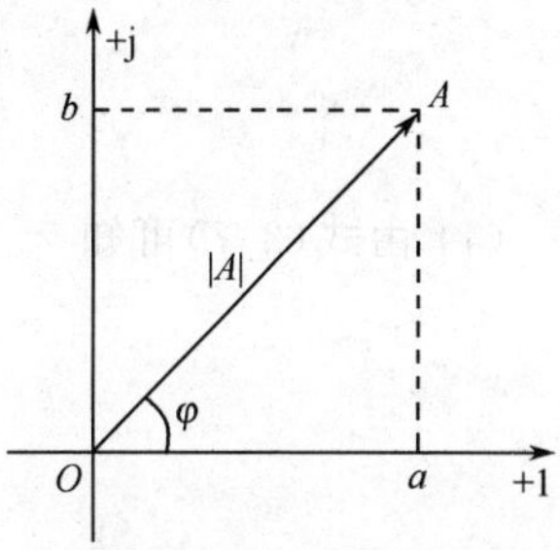

图 3-4　复数的向量表示

2. 三角形式

根据式(3-7)可以得到复数的另一种形式——三角形式。

$$A = |A|\cos\varphi + \mathrm{j}\,|A|\sin\varphi \tag{3-9}$$

由欧拉公式，式(3-9)又可写成

$$\mathrm{e}^{\mathrm{j}\varphi} = \cos\varphi + \mathrm{j}\sin\varphi \tag{3-10}$$

3. 指数形式

复数的指数形式为

$$A = |A|\,\mathrm{e}^{\mathrm{j}\varphi} \tag{3-11}$$

由式(3-10)不难看出

$$\mathrm{e}^{\mathrm{j}0} = 1 \quad \mathrm{e}^{\mathrm{j}\frac{\pi}{2}} = \mathrm{j} \quad \mathrm{e}^{-\mathrm{j}\frac{\pi}{2}} = -\mathrm{j} \quad \mathrm{e}^{\pm\mathrm{j}\pi} = -1 \tag{3-12}$$

此时，式(3-11)右端称为复数的指数形式。

4. 极坐标形式

在工程上常常写为

$$A = |A|\angle\varphi \tag{3-13}$$

称为复数的极坐标形式。

在以后的运算中，代数形式和极坐标形式是最常用的，它们的换算公式为式(3-7)、式(3-8)，要熟练掌握。

【例 3-3】 写出下列复数的极坐标形式或代数形式：(1) $3+\mathrm{j}4$；(2) $-1\text{-}\mathrm{j}$；(3) $\mathrm{j}5$；(4) $100\angle 30°$。

解：(1)由式(3-8)可知

$$|3+\mathrm{j}4| = \sqrt{3^2+4^2} = 5$$

$$\varphi = \arctan\frac{4}{3} \approx 53.13°$$

故 $$3+\mathrm{j}4 = 5\angle 53.13°$$

(2) $$|-1\text{-}\mathrm{j}| = \sqrt{1^2+1^2} = \sqrt{2}$$

φ 在第三象限，$\tan\varphi = \dfrac{|-1|}{|-1|} = 1$，故 $\varphi = -135°$。

$$-1\text{-}\mathrm{j} = \sqrt{2}\angle(-135°)$$

必须注意：求辐角 φ 时，一定要根据复数 φ 确定所在象限，再由 $\varphi = \arctan\dfrac{b}{a}$ 求出辐角的正确值。

(3) $$|\mathrm{j}5| = \sqrt{5^2} = 5$$

$$\varphi = \arctan \frac{5}{0} = 90^\circ$$

$$j5 = 5\angle 90^\circ$$

(4) 由式(3-7)可知

$$a = |A| \cos\varphi = 100 \cos 30^\circ \approx 86.6$$

$$b = |A| \sin\varphi = 100 \sin 30^\circ = 50$$

$$100\angle 30^\circ = 86.6 + j50$$

3.2.2 复数的运算

1. 加减运算

此运算用直角形式进行。例如 $A_1 = a_1 + jb_1$，$A_2 = a_2 + jb_2$，则

$$A_1 \pm A_2 = (a_1 \pm a_2) + j(b_1 \pm b_2) \tag{3-14}$$

即几个复数相加或相减就是把它们的实部和虚部分别相加或相减。

复数的加减运算也可以用几何作图法——平行四边形法来计算。图 3-5(a)、(b)分别表示求 $A_1 + A_2$ 和 $A_1 - A_2$ 的平行四边形法。

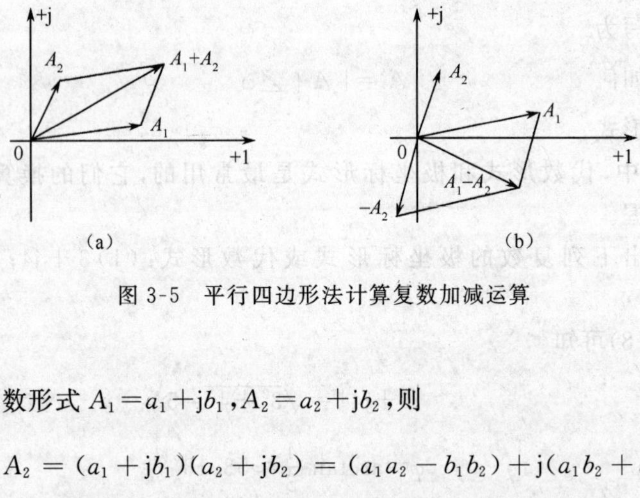

图 3-5 平行四边形法计算复数加减运算

2. 乘法运算

若已知复数代数形式 $A_1 = a_1 + jb_1$，$A_2 = a_2 + jb_2$，则

$$A_1 \cdot A_2 = (a_1 + jb_1)(a_2 + jb_2) = (a_1 a_2 - b_1 b_2) + j(a_1 b_2 + a_2 b_1) \tag{3-15}$$

若已知复数极坐标形式 $A_1 = |A_1|\angle\varphi_1$，$A_2 = |A_2|\angle\varphi_2$，则

$$A_1 \cdot A_2 = |A_1|\angle\varphi_1 \cdot |A_2|\angle\varphi_2 = |A_1||A_2|\angle(\varphi_1 + \varphi_2) \tag{3-16}$$

即复数相乘时，其模相乘，辐角相加。

3. 除法运算

若已知复数代数形式 $A_1 = a_1 + jb_1$，$A_2 = a_2 + jb_2$，则

$$\frac{A_1}{A_2} = \frac{a_1 + jb_1}{a_2 + jb_2} = \frac{(a_1 + jb_1)(a_2 - jb_2)}{(a_2 + jb_2)(a_2 - jb_2)} = \frac{(a_1 a_2 + b_1 b_2) - j(a_1 b_2 - a_2 b_1)}{a_2^2 + b_2^2} \tag{3-17}$$

若已知复数极坐标形式 $A_1 = |A_1|\angle\varphi_1$，$A_2 = |A_2|\angle\varphi_2$，则

$$\frac{A_1}{A_2}=\frac{|A_1|\angle\varphi_1}{|A_2|\angle\varphi_2}=\frac{|A_1|}{|A_2|}\angle(\varphi_1-\varphi_2) \tag{3-18}$$

即复数相除时，其模相除，辐角相减。

一般来说，复数的乘除运算用极坐标较为简便。

4. 共轭复数

设复数 $A=a+\mathrm{j}b$，则其共轭复数为 $A^*=a-\mathrm{j}b$，即直角坐标形式表示的共轭复数为实部不变，虚部加负号；极坐标形式表示的复数 $A=|A|\angle\varphi$，其共轭复数为 $A=|A|\angle(-\varphi)$，即极坐标形式表示共轭复数，其模不变，辐角加负号。显然 $AA^*=|A|$。

【例 3-4】 求复数 $A=8+\mathrm{j}6$，$B=6-\mathrm{j}8$ 之和 $A+B$ 及积 $A\cdot B$。

解：

$$A+B=(8+\mathrm{j}6)+(6-\mathrm{j}8)=14-\mathrm{j}2$$

$$\begin{aligned}A\cdot B&=(8+\mathrm{j}6)\times(6-\mathrm{j}8)\\&=10\angle36.9^\circ\times10\angle-53.1^\circ=100\angle-16.2^\circ\end{aligned}$$

3.3 正弦量的相量表示法

3.3.1 相量简介

在正弦交流电路中，用复数表示正弦量，并用于正弦交流电路的分析计算，这种方法称为相量法。下面介绍如何用复数表示正弦量，即正弦量的相量表示法。

由欧拉公式

$$I_\mathrm{m}\mathrm{e}^{\mathrm{j}(\omega t+\psi)}=I_\mathrm{m}\cos(\omega t+\psi)+\mathrm{j}I_\mathrm{m}\sin(\omega t+\psi)$$

分析上式，对于正弦电流可表示为

$$\begin{aligned}i&=I_\mathrm{m}\sin(\omega t+\psi)=\mathrm{Im}[I_\mathrm{m}\mathrm{e}^{\mathrm{j}(\omega t+\psi)}]\\&=\mathrm{Im}[I_\mathrm{m}\mathrm{e}^{\mathrm{j}\psi}\mathrm{e}^{\mathrm{j}\omega t}]\\&=\mathrm{Im}[\dot{I}_\mathrm{m}\mathrm{e}^{\mathrm{j}\omega t}]\end{aligned} \tag{3-19}$$

这是一个关于时间 t 的复指数函数，Im[ ]是“取复数虚部”的意思，其中

$$\dot{I}_\mathrm{m}=I_\mathrm{m}\mathrm{e}^{\mathrm{j}\psi}=I_\mathrm{m}\angle\psi \tag{3-20}$$

式(3-19)是数学变换式。任何一个正弦量通过这种变换都可对应地得到式(3-19)所表示的复数。式(3-20)是一个与时间无关的复常数，其模是正弦量的有效值，辐角是正弦量的初相。二者是正弦量三要素的两个要素。当角频率 ω 给定时，它们就完全确定了一个正弦量。由于在正弦电路中，所有电流、电压都是同频率的正弦量，频率常是已知的，$\dot{I}$ 便是一个足以表示正弦电流的复数。任一个正弦量都可用上述方法找到一个与之对应的复常数，该复常数称作相量，用加顶标“·”的大写字母来表示。

相量的两种形式为最大值相量形式和有效值相量形式。

1. 最大值相量形式

式(3-20)中包含了正弦量三要素中的两个要素——幅值和初相，这种表示正弦量的复数称为最大值相量。

2. 有效值相量形式

以正弦量的有效值作为相量的模，以其初相位作为相量的辐角这种表示正弦量的复数，称为有效值相量。

$$\dot{I}=Ie^{j\psi}=I\angle\psi \tag{3-21}$$

有效值相量与最大值相量的关系为：

$$\dot{I}=\frac{\dot{I}_m}{\sqrt{2}} \tag{3-22}$$

【例 3-5】 已知同频率的正弦量的解析式分别为 $i=10\sin(\omega t+30°)$，$u=220\sqrt{2}\sin(\omega t+45°)$，写出电流和电压的相量。

解：由解析式可得

$$\dot{I}=\frac{10}{\sqrt{2}}\angle 30°=5\sqrt{2}\angle 30°\ \text{(A)}$$

$$\dot{U}=\frac{220\sqrt{2}}{\sqrt{2}}\angle -45°=220\angle -45°\ \text{(V)}$$

反之，已知一个正弦量的相量和角频率，也可以写出其瞬时值表达式。

【例 3-6】 已知两个频率均为 50 Hz 的正弦电压，它们的相量分别为 $\dot{U}_1=380\angle 30°\ \text{V}$，$\dot{U}_2=220\angle -60°\ \text{V}$，试求这两个电压的解析式。

解：

$$\omega=2\pi f=2\pi\times 50=314\ \text{(rad/s)}$$

$$u_1=\sqrt{2}U_1\sin(\omega t+\theta_1)=380\sqrt{2}\sin(314t+30°)\ \text{V}$$

$$u_2=\sqrt{2}U_2\sin(\omega t+\theta_2)=220\sqrt{2}\sin(314t-60°)\ \text{V}$$

注意：

(1) 相量是一个复数，它代表一个正弦量，所以在符号字母上方加上一点，以与一般的复数加以区别。只有正弦周期量才能用相量表示，相量不能表示非正弦周期量。

(2) 相量只能表征或代表正弦量而并不等于正弦量。二者不能用等号表示相等的关系，只能用"↔"符号表示相对应的关系。

$$i(t)\leftrightarrow\dot{I}$$

$$u(t)\leftrightarrow\dot{U}$$

前面讲过在复平面上可以用一个向量表示复数，相量是用复数表示的，所以相量也可以在复平面上用一个向量表示，如图 3-6 所示。

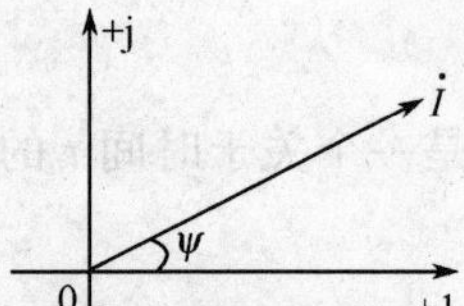

图 3-6　电流的相量图

3.3.2　相量图

正弦量是用复数表示的，它在复平面上的图形称为相量图。下面通过例题加以说明。

【例 3-7】 正弦电压 $u=141\sin(\omega t+60°)$ V，正弦电流 $i=14.14\sin(\omega t-45°)$ A，写出 u 和 i 的相量，并画出相量图。

解：电压相量　$\dot{U}=100e^{j60°}=100\angle 60°\ \text{V}$

电流相量　　$\dot{I}=10e^{-j45°}=10\angle(-45°)$ A

它们的相量图如图 3-7 所示。

复数在复平面上可以作加减运算，相量在相量图上也可作加减运算，且运算方法相同。

注意：

(1) 同频率的正弦量对应的相量才能画在同一相量图上，同类型的相量应按其大小成比例画出，否则无法进行比较计算。

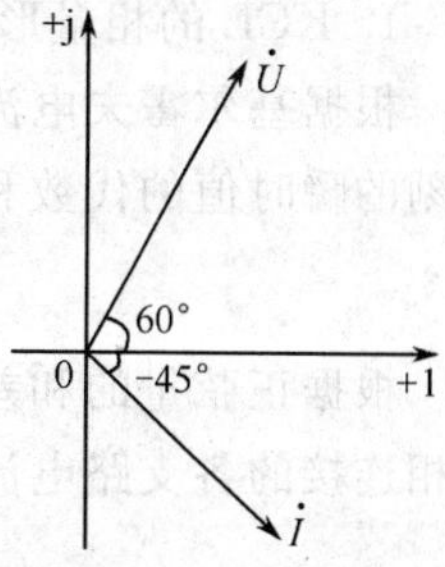

图 3-7　例 3-7 相量图

(2) 相位差是确定相量间相对关系的决定因素，因此可取某一相量作为参考相量(辐角为零)，各相量在相量图上的位置由它们与参考相量间的相位差决定。

【例 3-8】　已知两个电压 $u_1=220\sqrt{2}\sin\omega t$ V，$u_2=220\sqrt{2}\sin(\omega t-120°)$ V。求：u_1+u_2 和 u_1-u_2。

解：(1) 相量直接求和差。

$$u_1\leftrightarrow\dot{U}_1=220\angle 0°=220\text{ V}$$

$$u_2\leftrightarrow\dot{U}_2=220\angle(-120°)=220[\cos(-120°)+\text{j}220\sin(-120°)]$$
$$=-110-\text{j}110\sqrt{3}\ (\text{V})$$

$$u_1+u_2\leftrightarrow\dot{U}_1+\dot{U}_2=110-\text{j}110\sqrt{3}=220\angle(-60°)\ (\text{V})$$

$$u_1-u_2\leftrightarrow\dot{U}_1-\dot{U}_2=330+\text{j}110\sqrt{3}=380\angle 30°\ (\text{V})$$

$$u_1+u_2=220\sqrt{2}\sin(\omega t-60°)\text{ V}$$

$$u_1-u_2=380\sqrt{2}\sin(\omega t+30°)\text{ V}$$

(2) 作相量图求解。如图 3-8 所示，根据等边三角形和顶角为 120°的等腰三角形的性质，可以得出上述同样的结果，读者可自行分析。

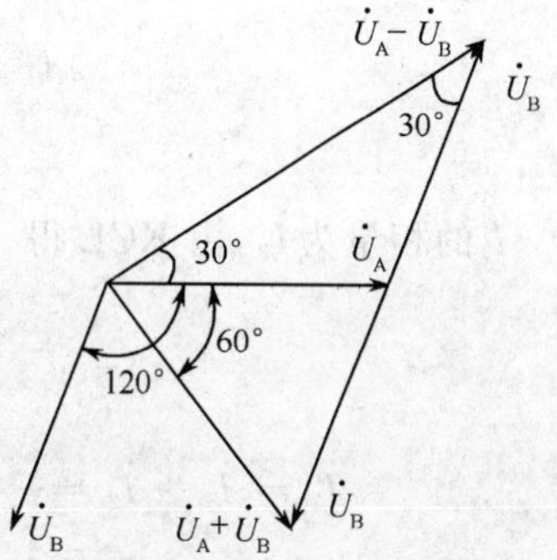

图 3-8　例 3-8 相量图

综上所述，可知：

(1) 正弦量可以用瞬时值表达式、波形图、相量和相量图 4 种方法表示。相量表示法是分析和计算交流电路的一种重要工具。

(2) 正弦量的相量表示法是用复数表示正弦量的有效值和初相位，但相量并不等于正弦量，两者之间不能直接相等。相量可以用最大值和有效值相量形式。

(3) 相量图是在复平面上用矢量表示相量的一种方法。在同一相量图中，各相量所表示的正弦电量必须是同频率的正弦量。应用相量图可以方便地求几个正弦量相加减，写出其瞬时值表达式。

3.3.3　基尔霍夫定律的相量形式

基尔霍夫定律是分析电路的一个基本定律，它同时适用于直流和交流电路，为了用相量法分析正弦稳态交流电路，这里介绍基尔霍夫定律的相量形式。

1. KCL 的相量形式

根据基尔霍夫电流定律，在正弦电路中，对任一节点而言，与它相连接的各支路电流任一时刻的瞬时值的代数和为零，即

$$\sum i(t) = 0$$

根据正弦量的和差与它们相量和差的对应关系，可以推导得出：正弦电路中任一节点，与它相连接的各支路电流的相量代数和为零，即

$$\sum \dot{I} = 0$$

2. KVL 的相量形式

根据基尔霍夫电压定律，在正弦电路中，对任一闭合回路而言，各段电压任一刻瞬时值的代数和为零，即

$$\sum u = 0$$

同理可以推出正弦电路中，任一闭合回路，各段电压的相量代数和为零，即

$$\sum \dot{U} = 0$$

综上所述，正弦电路的电流、电压的瞬时值关系、相量关系都满足 KCL 和 KVL，而有效值的关系一般不满足，要由相量的关系决定。因此，正弦电路的某些结论不能从直流电路的角度去考虑。例如，总电压的有效值不一定大于各串联部分电压的有效值，总电流的有效值不一定大于各并联支路电流的有效值。

【例 3-9】 正弦电路中，与某一个节点相连的 3 个支路电流为 i_1、i_2、i_3。已知 i_1、i_2流入，i_3流出，$i_1(t)=10\sqrt{2}\cos(\omega t+60^\circ)\text{A}$，$i_2(t)=5\sqrt{2}\sin\omega t\ \text{A}$，求 i_3。

解：由电流的瞬时值表达式写出 i_1 和 i_2的相量（注意，i_1的初相应为 $60^\circ+90^\circ=150^\circ$）

$$\dot{I}_1 = 10\angle 150^\circ\ \text{A} = (-8.66+\text{j}5)\ \text{A}$$

$$\dot{I}_2 = 5\angle 0^\circ\ \text{A}$$

i_3的相量为$\dot{I}_3$，由 KCL 得

$$\dot{I}_1+\dot{I}_2-\dot{I}_3 = 0$$

则

$$\dot{I}_3 = \dot{I}_1+\dot{I}_2 = -8.66+\text{j}5+5 = -3.66+\text{j}5 = 6.2\angle 126.2^\circ\ (\text{A})$$

$$i_3(t) = 6.2\sqrt{2}\sin(\omega t+126.2^\circ)\ \text{A}$$

3.4 电阻、电感和电容元件伏安关系的相量形式及功率

3.4.1 电阻元件伏安关系的相量形式及功率

1. 电阻元件伏安关系的相量形式

在交流电路中，通过电阻元件的电流和它两端的电压在任意时刻都遵循欧姆定律。图 3-9(a)所示的只含有电阻元件 R 的电路中，电压、电流的参考方向关联，两者的关系为

$$u_\text{R} = Ri_\text{R} \tag{3-23}$$

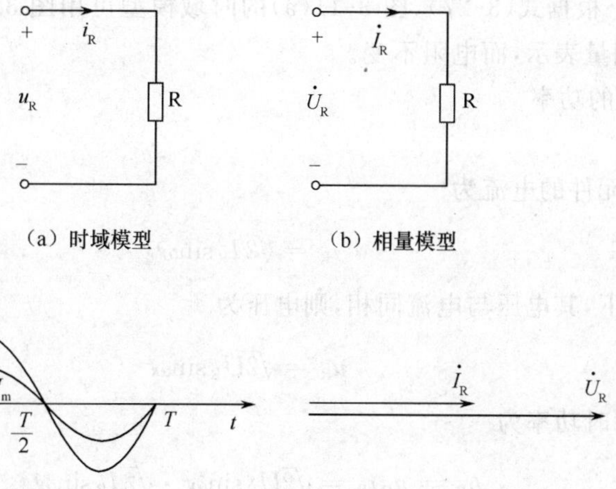

(a) 时域模型　(b) 相量模型

(c) 电压、电流波形　(d) 相量图

图 3-9　电阻元件的伏安关系

上式为电阻元件伏安关系的瞬时值形式(若电压、电流的参考方向非关联,方程右端需加负号)。

设通过电阻的电流为正弦交流,即

$$i_R = \sqrt{2} I_R \sin\omega t \tag{3-24}$$

根据电阻元件的伏安关系,电阻两端的电压为

$$u_R = R i_R = \sqrt{2} R I_R \sin\omega t \tag{3-25}$$

上式表明:电阻两端的电压和通过它的电流是同频率的正弦量。比较电压和电流的数学表达式,它们的关系如下:

1) 有效值关系

$$U_R = R I_R \tag{3-26}$$

上式为电阻元件的伏安关系的有效值形式,与欧姆定律形式相同,但涵义有所区别。欧姆定律包含电压与电流在大小和方向两方面的关系,根据电压、电流的参考方向是否关联,其公式中有正、负号的区别,而上式仅为电压、电流有效值的关系,与参考方向无关,不存在符号问题。

2) 相位关系

比较式(3-24)和式(3-25)可知,电压与电流同相位,即 $\psi_u = \psi_i$,相位差 $\varphi = 0$,电压与电流波形图如图 3-11(c)所示。

电压电流关系的以上两点结论,可用相量形式表示。若电流相量为 $\dot I_R = I_R \angle \psi_i$,由于 u_R、i_R 同相,则 $\psi_i = \psi_u$,而且电压有效值为 $U_R = R I_R$,所以电压相量为

$$\dot U_R = U_R \angle \psi_u = R I_R \angle \psi_i$$

$$\dot U_R = R \dot I_R \tag{3-27}$$

式(3-27)就是电阻元件伏安关系的相量形式,也称为欧姆定律的相量形式,相应的相量图如图 3-11(d)所示。根据式(3-27),图 3-11(a)的时域模型可用图 3-11(b)的相量模型来代替,即电压、电流用相量表示,而电阻不变。

2. 电阻元件的功率

1) 瞬时功率

若通过电阻元件的电流为

$$i_R = \sqrt{2} I_R \sin\omega t$$

在关联参考方向下,其电压与电流同相,则电压为

$$u_R = \sqrt{2} U_R \sin\omega t$$

于是,R 吸收的瞬时功率为

$$\begin{aligned} p_R &= u_R i_R = \sqrt{2} U_R \sin\omega t \cdot \sqrt{2} I_R \sin\omega t \\ &= 2U_R I_R \sin^2 \omega t = U_R I_R (1-\cos 2\omega t) \end{aligned} \tag{3-28}$$

由式(3-28)可以看出,电阻元件的瞬时功率以两倍(电流的)频率随时间作周期性的变化,但始终大于或等于零。这说明电阻元件是耗能元件,在正弦交流电路中,除了电流为零的瞬间,电阻元件总是吸收功率。其瞬时功率随时间的变化曲线,如图 3-10 所示。

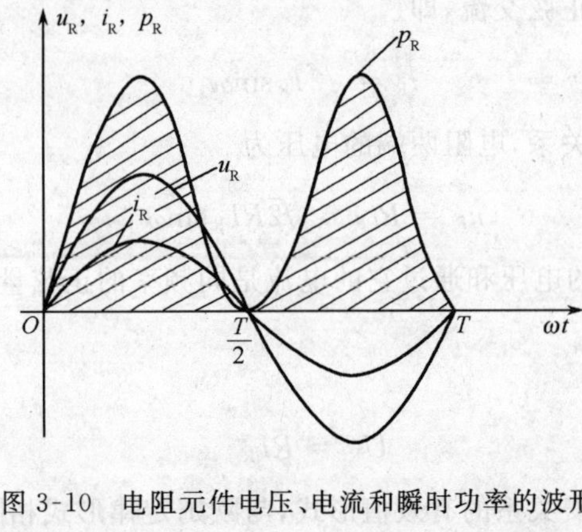

图 3-10 电阻元件电压、电流和瞬时功率的波形

2) 平均功率

由于瞬时功率是随时间变化的,使用时不方便,因而工程上所说的功率指的是瞬时功率在一个周期内的平均值,称为平均功率,用大写字母 P 表示,平均功率又称为有功功率。据此,电阻元件吸收的平均功率为

$$P_R = \frac{1}{T}\int_0^T p_R \mathrm{d}t = \frac{1}{T}\int_0^T U_R I_R (1-\cos 2\omega t)\mathrm{d}t$$

即

$$P_R = U_R I_R = I_R^2 R = \frac{U_R^2}{R} \tag{3-29}$$

上式与直流电路的功率计算公式在形式上完全相同,但式中 U_R、I_R 均为交流有效值。有功功率的单位为瓦特(W)或千瓦(kW)。

3.4.2 电感元件伏安关系的相量形式及功率

1. 电感元件伏安关系的相量形式

如图 3-11(a)所示，在只含有电感元件 L 的电路中，电压、电流的参考方向关联。

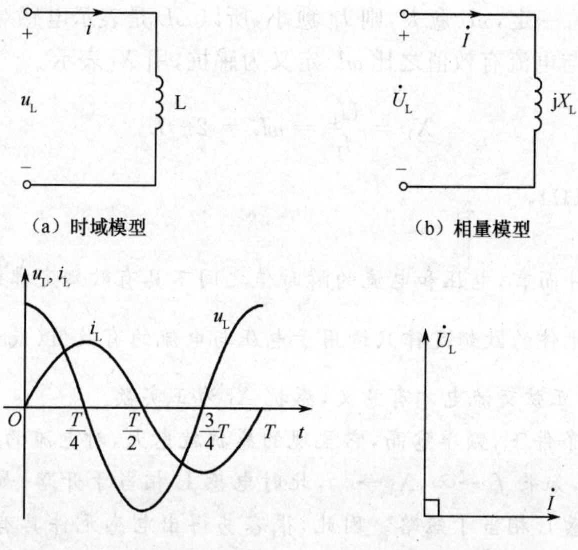

(a) 时域模型　(b) 相量模型　(c) 电压、电流波形　(d) 相量图

图 3-11　电感元件的伏安关系

根据电磁感应定律，可以证明电压电流有如下微分关系：

$$u_L = L\frac{di_L}{dt} \tag{3-30}$$

式(3-30)就是电感元件伏安关系的瞬时值形式，其中的 L 称作自感系数，简称自感或电感，它是通过电感线圈的磁通链 Ψ 与产生该磁通链的电流的比值，即

$$L = \frac{\Psi}{i_L} \tag{3-31}$$

电感的单位为亨利，简称亨，用字母 H 表示。工程实际中也常用到毫亨(mH)和微亨(μH)单位。

设通过电感的电流为

$$i_L = \sqrt{2}I_L\sin\omega t \tag{3-32}$$

按图 3-11(a)所示电压、电流的参考方向，根据电感元件的伏安关系，电感两端的电压为

$$u_L = L\frac{di_L}{dt} = \sqrt{2}\omega LI_L\sin(\omega t + 90^\circ) \tag{3-33}$$

上式表明：电压 u_L和电流 i 是同频率的正弦量。比较电压和电流的数学表达式，它们的关系为：

1) 有效值关系

$$U_L = \omega LI_L \tag{3-34}$$

把式(3-34)称为电感元件的伏安关系的有效值形式，也称为电感元件的欧姆定律。

由式(3-34)可得

$$\frac{U_L}{I_L}=\omega L$$

由上式可知，当U_L一定，ωL 愈大，则 I_L 愈小，所以 ωL 是表示电感对电流阻碍作用大小的一个物理量。把电压与电流有效值之比 ωL 定义为感抗，用 X_L表示。

$$X_L=\frac{U_L}{I_L}=\omega L=2\pi fL \tag{3-35}$$

感抗的单位为欧(Ω)。

注意：

(1) 对于电感元件而言，电压和电流的瞬时值之间不具有欧姆定律的形式，即不存在正比关系，$X_L\neq\frac{u_L}{i_L}$。电感元件的欧姆定律只适用于电压与电流的有效值(或最大值)。

(2) 感抗 X_L只对正弦交流电才有意义，感抗 X_L为正实数。

(3) 在 L 不变的条件下，频率愈高，它呈现的感抗就愈大，对电流的阻碍作用就愈大，反之愈小。在极端情况下，如果 $f\rightarrow\infty$，$X_L\rightarrow\infty$，此时电感 L 相当于开路；如果 $f=0$，即在直流情况下，$X_L=0$，此时电感 L 相当于短路。因此，很容易得出电感元件具有“阻交流、通直流；阻高频、通低频”的特性，它在电子技术中被广泛应用，如滤波、高频扼流等。

2) 相位关系

比较式(3-32)和式(3-33)可知，电感电压和电流出现了相位差，并且电压超前电流 90°，或者说电感电流滞后电压 90°，即 $\psi_u=\psi_i+90°$。电压与电流波形图如图 3-11(c)所示(波形图中 $\psi_i=0°$，$\psi_u=90°$)。

电压、电流之间的有效值关系和相位关系，也可以用相量形式表示。若电流相量为$\dot{I}_L=I_L\angle\psi_i$，由于电压超前于电流 90°，则 $\psi_u=\psi_i+90°$，而且电压有效值为 $U_L=X_L I$，所以电压相量为

$$\dot{U}_L=U_L\angle\psi_u=X_L I_L\angle(\psi_i+90°)=X_L\angle 90°\cdot I_L\angle\psi_i$$

$$\dot{U}_L=\mathrm{j}X_L\dot{I}=\mathrm{j}\omega L\dot{I}_L \tag{3-36}$$

式(3-36)就是电感元件伏安关系的相量形式，它既表明了 u、i 的相位关系($\psi_u=\psi_i+90°$)，也表明了 u、i 的有效值关系($U_L=\omega LI_L$)。相应的相量图如图 3-11(d) 所示。图 3-11(b)为电感元件的相量模型。

2. 电感元件的功率

1) 瞬时功率和有功功率

若电感元件的电流为

$$i_L=\sqrt{2}I_L\sin\omega t$$

在关联参考方向下，其电压超前于电流 90°，则电压为

$$u_L=\sqrt{2}\omega LI_L\sin(\omega t+90°)$$

于是，电感元件 L 吸收的瞬时功率为

$$p_L = u_L i = \sqrt{2} I_L \sin\omega t \times \sqrt{2} U_L \sin(\omega t + 90°)$$
$$= 2U_L I_L \sin\omega t \cos\omega t = U_L I_L \sin 2\omega t \tag{3-37}$$

由式(3-37)可以看出，电感元件的瞬时功率是一个幅值为 $U_L I$ 并以电流 2 倍角频率随时间而变化的正弦量，瞬时功率随时间的变化曲线，如图 3-12 所示。从图可见，在第一与第三个 1/4 周期内，瞬时功率 p_L 为正，说明电感元件吸收功率，把外部电路供给的能量转变为磁场能量储存起来；在第二与第四个 1/4 周期内，瞬时功率 p_L 为负，说明电感元件放出功率，把储存的能量转变为电能送回外部电路。随着电压、电流的交变，电感元件不断地进行能量的“吞吐”。

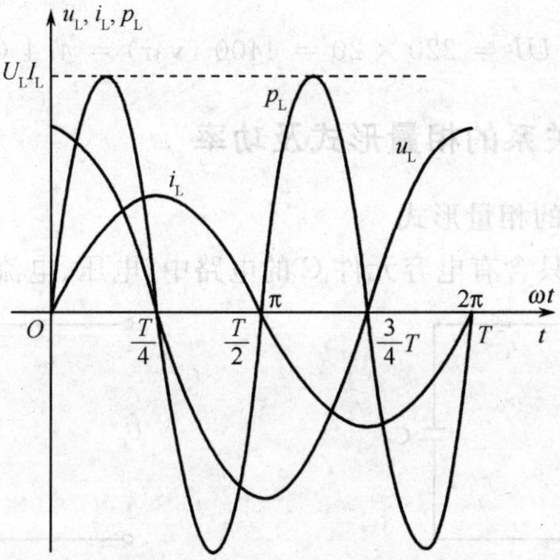

图 3-12　电感元件电压、电流和瞬时功率的波形

平均功率(有功功率)为

$$P_L = \frac{1}{T}\int_0^T p_L \mathrm{d}t = \frac{1}{T}\int_0^T U_L \sin 2\omega t \mathrm{d}t = 0 \tag{3-38}$$

这说明电感元件不消耗能量，它是一个储能元件。

2) 无功功率

电感元件的平均功率为零，但存在着与外部电路之间的能量交换，瞬时功率的最大值就反映了电感元件能量吞吐的规模。把瞬时功率的最大值称为电感元件的无功功率，用大写字母 Q_L 表示。

$$Q_L = U_L I_L = X_L I_L^2 = \frac{U_L^2}{X_L} \tag{3-39}$$

为区别于有功功率，把无功功率的单位定为伏安(V・A)，国际电工委员会(IEC)采用乏(var)作为无功功率的单位名称。

【例 3-10】　如图 3-15 所示，已知电感线圈 $L=35$ mH，外接电压 $u=220\sqrt{2}\sin(314t+60°)$ V。(1)作出 $\dot{U}$ 及 $\dot{I}$ 的相量图；(2)求电感电流的瞬时值表达式；(3)求电感的无功功率 Q_L。

解：(1) 将电压表示成相量形式，即

$$\dot{U} = 220\angle 60° \text{ V}$$

电感的感抗

$$X_L = 2\pi fL = 314 \times 35 \times 10^{-3} = 11\ (\Omega)$$

电流相量

$$\dot{I} = \frac{\dot{U}}{jX_L} = \frac{220e^{j60^\circ}}{j11} = 20e^{-j30^\circ}\ (A)$$

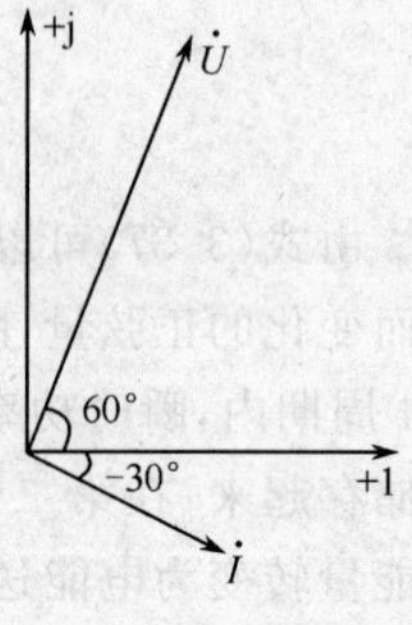

图 3-13 例 3-10 图

(2) 电流的瞬时表达式

$$i = 20\sqrt{2}\sin(314t - 30^\circ)\ A$$

(3) 电感的无功功率

$$Q_L = UI = 220 \times 20 = 4400\ (var) = 4.4\ (kvar)$$

3.4.3 电容元件伏安关系的相量形式及功率

1. 电容元件伏安关系的相量形式

如图 3-14(a)所示，在只含有电容元件 C 的电路中，电压、电流的参考方向关联。

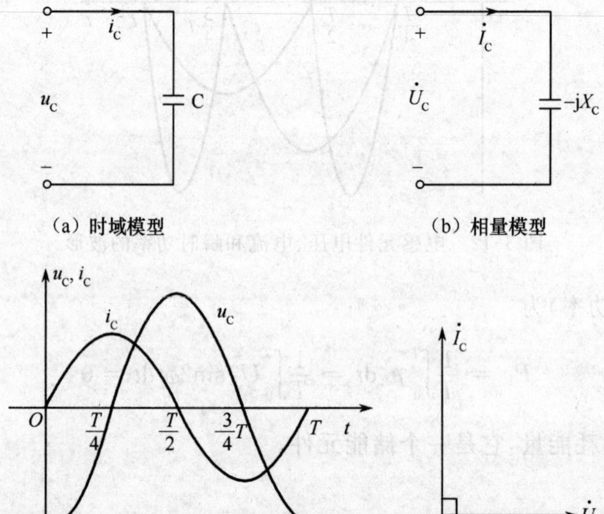

图 3-14 电容元件的伏安关系

可以推导证明，通过 C 的电流与其端电压有如下微分关系

$$i_C = C\frac{du_C}{dt} \tag{3-40}$$

式(3-40)的积分关系为

$$u_C = \frac{1}{C}\int_{t_0}^{t} i_C dt + u_C(t_0) \tag{3-41}$$

式(3-40)和(3-41)都是电容元件伏安关系的瞬时值形式。式中，C 称做电容量，它是电容上存储的电荷量与电容两端电压的比值，即

$$C = \frac{q}{u} \tag{3-42}$$

电容的单位为法(F)。在工程实际中,由于 F 的单位太大,所以,常用的单位为微法(μF)和皮法(pF)。

设通过电容的电流为

$$i_C = \sqrt{2} I_C \sin\omega t \tag{3-43}$$

代入式(3-42),并设 $t_0=0$ 时,$u_C(0)=0$。则有

$$\begin{aligned} u_C &= \frac{1}{C}\int_0 \sqrt{2} I_C \sin\omega t \, dt + u_C(0) \\ &= \sqrt{2}\frac{I_C}{\omega C}\cos\omega t = \sqrt{2}\frac{I_C}{\omega C}\sin(\omega t - 90°) \end{aligned} \tag{3-44}$$

上式表明:电容两端的电压和通过它的电流是同频率的正弦量。比较电压和电流的数学表达式,它们的关系如下:

1) 有效值关系

电压和电流有效值关系为

$$U_C = \frac{I_C}{\omega C} \tag{3-45}$$

式(3-45)就是电容元件伏安关系的有效值形式,也称为电容元件的欧姆定律。

由式(3-44)可得

$$\frac{U_C}{I_C} = \frac{1}{\omega C}$$

由上式可知,当 U_C 一定,$\frac{1}{\omega C}$愈大,I_C 愈小,所以$\frac{1}{\omega C}$是表示电容对电流阻碍作用大小的一个物理量。把电压与电流有效值之比$\frac{1}{\omega C}$定义为容抗,用 X_C 表示。

$$X_C = \frac{U_C}{I_C} = \frac{1}{\omega C} = \frac{1}{2\pi f C} \tag{3-46}$$

注意:

(1) $X_C \neq \frac{u_C}{i_C}$。

(2) 容抗 X_C 只对正弦交流电才有意义,容抗 X_C 为正实数。

(3) 若 C 不变,频率愈高,它呈现的容抗 X_C 愈小,对电流的阻碍作用就愈小,反之愈大。在极端情况下,如果 $f\to\infty$,$X_C\to 0$,此时电容 C 相当于短路;如果 $f=0$,即在直流情况下,$X_C\to\infty$,此时电容 C 相当于开路。因此,电容元件具有"通交流、隔直流"或"通高频、阻低频"的特性,在电子技术中被广泛用于隔直、旁路、滤波等方面。

2) 相位关系

比较式(3-43)和式(3-44)可知,电容电压和电流出现了相位差,并且电压滞后电流 90°,或者说电容电流超前电压 90°,即 $\psi_u = \psi_i - 90°$。电压与电流波形图如图 3-14(c)所示。

电容元件电压、电流之间的有效值关系和相位关系，也可以用相量形式表示。若电流相量为$\dot{I}_C = I_C \angle \psi_i$，由于电压滞后电流 90°，则 $\psi_u = \psi_i - 90°$，而且电压有效值为 $U_C = X_C I_C$，所以电压相量为

$$\dot{U}_C = U_C \angle \psi_u = X_C I_C \angle (\psi_I - 90°) = X_C \angle (-90°) \cdot I_C \angle \psi_i$$

$$\dot{U}_C = -\mathrm{j} X_C \dot{I}_C = \frac{1}{\mathrm{j}\omega C} \dot{I}_C \tag{3-47}$$

式(3-47)就是电容元件伏安关系的相量形式，它既表明了 u、i 的相位关系（$\psi_u = \psi_i - 90°$），也表明了 u、i 的有效值关系（$I_C = \omega C U_C$）。相应的相量图如图 3-16(d)所示。图 2-16(b)为电容元件的相量模型图。

2. 电容元件的功率

1）瞬时功率和有功功率

若电容元件的电流为

$$i_C = \sqrt{2} I_C \sin\omega t$$

在关联参考方向下，其电压滞后于电流 90°，则电压为

$$u_C = \sqrt{2}\omega L I_C \sin(\omega t - 90°)$$

于是，电容元件 C 吸收的瞬时功率为

$$\begin{aligned} p_C &= u_C i_C = \sqrt{2} I_C \sin\omega t \times \sqrt{2} U_C \sin(\omega t - 90°) \\ &= -2 U_C I_C \sin\omega t \cos\omega t = -U_C I_C \sin 2\omega t \end{aligned} \tag{3-48}$$

由式(3-48)可以看出，电容元件的瞬时功率是一个幅值为 $U_C I_C$ 并以 2 倍电流角频率随时间而变化的正弦量，瞬时功率随时间的变化曲线如图 3-15 所示。从图可见，在第一与第三个 1/4 周期内，瞬时功率 p_C 为负，说明电容元件放出功率，把储存的电场能量送回外部电路；在第二与第四个 1/4 周期内，瞬时功率 p_C 为正，说明电容元件吸收功率，把外部电路供给的能量转变电场能量储存起来。随着电压、电流的交变，电容元件不断地进行能量的“吞吐”。把电容

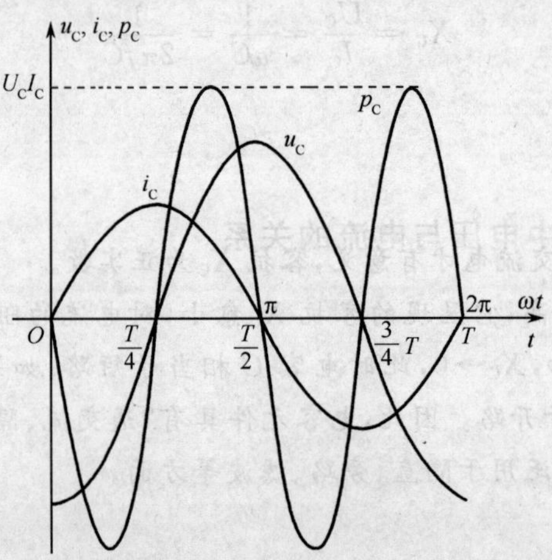

图 3-15　电容元件电压、电流和瞬时功率的波形

和电感两种元件的瞬时功率曲线加以比较可以发现，如果它们通过的电流同相，则当电容吸收能量时，电感恰恰在放出能量，说明同一正弦交流电路中电容和电感在能量“吞吐”方面的作用相反。

平均功率（有功功率）为

$$P_C = \frac{1}{T}\int_0^T p_C dt = \frac{1}{T}\int_0^T - U_C \sin 2\omega t\, dt = 0 \tag{3-49}$$

这说明电容元件不消耗能量，它是一个储能元件。

2）无功功率

正弦交流电路中，电容元件吞吐能量的规模也用无功功率来衡量，电容元件的无功功率用Q_C表示。为了反映同一正弦交流电路中电容和电感在能量“吞吐”方面的反作用，电容的无功功率定义为瞬时功率最大值的相反数，即

$$Q_C = -U_C I_C = -X_C I_C^2 = -\frac{U_C^2}{X_C} \tag{3-50}$$

式(3-50)的负号是电容元件无功功率的标志，用于区别电感的无功功率，无功功率的绝对值才说明电容元件吞吐能量的规模。

【例 3-11】 已知一电容 $C=50\ \mu F$，接到 220 V、50 Hz 的正弦交流电源上，求：(1)电容的容抗 X_C；(2)电路中的电流 I_C和无功功率 Q_C。

解：(1)电容的容抗为

$$X_C = \frac{1}{\omega C} = \frac{1}{2\pi f C} = \frac{1}{2\times 3.14\times 50\times 10^{-6}\times 50} \approx 63.7\ (\Omega)$$

(2) 电路中的电流为

$$I_C = \frac{U_C}{X_C} = \frac{220}{63.7} \approx 3.45\ (A)$$

无功功率为

$$Q_C = -U_C I_C = -220\times 3.45 = -759\ (var)$$

3.5 RLC 串联电路和阻抗

3.5.1 RLC 串联电路中电压与电流的关系

RLC 串联电路及相量模型如图 3-16 所示。根据前面的结论可知：

$$\dot{U}_R = \dot{I}R \quad \dot{U}_L = jX_L\,\dot{I} \quad \dot{U}_C = -jX_C\,\dot{I} \tag{3-51}$$

又根据基尔霍夫电压定律的相量形式，可以得出

$$\dot{U} = \dot{U}_R + \dot{U}_L + \dot{U}_C \tag{3-52}$$

由此可见，通常正弦电路总电压的有效值并不等于各串联元件两端电压的有效值之和。式(3-51)中各元件伏安关系的相量形式代入式(3-52)中，得

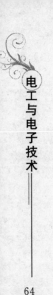

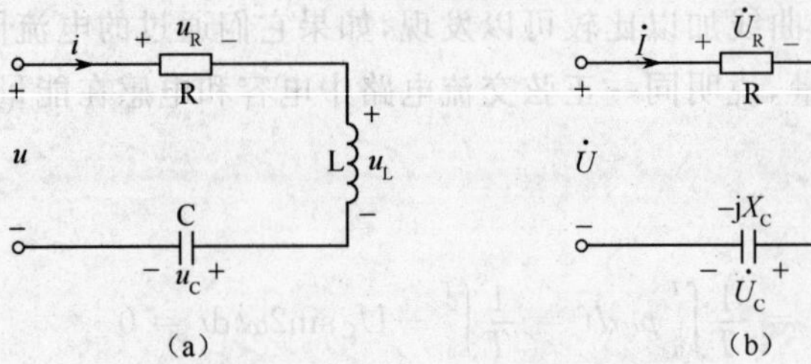

图 3-16　RLC 串联电路及相量模型

$$
\begin{aligned}
\dot{U} &= \dot{I}R + jX_L\,\dot{I} - jX_C\,\dot{I} \\
&= [R + j(X_L - X_C)]\,\dot{I} \\
&= (R + jX)\,\dot{I} \\
&= Z\dot{I}
\end{aligned} \tag{3-53}
$$

式中电抗 $X=X_L-X_C$，它等于电路中感抗与容抗之差，所以 X 可正也可为负。

上式中的 Z 称为复阻抗。式(3-53)的形式与电阻电路的欧姆定律在形式上相似，只是电压和电流都用相量表示，称为 RLC 串联电路欧姆定律的相量形式，可用图 3-16(b)所示的相量模型表示，它既表示了电路中总电压和电流的有效值的关系，又表示了总电压和电流的相位关系。

在 RLC 串联电路中流过各元件的电流相同，故以电流相量为参考相量($\dot{I}=I\angle 0°$)作出相量图，如图 3-17(a)所示，图中设 $U_L>U_C$。

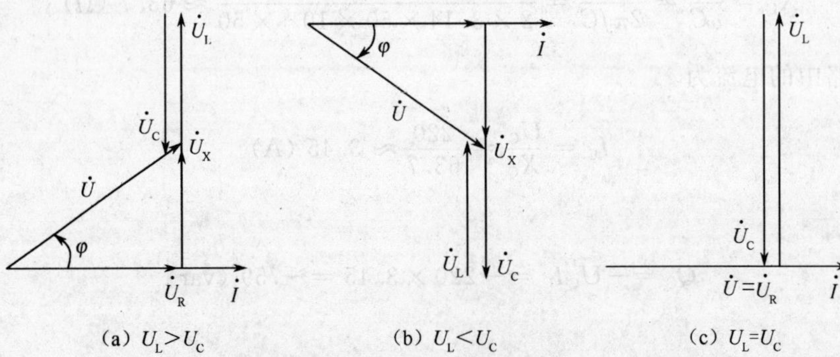

图 3-17　RLC 串联电路的相量图

显然，$\dot{U}$、$\dot{U}_R$、$\dot{U}_X$组成一个直角三角形，称为电压三角形。由电压三角形可得总电压和各个分电压之间的关系为

$$U = \sqrt{U_R^2 + (U_L - U_C)^2} = \sqrt{U_R^2 + U_X^2} \tag{3-54}$$

3.5.2　阻抗

由式(3-53)可知，Z 成为交流电路的阻抗，它是一个复数，实部称为电阻，虚部称为电抗。即

$$Z = R + jX \tag{3-55}$$

其中实部 R 称为等效电阻，虚部 X 称为等效电抗，它们的单位都是欧姆(Ω)。式(3-55)是阻抗的直角坐标形式。

由式(3-53)可将这种相量关系的讨论推广至如图 3-18(a)所示的无源单口网络。在关联参考方向下，其单口电压相量与电流相量之比定义为该网络的阻抗 Z，即

$$Z=\frac{\dot{U}}{\dot{I}} \tag{3-56}$$

此定义式也称为无源单口网络欧姆定律的相量形式。其中阻抗 Z 的单位是欧姆(Ω)。这样，图 3-18(a)的无源单口网络就可用图 3-18(b)的电路模型来等效。

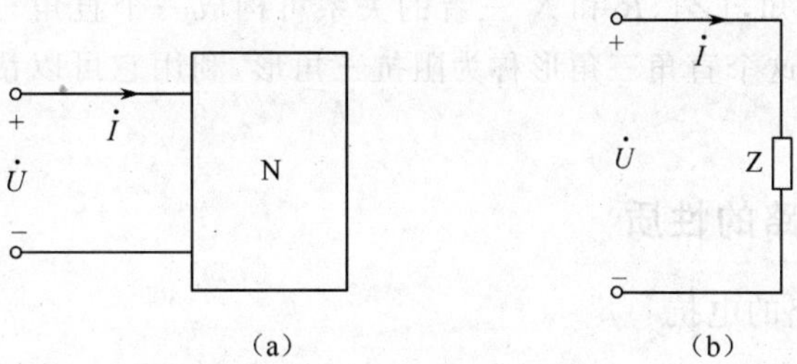

图 3-18　阻抗的定义

对于阻抗，需要说明以下几点：

(1) 由阻抗的定义可知，元件 R、L、C 的阻抗分别为

$$Z_{\mathrm{R}}=R$$

$$Z_{\mathrm{L}}=\mathrm{j}\omega L=\mathrm{j}X_{\mathrm{L}}$$

$$Z_{\mathrm{C}}=\frac{1}{\mathrm{j}\omega C}=-\mathrm{j}\,\frac{1}{\omega C}=-\mathrm{j}X_{\mathrm{C}}$$

(2) 阻抗 Z 是复数，但不是表示正弦量的复数，因而不是相量，用不加顶标“·”的大写字母表示，在电路图中有时用电阻的图形符号表示阻抗。

(3) 虽然阻抗 Z 是由 $\dot{U}$ 和 $\dot{I}$ 的比值定义的，但它取决于网络结构、元件参数和电源的频率，所以说无源单口网络的阻抗 Z 决定了端口电压相量与端口电流相量的关系。

(4) 从定义式可知，阻抗 Z 是一个复数，它有极坐标和直角坐标两种形式。

用极坐标形式表示(3-55)式，有

$$Z=|Z|\angle\varphi=\frac{\dot{U}}{\dot{I}}=\frac{U\mathrm{e}^{\mathrm{j}\psi_u}}{I\mathrm{e}^{\mathrm{j}\psi_i}}=\frac{U}{I}\angle(\psi_u-\psi_i) \tag{3-57}$$

$$|Z|\angle\varphi=\frac{U}{I}\angle(\psi_u-\psi_i)$$

根据复数相等，可得

$$\begin{cases}|Z|=\dfrac{U}{I}\\ \varphi=\psi_u-\psi_i\end{cases} \tag{3-58}$$

即阻抗的大小 $|Z|$ 是电压有效值与电流有效值之比，称为阻抗的模，单位是欧姆(Ω)；其辐

角 φ 称为阻抗角，它等于电压和电流的相位差。

(5) 阻抗 Z 的直角坐标形式和极坐标形式的互换公式为

$$\begin{cases} |Z| = \sqrt{R^2 + X^2} = \dfrac{U}{I} \\ \varphi = \arctan \dfrac{X}{R} \end{cases} \tag{3-59}$$

$$\begin{cases} R = |Z| \cos\varphi \\ X = |Z| \sin\varphi \end{cases} \tag{3-60}$$

由以上互换公式可知，$|Z|$、R 和 X 三者的关系可构成一个直角三角形，如图 3-19 所示。这个直角三角形称为阻抗三角形，利用它可以帮助记忆。

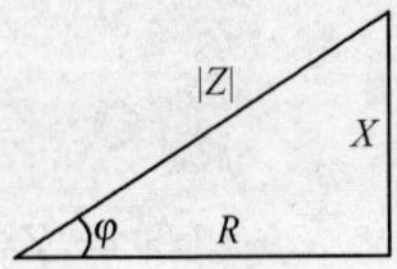

图 3-19　阻抗三角形

3.5.3　RLC 串联电路的性质

根据 RLC 串联电路的电抗

$$X = X_L - X_C = \omega L - \frac{1}{\omega C}$$

RLC 串联电路有以下 3 种不同性质：

(1) 当 $\omega L > \dfrac{1}{\omega C}$ 时，$X>0$，$\varphi>0$，$U_L>U_C$，$U_X(=U_L-U_C)$ 超前电流 $\dot{I}$ 了 90°，端口电压超前电流，电路呈感性，相量图如图 3-17(a)所示。

(2) 当 $\omega L < \dfrac{1}{\omega C}$ 时，$X<0$，$\varphi<0$，$U_L<U_C$，U_X 滞后电流 $\dot{I}$ 90°，端口电压滞后电流，电路呈容性，相量图如图 3-19(b)所示。

(3) 当 $\omega L = \dfrac{1}{\omega C}$ 时，$X=0$，$\varphi=0$，$U_L=U_C$，端口电压与电流同相，电路呈阻性，相量图如图 3-19(c)所示。这种情况称为电路发生了串联谐振，电路发生串联谐振时有很多特殊现象，这一点将在本章第 8 小节中介绍。

RL 串联电路、RC 串联电路、LC 串联电路、电阻元件、电感元件、电容元件等都可以看成 RLC 串联电路的特例。

【例 3-12】　已知 RLC 串联电路中，$R=5\ \Omega$，$L=150\ \text{mH}$，$C=100\ \mu\text{F}$，电源电压为 220 V，频率为 50 Hz。求：(1)各元件的阻抗的极坐标形式；(2)等效阻抗；(3)电流相量；(4)各元件电压相量；(5)作出相量图。

解：(1)各元件的阻抗分别为

$$Z_R = R = 5 = 5\angle 0°\ \Omega$$

$$Z_L = \text{j}\omega L = \text{j}2 \times 3.14 \times 50 \times 150 \times 10^{-3}$$

$$= \text{j}47.1 = 47.1\angle 90°\ \Omega$$

$$Z_C = -\frac{1}{\text{j}\omega C} = -\text{j}\,\frac{1}{2 \times 3.14 \times 50 \times 100 \times 10^{-6}}$$

$$= -\text{j}31.8 = 31.8\angle -90°\ (\Omega)$$

(2) 等效阻抗

$$Z = Z_R + Z_L + Z_C = 5 + j47.1 - j31.8$$
$$= 5 + j15.3 \approx 16.1\angle 71.9^\circ\ (\Omega)$$

(3) 设电压相量$\dot{U}=220\angle 0^\circ$ V,故电流相量为

$$\dot{I} = \frac{\dot{U}}{Z} = \frac{220\angle 0^\circ}{16.1\angle 71.9^\circ} \approx 13.6\angle -71.9^\circ\ (\mathrm{A})$$

(4) 各元件电压相量

$$\dot{U}_R = R\dot{I} = 5 \times 13.6\angle -71.9^\circ = 68.0\angle -71.9^\circ\ (\mathrm{V})$$
$$\dot{U}_L = Z_L\dot{I} = 47.1\angle 90^\circ \times 13.6\angle -71.9^\circ = 640.56\angle 18.1^\circ\ (\mathrm{V})$$
$$\dot{U}_C = Z_C\dot{I} = 31.8\angle -90^\circ \times 13.6\angle -71.9^\circ = 432.5\angle -161.9^\circ\ (\mathrm{V})$$

由此可见,对于正弦交流电路,支路电压有可能超过总电压,这是直流电路所不存在的。

(5) 作相量图有两种方法:一是根据上面结果作图;二是根据电路特点作图。因为是串联电路,通过 3 个元件的电流相量相同,故以它为参考相量。根据$\dot{U}_R$和$\dot{I}$同相,$\dot{U}_L$超前于$\dot{I}$ 的相位为 90°,$\dot{U}_C$落后于$\dot{I}$的相位为 90°的关系作出这 3 个相量图,最后按$\dot{U}=\dot{U}_R+\dot{U}_L+\dot{U}_C$关系式,利用平行四边形法则作出相量$\dot{U}$,如图 3-20 所示。

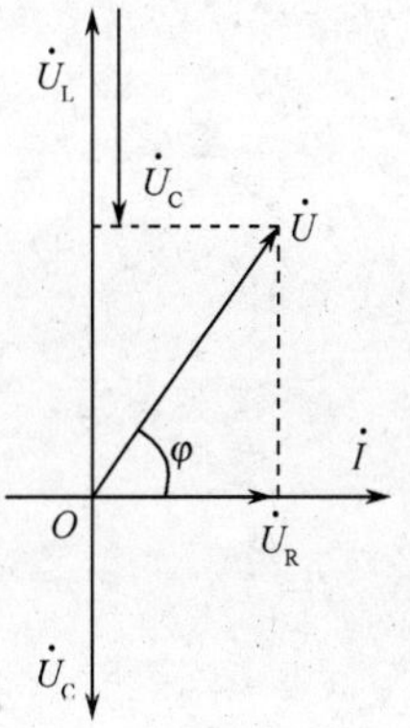

图 3-20 例 3-12 相量图

【例 3-13】 图 3-21 所示电路中,电压表 V_1、V_2、V_3 的读数都是 50 V,试求电压表 V 的读数。

解:方法一:设电流为参考相量,选定 i、u_1、u_2、u_3、u 的参考方向如图 3-21 所示,则

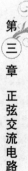

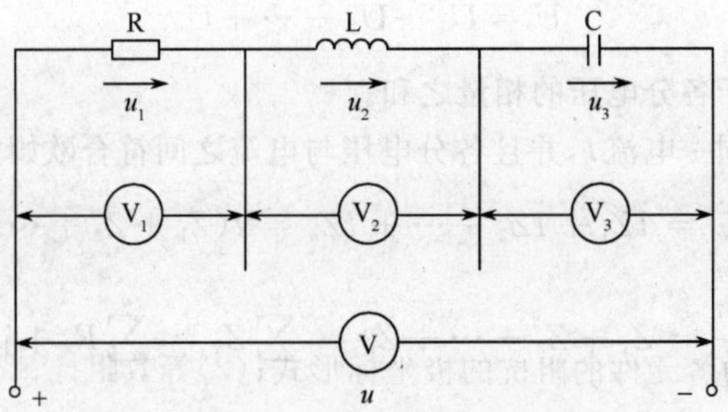

图 3-21 例 3-13 图

$$\dot{U}_1 = 50\angle 0^\circ\ \mathrm{V}$$
$$\dot{U}_2 = 50\angle 90^\circ\ \mathrm{V}$$
$$\dot{U}_3 = 50\angle -90^\circ\ \mathrm{V}$$

由 KVL 得

$$\dot{U}=\dot{U}_1+\dot{U}_2+\dot{U}_3=50\angle 0°+50\angle 90°+50\angle -90°$$
$$=50+50\text{j}-50\text{j}=50\ (\text{V})$$

所以电压表 V 的读数为 50 V。

方法二：本题用相量图做，根据 RLC 串联的电压三角形可得

$$U=\sqrt{U_{\text{R}}^2+(U_{\text{L}}-U_{\text{C}})^2}=\sqrt{U_{\text{R}}^2+U_X^2}=U_{\text{R}}=50\ \text{V}$$

3.5.4 阻抗串联的交流电路

工程实际中使用的电路模型有时是多个阻抗的串联电路，对于多个阻抗的串联电路可以用一个等效阻抗来代替。如图 3-22(a)所示电路中，有 n 个阻抗串联，其中

$$Z_1=R_1+\text{j}X_1\quad Z_2=R_2+\text{j}X_2\quad\cdots\quad Z_n=R_n+\text{j}X_n$$

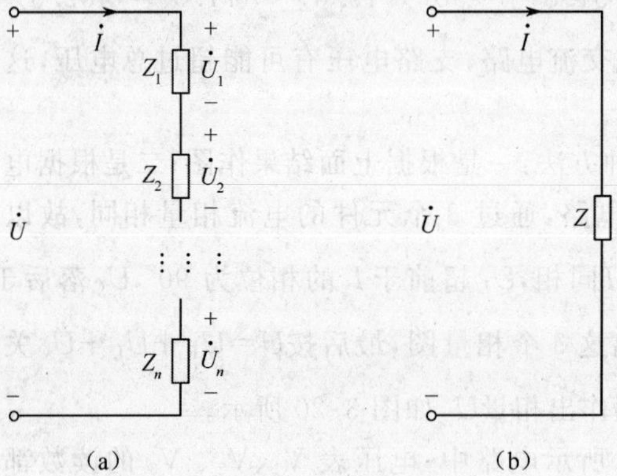

图 3-22 阻抗串联的交流电路

根据基尔霍夫电压定律的相量形式可以得出

$$\dot{U}=\dot{U}_1+\dot{U}_2+\cdots+\dot{U}_n \tag{3-61}$$

即端口电压的相量等于各分电压的相量之和。

各串联阻抗通过同一电流 $\dot{I}$，并且各分电压与电流之间符合欧姆定律的相量形式。因此

$$\dot{U}=\dot{I}Z_1+\dot{I}Z_2+\cdots+\dot{I}Z_n=\dot{I}(Z_1+Z_2+\cdots Z_n)$$

$$Z=\frac{\dot{U}}{\dot{I}}=Z_1+Z_2+\cdots+Z_n=\sum_{k=1}^{n}Z_k=\sum_{k=1}^{n}R_k+\text{j}\sum_{k=1}^{n}X_k \tag{3-62}$$

其中 $\sum_{k=1}^{n}R_k=R_1+R_2+\cdots+R_n$，$\sum_{k=1}^{n}X_k=X_1+X_2+\cdots+X_n$。

式(3-62)即为欧姆定律的相量形式，Z 是串联阻抗的等效阻抗，它等于各个串联阻抗之和。因此 n 个串联的阻抗就可以用一个等效阻抗来替代，如图 3-22(b)所示。

设 $Z=R+\text{j}X$，则有

$$R=R_1+R_2+\cdots+R_n=\sum_{k=1}^{n}R_k$$

$$X = X_1 + X_2 + \cdots + X_n = \sum_{k=1}^{n} X_k$$

需要注意的是，一般情况下

$$|Z| \neq |Z_1| + |Z_2| + \cdots + |Z_n|$$

【例 3-14】 设在图 3-23 所示的两阻抗串联电路中，$Z_1=(3+\mathrm{j}3)\ \Omega$，$Z_2=(6.92-\mathrm{j}4)\ \Omega$，电源电压 $u=100\sqrt{2}\sin(\omega t+30°)$ V。求：(1)等效阻抗；(2)电流 i 和电压 u_1、u_2。

解：(1)等效的阻抗

$$Z = Z_1 + Z_2 = 3+\mathrm{j}3+6.92\text{-}\mathrm{j}4 = 9.92\text{-}\mathrm{j} = 10\mathrm{e}^{-\mathrm{j}6°}(\Omega)$$

(2) 电压相量　　$u \to \dot{U}=100\mathrm{e}^{\mathrm{j}30°}$ (V)

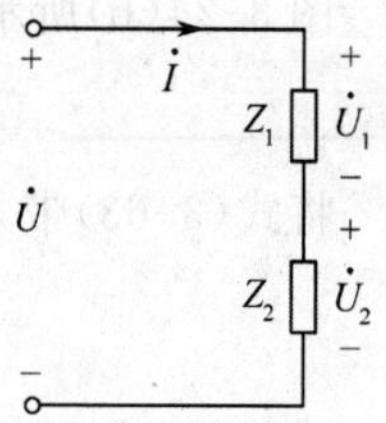

图 3-23　例 3-14 图

电路电流相量　　$\dot{I}=\dfrac{\dot{U}}{Z}=\dfrac{100\mathrm{e}^{\mathrm{j}30°}}{10\mathrm{e}^{-\mathrm{j}6°}}=10\mathrm{e}^{\mathrm{j}36°}$ (A)

Z_1的电压相量

$$\dot{U}_1 = \dot{I}Z_1 = 10\mathrm{e}^{\mathrm{j}36°} \times (3+\mathrm{j}3) = 10\times 3\sqrt{2}\mathrm{e}^{\mathrm{j}(36°+45°)} = 30\sqrt{2}\mathrm{e}^{\mathrm{j}81°}(\mathrm{V})$$

Z_2的电压相量

$$\dot{U}_2 = \dot{I}Z_2 = 10\mathrm{e}^{\mathrm{j}36°} \times (6.92+\mathrm{j}4) = 10\mathrm{e}^{\mathrm{j}36°} \times 8\mathrm{e}^{-\mathrm{j}30°} = 80\mathrm{e}^{\mathrm{j}6°}(\mathrm{V})$$

它们的瞬时值

$$i = 10\sqrt{2}\sin(\omega t + 36°)\ (\mathrm{A})$$

$$u_1 = 30\sqrt{2}\times\sqrt{2}\sin(\omega t + 81°) = 60\ \sin(\omega t + 81°)\ (\mathrm{V})$$

$$u_2 = 80\sqrt{2}\sin(\omega t + 6°)\ (\mathrm{V})$$

3.6　RLC 并联电路和导纳

3.6.1　RLC 并联电路中电压与电流的关系

RLC 并联电路模型如图 3-24(a)所示。据前面的结论可知

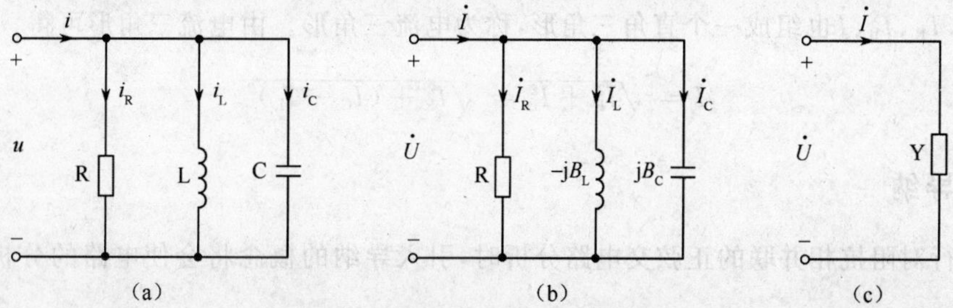

图 3-24　RLC 并联交流电路

$$\dot{U}_R = \dot{I}R \quad \dot{U}_L = \mathrm{j}X_L\,\dot{I} \quad \dot{U}_C = -\mathrm{j}X_C\,\dot{I}$$

若定义 $B_L=\frac{1}{X_L}=\frac{1}{\omega L}$，$B_C=\frac{1}{X_C}=\omega C$，$B_L$ 和 B_C 分别称为电感支路的感纳和电容支路的容纳。

则可得到

$$\dot{I}_R=\frac{\dot{U}}{R}=G\dot{U}$$

$$\dot{I}_L=\frac{\dot{U}}{\mathrm{j}X_L}=-\mathrm{j}B_L$$

$$\dot{U}\ \dot{I}_C=\mathrm{j}\frac{\dot{U}}{X_C}=\mathrm{j}B_C\dot{U} \tag{3-63}$$

图 3-24(b)所示为并联电路的相量形式，根据基尔霍夫电流定律的相量形式可以得出

$$\dot{I}=\dot{I}_R+\dot{I}_L+\dot{I}_C \tag{3-64}$$

将式(3-63)带入式(3-64)，有

$$\begin{aligned}\dot{I}&=\dot{I}_R+\dot{I}_L+\dot{I}_C=G\dot{U}-\mathrm{j}B_L\dot{U}+\mathrm{j}B_C\dot{U}\\&=[G+\mathrm{j}(B_C-B_L)]\dot{U}=(G+\mathrm{j}B)\dot{U}=Y\dot{U}\end{aligned} \tag{3-65}$$

式(3-65)中 Y 称为导纳，量纲为西门子。根据式(3-65)，并联相量模型的电路可用导纳 Y 来等效，如图 3-24(c)所示。

在 RLC 并联电路中通过各元件的电流相同，故以电流相量为参考相量（$\dot{I}=I\angle 0°$）作出相量图，如图 3-25(a)所示，图中设 $I_C>I_L$。

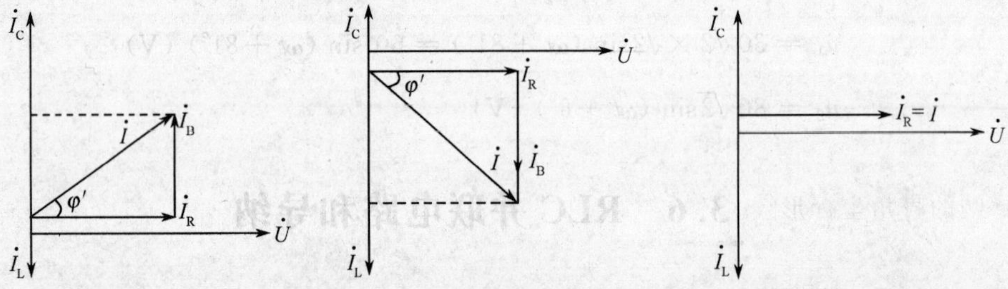

图 3-25 RLC 并联电路相量图

显然，$\dot{I}_R$、$\dot{I}_B$、$\dot{I}$ 也组成一个直角三角形，称为电流三角形。由电流三角形可得

$$I=\sqrt{I_R^2+I_B^2}=\sqrt{I_R^2+(I_C-I_L)^2} \tag{3-66}$$

3.6.2 导纳

在进行对阻抗相并联的正弦交电路分析时，引入导纳的概念将会使电路的分析计算更加方便。

阻抗的倒数称为导纳，用大写字母 Y 表示，即

$$Y=\frac{1}{Z}=\frac{\dot{I}}{\dot{U}} \tag{3-67}$$

注意：

(1) 由导纳的定义可知，单一元件 R、L、C 的导纳分别为

$$\begin{aligned} Y_{\mathrm{R}} &= \frac{1}{R} = G \\ Y_{\mathrm{L}} &= \frac{1}{\mathrm{j}\omega L} = -\mathrm{j}\,\frac{1}{\omega L} = -\mathrm{j}B_{\mathrm{L}} \\ Y_{\mathrm{C}} &= \mathrm{j}\omega C = \mathrm{j}B_{\mathrm{C}} \end{aligned} \tag{3-68}$$

如前所述，式中 $G=\frac{1}{R}$ 为电导，$B_{\mathrm{L}}=\frac{1}{\omega L}$ 为感纳，$B_{\mathrm{C}}=\omega C$ 为容纳。

(2) 导纳也是复数，但不是表示正弦量的复数，因而不是相量。

(3) 与阻抗 Z 一样，无源单口网络的导纳 Y 是由网络结构、元件参数和电源频率决定，而与电流、电压无关。无源单口网络的导纳 Y 决定用了端口电压相量与端口电流相量的关系。

(4) 导纳 Y 是复数，因此它也有极坐标和直角坐标两种形式。

用极坐标形式表示式(3-67)，有

$$\begin{aligned} Y &= |Y|\angle\varphi' = \frac{\dot{I}}{\dot{U}} = \frac{I}{U}\angle(\psi_i-\psi_u) \\ |Y|\angle\varphi' &= \frac{I}{U}\angle(\psi_i-\psi_u) \end{aligned} \tag{3-69}$$

根据复数相等，可得

$$\begin{cases} |Z| = \dfrac{I}{U} \\ \varphi' = \psi_i - \psi_u \end{cases} \tag{3-70}$$

即导纳的大小等于电流有效值与电压有效值之比，单位是西门子(S)，简称西。其辐角 φ' 称为导纳角，它等于电流和电压的相位差。

导纳的直角坐标形式为

$$Y = G + \mathrm{j}B \tag{3-71}$$

其实部 G 称为等效电导，虚部 B 称为等效电纳。G 一般为正值，而 B 的值可正可负。例如，对于电容，$B=\omega C=B_{\mathrm{C}}$；对于电感，$B=-\frac{1}{\omega L}=-B_{\mathrm{L}}$。

(5) 导纳的直角坐标形式和极坐标形式的互换公式为

$$\begin{cases} |Y| = \sqrt{G^2+B^2} = \dfrac{I}{U} \\ \varphi' = \arctan\dfrac{B}{G} \end{cases} \tag{3-72}$$

$$\begin{cases} G = |Y|\cos\varphi' \\ B = |Y|\sin\varphi' \end{cases} \tag{3-73}$$

和阻抗三角形类似，$|Y|$、G 和 B 三者的关系可构成一个直角三角形，如图 3-26 所示，这个直角三角形称为导纳三角形。

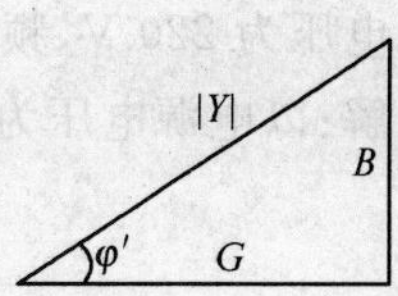

图 3-26　导纳三角形

3.6.3 导纳的并联

对于多支路并联电路，用阻抗法分析往往计算量很大，所以通常使用导纳法分析。首先可由导纳的定义，分别求出各支路导纳 Y_1、Y_2、…、Y_n，如图 3-27(a)所示。其中

$$Y_1 = G_1 + \mathrm{j}B_1 \quad Y_2 = G_2 + \mathrm{j}B_2 \quad \cdots \quad Y_n = G_n + \mathrm{j}B_n$$

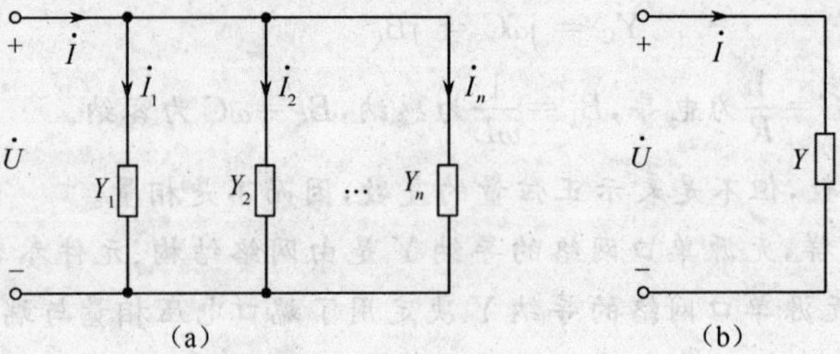

图 3-27　导纳并联的交流电路

并联支路端电压$\dot{U}$相同，各支路电流为

$$\dot{I}_1 = \dot{U}Y_1 \quad \dot{I}_2 = \dot{U}Y_2 \quad \cdots \quad \dot{I}_n = \dot{U}Y_n$$

根据基尔霍夫电流定律的相量形式，可以得出

$$\dot{I} = \dot{I}_1 + \dot{I}_2 + \cdots + \dot{I}_n \tag{3-74}$$

$$\dot{I} = Y_1\dot{U} + Y_2\dot{U} + \cdots + Y_n\dot{U} = \dot{U}(Y_1 + Y_2 + \cdots + Y_n)$$

无源并联单口网络的等效导纳

$$Y = \frac{\dot{I}}{\dot{U}} = Y_1 + Y_2 + \cdots + Y_n = \sum_{k=1}^{n} Y_k = \sum_{k=1}^{n} G_k + \mathrm{j}\sum_{k=1}^{n} B_k \tag{3-75}$$

其中 $\sum_{k=1}^{n} G_k = G_1 + G_2 + \cdots + G_n$，$\sum_{k=1}^{n} B_k = B_1 + B_2 + \cdots + B_n$。

式(3-75)也是欧姆定律的相量形式，Y 是并联导纳的等效导纳，它等于各并联支路导纳之和。因此，n 个并联的导纳就可以用一个等效导纳来替代，如图 3-27(b)所示。

设 $Y=G+\mathrm{j}B$，则有

$$G = G_1 + G_2 + \cdots + G_n = \sum_{k=1}^{n} G_k$$

$$B = B_1 + B_2 + \cdots + B_n = \sum_{k=1}^{n} B_k$$

【例 3-15】 在图 3-28 所示的电路中，$R_1=10\ \Omega$，$L=300$ mH，$R_2=20\ \Omega$，$C=0.3\ \mu$F，工作电源电压为 220 V，频率为 50 Hz，试计算电路总电流及各支路电流。

解：以电源电压为参考相量，即

$$\dot{U} = 220\angle 0°\ \mathrm{V}$$

方法一：用阻抗计算。

电感的感抗和电容的容抗分别为

$$X_L = 2\pi f L = 2\pi \times 50 \times 0.3 = 94.2\ (\Omega)$$

$$X_C = \frac{1}{2\pi f C} = \frac{1}{2\pi \times 50 \times 0.3 \times 10^{-6}} \approx 106.2\ (\Omega)$$

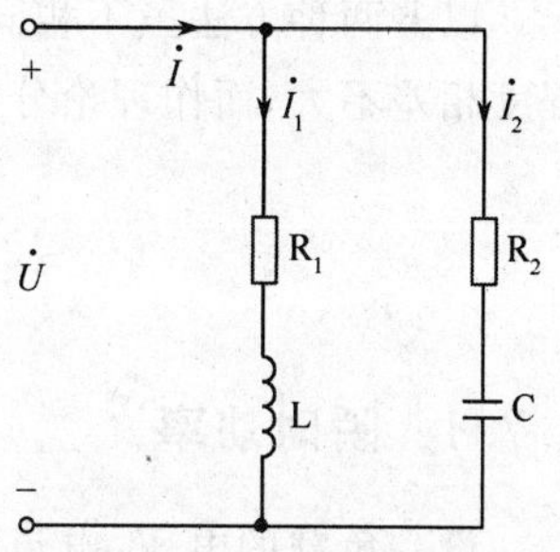

图 3-28　例 3-15 图

两条支路的阻抗和各支路电流分别为

$$Z_1 = R_1 + jX_L = 10 + j94.2 \approx 94.7\angle 84^\circ\ (\Omega)$$

$$Z_2 = R_2 - jX_C = 20 - j106.2 \approx 108\angle 79.3^\circ\ (\Omega)$$

$$\dot{I}_1 = \frac{\dot{U}_1}{Z_1} = \frac{220\angle 0^\circ}{94.7\angle 84^\circ} \approx 2.32\angle -84^\circ\ (A)$$

$$\dot{I}_2 = \frac{\dot{U}_2}{Z_2} = \frac{220\angle 0^\circ}{108e\angle -79.3^\circ} \approx 2.04\angle 79.3^\circ\ (A)$$

两条并联支路的总电流为

$$\begin{aligned}\dot{I} &= \dot{I}_1 + \dot{I}_2 = 2.32\angle -84^\circ + 2.04\angle 79.3^\circ \\ &= 0.24 - j2.31 + 0.378 + j2.0 \\ &= 0.62\text{-}j0.3 = 0.689\angle 25.8^\circ\ (A)\end{aligned}$$

方法二:用导纳计算。

$$\begin{aligned}Y_1 &= \frac{1}{Z_1} = \frac{R_1}{R_1^2 + jX_L^2} - j\frac{X_L}{R_1^2 + jX_L^2} \\ &= \frac{10}{10^2 + j94.2^2} - \frac{94.2}{10^2 + j94.2^2} \\ &\approx (0.00112 - j0.0105)\ S\end{aligned}$$

$$\begin{aligned}Y_2 &= \frac{1}{Z_2} = \frac{R_2}{R_2^2 + jX_2^2} + j\frac{X_C}{R_2^2 + jX_C^2} \\ &= \frac{20}{20^2 + j106.2^2} + \frac{106.2}{20^2 + j106.2^2} \\ &\approx (0.00171 + j0.0091)\ S\end{aligned}$$

$$\begin{aligned}\dot{I}_1 &= Y_1\dot{U} = 220 \times (0.00112 - j0.0105) \\ &= 0.245 - j2.31 \\ &\approx 2.32\angle -84^\circ\ (A)\end{aligned}$$

$$\begin{aligned}\dot{I}_2 &= Y_2\dot{U} = 220 \times (0.00171 + j0.0091) \\ &= 0.367 + j2.004 \\ &\approx 2.04\angle 79.3^\circ\ (A)\end{aligned}$$

$$\begin{aligned}\dot{I} &= Y\dot{U} = (Y_1 + Y_2)\dot{U} = \dot{I}_1 + \dot{I}_2 \\ &= 0.245 - j2.31 + 0.367 + j2.004 \\ &= 0.621\text{-}j0.306 \\ &\approx 0.689\angle 25.8^\circ\ (A)\end{aligned}$$

以上两种方法虽不相同，但结果是一致的，一般并联电路用阻抗或用导纳进行计算，繁简程度相差不大，而作理论分析时，用导纳计算显得更为方便。

3.7 交流电路的功率

3.7.1 瞬时功率

设一负载的电压、电流的参考方向关联，如图 3-39 所示。在正弦交流电路中，i、u 分别为

$$i = \sqrt{2}I\sin\omega t$$

$$u = \sqrt{2}U\sin(\omega t + \varphi)$$

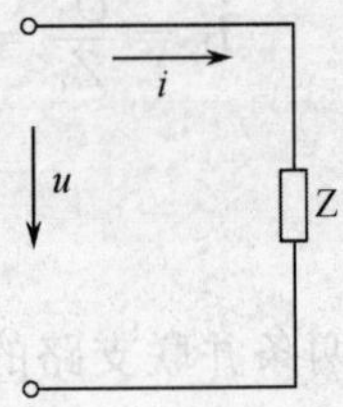

图 3-29 瞬时功率计算

显然，φ 为电压对电流的相位差，亦即该网络的阻抗角。

负载吸收的瞬时功率

$$p = ui = \sqrt{2}U\sin(\omega t + \varphi) \times \sqrt{2}I\sin\omega t$$

利用三角公式，上式可化简为

$$p = UI\cos\varphi - UI\cos(2\omega t + \varphi) \tag{3-76}$$

可见，瞬时功率有恒定分量 $UI\cos\varphi$ 和正弦分量 $UI\cos(2\omega t + \varphi)$ 两部分，正弦分量的频率是电源频率的两倍。

图 3-30 所示为瞬时功率的波形图。从波形图不难看出：若电压、电流同为正值时，瞬时功率为正值，该电路为吸收功率；若电压、电流一正一负，瞬时功率为负值，说明电路不从外电路吸收电能，而是发出电能。这主要是由于负载中有储能元件存在。

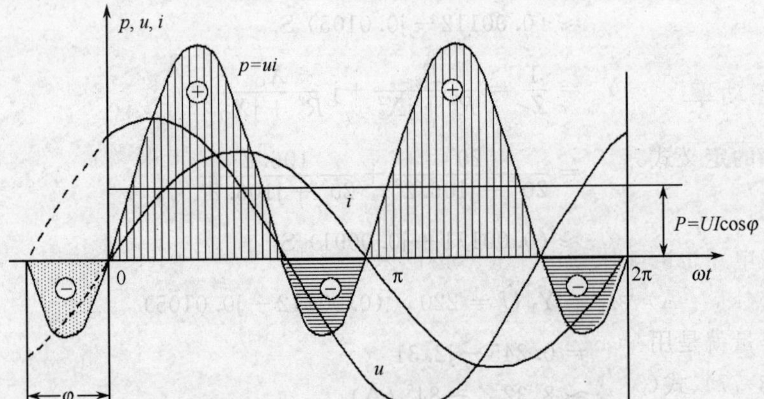

图 3-30 瞬时功率波形图

上面讲的瞬时功率是一个随时间变化的量，它的计算和测量都不方便，通常也不需要对它进行计算和测量。我们介绍它，是因为它是研究交流电路功率的基础。

3.7.2 有功功率

将瞬时功率的表示式(3-76)代入有功功率的定义式，有

$$P=\frac{1}{T}\int_0^T p\mathrm{d}t=\frac{1}{T}\int_0^T UI[\cos\varphi-\cos(2\omega t+\varphi)]\mathrm{d}t \tag{3-77}$$
$$=UI\cos\varphi$$

该式表明，有功功率不仅与电压和电流有关，而且与它们之间的相位差 φ 有关，这里的 φ 角是该负载的阻抗角。功率表测出的是有功功率。可以证明，若电路中含有 R、L、C 元件，由于电感、电容元件上的平均功率为零，即 $P_L=0$，$P_C=0$，因而，有功功率等于各电阻消耗的平均功率之和，即有

$$P=UI\cos\varphi=I_R^2R=\frac{U_R^2}{R} \tag{3-78}$$

3.7.3 无功功率

无功功率的定义为

$$Q=UI\sin\varphi \tag{3-79}$$

无功功率表示的是电路交换能量的最大功率，单位为乏（var）。

由式(3-79)可知单一元件的无功功率为：

电阻元件($\varphi=0$)：$Q_R=0$，不吸收无功功率。

电感元件($\varphi=90°$)：$Q_L=U_L I_L\sin 90°=U_L I_L>0$。

电容元件($\varphi=-90°$)：$Q_C=U_C I_C\sin(-90°)=-U_C I_C<0$。

这样，在既有电感又有电容的电路中，总的无功功率等于两者的代数和，即

$$Q=Q_L+Q_C \tag{3-80}$$

式(3-80)中 Q 为一代数量，可正可负。Q 为正，表示接受无功功率；Q 为负，表示发出无功功率。

3.7.4 视在功率

视在功率的定义式为

$$S=UI \tag{3-81}$$

即视在功率为电路中的电压和电流有效值的乘积。视在功率的单位为伏安(V·A)，工程上也常用千伏安(kV·A)表示。两者的换算关系为 1 kV·A=1000 V·A。发电机、变压器等电源设备的容量就是用视在功率来描述的，它等于额定电压与额定电流的乘积。

根据式(3-77)、式(3-79)和式(3-81)，有功功率、无功功率和视在功率的关系为

$$S=\sqrt{P^2+Q^2} \tag{3-85}$$

显然，S、P、Q、φ 的关系可用直角三角形表示，称为功率三角形，如图 3-31 所示。

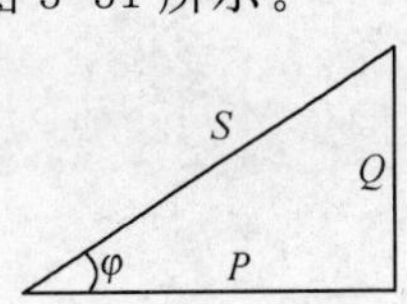

图 3-31 功率三角形

【例 3-16】 RLC 串联电路接 220 V 工频电源，已知 $R=30\ \Omega$，$L=382$ mH，$C=40\ \mu$F。求电路的功率因数，并计算电路的电流、视在功率、有功功率和无功功率。

解： $X_L=2\pi fL=2\pi\times50\times382\times10^{-3}=120\ \Omega$

$$X_C=\frac{1}{2\pi fC}=\frac{1}{2\pi\times 50\times 40\times 10^{-6}}\approx 80\ \Omega$$

电路的阻抗

$$Z=R+\mathrm{j}X=R+\mathrm{j}X=30+\mathrm{j}(120-80)=30+\mathrm{j}40=50\angle 53.1°\ (\Omega)$$

电路的功率因数 $\lambda=\cos\varphi=\frac{R}{|Z|}=\frac{30}{50}=0.6$

电路的电流 $I=\frac{U}{|Z|}=\frac{220}{50}=4.4\ (\mathrm{A})$

视在功率 $S=UI=220\times 4.4=968\ (\mathrm{V\cdot A})$

有功功率 $P=S\cos\varphi=968\times 0.6=580.8\ (\mathrm{W})$

无功功率 $Q=S\sin\varphi=S\frac{X}{|Z|}=968\times\frac{40}{50}=774.4\ (\mathrm{var})$

【例 3-17】 如图 3-32(a)所示电路，已知 $Z_1=R_1+X_1$，$Z_2=R_2+X_2$，Z_1、Z_2和等效阻抗 Z 的有功功率、无功功率、视在功率分别为：P_1、Q_1、S_1；P_2、Q_2、S_2和 P、Q、S。问下列式子中哪些是对的？哪些是错的？

(1) $P=P_1+P_2$；(2) $Q=Q_1+Q_2$；(3) $S=S_1+S_2$。

解：设 Z_1、Z_2的阻抗角为 φ_1、φ_2，以电流$\dot{I}$作为参考相量，作出$\dot{U}_1$和$\dot{U}_2$，按$\dot{U}=\dot{U}_1+\dot{U}_2$关系式，利用平行四边形法可作出相量$\dot{U}$，如图 3-32(b)所示。设$\dot{U}$比$\dot{I}$超前的角度为 φ，则从相量图上可以看出：

$$U\cos\varphi=U_1\cos\varphi_1+U_2\cos\varphi_2$$

$$U\sin\varphi=U_1\sin\varphi_1+U_2\sin\varphi_2$$

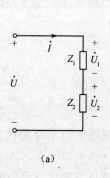

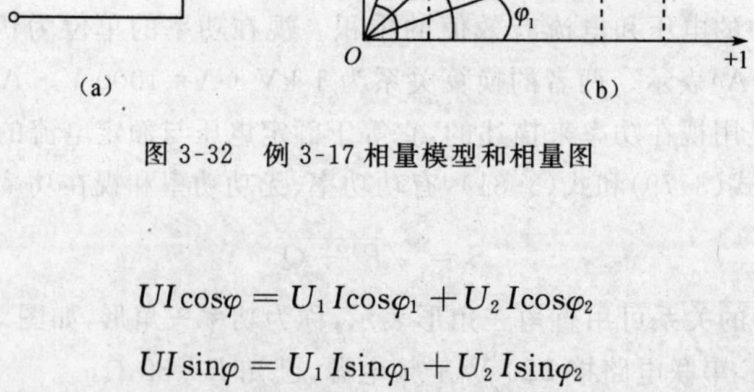

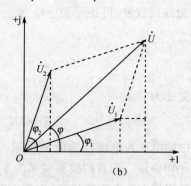

图 3-32 例 3-17 相量模型和相量图

两边同乘 I，便得

$$UI\cos\varphi=U_1I\cos\varphi_1+U_2I\cos\varphi_2$$

$$UI\sin\varphi=U_1I\sin\varphi_1+U_2I\sin\varphi_2$$

即

$$P=P_1+P_2 \tag{3-83}$$

$$Q=Q_1+Q_2 \tag{3-84}$$

从 $UI\cos\varphi=U_1I\cos\varphi_1+U_2I\cos\varphi_2$ 可以看出，在一般情况下，由于 $\varphi\neq\varphi_1\neq\varphi_2$，所以，$U\neq U_1+U_2$。

两边同乘以 I，便得

$$UI \neq U_1 I + U_2 I$$

即
$$S \neq S_1 + S_2 \tag{3-85}$$

采用同样的方法，可以证明上述结论对并联电路也成立，由此可以把它推广到任意无源单口网络，即

$$P = \sum_{k=1}^{n} P_k$$

$$Q = \sum_{k=1}^{n} Q_k$$

$$S \neq \sum_{k=1}^{n} S_k \tag{3-86}$$

【例 3-18】 用三表法测量一个线圈的参数（见图 3-33），得下列数据：电压表的读数为 50 V，电流表的读数为 1 A，功率表的读数为 30 W。试求该线圈的参数 R 和 L。（电源的频率为 50 Hz）

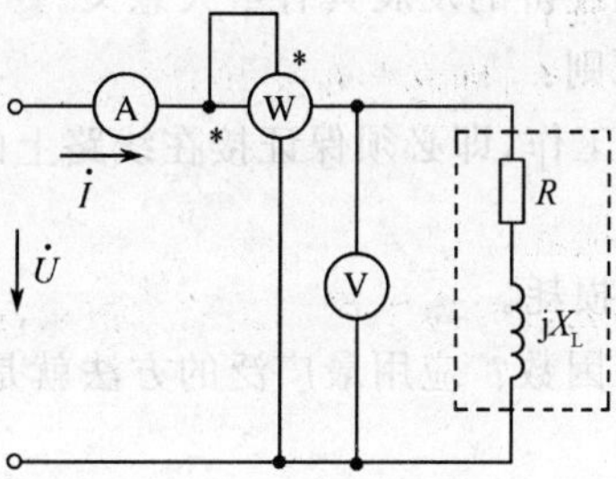

图 3-33 例 3-18 图

解：选 i、u 为关联参考方向，如图 3-35 所示。根据

$$P = UI\cos\varphi = I_R^2 R = \frac{U_R^2}{R}$$

求得
$$R = \frac{P}{I^2} = \frac{30}{1^2} = 30\ (\Omega)$$

线圈的阻抗为

$$|Z| = \frac{U}{I} = \frac{50}{1} = 50\ (\Omega)$$

由于

$$|Z| = \sqrt{R^2 + X_L^2}$$

因此

$$X_L = \sqrt{|Z|^2 - R^2} = \sqrt{50^2 - 30^2} = 40\ (\Omega)$$

则

$$L = \frac{X_L}{\omega} = \frac{40}{314} \approx 0.127\ (\text{H})$$

第三章 正弦交流电路

3.7.5 功率因数及其提高

1. 功率因数的定义

有功功率与视在功率的比值称为负载的功率因数，用 λ 表示，即

$$\lambda = \frac{P}{S} = \cos\varphi \tag{3-87}$$

可见，功率因数的大小取决于电压与电流的相位差 φ，故把 φ 角也称为功率因数角。

2. 功率因数的提高

在生产和生活中大量使用功率因数较低的感性负载，这些感性负载占用的无功功率很大，虽然无功功率没有消耗掉，但这部分功率也无法供给其他用户使用。由 $S=\sqrt{P^2+Q^2}$ 可知，S 一定时，Q 愈大，P 愈小，电源设备的容量不能充分利用。与此同时，当负载电压和有功功率一定时，$I=\dfrac{P}{U\cos\varphi}$，线路电流与功率因数成反比，功率因数愈低，线路电流 I 愈大，在线路上产生的压降（$\Delta U=rI$，其中 R 为线路电阻）和功率损失（$\Delta P=rI^2$）也就愈大。可见，功率因数是交流电网的一个重要经济指标。提高和改善功率因数，可以提高电源设备利用率，减少输电线路损耗，从而大大节约电能，对国民经济的发展具有重大意义。

提高功率因数应遵循两条原则：

(1) 不能影响用电设备正常工作，即必须保证接在线路上的用电设备的端电压、电流及功率不变；

(2) 尽量不增加额外的电能损耗。

如何提高和改善电路的功率因数？应用最广泛的方法就是在感性负载两端并联合适的电容，电路如图 3-34(a)所示。

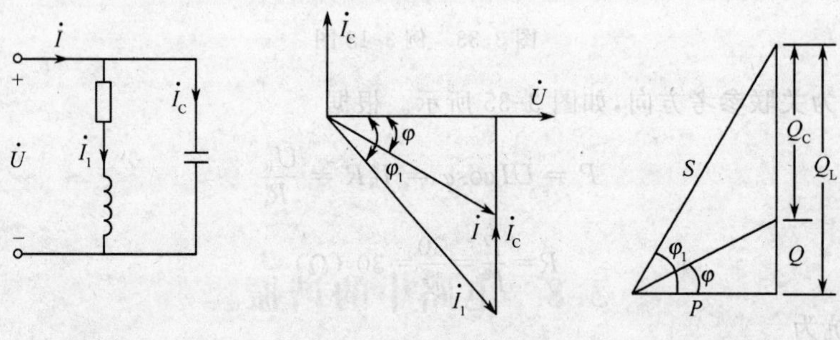

(a)　　(b)　　(c)

图 3-34　功率因数的提高

由于是并联，感性负载的电压不受并联电容的影响，感性负载的电流 $\dot{I}_1$ 不变，但对总电流来说，却多了一个电流分量 $\dot{I}_C$。并联电路选择电压 $\dot{U}$ 作为参考相量，并联电容前，线路电流 $\dot{I}_1$（也就是负载电流）滞后于电压 $\dot{U}$ 一个 φ_1 角，如图 3-34(b)所示。并联电容后，$\dot{I}=\dot{I}_C+\dot{I}_1$，采用三角形法则可做出电流相量图，总电流 $I<I_1$，$\dot{U}$ 对 $\dot{I}_1$ 的相位角 $\varphi_1<\varphi$，于是 $\cos\varphi>\cos\varphi_1$，功率因数提高了。

若已知感性负载（即已知 U、P、$\cos\varphi_1$），并需将功率因数提高到 $\cos\varphi$，则可用以下方法计算并联电容的电容量 C 和无功功率 Q_C。

由功率三角形可知，所需并联的无功功率为

$$|Q_C| = Q_L - Q$$

感性负载的无功功率 $Q = P\tan\varphi_1$；并联后电路的无功功率 $Q = P\tan\varphi$，所以

$$|Q_C| = P(\tan\varphi_1 - \tan\varphi)$$

由于

$$|Q_C| = X_C I_C^2 = \frac{U^2}{X_C} = \omega C U^2$$

因此所需要的电容量为

$$C = \frac{Q_C}{\omega U^2} = \frac{P}{\omega U^2}(\tan\varphi_1 - \tan\varphi) \tag{3-88}$$

【例 3-19】 在 220 V、50 Hz 的线路上接有功功率 $P=20$ kW，功率因数 $\cos\varphi=0.6$ 的感性负载网络。现要将功率因数提高到 $\cos\varphi=0.95$，试计算所需要并联的电容值以及并联电容前后供电线路的电流。

解：由式(3-88)知，将功率因数由 $\cos\varphi_1=0.6$ 提高到 $\cos\varphi=0.95$，需并联的电容为

$$C = \frac{P}{\omega U^2}(\tan\varphi_1 - \tan\varphi)$$

已知 $\cos\varphi_1=0.6$，$\cos\varphi=0.95$，则有 $\varphi_1=53.8°$，$\varphi=18.5°$。故所需要并联的电容值为

$$C = \frac{20\times10^3}{2\pi\times50\times220^2}(\tan53.8° - \tan18.5°) = 1280\ (\mu\text{F})$$

并联电容前供电线路的电流为

$$I_1 = \frac{P}{U\cos\varphi_1} = \frac{20\times10^3}{220\times0.6} \approx 152\ (\text{A})$$

并联电容后供电线路的电流为

$$I = \frac{P}{U\cos\varphi} = \frac{20\times10^3}{220\times0.95} \approx 96\ (\text{A})$$

3.8 电路中的谐振

所谓谐振，是指含有电容和电感的电路中，当调节电路的参数或电源的频率，使电路的总电压和总电流相位相同时，整个电路的负载呈电阻性，这时电路就发生了谐振。谐振分为串联谐振和并联谐振。

3.8.1 串联谐振

1. 串联谐振简介

如图 3-35(a)所示 RLC 串联电路中，有

$$Z = R + jX = R + j(X_L - X_C)$$

当 $\dot{U}$ 与 $\dot{I}$ 同相时，即 $\varphi=0$，电路产生谐振。所以，串联谐振的条件是

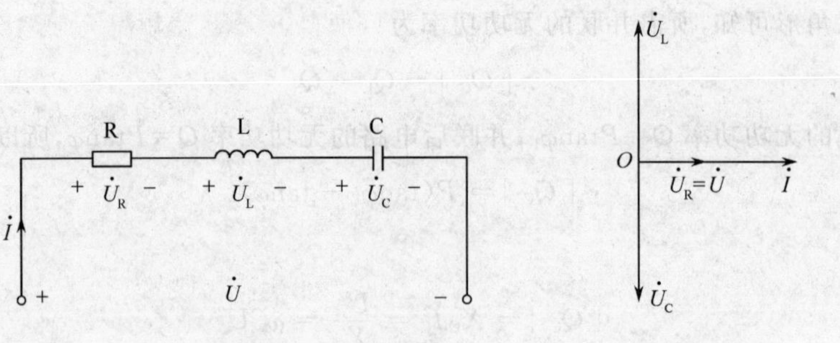

(a) 相量模型　　(b) 相量图

图 3-35　串联谐振

$$X_L = X_C \quad \text{或} \quad \omega_0 L = \frac{1}{\omega_0 C} \tag{3-89}$$

即谐振角频率 ω_0 和谐振频率 f_0 为

$$\begin{cases} \omega_0 = \dfrac{1}{\sqrt{LC}} \\ f_0 = \dfrac{1}{2\pi\sqrt{LC}} \end{cases} \tag{3-90}$$

当调节 L 或 C 时,就可改变谐振频率 f_0。调节电源的频率,使 $f=f_0$,就可产生谐振。

2. 串联谐振的特点

(1) 电路的阻抗最小并呈电阻性,根据阻抗三角形有

$$|Z_0| = \sqrt{R^2 + (X_L - X_C)^2} = R$$

(2) 当电源电压不变时,电路中的电流最大,谐振时的电流为

$$I_0 = \frac{U}{|Z_0|} = \frac{U}{R}$$

(3) 谐振时,电感和电容上的电压等值而反相($\dot{U}_L = -\dot{U}_C$),互相抵消,于是$\dot{U}=\dot{U}_R$。

若 $X_L = X_C >> R$ 时,则有 $U_L = U_C >> U$,串联谐振可以在电容和电感两端产生高压,故又称为电压谐振,其电压相量图如图 3-35(b)所示。

谐振电容两端的电压 U_C 或电感两端的电压 U_L 与总电压 U 的比值,称为串联谐振电路的品质因数,用字母 Q 表示为

$$Q = \frac{U_C}{U} = \frac{U_L}{U} = \frac{1}{\omega_0 CR} = \frac{\omega_0 L}{R} = \frac{\rho}{R} \tag{3-91}$$

串联谐振的选频特性在无线电技术中常常用来选择信号。在电力系统中,要尽量避免串联谐振,因为谐振时会使 U_L、U_C 高于电源电压 Q 倍,过高的电压会损坏用电设备的绝缘,危及人身安全。

3. 串联谐振的应用

收音机的输入电路是由实际线圈 L 和可变电容 C 组成的,如图 3-36(a)所示。当各电台不同频率的电磁信号经过天线时,都会在天线回路中感应出不同频率的电动势 $e_1, e_2, \cdots, e_n$ 等,如图 3-38(b)所示,图中 R 为实际线圈的损耗电阻。电路中的电流是各个不同频率电动势

所产生的电流的叠加，如果将电容 C 调到某一值，使其与某电台频率 f_1 发生谐振，则电路对该台信号源 e_1 的阻抗最小，该频率信号电流最大。由于天线回路和电感之间有感应作用，在电感的两端就会得到最高的输出电压，再经解调、放大，就能收听到该电台的节目。对于其他电台的信号，电路对它们不发生谐振，因而阻抗大，电流很小。因此，通过调节电容 C 的数值，电路就会对不同电台的频率发生谐振，从而达到选台的目的。

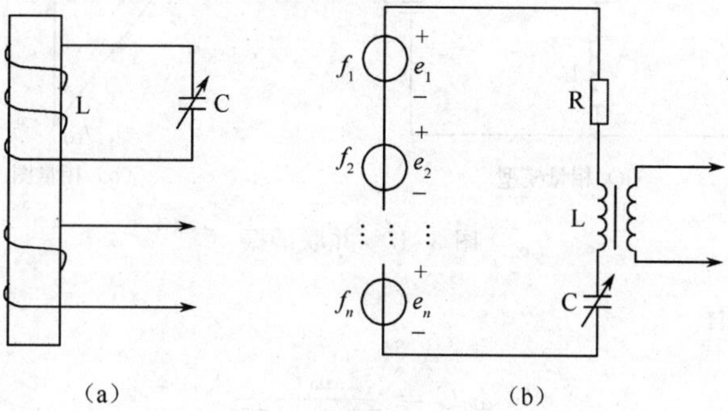

图 3-36　串联谐振的应用举例

【例 3-20】　有一个 300 pF 的电容 C 和一个线圈 L 相串联，线圈的电感 $L=0.3$ mH，电阻 $R=10\ \Omega$，在电路的输入端加一个与电路谐振的信号电压 $U=1$ mV。求谐振频率 f_0、谐振电流 I_0、特性阻抗、品质因数 Q 和电容两端的电压 U_{C0}。

解：谐振频率为

$$f_0=\frac{1}{2\pi\sqrt{LC}}=\frac{1}{2\times3.14\times\sqrt{0.3\times10^{-3}\times300\times10^{-12}}}$$

$$=5.31\times10^5\,(\text{Hz})=531\ (\text{kHz})$$

谐振电流为

$$I_0=\frac{U}{R}=\frac{1\times10^{-3}}{10}=0.1\times10^{-3}\,(\text{A})=0.1\ (\text{mA})$$

特性阻抗为

$$\rho=\sqrt{\frac{L}{C}}=\sqrt{\frac{0.3\times10^{-3}}{300\times10^{-12}}}=1000\ (\Omega)$$

品质因数 Q 和电容电压 U_{C0} 为

$$Q=\frac{\rho}{R}=\frac{1000}{10}=100$$

$$U_{C0}=QU=100\times1\times10^{-3}=100\ (\text{mA})$$

3.8.2　并联谐振

1. 并联谐振简介

在电子技术中，通常采用电感线圈与电容并联，组成 RL-C 并联谐振电路，如图 3-37(a)所示。

$$Y=\frac{1}{R+j\omega L}+j\omega C=\frac{R}{R^2+\omega^2L^2}-j\left(\frac{\omega L}{R^2+\omega^2L^2}-\omega C\right)$$

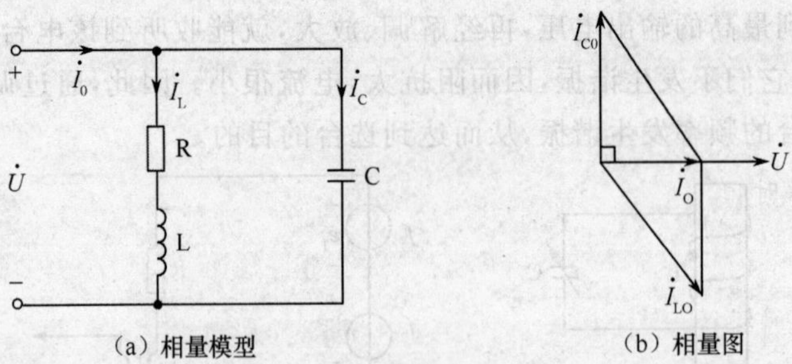

图 3-37　并联谐振

电路发生谐振时有

$$\omega_0 C=\frac{\omega_0 L}{R^2+\omega_0^2L^2} \tag{3-92}$$

求解上式可得谐振频率为

$$\omega_0 C=\frac{1}{\sqrt{LC}}\sqrt{1-\frac{CR^2}{L}} \tag{3-93}$$

因为 ω_0 不能为虚数或零，故要使电路能够发生谐振，电路参数必须满足

$$1-\frac{CR^2}{L}>0 \quad 或 \quad R<\sqrt{\frac{L}{C}} \tag{3-94}$$

通常情况下，$R\ll\sqrt{\frac{L}{C}}$，故有

$$\omega_0 C\approx\frac{1}{\omega_0 L} \tag{3-95}$$

由式(3-95)得

$$\omega_0\approx\frac{1}{\sqrt{LC}} \quad 或 \quad f_0\approx\frac{1}{2\pi\sqrt{LC}} \tag{3-96}$$

2. 并联谐振的特点

(1) 电路的阻抗最大，呈电阻性 $|Z_0|=\dfrac{L}{RC}$；

(2) 当电源电压一定时，电路的总电流最小，$I_0=\dfrac{U}{|Z_0|}$；

(3) 并联谐振时，各支路电流有可能大大超过总电流，所以并联谐振又称为电流谐振。

RL-C 并联谐振电路在无线电技术中有着广泛的应用，是各种振荡器和滤波器的重要组成部分。

3. 并联谐振的应用

谐振在计算机、收音机、电视机和手机等电子线路中都有应用，在工业生产中的高频淬火、高频加热等也有着广泛的应用，但有时谐振也会带来干扰和损坏元器件等不利现象。讨论谐振产生的条件和特点，可以取其利而避其害。

小 结

(1) 正弦量。

① 正弦量的瞬时值形式为

$$i = I_m \sin(\omega t + \psi)$$

其中，幅值 I_m、角频率 ω、初相位 ψ 称为正弦量的三要素，它们可以完整地描述一个正弦量的变化情况。若已知正弦量的三要素，就可以写出它的瞬时值表达式并画出它的波形图。

② 两个同频率正弦量相位之差称为相位差。相位差仅与两个正弦量的初相有关，与计时起点的选择无关。

③ 正弦量的有效值指的是与正弦量热效应相等的直流电的数值。通常所说的正弦量的数值均指的是有效值。正弦电压、电流的有效值和最大值之间的关系分别为

$$U = \frac{U_m}{\sqrt{2}} \approx 0.707 U_m$$

$$I = \frac{I_m}{\sqrt{2}} \approx 0.707 I_m$$

(2) 正弦量的相量表示法。

相量表示法是分析和计算交流电路的一种重要工具。相量是用来表示正弦量的复数，它的模等于对应正弦量的有效值(或最大值)，而辐角等于对应正弦量的初相位。相量和它所代表的正弦量为一一对应关系，两者之间不能直接相等。

相量可用复平面上的向量来表示，称为相量图。在同一相量图中，各相量所表示的正弦电量必须是同频率的正弦量。应用相量图可以方便地计算几个正弦量相加减，并写出其瞬时值表达式。

(3) 基尔霍夫定律的相量形式。

$$\sum \dot{I} = 0$$

$$\sum \dot{U} = 0$$

(4) 电阻、电感和电容元件伏安关系的相量形式。

① 电阻元件：$\dot{U}_R = R\dot{I}$，$\psi_i = \psi_u$；有功功率 $P_R = U_R I_R = I_R^2 R = \dfrac{U_R^2}{R}$，无功功率 $Q_R = 0$。

② 电感元件：$\dot{U}_L = jX_L \dot{I} = j\omega L \dot{I}$，$\psi_u = \psi_i + 90°$；有功功率 $P_L = 0$，无功功率 $Q_L = U_L I_L = X_L I_L^2 = \dfrac{U_L^2}{X_L}$。

③ 电容元件：$\dot{U}_C = -jX_C \dot{I} = \dfrac{1}{j\omega C}\dot{I}$，$\psi_u = \psi_i - 90°$；有功功率 $P_L = 0$，无功功率 $Q_C = -U_C I_C = -X_C I_C^2 = -\dfrac{U_C^2}{X_C}$。

(5) 阻抗

① 无源二端网络可以等效为一个阻抗或一个导纳。端口电压电流取关联参考方向时，有

$$Z=\frac{\dot{U}}{\dot{I}} \quad Y=\frac{\dot{I}}{\dot{U}}$$

二者的关系为

$$Z=\frac{1}{Y}$$

② 阻抗(导纳)及其对应的电路的性质有三种：感性、容性和阻性。

③ 用于无源网络等效变换的所有公式，在引入阻抗和导纳的概念后，与电阻电路中的使用方法类似。

④ RLC 串联电路中总电压和各个元件上电压服从基尔霍夫电压定律的相量形式，即

$$\dot{U}=\dot{U}_R+\dot{U}_L+\dot{U}_C=\dot{I}R+jX_L\dot{I}-jX_R\dot{I}$$

⑤ 无源并联单口网络的等效阻抗为

$$Z=\frac{\dot{U}}{\dot{I}}=Z_1+Z_2+\cdots+Z_n=\sum_{k=1}^{n}Z_k$$

(6) 正弦交流电路的功率。

① 有功功率为

$$P=UI\cos\varphi$$

等于该网络内所有电阻的有功功率之和。

② 无功功率为

$$Q=UI\sin\varphi$$

等于该网络内所有电感和电容的无功功率之和。当网络为感性时，$\varphi>0$，$Q>0$；当网络为容性时，$\varphi<0$，$Q<0$。

③ 视在功率为

$$S=UI$$

视在功率的单位为伏安(V·A)

④ 功率因数为

$$\lambda=\frac{P}{S}=\cos\varphi$$

提高功率因数常用的方法是在感性负载的两端并联合适的电容。电容的无功功率和电容值可按以下公式计算：

$$|Q_C|=P(\tan\varphi_1-\tan\varphi) \quad C=\frac{P}{\omega U^2}(\tan\varphi_1-\tan\varphi)$$

(7) 电路中的谐振。

在含有电容和电感的电路中，当调节电路的参数或电源的频率，使电路的总电压和总电流相位相同时，电路就发生了谐振。谐振分为串联谐振和并联谐振。

(8) 用相量图的方法求解电路是工程上常用的一种分析方法，它适用于简单交流电路的分析。相量图法的使用，首先要选择合适的参考相量，其次要根据电路基本定律及元件的电压电流关系画出各相量，最后利用平面几何知识及电路中常用的公式求出未知量。

习 题 三

3-1 试求下列各正弦波的三要素。

(1) $u=5\sin(2000\pi t+90^\circ)$ V。

(2) $i=10\sin(6280t+45^\circ)$ mA。

(3) $u_2=50\sqrt{2}\cos\left(314t-\frac{4}{3}\pi\right)$ V。

(4) $i_2=-\sqrt{2}\sin\left(314t-\frac{\pi}{3}\right)$ A。

3-2 设 $i_2=10\sin(\omega t+40^\circ)$ A，$i_1=5\cos(\omega t+60^\circ)$ A。问哪个电流滞后？滞后多少度？

3-3 正弦电流 i_1 的最大值为 20 A，初相为 -45°；i_2 的振幅为 10 A，且滞后于 i_1 60°。试写出 i_1 与 i_2 的瞬时值表达式。

3-4 如图 3-38 所示为 u 和 i 的波形。问：(1) u 和 i 的初相位各为多少？(2)相位差为多少？哪一个超前？(3)若计时起点向左移 $\pi/3$，u 和 i 是如何变化的？相位差是否改变？

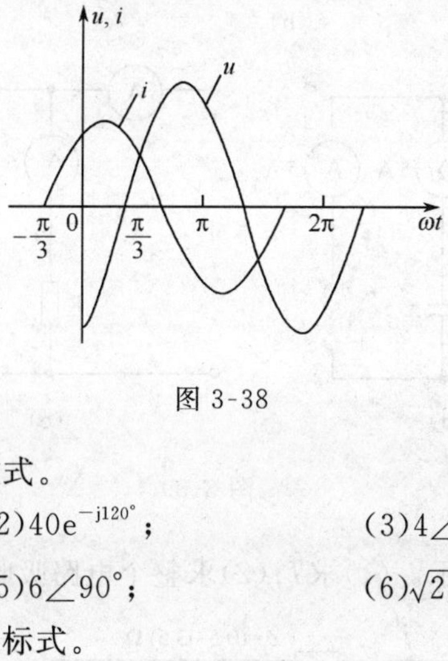

图 3-38

3-5 将下列复数化为代数式。

(1) $30e^{j45^\circ}$；　(2) $40e^{-j120^\circ}$；　(3) $4\angle 120^\circ$；

(4) $40e^{j180^\circ}$；　(5) $6\angle 90^\circ$；　(6) $\sqrt{2}\angle 45^\circ$。

3-6 将下列复数化为极坐标式。

(1) 8+j7；　(2) 123-j87.5；　(3) 32-j41；　(4) 0.41+j3.2。

3-7 已知正弦量 $i=10\cos(314t+30^\circ)$ A，$u=5\cos(314t+60^\circ)$ V，写出其相量，并画出相量图。

3-8 已知正弦电压 $u_1=380\sqrt{2}\sin(\omega t+120^\circ)$ V，$u_2=380\sqrt{2}\sin(\omega t-120^\circ)$ V，求 (u_1+u_2) 和 (u_1-u_2)，并作相量图。

3-9 一组白炽灯，其总电阻为 11 Ω，接入电压 $u=220\sqrt{2}\sin(100\pi t+120^\circ)$ V 的电源上。求：(1)通过电灯组的电流 $\dot{I}$ 和 i；(2)电灯组消耗的功率；(3)作出相量图。

3-10 已知一电感元件 $L=10$ mH，接 220 V 工频电压，忽略其电阻。求：(1)电感的感抗；(2)电感电流$\dot{I}$及其瞬时值表达式 i；(3)作出相量图；(4)无功功率和有功功率。

3-11　10 μF 的电容，接入频率为 1000 Hz 的正弦电压，电压的有效值为 10 V，求电容的容抗及电流。

3-12　R、L 串联的电路接于 50 Hz，100 V 的正弦电源上，测得电流 $I=2$ A，功率 $P=100$ W，试求电路参数 R、L。

3-13　日光灯管与镇流器串联接到交流电压上，可看作 R、L 串联电路。如已知某灯管的等效电阻 $R_1=280\ \Omega$，镇流器的电阻和电感分别为 $R_2=20\ \Omega$ 和 $L=1.65$ H，电源电压 $U=220$ V，试求电路中的电流和灯管两端与镇流器上的电压。这两个电压加起来是否等于 220 V?(电源频率为 50 Hz)。

3-14　在图 3-39 所示的各电路中，除电流表 A 和电压表 V 外，其余电流表和电压表的读数在图上都已标出(都是正弦量的有效值)，试求电流表 A 和电压表 V 的读数。

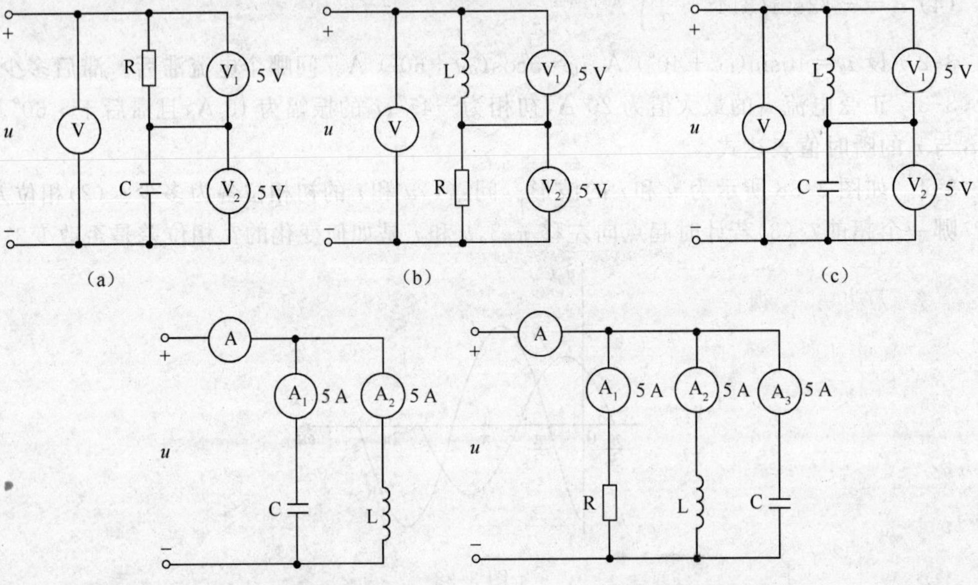

图 3-39

3-15　电路如图 3-40 所示。(1)求$\dot{I}$；(2)求整个电路吸收的平均功率和功率因数。

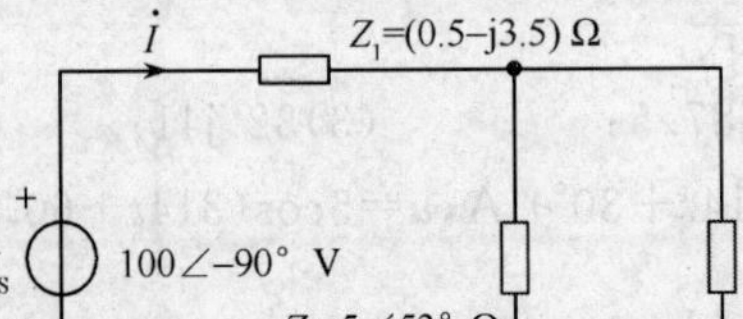

图 3-40

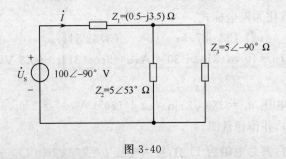

3-16　电路的相量模型如图 3-41 所示，已知 $Z_1=2\ \Omega$，$Z_2=(2+\text{j}3)\ \Omega$，$\dot{U}=10\angle 0^\circ$ V，计

算阻抗 Z、电流 $\dot{I}$ 和各阻抗上的电压 $\dot{U}_1$ 和 $\dot{U}_2$，并作出相量图。

3-17　将电风扇的电动机绕组与一个电感串联进行调速，电路模型如图 3-42 所示。已知 $R=190\ \Omega$，$X_L=260\ \Omega$，电源电压为 220 V，$f=50$ Hz，要使 $U_{RL}=180$ V，求所串联的电感。

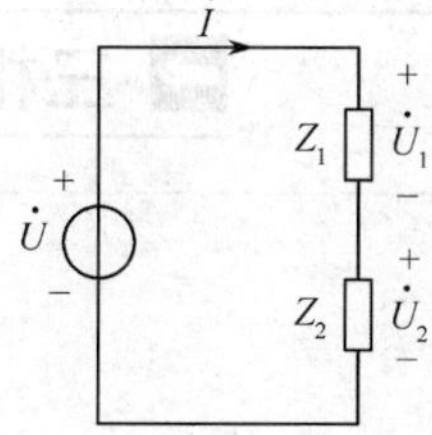

图 3-41

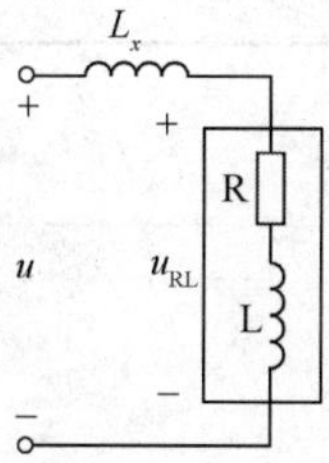

图 3-42

3-18　已知一 RLC 并联电路如图 3-43 所示，$u=100\sin(1000t+60°)$ V，$R=300\ \Omega$，$L=0.4$ H，$C=2\ \mu$F。求：(1) $\dot{I}_R$、$\dot{I}_L$、$\dot{I}_C$；(2) 等效导纳 Y 和电流 $\dot{I}$；(3) 作出相量图。

3-19　无源单口网络如图 3-19 所示，当外加电压 $u=200\sin(314t+20°)$ V 时，输入电流为 $i=14.14\sin(314t-10°)$ A，求此单口网络的等效阻抗 Z、等效导纳 Y 及其等效电路。

3-20　在 RLC 串联电路中，已知电源电压 $u=120\sqrt{2}\sin 314t$ V。当电流 $I=10$ A 时，电路的功率 $P=150$ W，电容电压 $U_C=81$ V，求电路的电阻 R、电感 L、电容 C 及功率因数。

3-21　在 RLC 串联电路中，$I=1$ A、$U_R=15$ V、$U_L=80$ V、$U_C=60$ V。求电路的总电压、有功功率、无功功率、视在功率和功率因数。

3-22　如图 3-45 所示电路，已知 $R_1=6\ \Omega$，$R_2=16\ \Omega$，$X_L=8\ \Omega$，$X_C=12\ \Omega$，$\dot{U}=20\angle 0°$ V，求该电路的有功功率、无功功率、视在功率和功率因数。

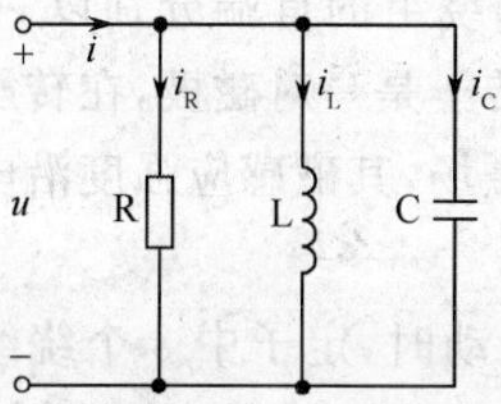

图 3-43

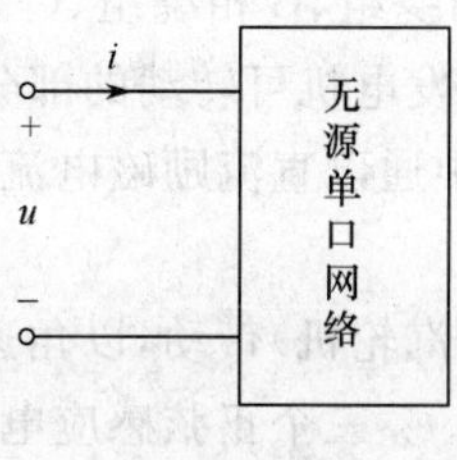

图 3-44

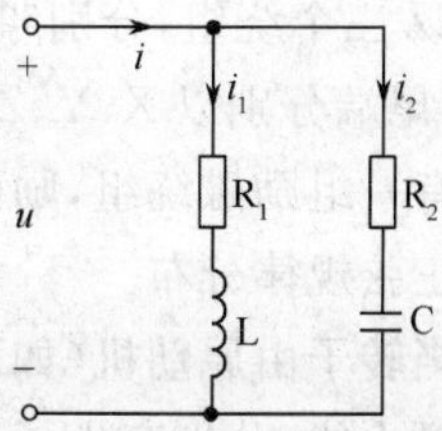

图 3-45

3-23　某工厂供电线路的额定电压 $U_N=10$ kV，平均负荷 $P=400$ kW，$Q=260$ kvar。求：(1) 功率因数；(2) 如果将功率因数提高到 0.9，需并联的电容值。

3-24　感性负载由电阻和电感模型组成，当电源电压 $U=220$ V 时，$P=10$ kW，$\cos\varphi=0.5$，此时负载电流 I_1 是多少？为提高功率因数，并联 800 μF 电容，问并联电容后负载线路总电流是多少？此时电路功率因数 $\cos\varphi_1$ 为多少？

第四章

三相交流电路

本章要点

本章先介绍三相交流电源的基本概念和连接特点，然后介绍三相负载的连接特点。在此基础上，以三相四线制电路为例详细介绍了对称三相电路的分析与计算，简单阐述了不对称三相电路的分析与计算，最后阐述了三相电路的功率问题。

4.1　三相正弦交流电源

4.1.1　三相正弦交流电动势的产生

三相正弦交流电动势是由三相发电机产生的。图 4-1 是一台具有两个磁极的三相交流发电机的结构示意图。三相交流发电机主要由定子和转子组成。发电机固定不动的部分称为定子，在定子内壁槽内均匀嵌放着相互独立、形状尺寸、匝数完全相同，而轴线互差 120°的 AX、BY、CZ 三个绕组，分别叫做 A 相绕组、B 相绕组、C 相绕组。三相绕组的首端分别以 A、B、C 表示，尾端分别以 X、Y、Z 表示。发电机可转动的部分称为转子，转子是一对磁极，在转子铁芯上绕有一组励磁绕组，励磁绕组中通以直流励磁电流来建立转子磁场，其磁感应强度沿电枢表面按正弦规律分布。

当转子由原动机(如水轮机、汽轮机)带动，以角速度 ω 匀速转动时，定子中 3 个绕组依次切割磁力线，分别产生了 e_{XA}、e_{YB}、e_{ZC}三个正弦感应电动势，取其参考方向如图 4-2 所示。其特征是振幅相同、频率相同、相位依次相差 120°，故称为对称三相电动势。产生对称三相电动势的电源称为对称三相电源，简称三相电源。

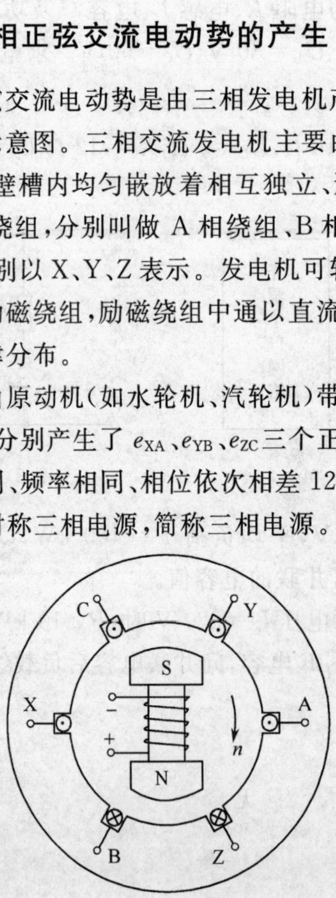

图 4-1　三相发电机原理示意图

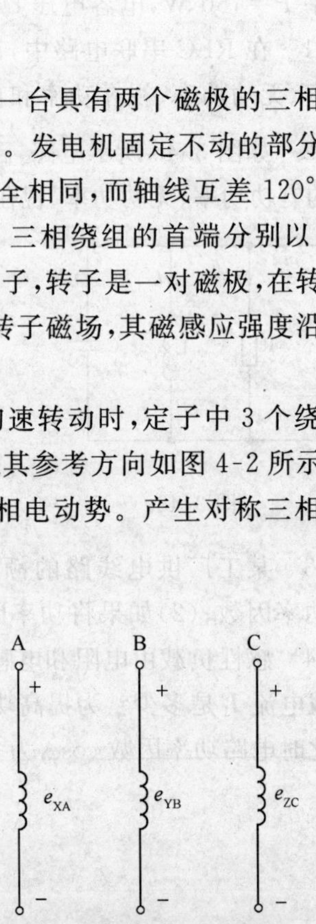

图 4-2　三相电动势

4.1.2　三相电源的表示法

1. 瞬时值和相量式

如图 4-2 所示，以 A 相电压作参考正弦量，则三相正弦交流电动势的瞬时值表示式为

$$\begin{cases} e_{XA}=E_m\sin\omega t \\ e_{YB}=E_m\sin(\omega t-120^\circ) \\ e_{ZC}=E_m\sin(\omega t-240^\circ\ ) \end{cases} \tag{4-1}$$

用有效值相量表示为

$$\begin{cases} \dot{E}_A=E\angle 0^\circ \\ \dot{E}_B=E\angle -120^\circ \\ \dot{E}_C=E\angle 120^\circ \end{cases} \tag{4-2}$$

2. 波形图和相量图

对称三相电动势的波形图和相量图分别如图 4-3 所示。

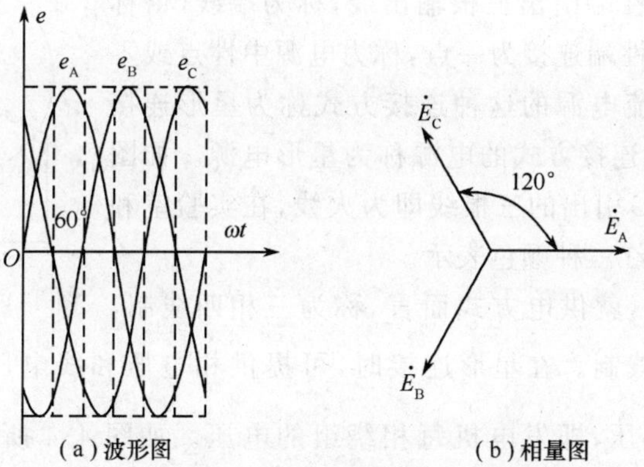

图 4-3　对称三相电动势的波形图和相量图

4.1.3　三相电源的特征

1. 对称三相电动势的瞬时代数和及相量和

从图 4-3 中可以看出，对称三相电动势在任一瞬时的代数和及相量和为零，即

$$e_{XA}+e_{YB}+e_{ZC}=0 \tag{4-3}$$

$$\dot{E}_A+\dot{E}_B+\dot{E}_C=0 \tag{4-4}$$

2. 相序

三相电源中各相电源经过同一值(如最大值)的先后顺序称为相序。相序有正相序和负相序两种。如图 4-3 所示，A 相首先达到最大值，B 相落后 A 相 120°，C 相落后 B 相 120°，即 A-B-C-A，这称为正相序。逆相序是指 A-C-B-A。本章若无特殊说明，三相电源的相序均为顺序。

在三相绕组中，把哪一个绕组当作 A 相绕组是无关紧要的，但 A 相绕组确定后，电动势比 e_{XA} 滞后 120°的绕组就是 B 相，电动势比 e_{XA} 滞后 240°(超前 120°)的那个绕组则为 C 相。

3. 三相交流电的优点

(1) 发电方面。在尺寸相同的情况下,三相发电机比单相发电机输出的功率大,三相式比单相式可提高功率约 50%。

(2) 经济方面。在相同条件下(输电距离、功率、电压和损失相同),三相供电比单相供电省铜约 25%。

(3) 用电方面。单相电路的瞬时功率随时间交变,而对称三相电路的瞬时功率是恒定的,这使得三相电动机具有恒定转矩,比单相电动机运行稳定、结构简单、便于维护。

(4) 配电方面。三相变压器比单相变压器更经济,在不增加任何设备的情况下,可供单相和三相负载共同使用。

因此,学习三相交流电具有重要的实际意义。

4.1.4 对称三相电源的连接

对称三相电源的连接方式有两种,分别是星型连接和三角形连接。

1. 三相交流电源的星形连接

从三相电源的正极性端引出三根输出线,称为端线(俗称火线),三相电源的负极性端连接为一点,称为电源中性点或零点,用 N 表示。三相交流电源的这种连接方式称为星形连接(即 Y 形连接)采用这种连接方式的电源称为星形电源。如图 4-4 所示,从首端 A、B、C 引出的三根线即为火线,在实验室和变压所中通常用黄、绿、红三种颜色表示。

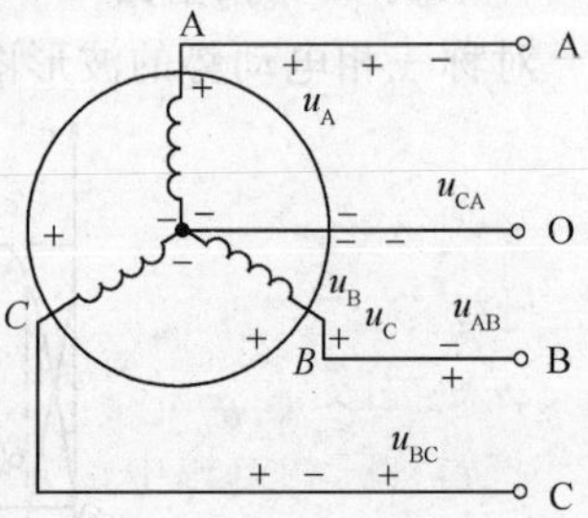

图 4-4 三相发电机的星形连接

以上这种连接方式,就供电方式而言,称为三相四线制,若无中线,称为三相三线制。在星形连接时,可提供相电压和线电压两种电压。相电压是指端线与中线之间的电压,即发电机每相绕组的电压。如图 4-4 所示,用$\dot{U}_A$、$\dot{U}_B$、$\dot{U}_C$表示。相电压的有效值常用 U_P表示。线电压是指火线与火线之间的电压,如图 4-4 所示,用$\dot{U}_{AB}$、$\dot{U}_{BC}$、$\dot{U}_{CA}$表示,习惯上采用的正方向为 A 指向 B,B 指向 C,C 指向 A。线电压的有效值常用 U_L表示。

如图 4-4 所示,对称三相电源电动势每相振幅相同、频率相同、相位上依次相差 120°,对应的相量式为

$$\begin{cases}\dot{U}_A=U\angle 0^\circ\\ \dot{U}_B=U\angle -120^\circ\\ \dot{U}_C=U\angle +120^\circ\end{cases} \tag{4-5}$$

根据基尔霍夫电压定律,星形电源线电压与相电压的关系为

$$\begin{cases}\dot{U}_{AB}=\dot{U}_A-\dot{U}_B\\ \dot{U}_{BC}=\dot{U}_B-\dot{U}_C\\ \dot{U}_{CA}=\dot{U}_C-\dot{U}_A\end{cases} \tag{4-6}$$

将式(4-5)代入式(4-6)可得

$$\begin{cases}\dot{U}_{AB}=U\angle 0^\circ-U\angle -120^\circ=\sqrt{3}U\angle 30^\circ \\ \dot{U}_{BC}=U\angle -120^\circ-U\angle 120^\circ=\sqrt{3}U\angle -90^\circ \\ \dot{U}_{CA}=U\angle 120^\circ-U\angle 0^\circ=\sqrt{3}U\angle 150^\circ\end{cases} \tag{4-7}$$

式(4-7)表明，对称三相电源星形连接时，具有以下特点：

(1) 对 Y 接法的对称三相电源，若相电压对称，则线电压也对称；

(2) 线电压和相电压的有效值关系为：$U_L=\sqrt{3}U_P$；

(3) 线电压相位领先对应相电压 30°。所谓“对应”，是指对应相电压用线电压的第一个下标字母标出，例如 $\dot{U}_{AB}$ 对应 $\dot{U}_A$。通常在低压配电系统中，相电压为 220 V，线电压为 380 V。

图 4-5 是 Y 形连接线电压和相电压的相量图。由相量图也可以看出，3 个线电压相量的特点是有效值相等、相位互差 120°，并且也是对称的。

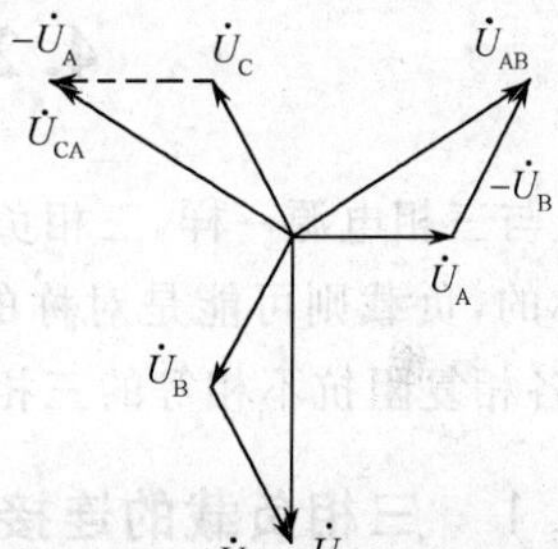

图 4-5　发电机绕组星形连接的相量图

2. 三相交流电源的三角形连接

将对称三相电源中的三个绕组中 A 相绕组的尾端 X 与 B 相绕组的首端 B，B 相绕组的尾端 Y 与 C 相绕组的首端 C，C 相绕组的尾端 Z 与 A 相绕组的首端 A 依次连接如图 4-6 所示，由 3 个连接点引出 3 条端线，这样的连接方式称为三角形连接(也称△形连接)。

注意，从图 4-6 可以看出，三个绕组的电动势互相串联。由对称性分析，根据基尔霍夫电压定律和对称三相电源的特征，三相电动势瞬时值的代数和或其相量和等于零，虽然三个绕组形成一个闭合回路，但由于合成电动势为零，其中没有电流。在实际发电机中，三相电动势难免会有些不对称，因而合成电动势并不严格为零，三相绕组中就有一定的环流形成。如果绕组连接的顺序首尾搞错，则会产生很大的合成电动势，产生很大的环流，致使发电机烧毁，这是必须要严格防止的。所以，大容量三相发电机的绕组很少采用用三角形连接。

采用三角形连接时，相电压是绕组上的电压，线电压仍然是端线间的电压。从图 4-6 中可以看出，对称三相三角形连接线电压等于相电压，这就是 Y 形接法的对称三相电源的特点。即

$$\begin{cases}\dot{U}_{AB}=\dot{U}_A \\ \dot{U}_{BC}=\dot{U}_B \\ \dot{U}_{CA}=\dot{U}_C\end{cases} \tag{4-8}$$

图 4-7 是三角形连接线电压和相电压的相量图。由相量图也可以看出，三个线电压相量的特点是有效值相等，相位互差 120°，并且也是对称的。

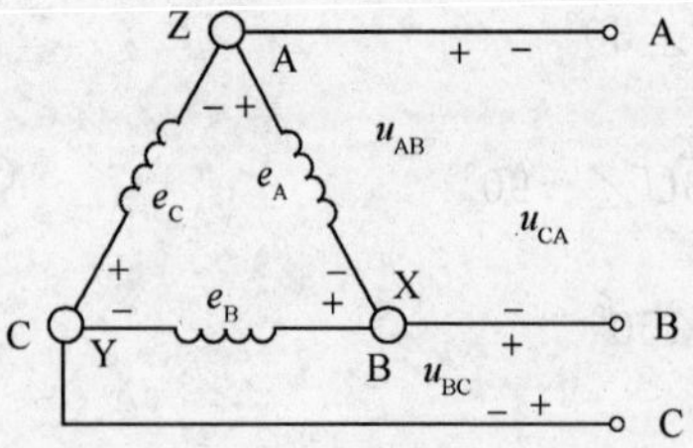

图 4-6　三相绕组的△形连接

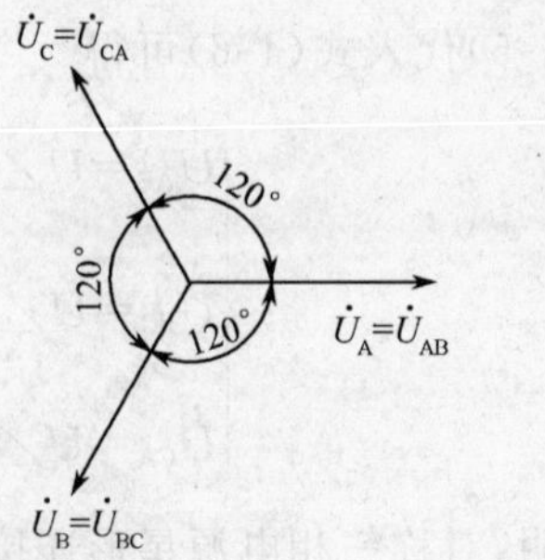

图 4-7　三相绕组△连接时的电压相量图

4.2　三相负载及对称三相电路

与三相电源一样，三相负载也有两种连接方式，即星形连接和三角形连接。电源一般总是对称的，负载则可能是对称的，也可能是非对称的。各相复阻抗相等的三相负载叫做对称负载；各相复阻抗不相等的三相负载叫做非对称负载。

4.2.1　三相负载的连接

将三相负载 Z_a、Z_b、Z_c的一端连在一起，这一连接点称为 n，并与三相电源的中线相连接，而各负载的另一端分别接到三相电源的端线上，这就构成星型连接。如图 4-8 所示，三根端线与一根中线组成的电路叫做三相四线制电路。

将三相负载首尾依次连接成三角形后，分别接到三相电源的三根端线上，这种连接称为三角形连接。作为负载三角形连接的电路，只能是三相三线制电路。

按电源和负载的连接方式，可分为五种连接方式：

(1) Y-Y 连接。电源 Y 形连接，负载 Y 形连接，无中线。

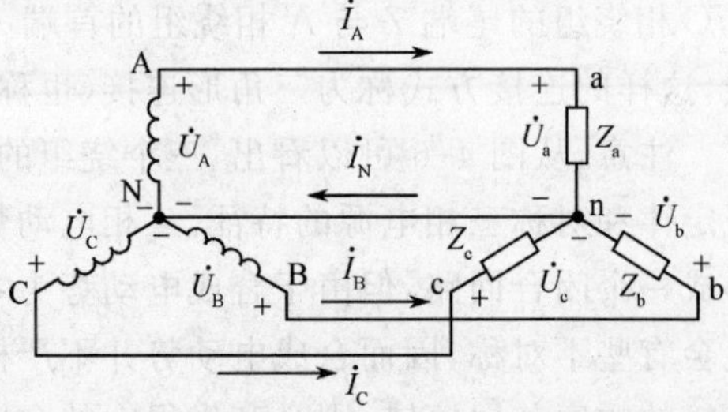

图 4-8　Y-Y_0 连接的三相电路

(2) Y-Y_0连接。电源 Y 形连接，负载 Y 形连接，有中线，这称为三相四线制电路。

(3) Y-△连接。电源 Y 形连接，负载△形连接，无中线。

(4) △-△连接。电源△形连接，负载△形连接，无中线。

(5) △-Y 连接。电源△形连接，负载 Y 形连接，无中线。

4.2.2　对称三相电路

在三相电路中，如果三相电源和三相负载都对称，且三相负载阻抗相等，则称为对称三相电路。分析三相电路可依据正弦交流电路中的各种分析方法，但由于对称三相电路具有对称性，利用这一特点，可以简化对称三相电路的分析计算。

1. Y-Y_0连接电路

如图 4-8 所示，Y-Y_0连接电路（三相四线制电路）中三相负载中的电流分为线电流和相电流。通过每根端线的电流 $\dot{I}_A$、$\dot{I}_B$、$\dot{I}_C$称为线电流，其有效值一般用 I_L表示，它的正方向由电源指向负载；在各相负载中通过的电流称为相电流，其有效值一般用 I_P表示，相电流的正方向与电压正方向一致，即指向中点 n。在 Y-Y_0连接的三相电路中，除上述线电流与相电流以外，还有中线电流，即中线上通过的电流，用 $\dot{I}_N$表示，其正方向由负载指向电源。

很显然，Y-Y_0连接电路的线电流等于相电流，即

$$\dot{I}_L = \dot{I}_P \tag{4-9}$$

而中线电流相量为三个线电流相量之和，即

$$\dot{I}_N = \dot{I}_A + \dot{I}_B + \dot{I}_C \tag{4-10}$$

下面计算相电流(或线电流)，令 $Z_A = Z_B = Z_C = Z$。

设

$$\dot{U}_A = U\angle 0^\circ$$

$$\dot{U}_B = U\angle -120^\circ$$

$$\dot{U}_C = U\angle +120^\circ$$

$$Z = |Z|\angle\varphi$$

以 N 点为参考点，对 n 点列写节点方程：

$$\left(\frac{1}{Z}+\frac{1}{Z}+\frac{1}{Z}\right)\dot{U}_{nN} = \frac{1}{Z}\dot{U}_A + \frac{1}{Z}\dot{U}_B + \frac{1}{Z}\dot{U}_C$$

整理得

$$\frac{3}{Z}\dot{U}_{nN} = \frac{1}{Z}(\dot{U}_A + \dot{U}_B + \dot{U}_C) = 0$$

因为对称三相电动势在任一瞬间相量和为零，即$\dot{U}_A + \dot{U}_B + \dot{U}_C = 0$，则

$$\dot{U}_{nN} = 0 \tag{4-11}$$

式(4-11)说明 N、n 两点等电位，故负载侧电压为电源的相电压，即

$$\dot{U}_{an} = \dot{U}_A$$

$$\dot{U}_{bn} = \dot{U}_B \tag{4-12}$$

$$\dot{U}_{cn} = \dot{U}_C$$

故相电流(或线电流)为

$$\dot{I}_A = \frac{\dot{U}_A}{Z} = \frac{U}{|Z|}\angle -\varphi \tag{4-13}$$

$$\dot{I}_B = \frac{\dot{U}_B}{Z} = \frac{U}{|Z|}\angle -120^\circ - \varphi \tag{4-14}$$

$$\dot{I}_C = \frac{\dot{U}_C}{Z} = \frac{U}{|Z|}\angle +120^\circ - \varphi \tag{4-15}$$

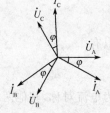

图 4-9 Y-Y_0 连接负载对称时的相量图

将式(4-13)、式(4-14)、式(4-15)代入式(4-10)，可得

$$\dot{I}_N = \dot{I}_A + \dot{I}_B + \dot{I}_C = 0 \tag{4-16}$$

这样便可将三相电路的计算化为一相电路的计算，这就是所谓的一相法。当求出相应的电压、电流后，再由对称性，可以直接写出其他两相的结果。图 4-9 所示即为 Y-Y_0连接的三相对称电路的相量图。

因此，对于 Y-Y_0连接电路(三相四线制电路)，可以得到以下结论：

(1) 由于$\dot{U}_{nN}=0$,中线电流为零。有无中线对电路情况没有影响。因此,Y-Y 连接电路(无中线)与 $Y\text{-}Y_0$ 连接电路(有中线)计算方法相同。且中线有阻抗时,可短路掉。

(2) 负载 Y 形连结时,线电流等于相电流,即 $\dot{I}_L=\dot{I}_P$。

(3) 对称情况下,各相电压、相电流都是对称的,只要算出某一相的电压、电流,则其他两相的电压、电流可直接写出。由一相计算电路(见图 4-10),可得式(4-13),再由对称性,可得式(4-14)、式(4-15)。

【例 4-1】 如图 4-11 所示,$Y\text{-}Y_0$ 连接电路中,每相的电阻 $R=6\ \Omega$,感抗 $X_L=8\ \Omega$,电源电压对称。设 $u_{AB}=380\sqrt{2}\sin(\omega t+30°)$ V,试求相电流、线电流的瞬时值。

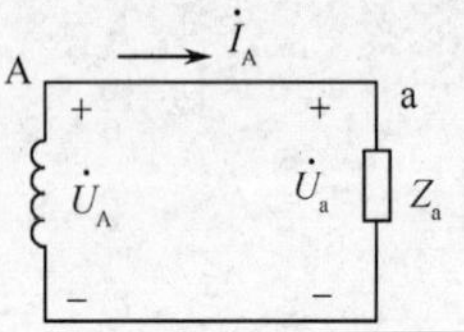

图 4-10　一相电路

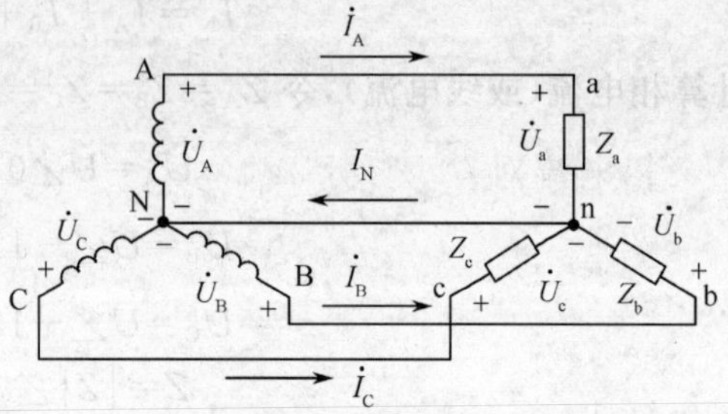

图 4-11　$Y\text{-}Y_0$ 连接的三相电路

解题思路:如题线电压 u_l 为已知,根据对称星型连接电源线电压、相电压的关系求出电源相电压 u_p,从一相电路图中可以看出,它即为对应负载两端的电压 u_{Lp}。再由一相电路计算出相电流,也就是 $Y\text{-}Y_0$ 连接电路的一相线电流。即

$$u_l \to u_p \to u_{Lp}=u_p \to \dot{I}_1=\dot{I}_p=\frac{\dot{U}_p}{Z}$$

再根据对称性,求出其他两相的线电流。

解:电源线电压 $U_L=380$ V,则电源相电压为 $U_P=\dfrac{U_L}{\sqrt{3}}=220$ V。

因为负载对称,可采用一相法计算。设 $\dot{U}_A=220\angle 0°$ V,那么

$$\dot{I}_A=\frac{\dot{U}_A}{Z}=\frac{220\angle 0°}{6+8j}=22\angle 53°\ \text{A}$$

所以有

$$i_A=22\sqrt{2}\sin(\omega t-53°)\ \text{A}$$

因为电流对称,其他两相的电流为

$$i_B=22\sqrt{2}\sin(\omega t-53°-120°)=22\sqrt{2}\sin(\omega t-173°)\ (\text{A})$$

$$i_C=22\sqrt{2}\sin(\omega t-53°+120°)=22\sqrt{2}\sin(\omega t+67°)\ (\text{A})$$

2. 对称三相负载三角形连接电路

图 4-12 是三相负载的三角形连接电路,通过每相负载的电流 $\dot{I}_{AB}$、$\dot{I}_{BC}$、$\dot{I}_{CA}$ 称为相电流;通过端线的电流 $\dot{I}_A$、$\dot{I}_B$、$\dot{I}_C$ 称为线电流。两种电流的正方向是按习惯选定的。从图中可以看出

负载相电压等于电源线电压，即 $U_{Lp}=U_L$。一般电源线电压对称，因此不论负载是否对称，负载相电压始终对称。

根据电路图，可得三相负载的相电流为

$$\dot{I}_{AB}=\frac{\dot{U}_{AB}}{Z_{AB}} \qquad \dot{I}_{BC}=\frac{\dot{U}_{BC}}{Z_{BC}} \qquad \dot{I}_{CA}=\frac{\dot{U}_{CA}}{Z_{CA}}$$

根据 KCL 可知，三相三角形负载相电流和线电流关系为

$$\begin{aligned}\dot{I}_A&=\dot{I}_{AB}-\dot{I}_{CA}\\ \dot{I}_B&=\dot{I}_{BC}-\dot{I}_{AB}\\ \dot{I}_C&=\dot{I}_{CA}-\dot{I}_{BC}\end{aligned} \tag{4-17}$$

如果三个相电流对称，且设 $\dot{I}_{AB}=I_P\angle 0°$，$\dot{I}_{BC}=I_P\angle -120°$，$\dot{I}_{CA}=I_P\angle +120°$ 并代入式(4-17)，可得

$$\dot{I}_A=\dot{I}_{AB}-\dot{I}_{CA}=I_P\angle 0°-I_P\angle -120°=\sqrt{3}\,\dot{I}_{AB}\angle -30°$$

同理 $\qquad \dot{I}_B=\dot{I}_{BC}\angle -30° \qquad \dot{I}_C=\dot{I}_{CA}\angle -30°$

以上叙述表明三相负载三角形连接的特点是：

(1) 负载相电压等于电源线电压；如果相电流对称，则线电流也是对称的。

(2) 线电流有效值为相电流有效值的 $\sqrt{3}$ 倍；在相位上，线电流滞后于相应的相电流 30°。它们的相量关系如图 4-13 所示。

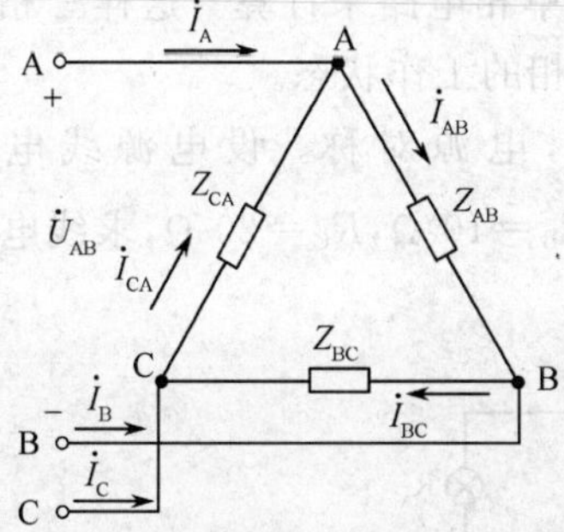

图 4-12　三相负载的三角形连接电路

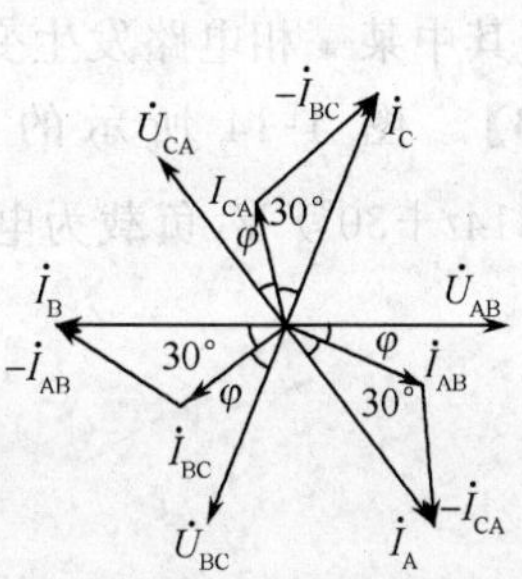

图 4-13　三相负载三角形连接的相量图

【例 4-2】 三相电源相电压为 220 V，三相负载中每相负载电阻为 40 Ω，感抗为 90 Ω，线路阻抗不计。求以下情况下负载的相电流和线电流。

(1) 电源为 Y 形连接，负载分别为△形和 Y 形连接；

(2) 电源为△形连接，负载分别为 Y 形和△形连接。

解：(1) 三相电路为 Y-△ 连接时，由于三相电源对称，电源线电压为 $U_l=\sqrt{3}\times 220=380(\text{V})$，根据三相负载三角形连接的特点，负载相电压 U'_P 也为 380 V，负载相电流为

$$I_p=\frac{U'_p}{|Z|}=3.86 \text{ A}$$

负载线电流为 $\qquad I_L=\sqrt{3}I_P=6.68 \text{ A}$

(2) 三相电路为△-Y 连接时，电源的线电压等于相电压为 $U_L=U_P=220$ V，负载线电压为 $U_L'=U_L=220$ V，由于负载为对称 Y 形连接，所以负载相电压为

$$U_p'=\frac{U_l'}{\sqrt{3}}=127\ \text{V}$$

负载线电流、相电流相等，为 $I_L=I_p=\frac{U_p'}{|Z|}=1.29$ A

三相电路为△-△连接时，负载线电压 $U_L'=U_L=220$ V，负载为对称三角形连接，所以负载相电压为 $U_p'=U_L'=220$ V，负载相、线电流分别为

$$I_p=\frac{U_p'}{|Z|}=\frac{220}{\sqrt{40^2+90^2}}=2.23\ (\text{A})\quad I_l=\sqrt{3}I_p=3.86\ (\text{A})$$

4.3 不对称三相电路

在三相电路中，只要电源、负载和线路中有一部分不对称，就称为不对称三相电路。一般来讲三相电源、线路都是对称的，主要是负载的不对称引起电路的不对称，比如日常生活中的照明电路。下面以三相四线制电路为例，介绍不对称三相电路的分析与计算。

4.3.1 不对称三相电路的分析与计算

当不对称的负载连接成星形而具有中线时，由于中线的存在，使得负载两端的相电压为电源两端的相电压。因此，也可以将三相电路分别转换成单相电路来计算。这样三相可分别独立计算。若其中某一相电路发生变化，不会影响另外两相的工作状态。

【例 4-3】 图 4-14 所示的三相四线制电路中，电源对称。设电源线电压 $u_{AB}=380\sqrt{2}\sin(314t+30^\circ)$ V，负载为电灯组，若 $R_A=5\ \Omega$，$R_B=10\ \Omega$，$R_C=20\ \Omega$，求线电流及中性线电流 I_N。

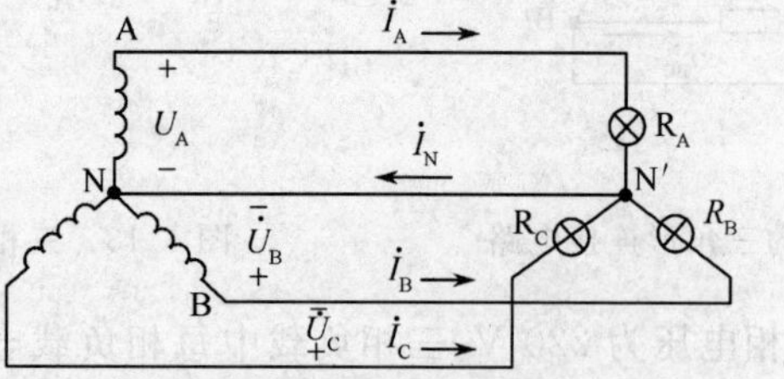

图 4-14 例 4-3 电路图

解题思路：显然三相负载不对称，但由于中线存在，仍可以用一相电路来计算电路。如题线电压 u_l为已知，根据对称星型连接电源线、相电压的关系，求出相电压，即为对应负载两端的电压。再由每一相电路计算出相电流，也就是 Y-Y_0电路的每一相线电流。

解：已知可知 $\dot{U}_{AB}=380\angle30^\circ$ V，则 $\dot{U}_A=220\angle0^\circ$ V，三相负载不对称 $R_A=5\ \Omega$，$R_B=10\ \Omega$，$R_C=20\ \Omega$，分别计算各线电流。

A 相线电流 $$\dot{I}_A=\frac{\dot{U}_A}{R_A}=\frac{220\angle0^\circ}{5}=44\angle0^\circ(\text{A})$$

B 相线电流 $\dot{I}_B=\frac{\dot{U}_B}{R_B}=\frac{220\angle 120^\circ}{10}=22\angle -120^\circ(A)$

C 相线电流 $\dot{I}_C=\frac{\dot{U}_C}{R_C}=\frac{220\angle +120^\circ}{20}=11\angle +120^\circ(A)$

中性线电流 $\dot{I}_N=\dot{I}_A+\dot{I}_B+\dot{I}_C=44\angle 0^\circ+22\angle -120^\circ+11\angle +120^\circ$

$=29\angle -19^\circ(A)$

【例 4-4】 照明系统故障分析，图 4-15 中电源电压对称，线电压 $U_L=380$ V，负载为电灯组，每相电灯(额定电压 220 V)负载的电阻 400 Ω。试计算：(1)负载相电压、相电流；(2)如果 A 相断开，其他两相负载相电压、相电流；(3)如果 A 相短路，其他两相负载相电压、相电流；(4)如果采用了三相四线制，当一相断开、短路时，其他两相负载相电压、相电流。

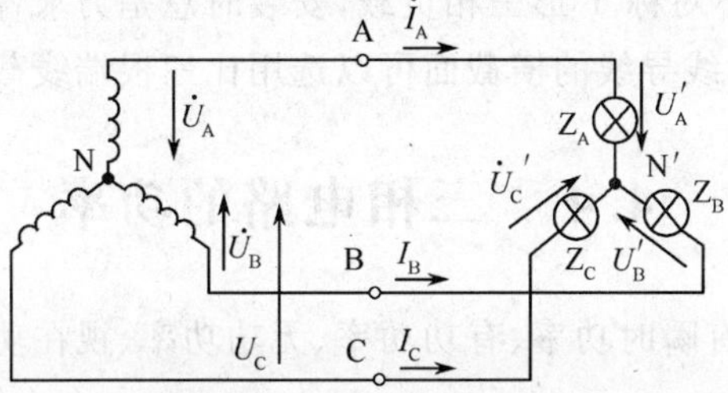

图 4-15　例 4-4 电路图

解：(1)负载对称时，可以不接中线，负载的相电压与电源的相电压相等(在额定电压下工作)。

$$U_A'=U_B'=U_C'=\frac{380}{\sqrt{3}}=220\ (V)$$

$$I A=I_B=I_C=\frac{220}{400}=0.55\ (A)$$

(2) 如果 A 相断开，从图中可以看出，其他两相负载相电压之和为电源的线电压，由于负载阻值相等，则 B、C 相负载的相电压为电源线电压的一半。即

$$U_B'=U_C'=\frac{380}{2}=190\ (V)$$

负载的相电流为 $I_A=0$ 　$I_B=I_C=\frac{190}{400}=0.475\ (A)$ (灯变暗)

(3) 如果 A 相短路时，从图中可以看出，其他两相负载相电压为电源的线电压，即 $U_B'=U_C'=380$ V，超过了的额定电压，灯将被损坏。负载的相电流为

$$I_B=I_C=\frac{380}{400}=0.95\ (A)\ (灯亮)$$

(4) 如果采用了三相四线制，当一相断开、短路时，因有中线，其余两相未受影响，电压仍为 220 V。但 A 相短路电流很大，将熔断器熔断。

4.3.2　不对称三相电路分析的注意事项

(1) 由单相负载组成的 Y-Y_0 连接电路在运行时，多数情况是不对称的，中性点电压不等

于0,各负载上电压、电流都不对称,必须逐相计算。负载不对称而又没有中性线时,负载上可能得到大小不等的电压,有的超过用电设备的额定电压,有的达不到额定电压,都不能正常工作。为使负载正常工作,中性线不能断开。由三相电动机组成的负载都是对称的,但在一相断路或一相短路等故障情况下,形成不对称电路,也必须逐相计算。

(2) 中线的作用:保证星形联结三相不对称负载的相电压对称。即使星形连接的不对称负载得到相等的相电压。不对称 Y 性三相负载,必须连接中性线。三相四线制供电时,中性线的作用是很大的,中性线使三相负载成为三个互不影响的独立回路,甚至在某一相发生故障时,其余两相仍能正常工作。为了保证负载正常工作,规定中性线(指干线)内不允许接熔断器或刀闸开关,而且中性线本身的机械强度要好,接头处必须连接牢固,以防断开。

(3) 由单相负载组成不对称 Y 形三相负载,安装时总是力求各相负载接近对称,中性线电流一般小于各线电流,中性线导线的横截面可以选用比三根端线截面小一些的导线。

4.4 三相电路的功率

三相电路的功率主要有瞬时功率、有功功率、无功功率、视在功率。

4.4.1 三相电路的瞬时功率

在三相电路中,总的瞬时功率是各相瞬时功率的代数和。以对称三相四线制电路为例,设

$$u_A=\sqrt{2}U_P\sin(\omega t)$$

$$i_A=\sqrt{2}I_P\sin(\omega t-\varphi)$$

则

$$p_A(t)=u_A(t)i_A(t)=U_PI_P[\cos\varphi-\cos(2\omega t-\varphi)]$$

同理

$$p_B(t)=U_PI_P[\cos\varphi-\cos(2\omega t-240°-\varphi)]$$

$$p_C(t)=U_PI_P[\cos\varphi-\cos(2\omega t-480°-\varphi)]$$

它们的和为

$$p=p_A+p_B+p_C=3U_PI_P\cos\varphi \tag{4-18}$$

式(4-18)表明,对称三相电路在相电压、相电流以及功率因数恒定的情况下,它的总瞬时功率为一常量。这种性能称为瞬时平衡功率,这是三相制较单项制的又一优点。因为三相电路瞬时平衡功率、三相发电机中电动机的瞬时功率为常数,它所产生的机械转矩是恒定的,所以三相电机比单相电机运行平稳,机械振动较小,可以得到均衡的机械力矩。

4.4.2 三相负载的有功功率和无功功率

三相负载吸收的总有功功率 P 为

$$\begin{aligned}P&=P_A+P_B+P_C\\&=U_AI_A\cos\varphi_A+U_BI_B\cos\varphi_B+U_CI_C\cos\varphi_C\end{aligned}$$

若是对称三相电路则 $$P=3U_PI_P\cos\varphi$$

Y形连接时 $$U_L=\sqrt{3}U_P \quad I_L=I_P$$

△形连接时 $$U_L=U_P \quad I_L=\sqrt{3}I_P$$

即对称三相电路的有功功率的计算公式为

$$P=\sqrt{3}U_LI_L\cos\varphi$$

与负载的连接方式无关，但 φ_P 仍然是相电压与相电流之间的相位差，由负载的阻抗角决定，不要误以为是线电压与线电流的相位差。

同理，若三相负载是对称的，无论负载接成星形还是三角形，有

$$Q=3U_PI_P\sin\varphi=\sqrt{3}U_LI_L\cos\varphi$$

4.4.3 三相负载的视在功率

三相负载的视在功率 S 为

$$S=\sqrt{P^2+Q^2}$$

在对称三相电路中 $$S=3U_PI_P=\sqrt{3}U_LI_L$$

但要注意在不对称三相制中，视在功率不等于各相电压与相电流之和，即 $S\neq S_U+S_V+S_W$。

【例 4-5】 三相四线制交流电源的相电压 $U_P=220$ V，3 个电阻均为 $R=200\ \Omega$。问：(1)3 个电阻接成星形，总的平均功率是多少？(2)3 个电阻接成三角形，总的平均功率是多少？

解：(1)三相星形对称负载，每个负载的电压均为 $U_P=220$ V。总的平均功率为每个负载平均功率的 3 倍，即

$$\begin{aligned}P_Y&=3U_pI_p\cos\varphi\\&=3\times220\times\frac{220}{200}\times1=726(\text{W})\end{aligned}$$

(2) 三相对称三角形负载，每个负载的电压均为电源的线电压，即

$$U_L=\sqrt{3}U_p=\sqrt{3}\times220=380(\text{V})$$

总的平均功率为每个负载平均功率的 3 倍，即

$$P_\Delta=3U_LI_L\cos\varphi=3\times380\times\frac{380}{200}\times1=2166(\text{W})$$

【例 4-6】 有一三相电动机，每相的等效电阻 $R=29\ \Omega$，等效感抗 $X_L=21.8\ \Omega$，试求下列两种情况下电动机的相电流、线电流以及从电源输入的功率，并比较所得的结果：(1)绕组联成星形，接于 $U_L=380$ V 的三相电源上；(2)绕组联成三角形，接于 $U_L=220$ V 的三相电源上。

解：(1) $$I_P=\frac{U_P}{|Z|}=\frac{220}{\sqrt{29^2+21.8^2}}=6.1(\text{A})$$

$$\begin{aligned}P&=\sqrt{3}U_LI_L\cos\varphi=\sqrt{3}\times380\times6.1\times\frac{29}{\sqrt{29^2+21.8^2}}(\text{W})\\&=\sqrt{3}\times380\times6.1\times0.8=3.2(\text{kW})\end{aligned}$$

(2)
$$I_P=\frac{U_P}{|Z|}=\frac{220}{\sqrt{29^2+21.8^2}}=6.1\ (A)$$

$$I_L=\sqrt{3}I_P=10.5\ (A)$$

$$P=\sqrt{3}U_L I_L\cos\varphi=\sqrt{3}\times 220\times 10.5\times 0.8=3.2\ (kW)$$

比较上述的结果，有的电动机有两种额定电压，如“220/380 V”。当电源电压为 380 V 时，电动机的绕组应连接成星形；当电源电压为 220 V 时，电动机的绕组应连接成三角形。在三角形和星形两种连接法中，相电压、相电流以及功率都未改变，仅三角形连接情况下的线电流比星形连接情况下的线电流增大$\sqrt{3}$倍。

小　结

(1) 三相电源的基本概念。

对称三相电源的三相电压频率相同、大小相等、相位依次互差 120°，它们满足瞬时值之和(或相量和)为零。三相电源一般都是对称的，而且多用三相四线制接法。在三相四线制电路中，线电压和相电压的有效值关系为 $U_L=\sqrt{3}U_P$，线电压相位领先对应相电压 30°。对称三相三角形连接线电压等于相电压。

(2) 三相负载。

三相负载连接分为星形和三角形连接。负载 Y 形连接时，线电流等于相电流，即 $\dot{I}_L=\dot{I}_P$。三相负载三角形连接的特点是线电流有效值为相电流有效值的$\sqrt{3}$倍；在相位上，线电流滞后于相应的相电流 30°。

(3) 三相电路计算。

负载不对称时：各相电压、电流单独计算。负载对称时：各相电压、电流都是对称的，只要算出某一相的电压、电流，则其他两相的电压、电流可根据对称性直接写出。

(4) 三相功率计算。

无论三相负载对称与否，总有功功率：$P=P_A+P_B+P_C$。

负载对称时，

有功功率：$P=3U_P I_P\cos\varphi=\sqrt{3}U_L I_L\cos\varphi$，和负载的接法无关；

无功功率：$Q=3Q_p=3U_p I_p\sin\varphi=\sqrt{3}U_L I_L\sin\varphi$；

视在功率：$S=3S_p=3U_p I_p=\sqrt{3}U_L I_L$。

习 题 四

4-1　若已知对称三相交流电源 A 相电压为 $u_A=380\sqrt{2}\sin(\omega t+30°)$ V，根据习惯相序，写出其他两相的电压的瞬时值表达式及三相电源的相量式，并画出波形图及相量图。

4-2　三相四线制电路中，加在星形连接负载上的三相电压对称，线电压为 380 V。求：(1)三相负载每相阻抗为 $Z_A=Z_B=Z_C=(17.3+j10)\,\Omega$ 时各相电流和中线电流；(2)断开中线后的各相电流；(3)仍保持有中线，但 Z_C 改为 20 Ω 时，各相电流和中线电流。

4-3　将上例中的负载改为三角形连接，接到同样电源上。求：(1)负载对称时各相电流和线电流；(2)BC相负载断开后的各相电流和线电流。

4-4　已知对称三相电路的线电压为380 V(电源端)，三角形负载阻抗$Z=(4.5+j14)\Omega$，端线阻抗$Z=(1.5+j2)\Omega$。求线电流和负载的相电流，并画出相量图。

4-5　对称三相感性负载接在对称线电压380 V上，测得输入线电流为12.1 A，输入功率为5.5 kW，求功率因数和无功功率。

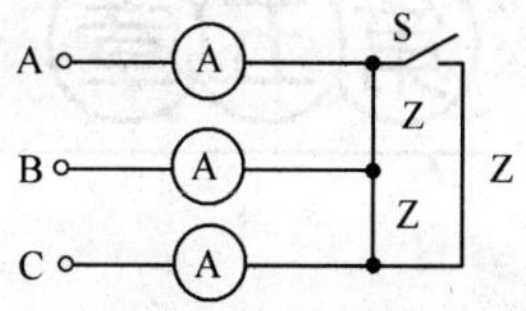

图 4-16

4-6　图4-16所示电路中，当开关S闭合时，各安培表读数均为3.8 A。若将S打开，问安培表读数各为多少？并画出两种情况的相量图。

第五章

线性电路的暂态分析

本章要点

本章重点介绍一阶线性电路的暂态分析。主要内容包括过渡过程的概念、换路定理、电路中电压和电流的初始状态值、RC 电路和 RL 电路的暂态过程、一阶线性电路暂态分析的三要素法。

5.1 暂态过程和换路定律

5.1.1 暂态过程

前面几章中重点讨论了电路工作在稳定状态时的分析计算。例如线性电路在直流电源作用下,如果激励是直流信号,则电路中各处的响应也是直流信号;如果电路中激励是交流信号,则电路中各处的响应也为同一频率的交流信号。电路的工作条件发生变化时,例如电路中电源或无源元件的断开或接入、开关的断开与闭合、信号的注入与消失等,电路中的某些参数往往不能立即进入稳定状态,而是要经历一个过程才能使电路达到新的稳态,这个过程称为暂态过程或过渡过程。

上述电路结构或参数变化引起的电路变化统称为换路。通常认为换路是在一个瞬间内完成的,换路会使电路由一个状态过渡到另一个状态。

如图 5-1 所示,三只灯泡 L_1、L_2、L_3 是相同规格的,它们分别与电感、电容、电阻串联后构成支路再并联接入电路。当开关 S 处于断开状态,且电路中各支路电流都为零时,灯泡 L_1、L_2、L_3 都不亮,这是一种稳定状态。当开关闭合后,直流电压 U_S 接入电路,3 个灯泡有不同的变化:灯泡 L_1 由暗逐渐变亮,最后亮度达到稳定;灯泡 L_2 在开关闭合的瞬间突然闪亮一下,随着时间的延迟逐渐暗下去,直到完全熄灭;灯泡 L_3 在开关闭合的瞬间立即变亮,且亮度稳定不变。

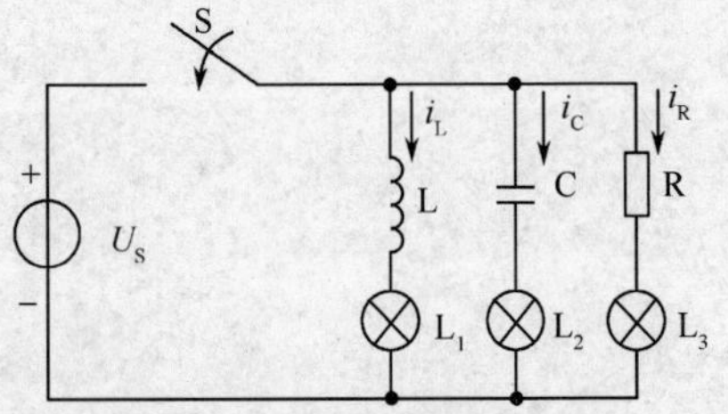

图 5-1 过渡过程的产生

换路是电路产生过渡过程的外部因素,而电路中含有储能元件才是产生的这种现象的内部因素。当电路发生变化时,如开关 S 由断开变为闭合,电路中电感储存的电场能量 $w_C=\dfrac{1}{2}Cu^2$ 和电感元件储存的磁场能量 $w_L=\dfrac{1}{2}Li^2$ 这两者不能突变。因此,电容电压和电感电流也不能突变。当开关闭合后，电感支路电流将从零逐渐变大，最终达到稳定，灯泡 L_2 的亮度也随之改变；电容两端的电压 u_C 从零逐渐增大，达到稳定为 U_S，由于 $u_{L2}=U_S-u_S$，灯泡 L_3 两端的电压由 U_S 变为零，则灯泡 L_3 的亮度逐渐变暗，直到完全熄灭；而电阻支路发生换路时，由于不含储能元件，即没有过渡过程，灯泡 L_3 瞬间变亮且亮度不变。

过渡过程是一种自然现象，对它的研究很重要。过渡过程的存在有利有弊。有利的方面，如电子技术中常用它来产生各种波形；不利的方面，如在暂态过程发生的瞬间，可能出现过压或过流，致使设备损坏，必须采取防范措施。直流电路、交流电路都存在暂态过程，本书重点介绍直流电路的暂态过程。

5.1.2 换路定律

1. 换路定律内容

电路状态发生变化时，电路中电容两端的电压不能突变，电感上的电流不能突变。因此，电容电压和电感电流在换路后的初始值等于换路前的终了值，这就是换路定律。若换路瞬间（定为计时起点）用 $t=0$ 表示，换路前的终了瞬间用 $t=0_-$ 表示，换路后的初始瞬间（初始值）用 $t=0_+$ 表示，则换路定律可以表示成

电感电路： $$i_L(0_+)=i_L(0_-) \tag{5-1}$$

电容电路： $$u_C(0_+)=u_C(0_-) \tag{5-2}$$

关于换路定律，应该明确的是：

(1) 适用于换路定律的电量，只有电容电压和电感电流，其他电量是不适用换路定律的。因为电容电压和电感电流是电路的状态变量，决定电路的储能状态，储能不能跃变，必然是电容电压和电感电流不能跃变。而电路中的其他电量，如电容电流、电感电压、电阻电压和电流等，过都是非状态变量，在换路时刻是可以跃变的。

(2) 换路定律适用电路的条件是，换路时刻电路中的电容电流和电感电压均为有限值，否则换路定律不能应用。

2. 常用名词介绍

1) 初始值

电路中的响应在换路后的最开始一瞬间（即 $t=0_+$ 时）的值称为初始值。初始值是研究电路过渡过程的一个重要指标，在一阶电路中，它包括 $u_C(0_+)$、$i_C(0_+)$、$u_L(0_+)$、$i_L(0_+)$、$u_R(0_+)$、$i_R(0_+)$。

2) 稳态值

过渡过程结束后，电路中的电压和电流的最终值，就是新的稳定状态的数值，即稳态值。稳态值一般由过渡过程结束后的稳态电路来求出。例如直流电源激励的稳态电路，称为直流稳态电路，这时电路中的电容相当于该处断路，这时按相量法计算出稳态值。

3. 求解初始值的解题步骤

根据换路定律求解初始值的解题步骤：

(1) 根据换路前的电路，求出 $i_L(0_-)$ 及 $u_C(0_-)$，此时电感相当于短路，电容相当于断路；

(2) 由换路定律求出独立初始值 $i_L(0_+)$ 及 $u_C(0_+)$，即 $i_L(0_+)=i_L(0_-)$，$u_C(0_+)=u_C(0_-)$；

(3) 画出 $t=0_+$ 时的等效电路，其中电容用电压源代替，电感用电流源代替；

(4) 其他电量初始值的求法：先由 $t=0_+$ 的等效电路求其他电量的初始值；在 $t=0_+$ 时的电压方程中 $u_C=u_C(0_+)$，在 $t=0_+$ 时的电流方程中 $i_L=i_L(0_+)$。

【例 5-1】 电路如图 5-2 所示，已知换路前电路处稳态，电容、电感均未储能，试求电路中各电压和电流的初始值。

解：(1)由换路前的电路求 $u_C(0_-)$。由图 5-2(a)可知，当 $t=0_-$ 时，由换路前电路处于稳态，电容、电感均未储能，可知 $u_C(0_-)=0$，$i_L(0_-)=0$，根据换路定律得

$$u_C(0_+)=u_C(0_-)=0 \quad i_L(0_+)=i_L(0_-)=0$$

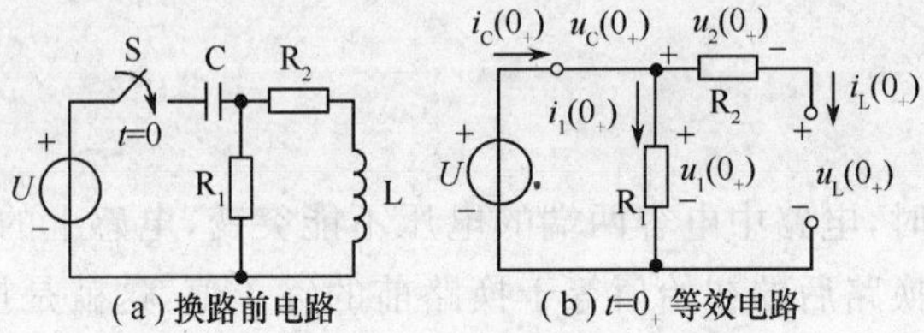

图 5-2　例 5-1 图

(2) 根据 $u_C(0_+)=0$，换路瞬间电容元件可视为短路；$i_L(0_+)=0$，换路瞬间电感元件可视为断路，则可画出 $t=0_+$ 时的等效电路，如图 4-2(b)所示。求其余各电流、电压的初始值。

$$i_C(0_+)=i_1(0_+)=\frac{U}{R} \qquad i_C(0_-)=0$$

$$u_L(0_+)=u_1(0_+)=U \qquad u_L(0_-)=0, u_2(0_+)=0$$

从以上例题可知：

(1) 换路瞬间，u_C、i_L 不能跃变，但其他电量均可以跃变。

(2) 换路前，若储能元件没有储能，换路瞬间 $t=0_+$ 的等效电路中，可视电容元件短路，电感元件断路。

(3) 换路前，若 $u_C(0_-)\neq 0$，在换路瞬间($t=0_+$ 等效电路中)，电容元件可用一理想电压源替代，其电压为 $u_C(0_+)$；换路前，若 $i_L(0_-)\neq 0$，在换路瞬间($t=0_+$ 等效电路中)，电感元件可用一理想电流源替代，其电流为 $i_L(0_+)$。

5.2　RC 电路暂态分析

5.2.1　RC 电路的零输入响应

所谓 RC 电路的零输入响应，是指无电源激励，输入信号为零，仅由电容元件的初始储能所产生的电路的响应。RC 电路零输入响应的实质就是 RC 电路的放电过程。

如图 5-3 所示，电路换路前，即 S 合在位置 1 上已处稳态，$u_C(0_-)=U$。在 $t=0$ 时，开关 S 由位置 1 指向位置 2，电源脱离电路，输入信号为零。此时，电容上已经储有能量，电容 C 经电阻 R 放电。当电容上存储的电荷释放完时，电容两端电压为零，此时电路中无外加电源，至此放电过程结束，回路电流为零，电路进入一个新的稳态。

下面分析暂态过程。如图电路 4-3 所示，列 KVL 方程，可得

$$u_R + u_C = 0$$

根据 $$u_R = iR、i_C = C\frac{du_C}{dt}$$

代入上式得 $$RC\frac{du_C}{dt} + u_C = 0 \qquad (5\text{-}3)$$

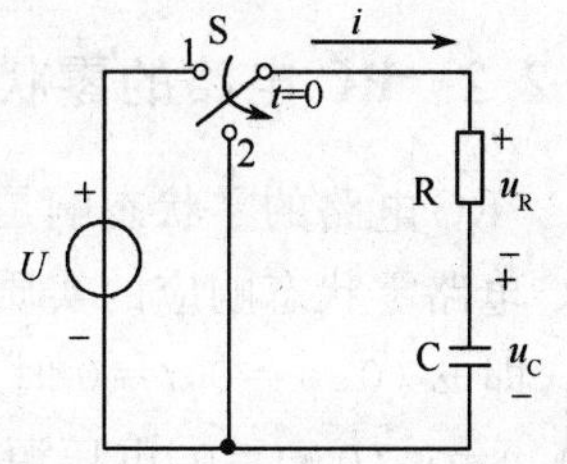

图 5-3 RC 电路零输入响应

设上式方程通解为 $u_C = Ae^{pt}$，代入上式得该微分方程的特征方程

$$RCP + 1 = 0$$

可求得其根为

$$P = -\frac{1}{RC}$$

故齐次微分方程的通解为

$$u_C = Ae^{-\frac{t}{RC}}$$

根据换路定律 $t = (0_+)$ 时，$u_C(0_+) = U$，可得 $A = U$，带入 $u_C = Ae^{pt}$，可得

$$u_C = Ue^{-\frac{t}{RC}} = u_C(0_+)e^{-\frac{t}{\tau}}$$

其中 $\tau = RC, t \geqslant 0$。 (5-4)

由此可见，在 RC 放电电路中，电容电压 u_C 从初始值按指数规律衰减，衰减的快慢由 RC，即时间常数 τ 决定。

【例 5-2】 电路如图 5-4 所示，换路前电路处于稳定状态。$t=0$ 时刻开关断开，求 $t>0$ 的电容电压。

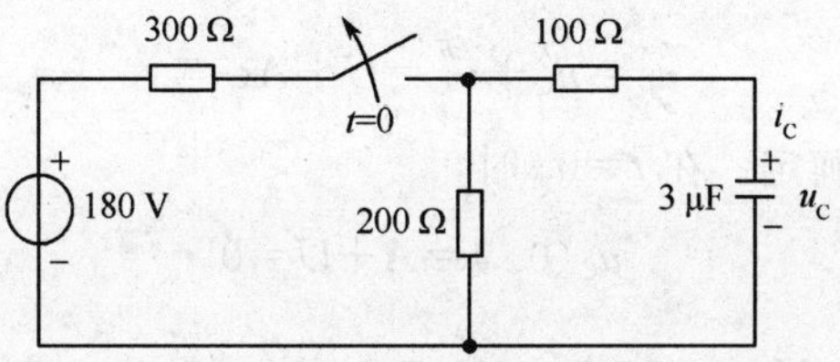

图 5-4 例 5-2 图

解：换路前开关闭合，电路处于稳定状态，电容电流为零，电容电压等于 200 Ω 电阻两端的电压，由此得到

$$u_C(0_-) = 180 \times \frac{200}{300+200} = 72\ (\text{V})$$

根据换路定律，有 $$u_C(0_+) = u_C(0_-) = 72(\text{V})$$

时间常数为 $$\tau = RC = (200+100) \times 3 \times 10^{-6} = 9 \times 10^{-4}(\text{s})$$

电容电压的零输入响应为 $$u_C(t) = U_0 e^{-\frac{t}{RC}} = u_C(0_+)e^{-\frac{t}{\tau}} = 72e^{-\frac{t}{9\times10^{-4}}}(\text{V})$$

5.2.2 RC 电路的零状态响应

RC 电路的零状态响是指储能元件的初始能量为零，仅由电源激励所产生的电路的响应。RC 电路零状态响应的实质就是 RC 电路的充电过程。如图 5-5 所示，电路中的电容原来不带电，即 $u_C(0_-)=0$，$t=0$ 时开关 S 闭合，由换路定律可知 $u_C(0_+)=u_C(0_-)=0$，电压源 U_S 被接入 RC 电路，电容电压将从零开始，逐渐增加，电压源 U_S 对电容器充电。当电容上电压达到 U_S 时，达到新的稳态，充电结束。下面分析暂态过程。

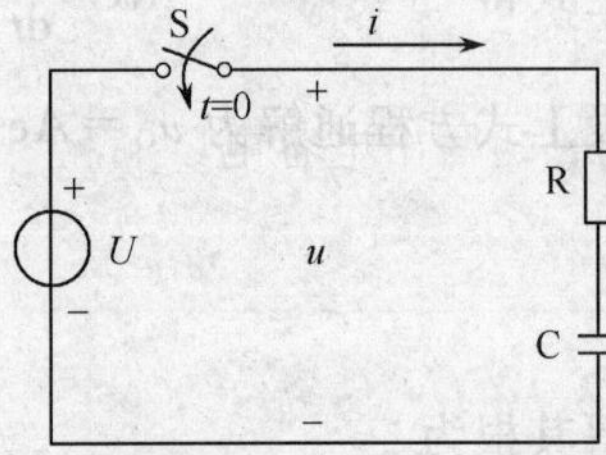

图 5-5 RC 电路零状态响应

如图 5-5 所示，列 KVL 方程，可得

$$u_R+u_C=U$$

其中 $u_R=iR$，$i_C=C\dfrac{du_C}{dt}$，代入上式得

$$RC\frac{du_C}{dt}+u_C=U \tag{5-5}$$

这是一个常系数线性一阶非齐次微分方程。其解包括两部分，即

$$u_C(t)=u_C'+u_C''$$

式中：u_C'——式(5-5)的齐次微分方程的通解，其形式与零输入响应相同，即 $u_C'(t)=Ae^{pt}=Ae^{-\frac{t}{\tau}}=Ae^{-\frac{t}{RC}}(t\geqslant 0)$；

u_C''——式(5-5)的一个特解，应满足非齐次微分方程。

对于直流电源激励的电路，u_C'' 是一个常数，令 $u_C''(t)=B$，代入式(5-3)，求得 $u_C''(t)=B=U_S$，因而可得

$$u_C=u_C'+u_C''=U+Ae^{-\frac{t}{RC}}$$

式中的常数 A 由初始条件确定。在 $t=0_+$ 时，

$$u_C(0_+)=A+U=0$$

由此求得 $A=-U$。

代入式(5-5)，可得电容电压的零状态响应为

$$u_C=U(1-e^{-\frac{t}{RC}})=U(1-e^{-\frac{t}{\tau}})\quad t\geqslant 0 \tag{5-6}$$

注意：也可以不用列解微分方程，直接按式(5-6)写出零状态响应。零输入响应一般称为放电，零状态响应一般则称为电容器充电。

【例 5-3】 电路如图 5-6 所示，已知电容电压 $u_C(0_-)=0$，$t=0$ 时开关闭合，求 $t\geqslant 0$ 的电容电压 $u_C(t)$。

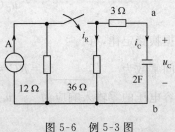

图 5-6 例 5-3 图

解：在开关闭合瞬间，由换路定律可知

$$u_C(0_+)=u_C(0_-)=0$$

当电路达到新的稳定状态时

$$u_C(\infty)=5\times\frac{12\times 36}{12+36}=45(\text{V})$$

电容两端的等效电阻 $$R_0=3+\frac{12\times 36}{12+36}=12(\Omega)$$

电路的时间常数 $$\tau=R_0C=12\times 2=24(\text{s})$$

按式(5-4)写出电容电压的零状态响应为

$$u_C(t)=u_C(\infty)(1-e^{-\frac{t}{\tau}})=45(1-e^{-\frac{1}{24}t})\ (\text{V})\quad t\geqslant 0$$

5.2.3 RC 电路的全响应

前面讨论了 RC 电路的零输入响应和零状态响应。电源激励、储能元件的初始能量均不为零时,电路中的响应称为 RC 全响应。图 5-7 所示是 RC 全响应电路,电容的初始电压为 U_0,在 $t=0$ 时开关 S 由位置 1 指向位置 2,接通直流电源 U。对于一个线性动态电路来说,根据叠加定理,RC 全响应电路可以分解为零输入响应和零状态响应。即

全响应=零输入响应+零状态响应

$$u_C=U_0e^{-\frac{t}{RC}}+U(1-e^{-\frac{t}{RC}})\quad t\geqslant 0 \tag{5-7}$$

$$=U+(U_0-U)e^{-\frac{t}{RC}}\quad t\geqslant 0 \tag{5-8}$$

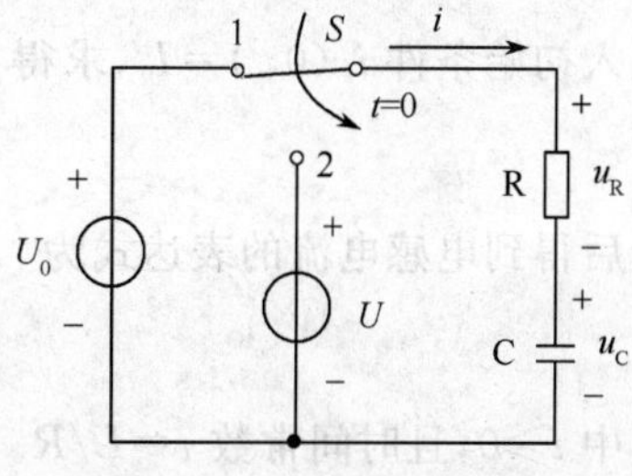

图 5-7 RC 电路的全响应

从式(5-8)可知,全响应也可以用稳态响应与暂态响应之和来表示。式(5-7)中两个分量分别与输入和初始值有明显的因果关系便于计算;而式(5-8)则能较明显地反映电路的工作状态,便于描述电路过渡过程的特点。注意,稳态响应、暂态响应和零输入响应、零状态响应是不同的概念。

5.3 RL 电路暂态分析

5.3.1 RL 电路的零输入响应

下面以图 5-8 所示电路为例来说明 RL 电路零输入响应的暂态过程。电感电流原来等于电流 I_0,电感中储存一定的磁场能量,在 $t=0$ 时开关由位置 1 指向位置 2,换路后的电路如图 5-9所示。

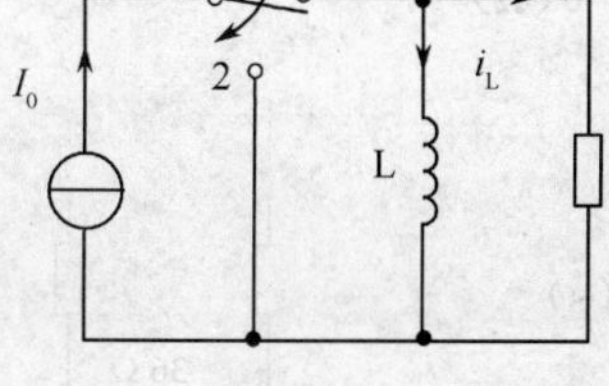

图 5-8 换路前的 RL 电路

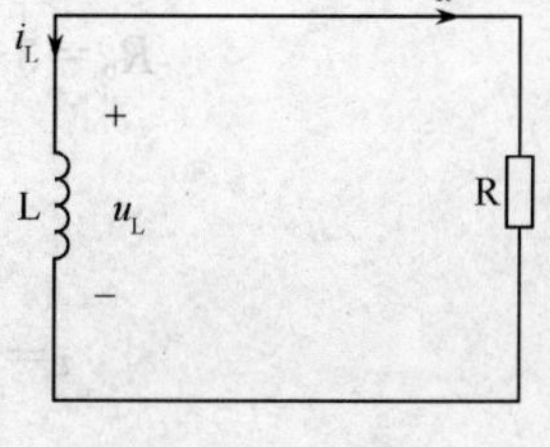

图 5-9 换路后的 RL 电路

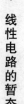

在开关转换瞬间,由于电感电流不能跃变,即 $i_L(0_+)=i_L(0_-)=I_0$,这个电感电流通过电

阻 R 时引起能量的消耗，这就造成电感电流的不断减小，直到电流变为零为止，从而达到新的稳态。综上所述，图 5-9 所示电路是电感中的初始储能逐渐释放出来消耗在电阻中的过程。与能量变化过程相应的是各电压电流从初始值，逐渐减小到零的过程。下面分析暂态计算。

换路后，由 KVL 得

$$Ri_R = u_L$$

将 $u_L = L\dfrac{di_L}{dt}$ 代入上式，得到微分方程

$$\frac{L}{R}\cdot\frac{di_L}{dt}+i_L=0 \tag{5-9}$$

这个微分方程与式(5-3)相似，其通解为

$$i_L(t)=Ae^{-\frac{R}{L}t}\quad t\geqslant 0$$

代入初始条件 $i_L(0_+)=I_0$，求得

$$A=I_0$$

最后得到电感电流的表达式为

$$i_L(t)=I_0e^{-\frac{R}{L}t} \tag{5-10}$$

其中 $t\geqslant 0$，且时间常数 $\tau=L/R$。

从式(5-10)可以看出 RL 电路零输入响应也是按指数规律衰减，衰减的快慢取决于时间常数 τ。

【例 5-4】 电路如图 5-10 所示，换路前开关 S 合于位置 1，电路处于稳态。$t=0$ 时 S 由位置 1 合向位置 2，求换路后的 $i_L(t)$。

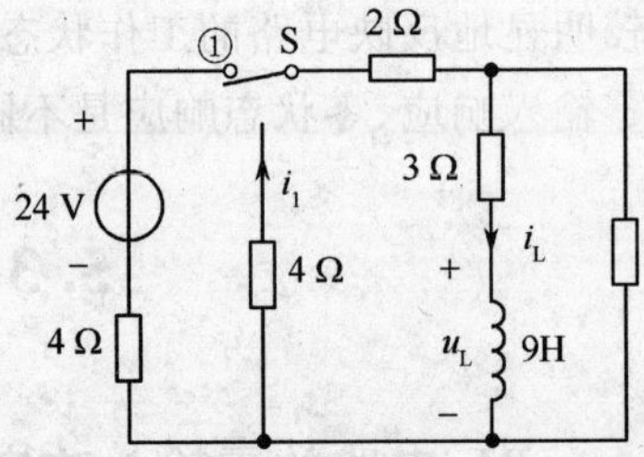

图 5-10 例 5-4 图

解： 换路前电路已稳定，有

$$i_L(0_-)=\frac{24}{4+2+2}\times\frac{6}{3+6}=2(\text{A})$$

由换路定律可得

$$i_L(0_+)=i_L(0_-)=2\ \text{A}$$

换路后电路为零输入响应。从 L 两端视入的等效电阻为

$$R_0=3+\frac{(2+4)\times 6}{(2+4)+6}=6(\Omega)$$

时间常数为

$$\tau=\frac{L}{R_0}=\frac{9}{6}=1.5(\text{s})$$

由式(5-10)，可知电感电流的零输入响应为

$$i_L(t)=i_L(0_+)e^{-\frac{t}{\tau}}=2e^{-\frac{t}{1.5}}\ \text{A}\quad t\geqslant 0$$

5.3.2 RL 电路的零状态响应

RL 一阶电路的零状态响应与 RC 一阶电路相似。图 5-11 所示电路在开关闭合前,电感电流为零,即 $i_L(0_-)=0$。当 $t=0$ 时,开关 S 闭合。

根据 KVL,有

$$Ri_L+u_L=U_S$$

其中

$$u_L=L\frac{di_L}{dt}$$

所以

$$\frac{L}{R}\cdot\frac{di_L}{dt}+i_L=\frac{U_S}{R}\qquad(5\text{-}11)$$

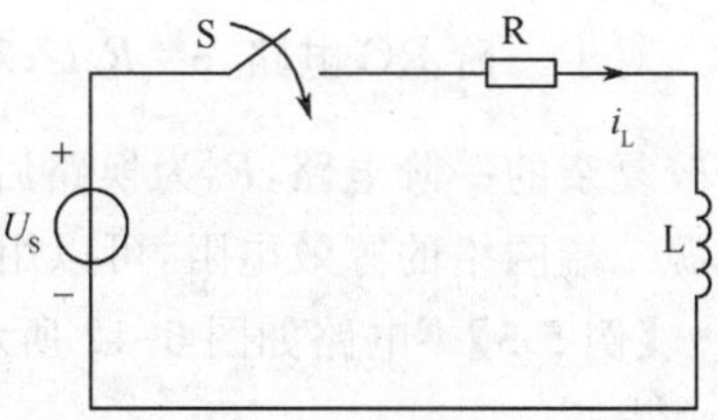

图 5-11 RL 电路的零状态响应

这是一阶常系数非齐次微分方程,其解为

$$i_L(t)=i_L'(t)+i_L''(t)=\frac{U_S}{R}+Ae^{-\frac{R}{L}t}=\frac{U_S}{R}+Ae^{-\frac{t}{\tau}}$$

式中 $\tau=L/R$ 是该电路的时间常数。常数 A 由初始条件确定,即

$$i_L(0_+)=i_L(0_-)=A+\frac{U_S}{R}=0$$

由此求得 $A=-\frac{U_S}{R}$,最后得到一阶 RL 电路的零状态响应为

$$i_L(t)=\frac{U_S}{R}(1-e^{-\frac{R}{L}t})=i_L(\infty)(1-e^{-\frac{t}{\tau}})\quad(t\geqslant0)\qquad(5\text{-}12)$$

5.4 一阶线性电路暂态分析

仅含一个储能元件的电路或可等效为一个储能元件的线性电路,且由一阶微分方程描述,称为一阶线性电路。

5.4.1 一阶电路暂态分析的“三要素”法

由前面两节的内容可知,在直流电源激励的情况下,一阶线性电路全响应可表示为

$$f(t)=f(\infty)+[f(0_+)-f(\infty)]e^{-t/\tau}$$

式中:$f(t)$——一阶电路中任一电压、电流函数;

$f(0_+)$——电路中某电压或电流的初始值;

$f(\infty)$——电路中某电压或电流的稳态值;

τ——电路的时间常数。

从上式可知,在求得 $f(0_+)$、$f(\infty)$和 τ(三要素)的基础上,就可直接写出电路的响应(电压或电流)$f(t)$。利用求三要素的方法求解暂态过程,称为“三要素”法。一阶电路都可以应用“三要素”法求解。

5.4.2 电路响应中“三要素”的确定

1. 稳态值 $f(\infty)$的计算

求换路后电路中的电压和电流,其中电容 C 视为断路,电感 L 视为短路,即求解直流电阻

性电路中的电压和电流。

2. 初始值 $f(0_+)$的计算

详见第 5-1 节。

3. 时间常数 τ 的计算

对于一阶 RC 电路，$\tau=R_0C$；对于一阶 RL 电路，$\tau=\dfrac{L}{R_0}$。对于简单的一阶电路，$R_0=R$；对于较复杂的一阶电路，R_0为换路后的电路除去电源和储能元件后，在储能元件两端所求得的无源二端网络的等效电阻，可以用戴维南定理求得等效电阻。

【例 5-5】 电路如图 5-12 所示，$t=0$ 时合上开关 S，之前电路已处于稳态。试求电容电压 u_C和电流 i_C、i_2。

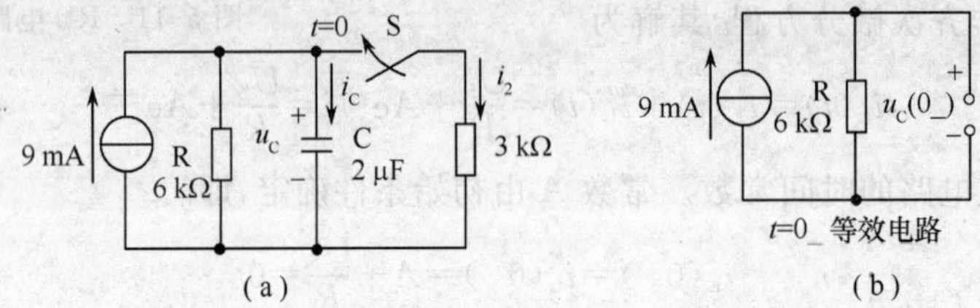

图 5-12 例 5-5 图

解：用“三要素”法求解。

电容电压 u_C为

$$u_C=u_C(\infty)+[u_C(0_+)-u_C(\infty)]e^{-\frac{t}{\tau}}$$

(1) 确定初始值 $u_C(0_+)$。由 $t=0-$电路可知

$$u_C(0_-)=9\times10^{-3}\times6\times10^3=54(\text{V})$$

由换路定律，有

$$u_C(0_+)=u_C(0_-)=54(\text{V})$$

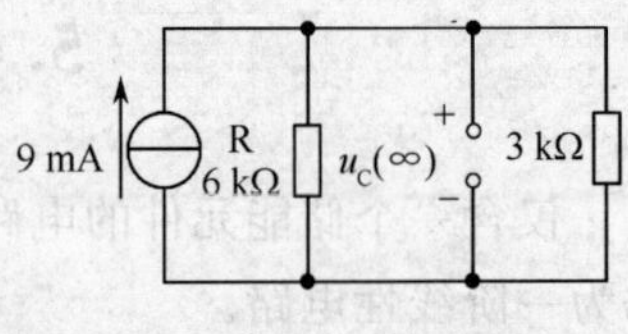

图 5-13 $t\to\infty$电路

(2) 确定稳态值 $u_C(\infty)$。如图 5-13 所示，由换路后电路求稳态值 $u_c(\infty)$。

$$u_C(\infty)=9\times10^{-3}\times\frac{6\times3}{6+3}\times10^3=18(\text{V})$$

(3) 由换路后电路求时间常数 τ。由图 5-14 可知，R_0是6 kΩ和 3 kΩ 电阻的并联，有

$$\tau=R_0C=\frac{6\times3}{6+3}\times10^3\times2\times10^{-6}=4\times10^{-3}(\text{s})$$

求得“三要素”后，带入公式就可列出

$$u_C=18+(54\text{-}18)e^{-\frac{t}{4\times10^{-3}}}=18+36e^{-250t}(\text{V})$$

$$i_C=C\frac{du_C}{dt}=2\times10^{-6}\times36\times(-250)e^{-250t}=-0.018e^{-250t}(\text{A})$$

$$i_2(t)=\frac{u_C(t)}{3\times10^3}=6+12e^{-250t}(\text{mA})$$

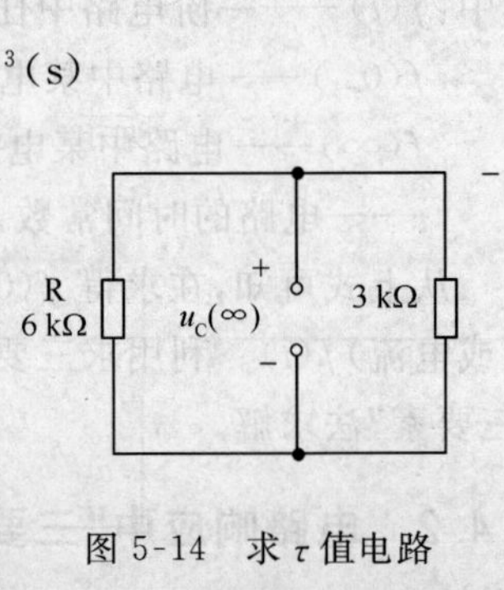

图 5-14 求 τ 值电路

“三要素”法的三点说明：

(1)“三要素”法只适用与一阶电路；

(2) 利用“三要素”法可以求解电路中任意一处的电压和电流；

(3) “三要素”法可以计算全响应，也可以计算电路的零输入响应和零状态响应。

小　结

(1) 暂态过程的基本概念。

有储能元件(L、C)的电路在电路状态发生变化时(如电路接入电源、从电源断开、电路参数改变等)存在过渡过程。

(2) 换路定理。

在换路瞬间，电容上的电压、电感中的电流不能突变。

$$u_C(0^+)=u_C(0^-)i_L(0^+)=i_L(0^-)$$

(3) RC 和 RL 电路的比较。

	C	L
串并形式与电阻比较	相反	相同
基本表达式	$i=c\dfrac{du}{dt}$	$u=L\dfrac{di}{dt}$
时间常数	$\tau=RC$	$\tau=\dfrac{L}{R}$
换路定律中不变量	电压	电流
零输入响应	$U_c=U_0e^{-\frac{t}{\tau}}$	$i_L=I_0e^{-\frac{t}{\tau}}$
零状态响应	$u_C=U_s(1-e^{-\frac{t}{\tau}})$	$i_L=I_s(1-e^{-\frac{t}{\tau}})$
全响应	$u_C=U_s+(U_0-U_s)e^{-\frac{t}{\tau}}$	$i_L=I_s+(I_0-I_s)e^{-\frac{t}{\tau}}$

(4) 电路的响应。

① 零输入响应：无电源，由储能元件的初始储能产生的响应。

② 零状态响应：储能元件初始储能为零，由电源产生的响应。

③ 全响应＝零输入＋零状态响应。

④ 3 种响应均可用“三要素”法求解：$f(t)=f(\infty)+[f(0_+)-f(\infty)]e^{-t/\tau}$。

习 题 五

5-1　图 5-15 所示电路在换路前处于稳定状态，在 $t=0$ 瞬间将开关 S 闭合，求 $i(0_+)$。

5-2　图 5-16 所示电路中，开关 S 在 $t=0$ 瞬间闭合，若 $u_C(0_-)=0$，求 $i(0_+)$。

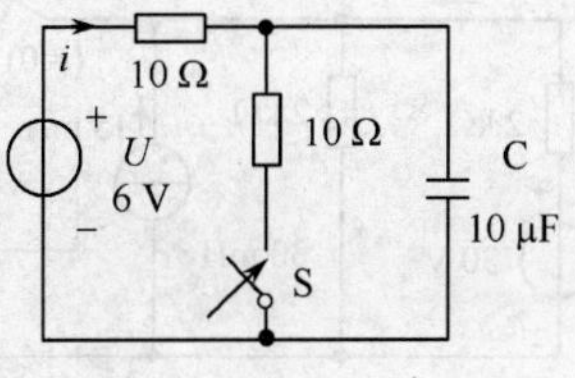

图 5-15

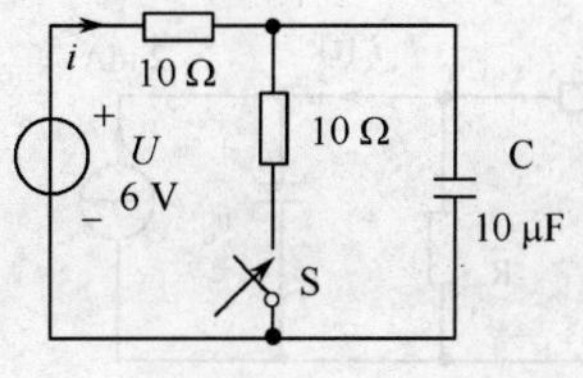

图 5-16

5-3　图 5-17 所示电路中，开关 S 在 $t=0$ 瞬间闭合，若 $u_C(0_-)=4$ V，求 $u_R(0_+)$。

5-4　电路如图 5-18 所示，已知 $u_C(0)=-2$ V，求 $u_C(t)$ 及 $u_R(t)$。

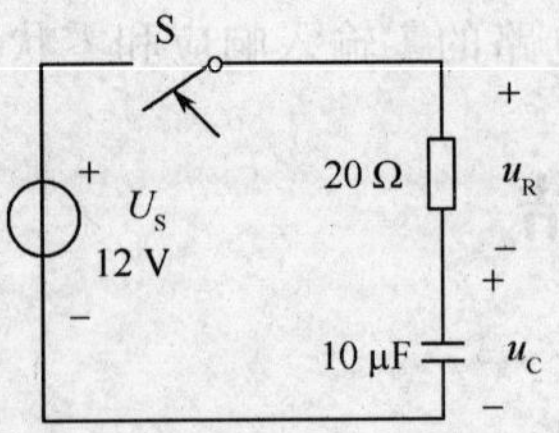

图 5-17

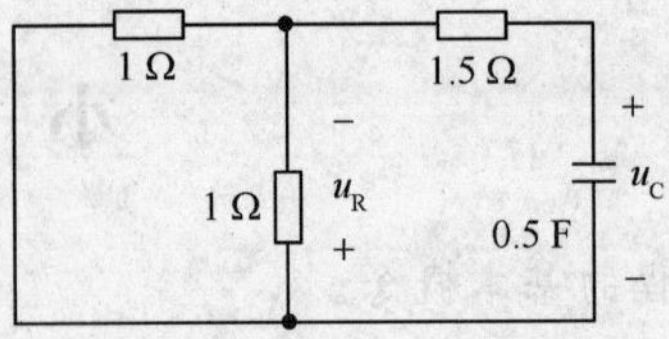

图 5-18

5-5　电路如图 5-19 所示，已知 S 在 $t=0$ 时闭合，换路前电路处于稳态。求电感电流 i_L 和电压 u_L。

5-6　电路如图 5-20 所示，已知 $U_s=12$ V，$R_1=4$ Ω，$R_2=8$ Ω，在 S 闭合前，电路已处于稳态。当 $t=0$ 时 S 闭合。试求 S 闭合时初始值 $i_1(0+)$，$i_2(0+)$，$i_c(0+)$。

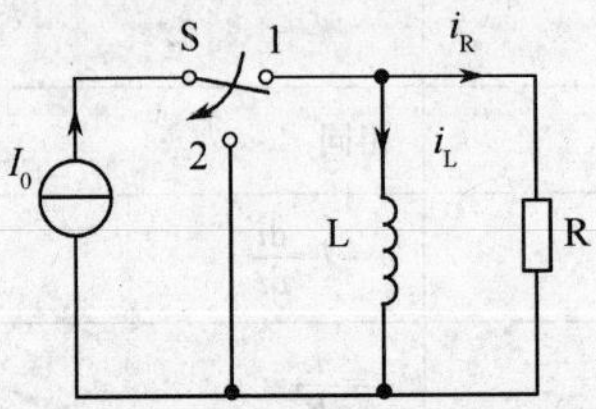

图 5-19

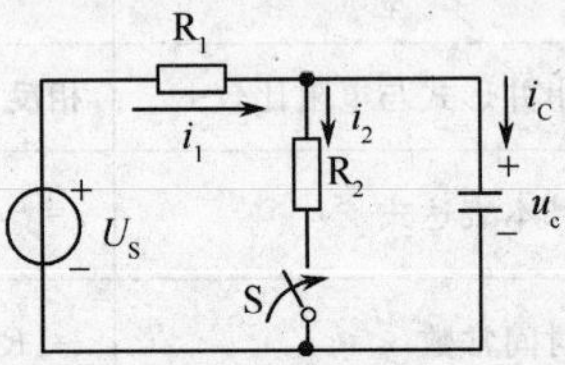

图 5-20

5-7　图 5-21 所示电路中，已知 $U_s=8$ V，$I_s=2$ A，$R_1=2$ Ω，$R_2=2$ Ω，$R_3=10$ Ω，$L=0.2$ H，$C=1$ F。$t<0$ 时，S_1 打开，S_2 闭合，电路已达到稳态。$t=0$ 时 S_1 闭合，S_2 打开。求初始值 $i_1(0_+)$、$i_2(0_+)$，$i_3(0_+)$和 $U_L(0_+)$。

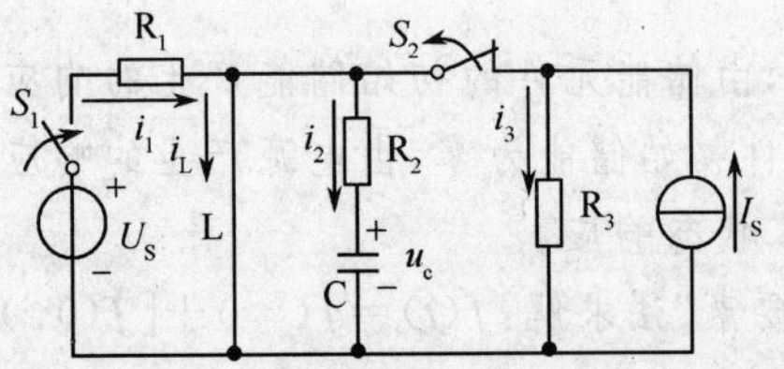

图 5-21

5-8　电路如图 5-22 所示，已知 $R_1=R_2=3$ kΩ，$R_3=6$ kΩ，$C=1$ μF，$u_C(0)=1$ V，在 $t=0$ 时将电流源接入电路，试求 $t\geqslant 0$ 时的 $u_C(t)$ 和 $i_C(t)$。

5-9　用"三要素"法求解图 5-23 所示电路中电压 u 和电流 i 的全响应。

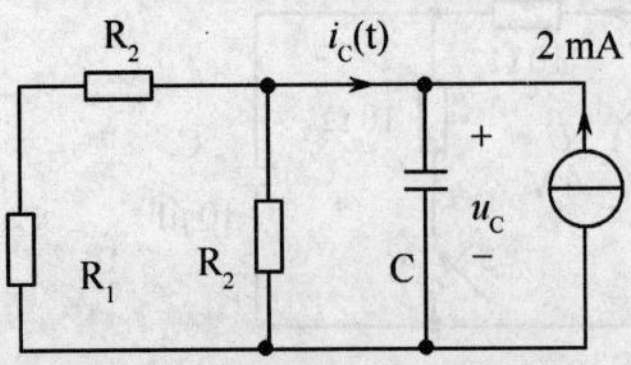

图 5-22

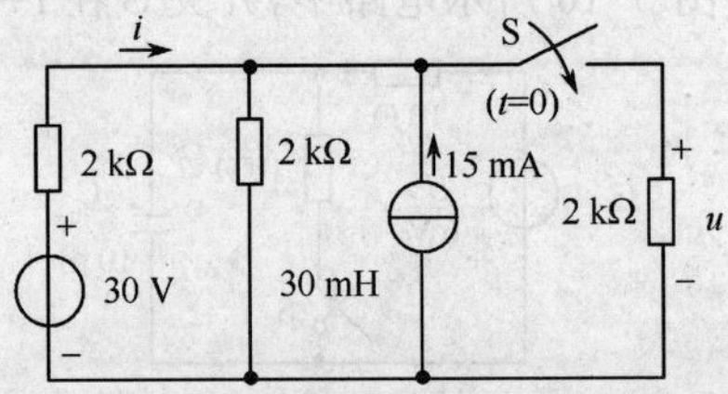

图 5-23

第六章

磁路与变压器

本章要点

前面几章已经介绍了计算电路的各种基本定理、定律和基本分析方法，可是在很多常用的电工设备中，如变压器、电动机、电工测量仪表等，不仅有电路的问题，还有磁路的问题。因此，只有同时掌握电路和磁路的基本理论，才能对各种电工设备作全面的分析和应用。

6.1 磁　路

6.1.1 铁磁材料简介

根据导磁性能的不同，可将材料分为两大类，一类称为铁磁材料，如铁、钢、镍、钴及其合金和铁氧体等材料，这类材料的导磁性能好，磁导率很高(相对磁导率 μ_r 可达 $10^2 \sim 10^4$)是工业中制造变压器、电机等电工设备的主要材料；另一类为非铁磁材料，如铝、铜、纸、空气等，这类材料的导磁性能差，磁导率很低。

一种物质导磁性能的好坏常用相对磁导率 μ_r 来表示，即

$$\mu_r = \frac{\mu}{\mu_0} \tag{6-1}$$

其中，μ 为任意一种物质的磁导率；μ_0 为真空的磁导率，其值为常数

$$\mu_0 = 4\pi \times 10^{-7}\,\mathrm{H/m} \tag{6-2}$$

铁磁材料的磁性能主要包括高导磁性、磁饱和性和磁滞性。

1. 高导磁性

在铁磁材料的内部存在许多体积约为 $10^{-9}\ \mathrm{cm^3}$ 磁化小区域，称为磁畴。在无外磁场作用时，这些磁畴排列是无序的，所产生的磁场的平均值为零，对外不显示磁性。若在一定强度的外磁场作用下，这些磁畴将顺着向外磁场的方向转动和移动，呈有序排列，显示出很强的磁性，形成磁化磁场。这就是铁磁材料的磁化现象，如图 6-1 所示。非铁磁物质没有磁畴结构，不具有磁化特性。

利用铁磁材料的高导磁性，可用较小的励磁电流产生较大的磁通，利用优质的铁磁物质可大大减小变压器或电机的重量和体积。

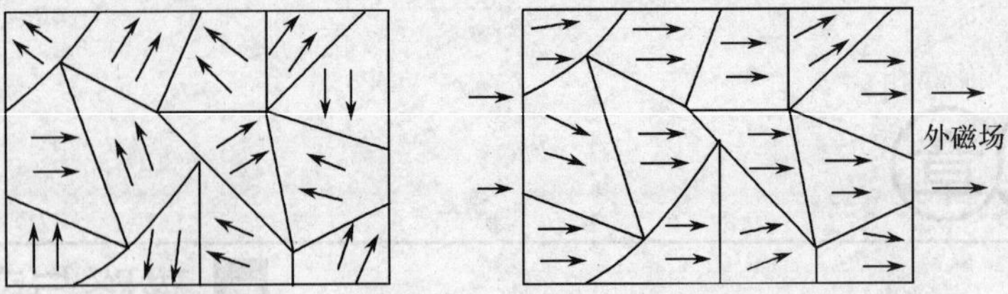

(a) 磁化前　　(a) 磁化后

图 6-1　铁磁材料的磁化

2. 磁饱和性

当外磁场(或励磁电流)增大到一定值时,其内部所有的磁畴已基本上转向与外磁场方向一致的方向上,因而再增大励磁电流,其磁性也不能继续增强,这就是铁磁材料的磁饱和性。

铁磁材料的磁化特性可用磁化曲线即 $B=f(H)$ 曲线来表示。铁磁材料的磁化曲线如图 6-2 中的曲线 1 所示,它不是直线。在 oa 段,B 随 H 线性增大;在 ab 段,B 增大缓慢,开始进入饱和;b 点以后,B 基本不变,为饱和状态。铁磁性材料的 μ 不是常数,如图 6-2中的曲线 2 所示。非磁性材料的磁化曲线是通过坐标原点的直线,如图 6-2 中的曲线 3 所示。

3. 磁滞性

实际工作时,如果铁磁材料在交变的磁场中反复磁化,则磁感应强度 B 的变化总是滞后于磁场强度 H 的变化,这种现象称为铁磁材料的磁滞现象,磁滞回线如图 6-3 所示。

由图可见,当 H 减小时,B 也随之减小,但当 $H=0$ 时,B 并未回到零值,而是 $B=B_r$。B_r 称为剩磁感应强度,简称剩磁。若要使 $B=0$,则应使铁磁材料反向磁化,即使磁场强度为 $-H_c$。H_c 称为矫顽磁力,它表示铁磁材料反抗退磁的能力。

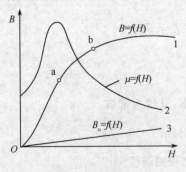

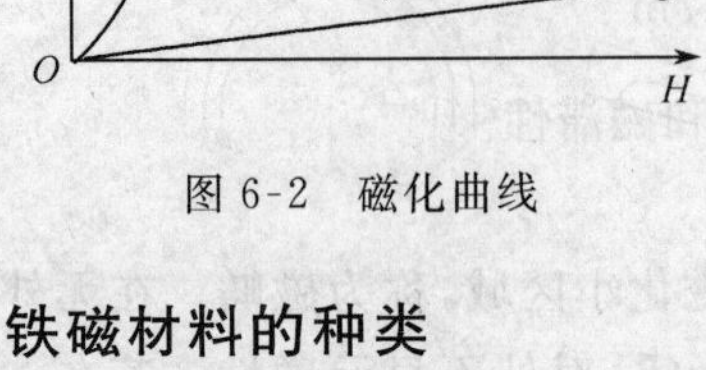

图 6-2　磁化曲线

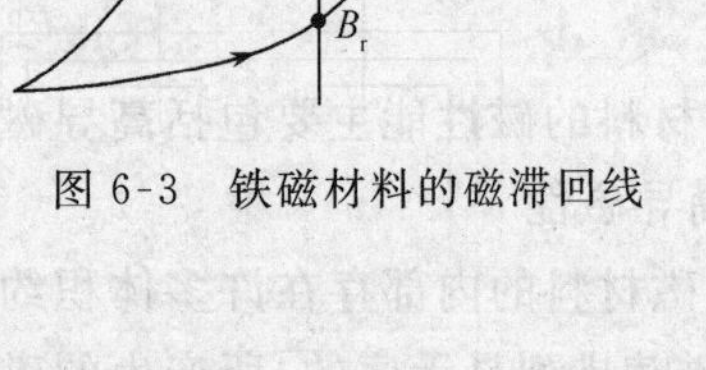

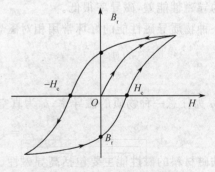

图 6-3　铁磁材料的磁滞回线

6.1.2　铁磁材料的种类

1. 软磁材料

软磁材料比较容易磁化,剩磁和矫顽磁力较小,磁滞回线窄而陡,包围面积小,磁滞损耗小,但磁导率高,易于磁化。常见的软磁材料有纯铁、硅钢、铸铁、坡莫合金、铁氧体等。一般用来制造各种变压器、电机的铁心,例如接触器、磁放大器、灵敏继电器等。收音机接收线圈的磁棒、中频变压器的磁心、磁头、脉冲变压器等用的材料则是铁氧体。

2. 硬磁材料

硬磁材料的剩磁和矫顽磁力都比较大，但一经磁化后，能保留很多的剩磁，磁滞回线较宽。常用的硬磁材料有碳钢、钨钢、镍钴合金等。硬磁材料适宜制作永久磁铁和磁电式仪表、各种扬声器、小型直流电机中的永磁铁心等。

3. 矩磁材料

矩磁材料的磁滞回线接近矩形，这种材料具有较小的矫顽磁力和较大的剩磁。该种材料稳定性良好，而且易于迅速翻转。使用较多的是镁锰铁氧体，主要用作记忆元件，例如计算机存储器的磁芯等。

以上材料的磁滞回线如图 6-4 所示。

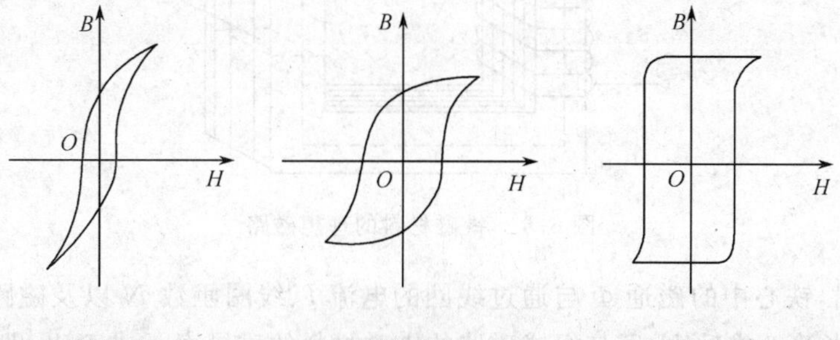

图 6-4　不同材料的磁滞回线

6.1.3　磁路的概念

磁通量所通过的闭合路径称为磁路。

在电工设备仪器中，为了得到较强的磁场并有效地加以应用，常采用导磁性能良好的铁磁物质做成一定形状的铁心，以便使磁场集中分布于由铁心构成的闭合路径内，此类磁场通路是我们要重点分析的磁路。常见的电气设备磁路如图 6-5 所示。磁路中的磁通量可以由励磁线圈中的励磁电流产生，如图 6-5(a)、(b)所示；也可以由永久磁铁产生，如图 6-5(c)所示。磁路中可以有气隙，如图 6-5(b)、(c)所示；也可以没有气隙，如图 6-5(a)所示。

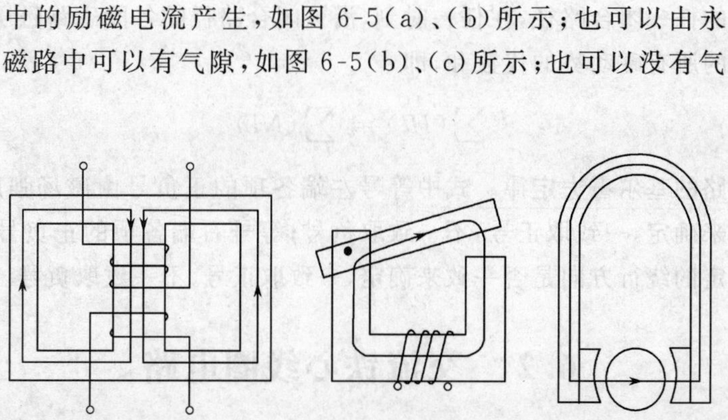

图 6-5　几种常见电气设备的磁路

6.1.4 磁路基本定律

1. 磁路欧姆定律

由铁磁材料制成的一个理想磁路(无漏磁)如图 6-6 所示,若线圈通过电流 I,则在铁心中就会有磁通 Φ 通过。

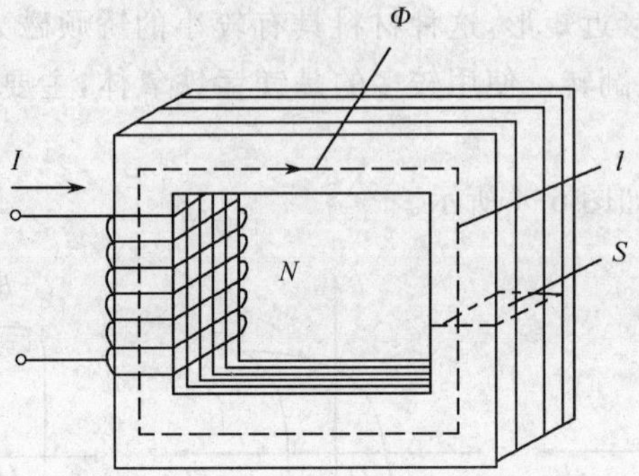

图 6-6　铁磁材料的理想磁路

由实验得出,铁心中的磁通 Φ 与通过线圈的电流 I、线圈匝数 N 以及磁路的截面积 S 成正比,与磁路的长度 l 成反比,还与组成磁路的铁磁材料的磁导率 μ 成正比,即

$$\Phi=\mu\frac{NI}{l}S=\frac{NI}{\frac{l}{\mu S}}=\frac{F}{R_{\mathrm{m}}} \tag{6-3}$$

式中:$F=IN$——磁动势,它是产生磁通的激励,单位为安匝;

$R_{\mathrm{m}}=\dfrac{l}{\mu S}$——磁阻,表示磁路对磁通有阻碍作用的物理量。

式(6-3)在形式上与电路的欧姆定律($I=E/R$)相似,因而被称为磁路欧姆定律。

2. 磁路基尔霍夫定理

对于磁路中的任一闭合路径,在任一时刻,沿该闭合路径的各段磁路磁压降的代数和等于环绕此闭合路径的所有磁动势的代数和,即

$$\sum(Hl)=\sum(NI) \tag{6-4}$$

上式称为磁路的基尔霍夫定律。式中等号左端各项的正负号由磁场强度 H 与选定的绕行方向是否一致来确定,一致取正号,不一致取负号;等号右端各项的正负号由各磁动势的方向与闭合路径选定的绕行方向是否一致来确定,一致取正号,不一致取负号。

6.2　交流铁心线圈电路

6.2.1　电磁关系

图 6-7 是交流铁心线圈电路,线圈的匝数为 N,线圈电阻为 R。将交流铁心线圈的两端加交流电压 u,在线圈中就产生交流励磁电流 i,在交变磁动势 iN 的作用下产生交变的磁通。绝

大部分磁通通过铁心，称为主磁通 Φ，但还有很小一部分从附近的空气中通过，称为漏磁通 Φ_σ。这两种交变的磁通都将在线圈中产生感应电动势，即主磁电动势 e 和漏磁电动势 e_σ，它们与磁通的参考方向之间符合右手螺旋法则，如图 6-7 所示。根据基尔霍夫电压定律(KVL)可得铁心线圈的电压平衡方程为

$$u=iR-e-e_\sigma \tag{6-5}$$

当 u 是正弦电压时，式(6-5)中的各量可视作正弦量，则可用相量表示为

$$\dot{U}=\dot{I}R-\dot{E}-\dot{E}_\sigma \tag{6-6}$$

式中：$\dot{E}_\sigma$——漏磁电动势，称为漏磁感抗。

由于主磁电感或相应的主磁感抗不是常数，所以主磁感生电动势应按下面的方法计算。

设主磁通 $\Phi=\Phi_m\sin\omega t$，由电磁感应定律可知，在规定的参考方向下，有

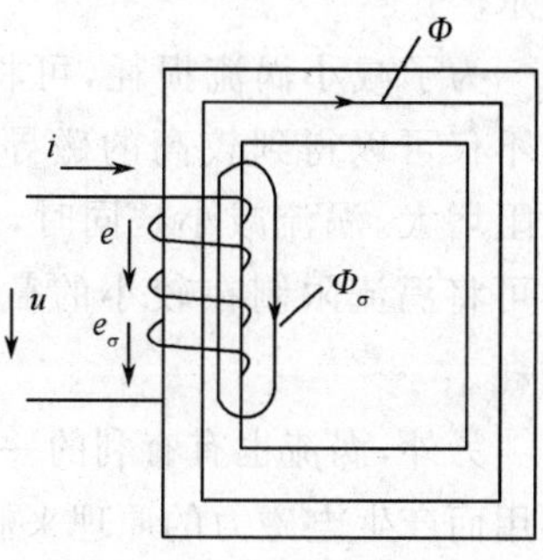

图 6-7　铁磁材料的理想磁路

$$e=-N\frac{d\Phi}{dt}=-N\frac{d(\Phi_m\sin\omega t)}{dt}=-\omega N\Phi_m\cos\omega t$$

$$=2\pi fN\Phi_m\sin(\omega t-90^\circ)=E_m\sin(\omega t-90^\circ) \tag{6-7}$$

上式中，$E_m=2\pi fN\Phi_m$ 是主磁通电动势的最大值，其有效值为

$$E=\frac{E_m}{\sqrt{2}}=\frac{2\pi fN\Phi_m}{\sqrt{2}}\approx 4.44fN\Phi_m \tag{6-8}$$

在式(6-5)中，由于线圈电阻上的电压 iR(主要是 R 很小)和漏磁电动势 e_σ 都很小，与主磁电动势 e 比较均可忽略不计，可知

$$\dot{U}=-\dot{E}$$

$$U\approx E=4.44fN\Phi_m(\text{V}) \tag{6-9}$$

式中，U 的单位为伏(V)，f 的单位为赫(Hz)，Φ_m 的单位为韦伯(Wb)。

6.2.2　功率损耗

交流铁心线圈电路中，除了在线圈电阻上有功率损耗外，铁心中也会有功率损耗。线圈上损耗的功率 I^2R 称为铜损，用 ΔP_{Cu} 表示；铁心中损耗的功率称为铁损，用 ΔP_{Fe} 表示。铁损包括磁滞损耗和涡流损耗两部分。

1. 磁滞损耗

铁磁材料交变磁化，由磁滞现象所产生的铁损称为磁滞损耗，用 ΔP_h 表示。它是由铁磁材料内部磁畴反复转向，磁畴间相互摩擦引起铁心发热而造成的损耗。可以证明，铁心中的磁滞损耗与该铁心磁滞回线所包围的面积成正比，同时，励磁电流频率 f 越高，磁滞损耗也越大。当电流频率一定时，磁滞损耗与铁心磁感应强度最大值的平方成正比。为了减小磁滞损耗，应采用磁滞回线窄小的软磁材料。例如变压器和交流电机中的硅钢片，其磁滞损耗就很小。

2. 涡流损耗

铁磁材料不仅有导磁能力，同时也有导电能力，因而在交变磁通的作用下铁心内将产生感应电动势和感应电流，感应电流在垂直于磁通的铁心平面内围绕磁力线呈旋涡状，如图6-8所示，故称为涡流。涡流使铁心发热，其功率损耗称为涡流损耗，用 ΔP_e 表示。

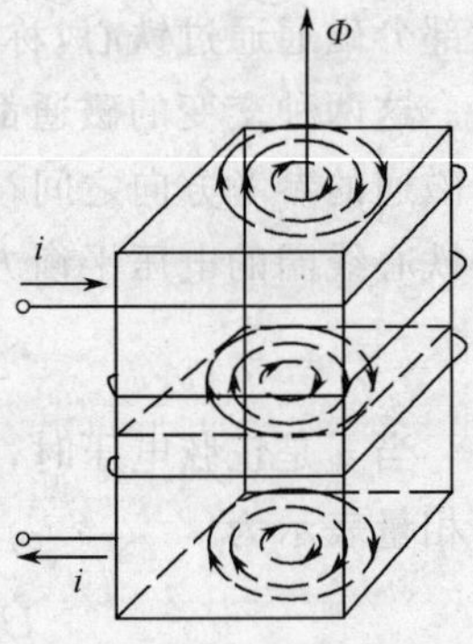

图6-8　铁心中的涡流

为了减小涡流损耗，可将硅钢片在顺磁场方向叠成铁心，这样不仅可以得到较高的磁导率，还有较大的电阻率，可使铁心的电阻增大，涡流减小。同时，还可在硅钢片的两面涂上绝缘漆，这样可将涡流限制在较小的截面内流通，从而减小涡流，降低涡流损耗。

另外，涡流也有有利的一面。例如，利用涡流的热效应来冶炼金属，利用涡流和磁场相互作用而产生电磁力的原理来制造感应式仪器、滑差电机及涡流测矩器等。

可以证明，涡流损耗与电源频率的平方及铁心磁感应强度最大值的平方成正比。

综上所述，交流铁心线圈工作时的功率损耗为

$$\Delta P=\Delta P_{Cu}+\Delta P_{Fe}=\Delta P_{Cu}+\Delta P_h+\Delta P_e \tag{6-10}$$

6.3　变压器

变压器是根据电磁感应原理制成的静止的电气设备，它具有变电压、变电流和变阻抗的作用，在电力系统和工程领域应用非常广泛。

6.3.1　变压器的作用

在电力系统中，传输电能的变压器称为电力变压器。它是电力系统中的重要设备，在远距离输电中，当输送一定功率时，输电电压越高，则电流越小，输电导线截面、线路的能量损耗及电压损失也越小，为此大功率远距离输电，都将电压升高。而用电设备的电压又较低，为了安全可靠用电，又需要把电压降下来。因此，变压器对电力系统的经济输送、灵活分配及安全用电有着极其重要的意义。

在电子线路中，常常需要一种或几种不同电压的交流电，因此，变压器作为电源变压器将电网电压转换为所需的各种电压。除此之外，变压器还用来耦合电路、传送信号和实现阻抗匹配等。

此外，还有用于调压的自耦变压器，用于金属热加工的电焊变压器和电炉变压器，改变电压、电流量程的仪用互感器。

6.3.2　变压器的结构

变压器的结构由于其使用场合、工作要求及制造等原因而有所不同，结构型式多种多样，但基本结构都是由铁心和线圈（绕组）组成。

铁心是变压器的磁路部分，为了减小变压器的铁心损耗，大多用0.35～0.5 mm厚涂有绝

缘漆的硅钢片叠装而成。叠装时将每层硅钢片的接缝错开,这样可以减小铁心中的磁滞和涡流损耗。

按线圈套装铁心的情况不同,可将变压器分为心式和壳式两种,如图 6-9 所示。心式变压器线圈缠绕在每个铁心柱上,如图 6-9(a)所示,它的结构简单,线圈套装也比较方便,绝缘也比较容易处理,故铁心截面是均匀的。电力变压器多采用心式铁心结构。壳式变压器的铁心包围绕组的顶部、底部和侧面,如图 6-9(b)所示。壳式变压器的机械强度好,但制造复杂、铁心材料消耗多,只在一些特殊变压器(如电炉变压器)上使用。

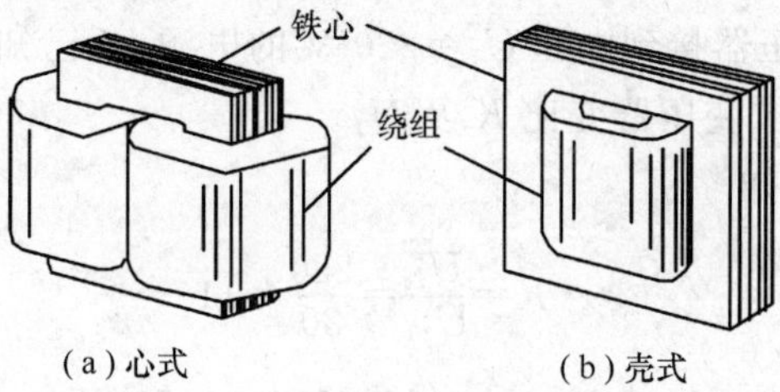

(a)心式　(b)壳式

图 6-9　变压器的结构形式

6.3.3　变压器的原理及作用

1. 电压变换原理(变压器空载运行)

变压器的原绕组接交流电压 u_1,副边开路,这种运行状态称为空载运行。这时副绕组中的电流为零,电压为开路电压 u_{20},原绕组通过的电流为空载电流 i_{10},该电流就是励磁电流,如图 6-10 所示。各量的方向按习惯参考方向选取,e_1、e_2 与 Φ 符合右手螺旋法则。

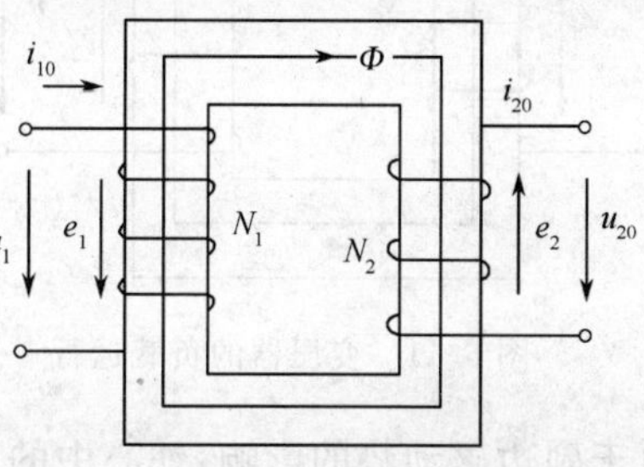

图 6-10　变压器的空载运行

由于副边开路,这时变压器的原边电路相当于一个交流铁心线圈电路。其磁动势 $i_{10}N_1$ 在铁心中产生主磁通 Φ,主磁通 Φ 通过闭合铁心,在原、副绕组中分别感应出电动势 e_1、e_2。根据电磁感应定律可得

$$\begin{cases} e_1=-N_1\dfrac{\mathrm{d}\Phi}{\mathrm{d}t} \\ e_2=-N_2\dfrac{\mathrm{d}\Phi}{\mathrm{d}t} \end{cases} \tag{6-11}$$

由式(6-9)可知

$$\begin{aligned} U_1 &\approx E_1=4.44fN_1\Phi_{\mathrm{m}}\ \mathrm{V} \\ U_{20} &\approx E_2=4.44FN_2\Phi_{\mathrm{m}}\ \mathrm{V} \end{aligned} \tag{6-12}$$

式中：f——交流电源的频率；

Φ_m——主磁通的最大值。

由式(6-12)可得

$$\frac{U_1}{U_{20}} \approx \frac{E_1}{E_2} = \frac{4.44 f N_1 \Phi_m}{4.44 f N_2 \Phi_m} = \frac{N_1}{N_2} = K \tag{6-13}$$

式中，$K = N_1/N_2$，称为变压器的电压比。当 $K>1$ 时，变压器为降压变压器；当 $K<1$ 时，为升压变压器。

【例 6-1】 某单相变压器接到电压 $U_1 = 220$ V 的电源上，已知副边空载电压 $U_{20} = 20$ V，副绕组匝数 $N_2 = 150$ 匝，求变压器变比 K 及 N_1。

解：由变压器空载，可知

$$K = \frac{U_1}{U_{20}} = \frac{220}{20} = 11$$

$$N_1 = K \cdot N_2 = 11 \times 150 = 1650(\text{匝})$$

2. 电流变换原理(变压器负载运行)

变压器的原绕组接交流电源，副绕组接负载，变压器向负载供电，这种运行状态称为负载运行，如图 6-11 所示。

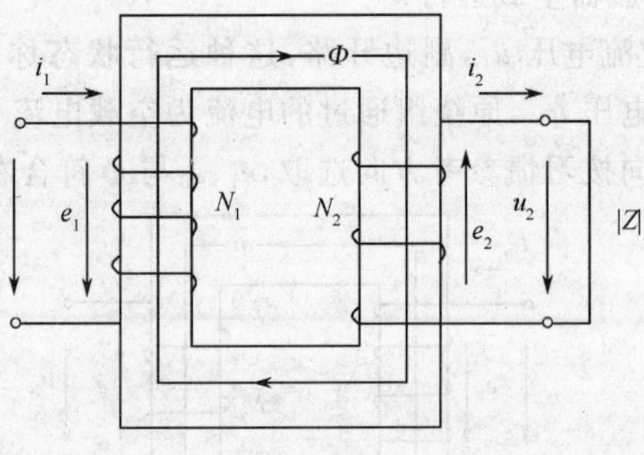

图 6-11　变压器的负载运行

当变压器接有负载后，由于副边磁动势的影响，铁心中的主磁通量 Φ 将试图改变，但由于 Φ_m 受 U_1 的制约基本不变，因此随着 i_2 的出现，原边的电流由空载时的 i_{10} 增加到 i_1，补充副边的电流 i_2 的励磁作用。

由安培环路定理可知，有载时的磁通量 Φ 是由磁动势 $i_1 N_1$ 和 $i_2 N_2$ 共同作用产生的。又由于 $U_1 \approx E_1 = 4.44 f N \Phi_m$(V)，当电压和频率一定时，铁心中的最大磁通量在带负载前后基本保持不变，故

$$\dot{I}_1 N_1 + \dot{I}_2 N_2 = \dot{I}_{10} N_1 \tag{6-14}$$

由于变压器的空载电流 $\dot{I}_{10}$ 很小，一般只有额定电流的百分之几。因此当变压器额定运行时，$\dot{I}_{10} N_1$ 可忽略不计，于是有

$$\dot{I}_1 N_1 \approx -\dot{I}_2 N_2 \tag{6-15}$$

只考虑原、副绕组电流有效值，可得

$$\frac{I_1}{I_2} \approx \frac{N_2}{N_1} = \frac{1}{K} \tag{6-16}$$

可见，变压器中的电流虽然由负载的大小确定，但是原、副绕组中电流的比值是近似不变的。因为当负载增加时，i_2 和 $i_2 N_2$ 随着增大，而 i_1 和 $i_1 N_1$ 也必须相应增大，以抵偿副绕组的电流和磁动势对主磁通的影响，从而保持主磁通 Φ 基本不变。

【例 6-2】 已知一单相变压器原边电压 $U_1 = 4400$ V，副边电压 $U_2 = 220$ V，负载是一个功率为 $P = 44$ kW 的电阻炉，若忽略变压器的漏磁和损耗，求变压器的原、副绕组的电流各是多少。

解：因为电阻炉，其功率因数 $\cos\Psi = 1$，所以副绕组电流

$$I_2 = \frac{P}{U_2} = \frac{4.4 \times 10^4}{220} = 200 \text{ A}$$

变压比 $$K = \frac{U_1}{U_2} = \frac{4400}{220} = 20$$

原绕组电流 $$I_1 = \frac{I_2}{K} = \frac{200}{20} = 10 \text{ (A)}$$

3. 阻抗变换原理

由以上分析可知，虽然变压器的原、副绕组之间只有磁耦合关系，没有电的直接关系，但实际上原绕组的电流 I_1 会随着副绕组上负载阻抗 Z_L 的大小而变化。$|Z|$ 减小，则 $I_2 = U_2/|Z|$ 增大，$I_1 = I_2/K$ 也增大。因此，从原边电路来看，可以设想它存在一个等效阻抗 Z'_L，Z'_L 能反映副边负载阻抗 Z_L 的大小发生变化时对原绕组电流 I_1 的作用。图 6-12 中点划线框内的电路可用另一个阻抗 Z'_L 来等效代替。所谓等效，就是它们从电源吸取的电流和功率相等。

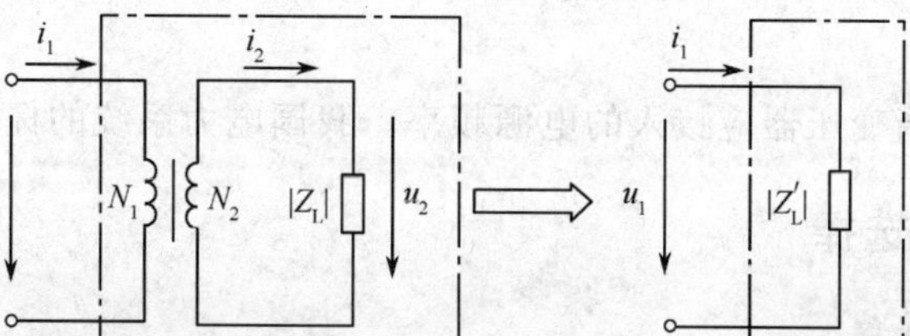

(a) 变压器电路　　(b) 等效电路

图 6-12　变压器的阻抗变换

当忽略变压器的漏磁和损耗时，等效阻抗可由下式求得：

$$|Z'_L| = \frac{U_1}{I_1} = \frac{KU_2}{\frac{1}{K}I_2} = K^2\frac{U_2}{I_2} = K^2|Z_L| \tag{6-17}$$

式(6-17)说明，接在变压器副边的负载阻抗 $|Z|$ 反映到变压器原边的等效阻抗是 $|ZL'| = K^2|Z|$，即扩大 K^2 倍，这就是变压器的阻抗变换作用。

6.3.4　变压器的参数

1. 型号

由字母和数字表示，字母 S 表示三相，D 表示单相，K 表示防爆，F 表示风冷。例如

S9-500/10，其中 S9 表示三相变压器的系列，它是我国统一设计的高效节能变压器；500 表示容量，单位为千伏安(kV·A)；10 表示高压侧的电压，单位为(kV)。

2. 阻抗电压

变压器的一个绕组短路，另一个绕组输入电压，使一次、二次绕组的电流分别达到额定值，则该输入电压为阻抗电压，或称为短路电压。

3. 额定电压

变压器原绕组的额定电压是其绝缘强度和允许发热所规定的一次侧应加的正常工作电压有效值，用符号 U_{1N} 表示。电力系统中，副绕组的额定电压 U_{2N} 是指在变压器空载以原绕组加额定电压 U_{1N} 时，副绕组两端端电压的有效值。在仪器仪表中，U_{2N} 通常指在变压器原边施加额定电压，副边接额定负载时的输出电压有效值。

4. 额定电流

额定电流是指变压器连续运行时原、副绕组允许通过的最大电流有效值，用 I_{1N} 和 I_{2N} 表示。

5. 额定容量

额定容量是指变压器副绕组输出的额定视在功率，用符号 S_N 表示，有

$$S_N = U_{2N} I_{2N} \approx U_{1N}\frac{N_2}{N_1} \cdot I_{1N}\frac{N_1}{N_2} = U_{1N} I_{1N} \tag{6-18}$$

额定容量实际上是变压器长期运行时允许输出的最大有功功率，它反映了变压器所能传送电功率的能力，但变压器实际使用时的输出功率则取决于负载的大小和性质。即使副边正好是额定电压和额定电流，也只有在功率因数为 1 时输出功率等于额定容量。一般情况下，变压器的实际输出有功功率小于额定容量。

6. 额定频率

额定频率 f_N 是指变压器应接入的电源频率。我国电力系统的标准频率为 50 Hz。

6.3.5 变压器的选择

1. 额定电压的选择

额定电压选择的主要依据是输电线路电压等级和用电设备的额定电压。在一般情况下，变压器的原边额定电压与线路的额定电压相等。变压器至用电设备往往需要经过一段低压配电线路，为计算其电压损失，变压器副边的额定电压通常超过用电设备额定电压的 5%。

2. 额定容量的选择

变压器容量的选择十分重要。如果容量选择小了，会造成变压器经常过载运行，缩短变压器的使用寿命，甚至影响正常供电。如果选择过大，变压器得不到充分利用，效率因数也很低，不但增加了初期投资，而且根据我国电力部门的收费制度，变压器容量越大，基本电费收得越高。

变压器的容量选择是否正确，关键在于工厂总电力负荷，即用电量能否正确统计计算。工厂总电力负荷的统计计算是一件十分复杂和细致的工作。因为工厂各设备不是同时工作，即使同时工作，也不是同时满负荷工作，所以工厂总负荷不是各用电设备容量的总和，而是要乘以一个系数，该系数一般为 0.2～0.7。

6.3.6 特殊变压器

1. 自耦变压器

前面介绍的双绕组变压器的原、副绕组是相互绝缘的，它们之间只有磁的耦合而无电的直接关系。如果把两个绕组合二为一，使低压绕组成为高压绕组的一部分，如图 6-13 所示，这个绕组的总匝数为 N_1，原绕组接电源，绕组的一部分匝数为 N_2，作为副绕组接负载。这样，原、副绕组不仅有磁的耦合，而且有电的直接联系。

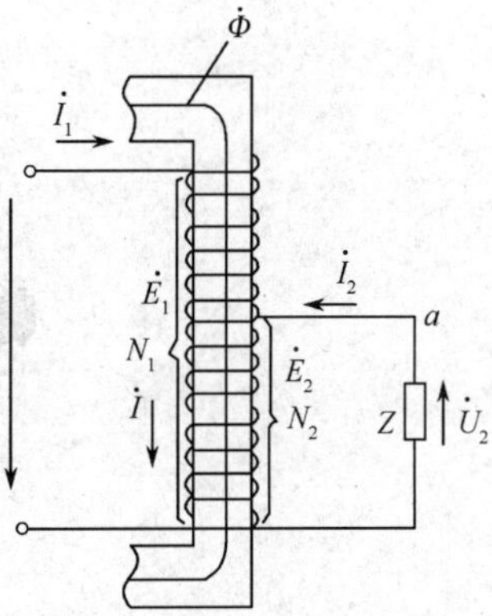

图 6-13 单相自耦变压器原理图

自耦变压器的工作原理与普通双绕组变压器基本相同。由于同一主磁通穿过原、副绕组，所以原、副边的电压仍与它们的匝数成正比。有载时，原、副边的电流仍与它们的匝数成反比，即

$$\frac{U_1}{U_2}\approx\frac{N_1}{N_2}=K$$
$$\frac{I_1}{I_2}\approx\frac{I_2}{I_1}=\frac{1}{K} \tag{6-19}$$

上述自耦变压器副绕组的分接头 a 是固定的，这种自耦变压器为不可调式。在生产和实践中，为了得到连续可调的交流电压，常将自耦变压器的铁心做成圆形，副边抽头做成滑动触头，可以自由滑动，如图 6-14 所示，这种自耦变压器称为自耦调压器。当用手柄移动触头位置时，就改变了副绕组的匝数，调节了输出电压的大小。

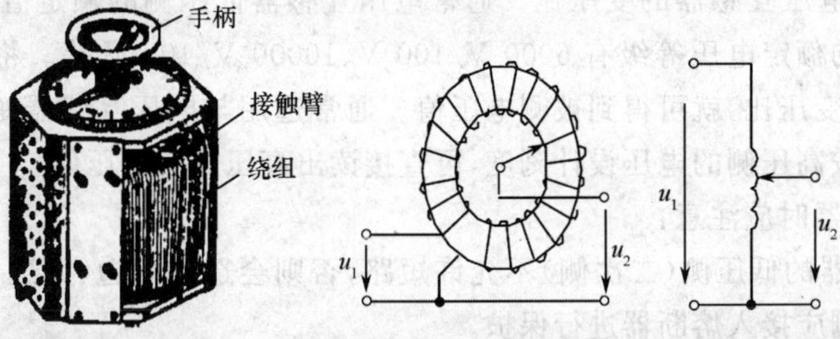

(a)外形　(b)示意图　(c)图形符号

图 6-14 自耦调压器

使用自耦调压器时应注意以下两点：

(1) 接通电源前，应先将滑动触头旋至零位，接通电源后再逐渐转动手柄，将输出电压调到所需电压值。使用完毕后，应将滑动触头再旋回零位。

(2) 在使用时，原、副绕组不能对调。如果把电源接到副绕组，可能会烧坏调压器或使电源短路。

2. 仪用互感器

仪用互感器是在交流电路中专供电工测量和自动保护装置使用的变压器，它可以扩大测量装置的量程，使测量装置与高压电路隔离以保证安全，为高压电路的控制和保护设备提供所需的低电压、小电流，并可以使其后连接的测量仪表或其他测量电路结构简化。仪用互感器按用途不同可分为电压互感器和电流互感器两种。

1）电压互感器

电压互感器是一台小容量的降压变压器，其外形及结构原理如图 6-15 所示。它的原绕组匝数较多，与被测的高压电网并联；副绕组匝数较少，与电压表或功率表的电压线圈连接。

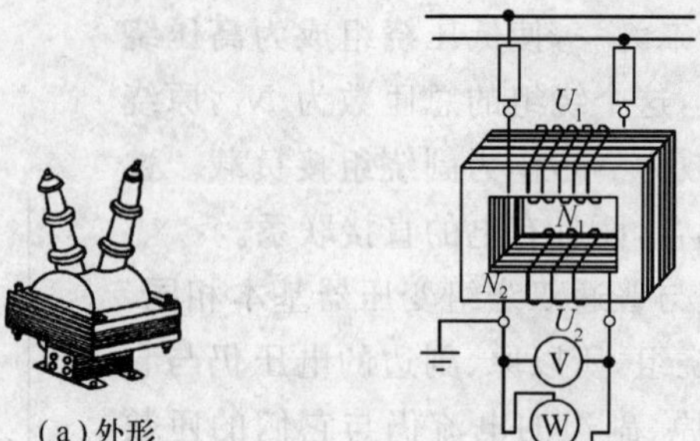

（a）外形　（b）原理图

图 6-15　电压互感器

因为电压表和功率表的电压线圈电阻很大，所以电压互感器副边电流很小，近似于变压器的空载运行。根据变压器的工作原理，有

$$\frac{U_1}{U_2}=\frac{N_1}{N_2}=K_u$$

$$U_1=K_uU_2 \tag{6-20}$$

式中，K_u 称为电压互感器的变压比。通常电压互感器低压侧的额定值均设计为 100 V。例如，电压互感器的额定电压等级有 6000 V/100 V、10000 V/100 V 等。将测量仪表的读数乘以电压互感器的变压比，就可得到被测电压值。通常选用与电压互感器变压比相配合的专用电压表，其表盘按高压侧的电压设计刻度，可直接读出高压侧的电压值。

使用电压互感器时应注意：

(1) 电压互感器的低压侧(二次侧)不允许短路，否则会造成副边、原边出现大电流，烧坏互感器，故在高压侧应接入熔断器进行保护。

(2) 为防止电压互感器高压绕组绝缘损坏，使低压侧出现高电压，电压互感器的铁心、金属外壳和副绕组的一端必须可靠接地。

2）电流互感器

电流互感器是将大电流变换成小电流的升压变压器，其外形及结构原理图如图 6-16 所示。它的原绕组用粗线绕成，通常只有一匝或几匝，与被测电路负载串联，原绕组经过的电流与负载电流相等。副绕组匝数较多，导线较细，与电流表或功率表的电流线圈连接。

因为电流表和功率表的电流线圈电阻很小，所以电流互感器副边相当于短路。根据变压器的工作原理，有

$$\frac{I_1}{I_2}=\frac{N_2}{N_1}=K_i$$

或

$$I_1=K_iI_2 \tag{6-21}$$

式中，K_i 称为电流互感器的变流比。通常电流互感器二次侧额定电流设计成标准值

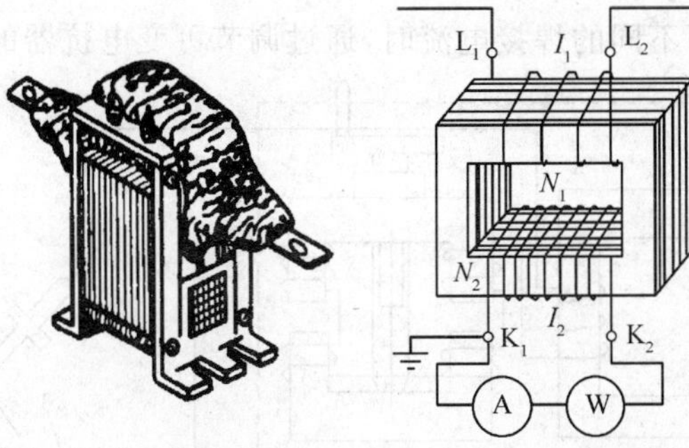

(a) 外形　　(b) 原理图

图 6-16　电流互感器

5 A或1 A。例如，电流互感器的额定电流等级有30 A/5 A、75 A/5 A、100 A/5 A等。将测量仪表的读数乘以电流互感器的变流比，就可得到被测电流值。通常选用与电流互感器变流比相配合的专用电流表，其表盘按一次侧的电流值设计刻度，可直接读出一次侧的电流值。

使用电流互感器时应注意：

(1) 电流互感器在运行中不允许副边开路，因为它的原绕组是与负载串联的，其电流 I_1 的大小决定于负载的大小，而与副边电流 I_2 无关，所以当副边开路时铁心中由于没有 I_2 的去磁作用，主磁通将急剧增加。这不仅使铁损急剧增加，铁心发热，而且将在副绕组感应出数百甚至上千伏的电压，造成绕组的绝缘击穿，并危及工作人员的安全。为此在电流互感器二次电路中不允许装设熔断器，在二次电路中拆装仪表时，必须先将绕组短路。

(2) 为了安全，电流互感器的铁心和二次绕组的一端也必须接地。在工程中常用的钳形电流表是一种特殊的配有电流互感器的电流表，其外形、结构如图 6-17 所示。电流互感器的钳形铁心可以开、合，测量时按下压块，使可动铁心张开，将被测电流的导线套进钳形铁心口内，再松开压块，让弹簧压紧铁心，使其闭合，这根导线就是电流互感器的原绕组。电流互感器的副绕组绕在铁心上并与电流表接成闭合回路，可从电流表上直接读出被测电流的大小。钳形电流表用来测量正在运行中的设备的电流，使用非常方便。

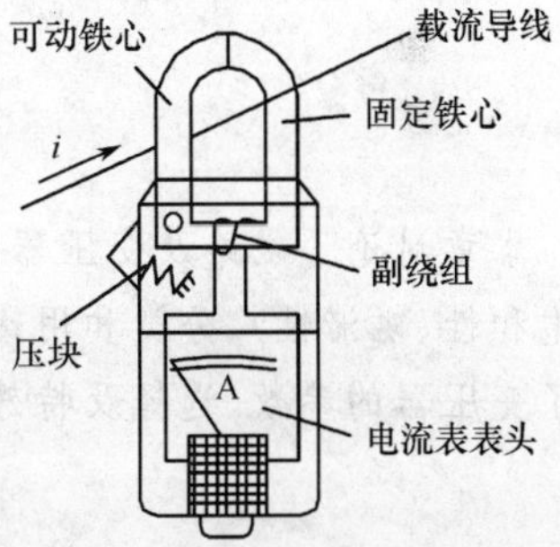

图 6-17　钳形电流表

3. 电焊变压器

电焊变压器的工作原理与普通变压器相同，但它们的性能却有很大差别。电焊变压器的一次绕组、二次绕组分别装在两个铁心柱上，两个绕组漏抗都很大。电焊变压器与可变电抗器组成交流电焊机，如图 6-18 所示。电焊机具有如图 6-19 所示的外特性。空载时，$I_2=0.11$ A很小，漏磁通很小，电抗器无压降，有足够的电弧点火电压，其值约为60～80 V；焊接开始时，交流电焊机的输出端被短路，但由于有漏抗且有交流电抗器的感抗作用，短路电流虽然较大但并不会剧烈增大。

焊接时，焊条与焊件之间的电弧相当于一个电阻，电阻上两端的电压约为30 V。当焊件与焊条之间的距离发生变化时，相当于电阻的阻值发生了变化，但由于电路的电抗比电弧的阻值大得多，所以焊接时电流变化不明显，保证了电弧的稳定燃烧。

当焊接不同的焊件需要不同的焊接电流时，通过调节可变电抗器的电抗大小来满足要求。

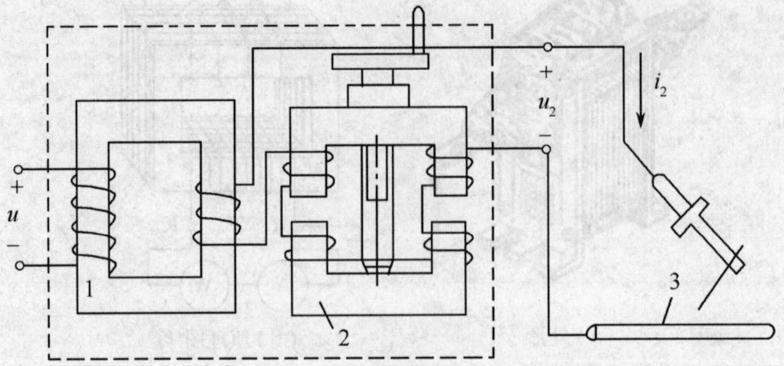

图 6-18　电焊变压器原理图

1—电焊变压器；2—可变电抗器；3—焊头及焊件

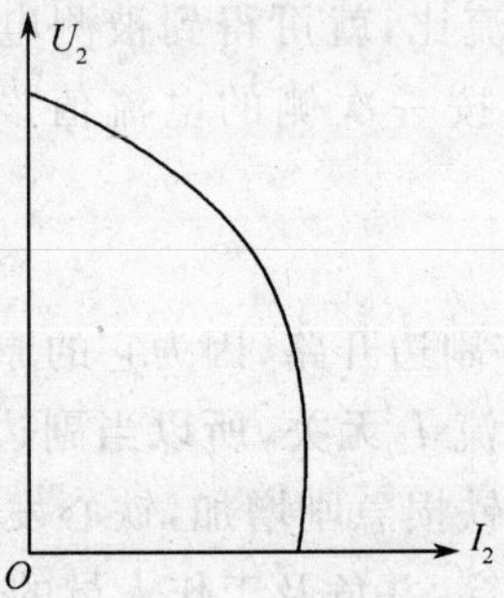

图 6-19　电焊变压器的外特性

小　结

本章讨论了磁路及变压器的电路分析方法。着重介绍了铁磁性物质的磁性能（高导磁性、磁饱和性、磁滞性）、分类和用途、磁路的基本定律（磁路欧姆定律、磁路基尔霍夫定律）；详细讨论了变压器的参数、选择及特殊用途的变压器的结构、原理和分析方法。

习　题　六

6-1　变压器能否改变直流电压？为什么？

6-2　变压器的铁芯起什么作用？

6-3　变压器的负载增加时，其原绕组中电流怎样变化？铁芯中主磁通怎样变化？输出电压是否一定要降低？

6-4　有一线圈，其匝数 $N=1000$，绕在由铸钢制成的闭合铁芯上，铁芯的横截面积 $S_{Fe}=20\ cm^2$ 铁芯的平均长度 $l_{Fe}=50\ cm$，若要在铁芯中产生磁通 $\phi=0.002\ Wb$。试问线圈应通入多大直流电流？

6-5　有一单相照明变压器，容量为 10 kV·A，电压为 3300 V/220 V，今欲在副绕组接上“220 V，60 W”的灯泡，如果要变压器在额定情况下运行，这种灯泡可接多少个？并求原、副绕组的额定电流。

6-6　将 $R_L=8\ \Omega$ 的扬声器接在输出变压器的副绕组，已知 $N_1=300$，$N_2=100$，信号源电动势 $E=6$ V，内阻 $R_S=100\ \Omega$，试求信号源的输出功率。

6-7　一台容量为 20 kV·A 的照明变压器，它的电压为 6600 V/220 V，问它能够使多少盏"220 V，40 W"的灯泡正常发光？能够使多少盏 $\cos\varphi=0.6$、"220 V，40 W"的日光灯正常发光？

6-8　单相变压器的额定容量为 50 kV·A，高压侧接在 10 kV 的工频交流电源上，低压侧的断路电压为 230 V，铁心的截面积为 1120 cm^2，铁心中的磁感应强度 $B_m=1$ T。当此变压器向 $R=0.824\ \Omega$，$X_L=0.618\ \Omega$ 的负载供电时，正好满载。试求：(1)变压器的变比；(2)高、低压绕组的匝数；(3)高、低压绕组的额定电流。

6-9　一台连接方式为 Y-Y 的三相变压器，容量为 180 kV·A，额定电压为 10/0.4 kV，频率为 50 Hz，每匝线圈的感应电动势为 5.133 V，铁心的截面积为 159.99 cm^2，铁损耗 $P_{Fe}=740$ W，额定负载时的铜损耗 $P_{Cu}=2590$ W。求：(1)一次和二次侧的线电流；(2)变压比；(3)一次和二次侧的匝数；(4)铁心中的磁感应强度 B_m。

第七章

异步电动机

本章要点

电动机可分为交流电动机和直流电动机两大类。交流电动机又可分为异步电动机（也称感应电动机）和同步电动机。异步电动机有单相和三相两种。三相异步电动机因为具有构造简单、价格低廉、工作可靠、易于控制及使用维护方便等突出优点，在工农业生产中应用很广。例如工业生产中的轧钢机、起重机、机床、鼓风机等，均用三相异步电动机来拖动。

本章重点介绍三相异步电动机的结构、技术参数、工作原理、使用方法等。

7.1 三相异步电动机的结构及参数

7.1.1 三相异步电动机的结构

三相异步电动机由定子和转子两个基本部分组成。定子是固定部分，转子是转动部分。为了使转子能够在定子中自由转动，定子、转子之间有 0.2～2 mm 的空气隙。图 7-1 所示为三相异步电动机结构示意图。

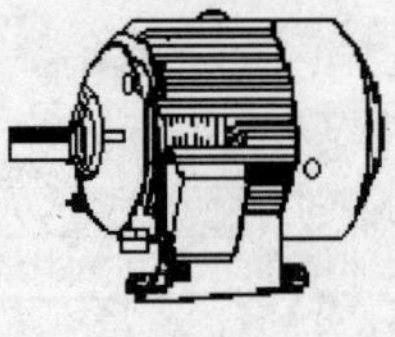

(a)外形图

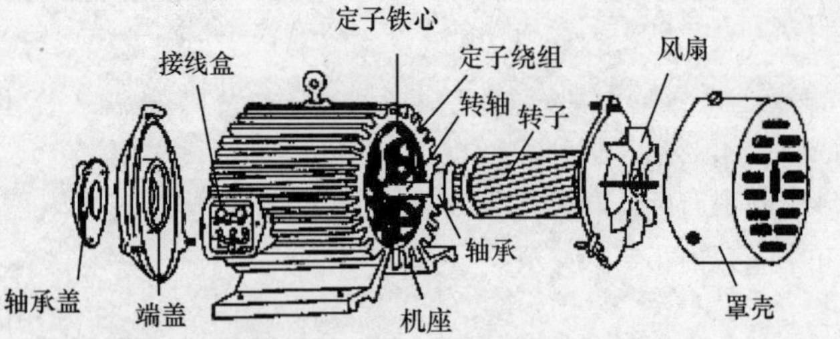

(b)内部结构图

图 7-1 三相异步电动机结构示意图

1. 定子

定子由定子铁心、定子绕组、机座和端盖等组成。机座的主要作用是支撑电机各部件，因此应有足够的机械强度和刚度，通常用铸铁制成。为了减少涡流和磁滞损耗，定子铁心用 0.5 mm厚涂有绝缘漆的硅钢片叠成，铁心内圆周上有许多均匀分布的槽，槽内嵌放定子绕组，如图 7-2 所示。

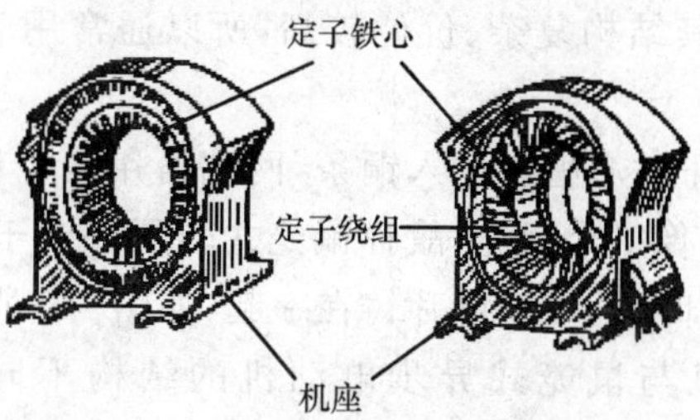

图 7-2　三相异步电动机的定子

定子绕组分布在定子铁心的槽内，小型电动机的定子绕组通常用漆包线绕制，三相绕组在定子内圆周空间彼此相隔 120°，共有 6 个出线端，分别引至电动机接线盒的接线柱上。三相定子绕组可以连接成星形（Y 形）或三角形（△形），如图 7-3 所示。其接法根据电动机的额定电压和三相电源电压而定，通常 3 个绕组的首端分别用 U_1、V_1、W_1 表示，末端分别用 U_2、V_2、W_2 表示。

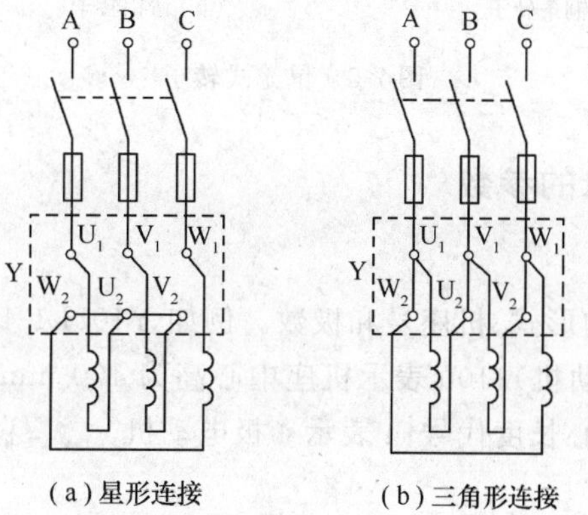

图 7-3　三相定子绕组的接法

2. 转子

转子由转子铁心、转子绕组、转轴和风扇等组成。转子铁心也用 0.5 mm 厚硅钢片冲成，转子冲片叠成圆柱形，压装在转轴上。其外围表面冲有凹槽，用以安放转子绕组。

异步电动机按转子绕组形式不同，可分为绕线式和鼠笼式两种。绕线式转子的绕组和定子绕组一样，也是三相绕组，绕组的 3 个末端接在一起（Y 型），3 个首端分别接在转轴上 3 个彼此绝缘的铜制滑环上，再通过滑环上的电刷与外电路的变阻器相接，以便调节转速或改变电动机的启动性能，如图 7-4 所示。

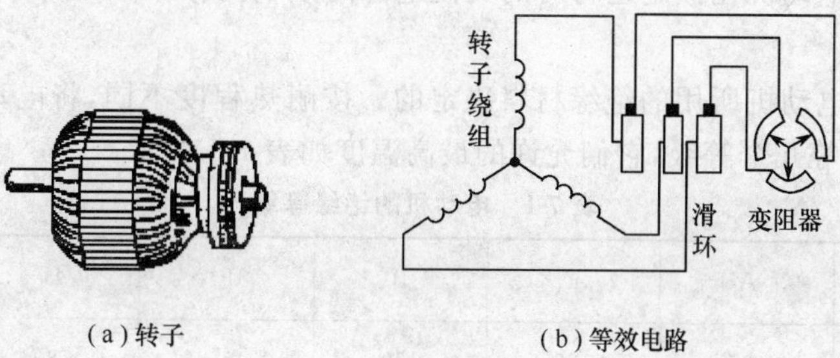

图 7-4　绕线式转子

第七章　异步电动机

绕线式异步电动机由于其结构复杂、价位较高，所以通常用于启动性能或调速要求高的场合。

鼠笼式转子绕组是在转子铁心槽内插入铜条，两端再用两个铜环焊接而成的。若把铁心拿出来，整个转子绕组外形很像一个鼠笼，故称鼠笼式转子。对于中小功率的电机，目前常用铸铝工艺把鼠笼式绕组及冷却用的风扇叶片铸在一起，如图 7-5 所示。

虽然绕线式异步电动机与鼠笼式异步电动机的结构不同，但它们的工作原理是相同的。

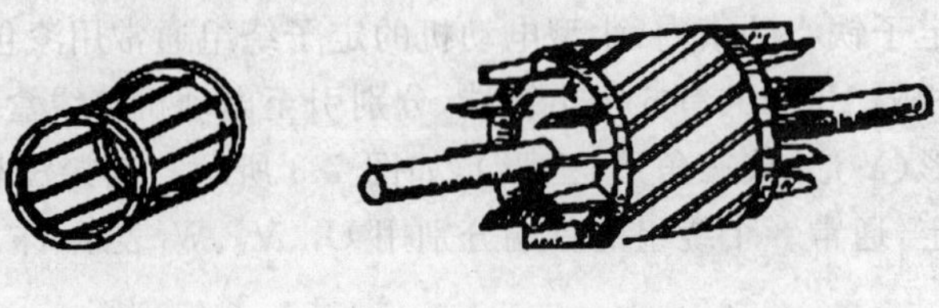

(a) 铜条转子　　(b) 铸铝转子

图 7-5　鼠笼式转子

7.1.2　三相异步电动机的参数

1. 型号

型号表示电动机的结构形式、机座号和极数。例如 Y100L1-4 中，Y 表示鼠笼式异步电动机（YR 表示绕线式异步电动机）；100 表示机座中心高为 100 mm；L 表示长机座（S 表示短机座，M 表示中机座）；1 为铁心长度代号；4 表示 4 极电动机。

2. 额定电压 U_N

额定电压是电动机定子绕组应加线电压的额定值，有些异步电动机铭牌上标有“220/380 V字样”，相应的接法为“△/Y”。它说明当电源线电压为 220 V 时，电动机定子绕组应接成△形；当电源线电压为 380 V 时，应接成 Y 形。

3. 额定电流 I_N

额定电流是指电动机在额定运行时，定子绕组的线电流。

4. 额定转速 n_N

额定转速是指电动机额定运行时的转速。

5. 额定频率 f_N

额定频率是指电动机在额定运行时的交流电源的频率，我国工频为 50 Hz。

6. 绝缘等级

绝缘等级是由电动机所用的绝缘材料决定的。按耐热程度不同，将电动机的绝缘等级分为 A、E、B、F、H、C 等几个等级，它们允许的最高温度如表 7-1 所示。

表 7-1　电动机的绝缘等级

绝缘等级	A	E	B	F	H	C
最高允许温度/℃	105	120	130	155	180	>180

7. 温升

温升是指在规定的环境温度下，电动机各部分允许超出的最高温度。

8. 工作制

工作制是指电动机的运行状态。根据发热条件可分为三种：连续工作，允许电机在额定负载下连续长期运行；短时工作，在额定负载下只能在规定时间短时运行；断续工作，可在额定负载下按规定周期性重复短时运行。

7.2 三相异步电动机的工作原理

三相异步电动机通入三相交流电流之后，在定子绕组中将产生旋转磁场，此旋转磁场将在闭合的转子绕组中感应出电流，从而使转子转动起来。

7.2.1 旋转磁场的产生

三相异步电动机定子绕组是空间对称的三相绕组，即 U_1-U_2、V_1-V_2 和 W_1-W_2，空间位置相隔 120°。若将它们作星形连接，如图 7-6 所示，将 U_2、V_2、W_2 连在一起，U_1、V_1、W_1 分别接三相对称电源的 U、V、W 三个端子，就有三相对称电流流入对应的定子绕组，即

$$i_U = I_m \sin\omega t$$

$$i_V = I_m \sin(\omega t - 120°)$$

$$i_W = I_m \sin(\omega t + 120°)$$

其波形如图 7-6 所示。

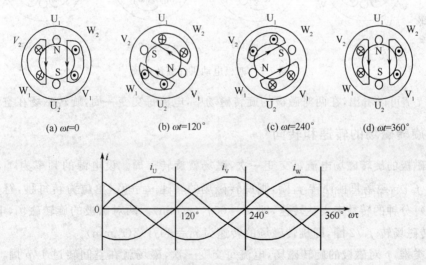

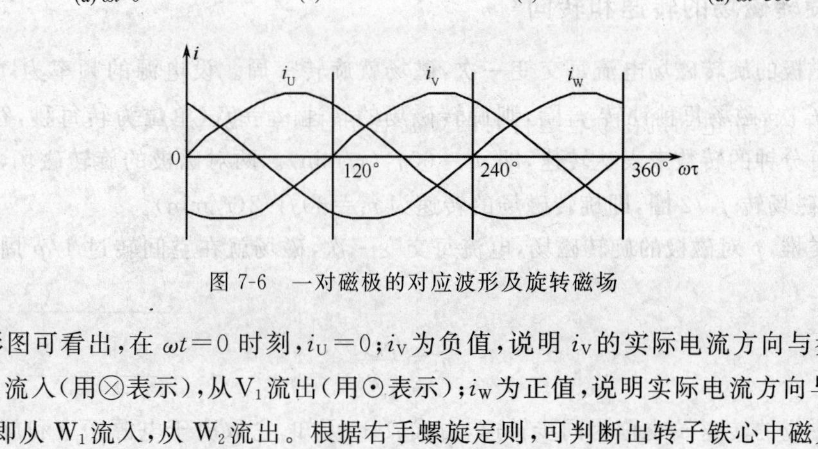

图 7-6　一对磁极的对应波形及旋转磁场

由波形图可看出，在 $\omega t = 0$ 时刻，$i_U = 0$；i_V 为负值，说明 i_V 的实际电流方向与参考方向相反，即从 V_2 流入（用⊗表示），从 V_1 流出（用⊙表示）；i_W 为正值，说明实际电流方向与 i_W 的参考方向相同，即从 W_1 流入，从 W_2 流出。根据右手螺旋定则，可判断出转子铁心中磁力线的方向是自上而下，相当于定子内部是 N 极在上、S 极在下的一对磁极在工作，如图 7-6(a) 所示。当

ωt=120°时，i_U为正值，电流从U_1流入，从U_2流出；i_V=0；i_W为负值，电流从W_2流入，从W_1流出。合成磁场如图7-6(b)所示。从图中可以看出，合成磁场在空间上沿顺时针方向转过了120°。当ωt=240°时，同理，合成磁场如图7-6(c)所示。从图中可以看出，它又沿顺时针方向转过了120°。ωt=360°时的磁场与ωt=0时刻相同，合成磁场沿顺时针方向又转过了120°，N、S磁极回到ωt=0时刻的位置，如图7-6(d)所示。

综上所述，当三相交流电变化一周时，合成磁场在空间上正好转过一周。若三相交流电不断变化，则产生的合成磁场在空间不断转动，形成旋转磁场。

前面讲的三相异步电动机定子绕组每相只有一个线圈，定子铁心有6个槽，则在定子铁心内相当于有一对N、S磁极在旋转。若把定子铁心的槽数增加为12个，即每相绕组由两个串联的线圈构成，相当于把图7-6中的空间360°分布6槽的三相绕组压缩在180°的空间中，显然每个线圈在空间中相隔不再是120°，而是60°。若在U_1、V_1、W_1三端通三相交流电，同理，在定子铁心内可形成两对磁极的旋转磁场，如图7-7所示。

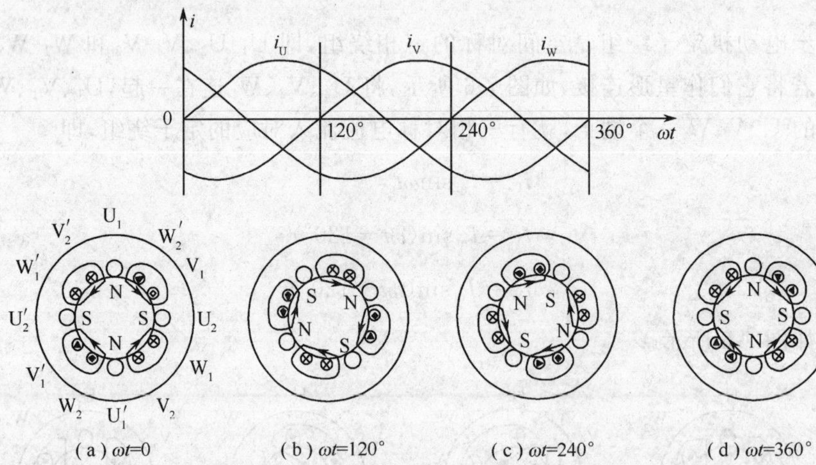

图7-7　四极电动机的旋转磁场

从图7-7可以看出，在两对磁极的旋转磁场中，电流每交变一周，旋转磁场在空间转半周。

7.2.2　旋转磁场的转速和转向

一对磁极的旋转磁场电流每交变一次，磁场就旋转一周。设电源的频率为f_1，即电流每秒钟变化f_1次，磁场每秒钟转f_1圈，则旋转磁场的转速$n_1=f_1$（单位为转每秒，符号为r/s），习惯上用每分钟的转数来表达转速，即$n_1=60f_1$（r/min）。两对磁极的旋转磁场，电流每变化f_1次，旋转磁场转$f_1/2$圈，即旋转磁场的转速为$n_1=60f_1/2$（r/min）。

依此类推，p对磁极的旋转磁场，电流每交变一次，磁场就在空间转过$1/p$周，因此，转速应为

$$n_1=\frac{60f_1}{p} \tag{7-1}$$

旋转磁场的转速n_1也称为同步转速，由式(7-1)可知，它取决于电源频率和旋转磁场的磁极对数。我国的工频为50 Hz，因此，同步转速与磁极对数的关系如表7-2所示。

表 7-2　同步转速与磁极对数对照表

磁极对数	1	2	3	4	5
同步转速 n_1/(r/min)	3 000	1 500	1 000	750	600

旋转磁场的转向是由通入定子绕组的三相电源的相序决定的。由图 7-6 可知，定子绕组中电流的相序按顺序 U—V—W 排列，旋转磁场按顺时针方向旋转。如果将三相电源中的任意两相对调，例如 V 和 W 两相互换，则定子绕组中的电流相序为 U—W—V，应用前面介绍的分析方法，旋转磁场的方向也相应地改变为逆时针方向。

7.2.3　转子的转动原理

如图 7-8 所示，三相定子绕组中通入交流电后，便在空间产生旋转磁场，在旋转磁场的作用下，转子将作切割磁力线的运动而在其两端产生感应电动势，感应电动势的方向可根据右手螺旋法则来判断。由于转子本身为一闭合电路，所以在转子绕组中将产生感应电流，称为转子电流，电流方向与电动势的方向一致，即上面流出，下面流进。

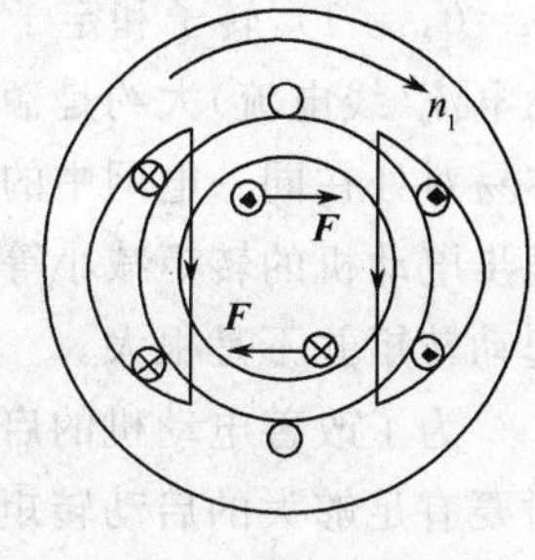

图 7-8　三相异步电动机工作原理图

转子电流在旋转磁场中受到电磁力的作用，其方向可由左手定则来判断，上面的转子导条受到向右的力的作用，下面的转子导条受到向左的力的作用。电磁力对转子的作用称为电磁转矩。在电磁转矩的作用下，转子就沿着顺时针方向转动起来，显然转子的转动方向与旋转磁场的转动方向一致。

虽然转子的转动方向与旋转磁场的转动方向一致，但转子的转速 n 永远达不到旋转磁场的转速 n_1，即 $n<n_1$。这是因为，若转子的转速等于旋转磁场的转速的话，则转子与磁场间不存在相对运动，即转子绕组不切割磁感应线，转子电流、电磁转矩都将为零，转子根本转动不起来，因此转子的转速总是低于同步转速。正是由于转子转速与同步转速间存在一定的差值，故将这种电动机称为异步电动机。又因为异步电动机是以电磁感应原理为工作基础的，所以异步电动机又称为感应电动机。

为了更清楚地分析异步电动机的工作过程，需要引入转差率 s 这个参数。

$$s=\frac{n_1-n}{n_1} \tag{7-2}$$

转差率是用来表示转子转速与同步转速之差的相对程度的一个物理量，其中 n_1-n 为转速差。当定子绕组接通电源的瞬间，转子转速 $n=0$，此时 $s=1$，转差率最大；稳定运行以后，电机的转速 n 比较接近同步转速 n_1，此时 s 很小，额定转差率为 0.01～0.08；空载时，转子转速可以很接近同步转速，即 $s\approx 0$，但 $s=0$ 的情况在实际运行时是不存在的。

【例 7-1】　一台三相异步电动机，其极对数是 4，电源频率为工频，若转差率 $s=0.04$，求该电动机的转速是多少？

解：首先求同步转速。

$$n_1=\frac{60f_1}{p}=\frac{60\times 50}{4}=750\ (\text{r/min})$$

因为

$$s=\frac{n_1-n}{n_1}$$

所以

$$n=n_1(1-s)=750\times(1-0.04)=720\ (\text{r/min})$$

7.3 三相异步电动机的使用

7.3.1 三相异步电动机的启动

从异步电动机接入电源，转子开始转动到稳定运转的过程，称为启动。在启动开始的瞬间($n=0,s=1$)，转子和定子绕组中都有很大的启动电流。一般中、小型鼠笼式电动机的定子启动电流(线电流)大约是额定电流的4～7倍。过大的启动电流会造成输电线路的电势差增大，容易对处在同一电网中的其他电器设备的工作造成危害，例如，使照明灯的亮度减弱，使邻近异步电动机的转矩减小等。另外，虽然转子电流较大，但由于转子电路的功率因数 $\cos\varphi$ 很低，起动转矩并不是很大。

为了改善电动机的启动过程，要求电动机在启动时既要把启动电流限制在一定数值内，同时要有足够大的启动转矩，以便缩短启动过程，提高生产率。

下面分别介绍鼠笼式电动机和绕线式电动机的启动方法。

1. 鼠笼式电动机的启动

鼠笼式电动机的启动方法有直接启动和降压启动两种。

1) 直接启动

直接启动就是利用闸刀开关将电动机直接接入电网使其在额定电压下启动，如图7-9所示。这种方法最简单，设备少，投资小，启动时间短，但启动电流大，起动转矩小，一般只适用于小容量电动机(7.5 kW以下)的启动。较大容量的电动机，在电源容量也较大的情况下，可参考以下经验公式确定能否直接启动：

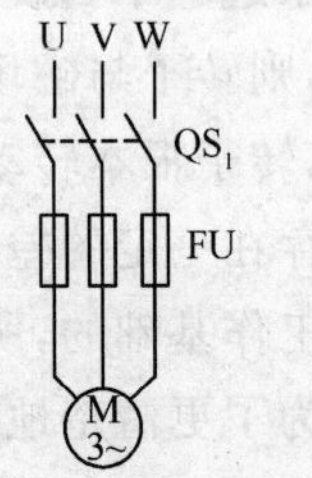

图7-9 直接启动线路

$$\frac{I_{st}}{I_N}\leqslant\frac{3}{4}+\frac{\text{供电变压器容量(kV·A)}}{4\times\text{电动机容量(kW)}}\tag{7-3}$$

式(7-3)的左边为电动机的启动电流倍数，右边为电源允许的启动电流倍数。只有满足该条件，方可采用直接启动。

2) 降压启动

降压启动的主要目的是为了限制启动电流，但同时也限制了启动转矩，因此，这种方法只适用于轻载或空载情况下启动。常用的降压启动方法有下列几种：

(1) 定子电路中串电抗器启动。

这种启动方法是在电动机定子绕组的电路中串入一个三相电抗器，其接线如图7-10所示。

(2) Y-△启动。

这种方法只适用于正常运转时定子绕组作三角形连接的电动机。启动时,先将定子绕组改接成星形,使加在每相绕组上的电压降低到额定电压的1/3,从而降低了启动电压;待电动机转速升高后,再将绕组接成三角形,使其在额定电压下运行。Y-△启动线路如图7-11所示。

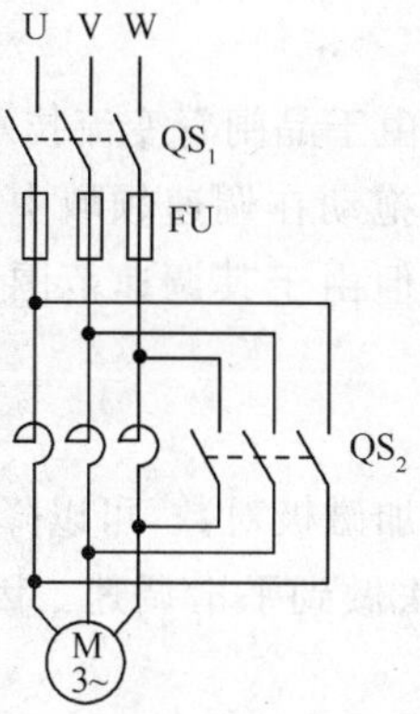

图7-10　串电抗器启动线路

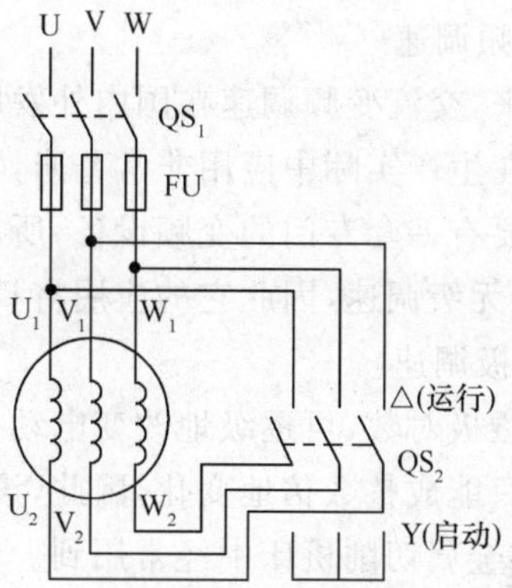

图7-11　Y-△启动线路

可以证明,星形启动时的启动电流(线电流)仅为三角形直接启动时电流(线电流)的1/3,即 $I_{Yst}=(1/3)I_{\triangle st}$;其启动转矩也为后者的1/3,即 $T_{Yst}=(1/3)T_{\triangle st}$。

Y-△启动的优点是启动设备简单,成本低,能量损失小。目前,4～100 kW的电动机均设计成380 V三角形连接,可见,这种方法有很广泛的应用意义。

(3) 自耦变压器启动。

对容量较大或正常运行时作星形连接的电动机,可应用自耦变压器降压启动。自耦变压器上备有抽头,以便根据所要求的启动转矩来选择不同的电压。如QJ3型的抽头比(U_2/U_1)为40%、60%、80%。同样可以证明,自耦变压器降压启动电流为直接启动电流的 $1/K$;其启动转矩也为后者的 $1/K$。这里,K 为变压器的变压比($K=U_1/U_2$)。

自耦变压器降压启动的优点是不受电动机绕组接线方法的限制,可按照允许的启动电流和所需的启动转矩选择不同的抽头,常用于启动容量较大的电动机。其缺点是设备费用高,不宜频繁启动。

2. 绕线式电动机的启动

绕线式电动机是在转子电路中接入电阻来启动的,如图7-12所示。启动时,先将启动变阻器调到最大值,使转子电路电阻最大,从而降低启动电流和提高启动转矩。随着转子转速的升高,逐步减小变阻器电阻。启动完毕时,切除启动电阻。

绕线式电动机常用于要求启动转矩较大的生产机械上,如卷扬机、锻压机、起重机及转炉等。

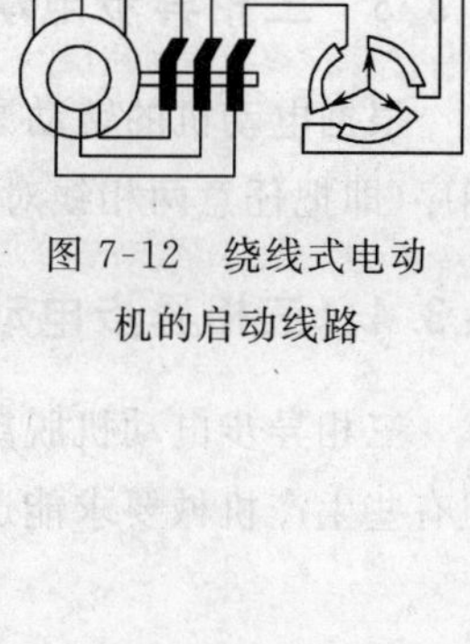

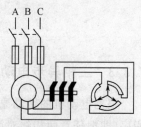

图7-12　绕线式电动机的启动线路

绕线式电动机还有另一种启动方法,是在转子回路中串联一个频敏变阻器,具体电路原理可参阅有关资料。

7.3.2 三相异步电动机的调速

调速是指在同一负载下人为改变电动机的转速。由前面所学知识可知,电动机的转速为

$$n=n_1(1-s)=\frac{60f_1}{p}(1-s) \tag{7-4}$$

因此,要改变电动机的转速,有三种方式:变频调速、变极调速和变转差率调速。

1. 变频调速

近年来,交流变频调速在国内外发展非常迅速。由于晶闸管变流技术的日趋成熟和可靠,变频调速在生产实际中应用非常普遍,它打破了直流拖动在调速领域中的统治地位。交流变频调速需要有一套专门的变频设备,所以价格较高。但由于其调速范围大,平滑性好,适应面广,能做到无级调速,因此它的应用将日益广泛。

2. 变极调速

改变磁极对数,可逐级地改变电动机的转速。增加磁极对数,可以降低电动机的转速。但磁极对数只能成整数倍地变化,因此,该调速方法无法做到平滑调速。因为变极调速经济、简便,因而在金属切削机床中经常用到。

3. 变转差率调速

在绕线式异步电动机中,可以通过改变转子电阻来改变转差率,从而改变电机的速度。如图 7-13 所示,设负载转矩 T_L 不变,转子电阻 R_2 增大,电动机的转差率 s 增大,转速下降,工作点下移,机械特性变软。当平滑调节转子电阻时,可以实现无极调速,但调速范围较小,且要消耗电能,一般用于起重设备上。

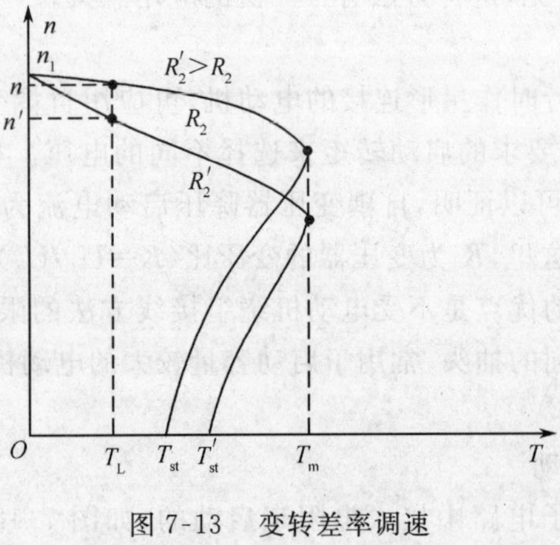

图 7-13 变转差率调速

7.3.3 三相异步电动机的反转

根据电动机的转动原理,如果旋转磁场反转,则转子的转向也随之改变。改变三相电源的相序(即把任意两相线对调),就可改变旋转磁场的方向。

7.3.4 三相异步电动机的制动

三相异步电动机脱离电源之后,由于惯性,电动机要经过一定的时间后才会慢慢停下来,但有些生产机械要求能迅速而准确地停车,那么就要求对电动机进行制动控制。电动机的制

动方法可以分为两大类:机械制动和电气制动。机械制动一般利用电磁抱闸的方法来实现;电气制动一般有能耗制动、反接制动和回馈发电制动三种方法。

1. 能耗制动

这种制动方法是在电动机脱离三相电源的同时,将定子绕组接入直流电源,从而在电动机中产生一个不旋转的直流磁场,如图 7-14 所示。

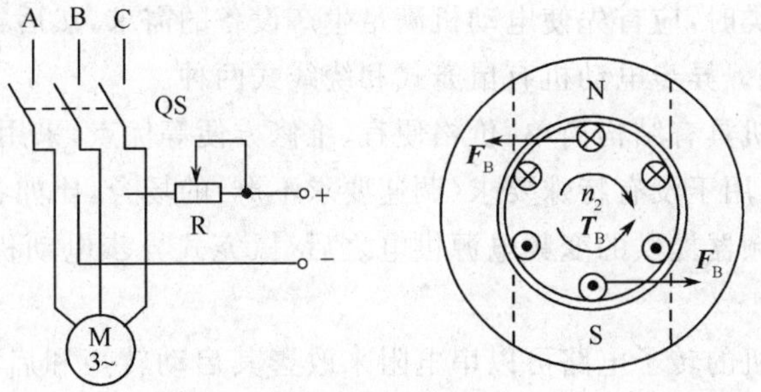

图 7-14　能耗制动

此时,由于转子的惯性而继续旋转,根据右手定则和左手定则不难确定,转子感应电流和直流磁场相互作用所产生的电磁转矩与转子转动方向相反,称为制动转矩,电动机在制动转矩的作用下就很快停止。由于该制动方法是把电动机的旋转动能转变为电能消耗在转子电阻上,故称能耗制动。能耗制动能量消耗小,制动平稳,无冲击,但需要直流电源,主要应用于要求平稳准确停车的场合。

2. 反接制动

在电动机停车时,可将三相电源中的任意两相电源接线对调,此时旋转磁场便反向旋转,转子绕组中的感应电流及电磁转矩方向改变,与转子转动方向相反,因而成为制动转矩。在制动转矩的作用下,电动机的转速很快下降到零。应当注意,当电动机的转速接近于零时,应及时切断电源,以防电动机反转。反接制动的原理如图 7-15 所示。

反接制动线路简单,制动力大,制动效果好,但由于制动过程中冲击大,制动电流大,不宜在频繁制动的场合下使用。

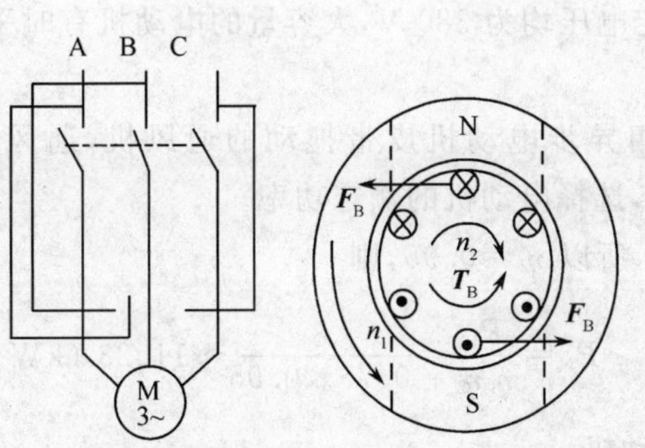

图 7-15　反接制动

3. 回馈发电制动

回馈发电制动是指电动机转向不变的情况下,由于某种原因,使得电动机的转速大于同步转速,比如在起重机械下放重物、电动机车下坡时,都会出现这种情况,这时重物拖动转子,转速大于同步转速,转子相对于旋转磁场改变运动方向,转子感应电动势及转子电流也反向,于是转子受到制动力矩，使得重物匀速下降。此过程中电动机将势能转换为电能回馈给电网，所以称为回馈发电制动。

7.3.5 三相异步电动机的选择

1. 按种类选择

选择电动机的种类时，应首先使电动机满足生产设备的需求，然后再考虑结构、价格、可靠性、维修等方面的问题。异步电动机有鼠笼式和绕线式两种。

鼠笼式异步电动机具有结构简单、价格便宜、维修方便等优点，采用传统的调速方法启动，但调速性能较差，可以用于没有特殊要求(调速要求不严)的场合，比如各种泵、通风机、普通机床等设备上。采用变频器提供的变频电源供电之后，鼠笼式异步电动机目前已达到良好的无级调速性能。

绕线式异步电动机的转子电路可以串电阻来改善其启动转矩和启动电流，但它的调速范围仍然不大，所以对一些要求启动转矩大且在一定范围内需要调速的生产机械，如起重机，可以采用绕线式电机。但绕线式电动机结构比鼠笼式复杂且价格较贵，维修也比鼠笼式复杂。

2. 按转速选择

容量、电压相同的电机，转速不一定相同。额定功率相同时，转速越高、转矩越小，它的体积也越小、重量越轻、价格越便宜，经济指标也较高。转速越低的电机转矩越大，价格越贵。所以选用电动机的转速时，应该考虑实际需要及财力情况。一般情况下，较多选用同步转速为1 500 r/min的电动机。

3. 按功率选择

选择电动机的功率应尽可能使得电动机得到充分利用，以降低设备成本。电动机的额定功率应根据负载情况合理选择。负载情况包含两方面的内容：一是负载的大小；二是负载的工作方式，电动机有连续、短时、断续三种工作方式。根据工作方式的不同，合理选择功率。

4. 按电压选择

电压选择主要依据电动机运行场所供电网的电压等级，同时还应兼顾电动机的类型和功率。小容量的电动机额定电压均为380 V，大容量的电动机有时采用3 kV和6 kV的高压电动机。

【例 7-2】 一台三相异步电动机皮带拖动的通风机，通风机的功率为8 kW，转速为1 440r/min，效率为0.75，选择电动机的额定功率。

解：由于是皮带拖动，所以 $\eta_2=0.95$，则

$$P_{\mathrm{N}}=\frac{P_{\mathrm{L}}}{\eta_1\eta_2}=\frac{8}{0.75\times0.95}\approx 11.23\ (\mathrm{kW})$$

因而可选择12 kW的电动机。

小　结

本章主要介绍了三相异步电动机的结构、参数、工作原理，还介绍了三相异步电动机的启动、调速和制动以及三相异步电动机的选择等。

习 题 七

7-1 三相异步电动机在一定负载下运行时，如果电源电压降低，电动机的转矩、电流及转速有何变化？

7-2 三相异步电动机在正常运行时，如果转子突然被卡住，试问这时电动机的电流有何变化？对电动机有何影响？

7-3 三相异步电动机在额定状态附近运行，当(1)负载增大，(2)电压升高，(3)频率增大时，试分析其转速和电流作何变化？

7-4 有的三相异步电动机标有“380/220 V”两种额定电压，定子绕组可以接成星形或者三角形，试问何时采用星形接法？何时采用三角形接法？

7-5 在电源电压不变的情况下，如果将三角形接法的电动机误接成星形，或者将星形接法的电动机误接成三角形，其后果怎样？

7-6 三相异步电动机采用降压启动的目的是什么？何时采用降压启动？

7-7 在额定工作情况下的三相异步电动机，已知其转速为960 r/min，试问电动机的同步转速是多少？有几对磁极对数？转差率是多少？

7-8 有一台六极三相绕线式异步电动机，在 $f=50$ Hz 的电源上带额定负载动运行，其转差率为0.02，求定子磁场的转速和频率以及转子磁场的频率和转速。

7-9 有一三相异步电动机，其额定数据如表中所示。试求：(1)额定电流；(2)额定转差率 S_N；(3)额定转矩 T_N、最大转矩 T_{max}、起动转矩 T_{st}。

表 7-3 某三相异步电动机的额定值

功率	转速	电压	效率	功率因数	接法	I_{st}/I_N	λ_{st}	λ	电压
4.5 kW	1440 r/min	380 V	85%	0.8	△	7	1.4	2.0	380 V

第八章

可编程序控制器

本章要点

本章主要介绍可编程控制器的基本组成、工作原理、特点和用途，重点是F系列中小型可编程控制器的指令系统和编程方法以及应用实例。

8.1 可编程序控制器简介

用导线将接触器和各种继电器及其触点按一定的逻辑关系连接成控制电路，这就是继电-接触器控制系统。由于这种电路简单、使用方便、价格低廉，因而在一些领域中被广泛应用。但是，这种电路的联线方式是固定的，一旦生产机械过程发生变动就需重新设计电路，所以这种电路的通用性和灵活性都较差。

1969 年美国通用汽车公司自动装配线上使用了第一台可编程序控制器(简称 PLC)，它是把继电-接触器控制系统和计算机功能结合起来，用计算机的程序来代替传统的继电-接触器控制的硬线连接，所用计算机是一种面向工业生产过程控制的专用计算机。随着微电子技术的迅速发展，可编程序控制器不但具有逻辑运算、顺序控制、定时、计数等功能，而且具有体积小、成本低、可靠性高等优点，使它在工厂自动化领域中迅速地发展起来。

8.1.1 可编程序控制器的组成

继电-接触器系统由三部分组成：输入部分、逻辑部分和输出部分，如图 8-1 所示。输入部分是各种开关信号；逻辑部分是继电器、接触器的各触点组成的逻辑关系；输出部分是各种执行元件，如继电器线圈、接触器线圈、电磁铁、指示灯、照明灯等。

可编程序控制器也是由这几部分组成的，如图 8-2 所示，它一般由微处理器、存储器、编程器、输入/输出组件、电源等几部分组成。

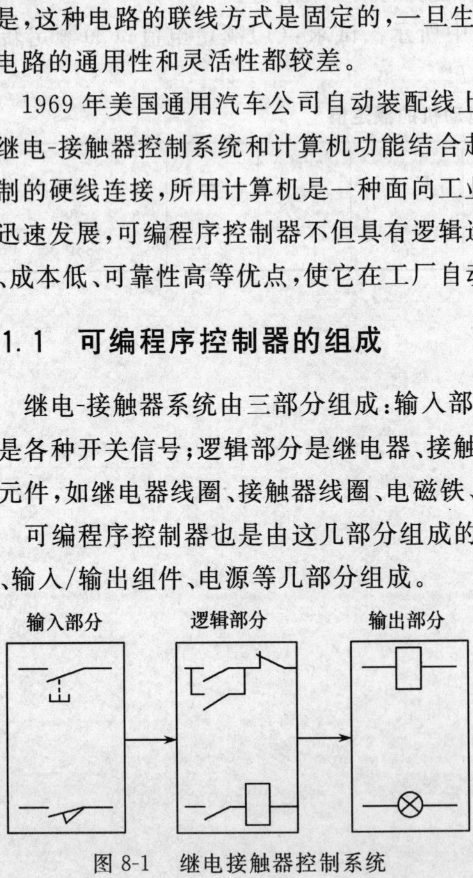

图 8-1　继电接触器控制系统

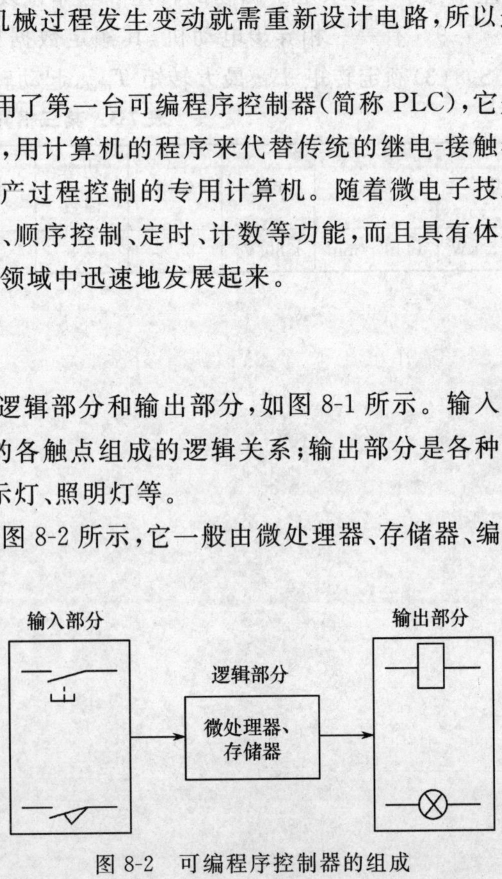

图 8-2　可编程序控制器的组成

1. 微处理器

微处理器简称 CPU，是 PLC 的大脑，其主要作用是接收并存储从编程器输入的用户程序和数据，诊断编程过程中的错误，对输入信号做出正确判断并将结果输送给有关部分。

2. 存储器

存储器是 PLC 的记忆装置，包括系统存储器和用户存储器。系统存储器用以存放系统工作程序（监控程序）、模块化应用功能子程序、命令解释、功能子程序的调用管理程序及存储各种系统功能参数。系统程序应永久保存在 PLC 内，不能因关机、停电或故障而改变其内容。因此这部分程序关系到 PLC 的性能，在出厂前已固化，用户不能改变。用户存储器用来存放编程器或磁带输入的用户控制程序。用户控制程序可以根据需要通过编程器进行修改。PLC 的用户存储器通常以"字节"（16 位/字）为单位来表示存储量。PLC 产品说明书中所指的存储器的型式或存储方式及容量是对用户程序存储器而言的。

3. 编程器

编程器用于程序的编制、编辑、调试和监视。它可以监视 PLC 的工作情况，还可以通过键盘去调用和显示 PLC 的一些内部状态和系统参数。

4. 输入/输出组件

输入/输出组件是可编程序控制器与被控设备连接的部件，包括输入组件和输出组件。输入组件能接收被控设备的信号，如按钮、行程开关、各种传感器的信号等，这些信号通过输入电路驱动内部电路接通或断开。输出组件把微处理器内部的电路信号转换成继电器的通断来控制外部负载（如线圈、电磁阀、指示灯等）电路。

5. 电源部件

电源部件将外接的交流电源转换成 PLC 工作所需要的直流电源。电源的好坏直接影响着 PLC 的功能和可靠性。所用电源除外接交流电源外，还采用了锂电池作停电时的后备电源。

8.1.2　可编程序控制器的基本工作过程

PLC 对用户程序的执行过程是通过微处理器的周期循环扫描来实现的，它采用集中采样、集中输出的工作方式，以减小外界的干扰。PLC 的工作过程分为输入处理、程序处理、输出处理 3 个阶段。

1. 输入处理阶段

PLC 在此阶段扫描所有的输入端子，并将各输入信号存入输入状态映像寄存器中，然后进入程序处理阶段。应当注意，在程序执行阶段或输出阶段，无论输入信号如何变化，其内容将一直保持到下一个扫描周期的输入处理阶段。

2. 程序处理阶段

根据 PLC 梯形图程序的扫描顺序（从左到右、从上到下）逐句扫描。最后将运算的结果写入寄存器状态表中。

3. 输出处理阶段

当所有指令都处理完时，把输出映象寄存器中所有输出继电器以通(1)、断(0)的状态存放到输出锁存电路，驱动继电器线圈来控制负载的动作。微处理器返回到初始状态，准备进行下一次循环扫描。从读入输入状态到发出输出信号的这段时间称为扫描周期。

8.1.3 可编程序控制器与继电器控制的异同

在 PLC 的编程语言中，梯形图是应用广泛的一种语言。PLC 的梯形图和继电器控制的电路图在以下 3 个方面十分相似：元件符号相似（见图 8-3）；电路结构形式大致相同（见图 8-4）；信号输入及经过处理后的信息输出控制功能相同。

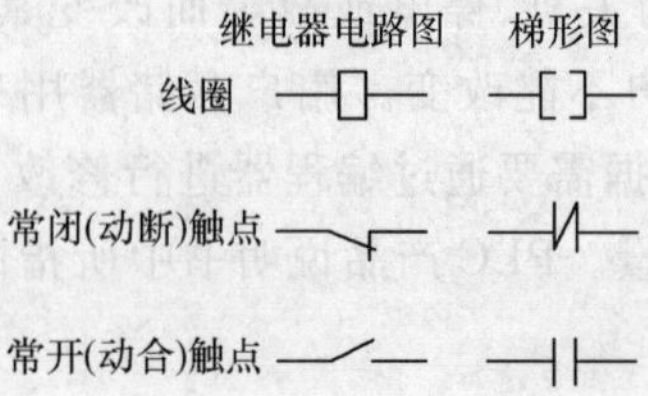

图 8-3 电路图和梯形图元件的符号

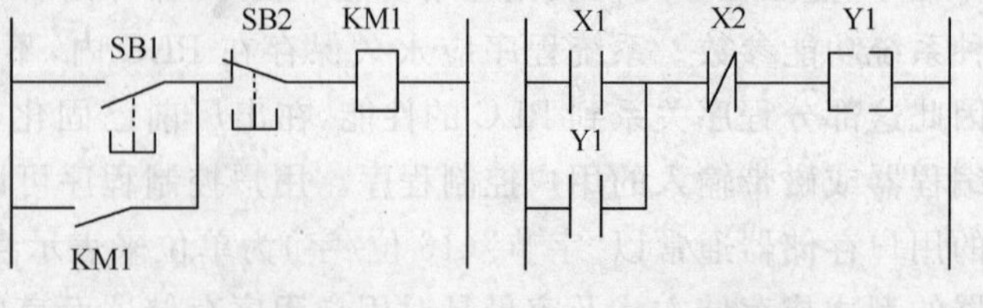

(a) 电路图 (b) 梯形图

图 8-4 电路图和梯形图的结构

它们的不同之处在于：

(1) 组成的器件不同。继电器电路是由许多接触器、继电器组成的，其触点易磨损。而梯形图则是由许多“软继电器”组成的，每个“软继电器”实质上是存储器中的每一位触发器，可以置“0”或“1”，无磨损现象。

(2) 触点数量不同。继电器电路中继电器的触点数量是有限的，而梯形图控制中“软继电器”的触点数量是无限的，因为在存储器中的触发器状态可以任意次。

(3) 工作方式不同。在继电器控制电路中，电源接通时电路中各继电器、接触器都处于受制约状态（即：接触器、继电器该吸合的吸合，不该吸合的不吸合）。而在 PLC 的梯形图控制中，各种“软继电器”都处于周期循环扫描接通中，每个继电器受条件的制约。

8.2 可编程序控制器的特点

PLC 是为了替代继电器控制电路而研制的。由于它的控制功能是通过存储器的程序来实现的，所以它在许多方面都已远远超过了继电器控制电路的范围。与继电器控制系统相比，PLC 具有以下特点：

(1) 可靠性高、抗干扰能力强。工业生产一般对控制设备的可靠性要求较高，应能在恶劣环境中可靠地工作。因此，PLC 在硬件上采用了屏蔽、滤波、隔离、电源调整与保护等硬件保护措施；在软件上采用了定期检测、信息保护和恢复等软件保护措施。另外，PLC 采用的模块式结构有助于在故障情况下短时修复，这就保证了 PLC 工作的可靠性和稳定性。

2. 程序简单、灵活、可变。PLC 采用的梯形图和继电器电路图很相似，简单易学，便于推广。在生产线设备更新的情况下，不需要改变 PLC 的硬件设备，只要改编程序就可达到目的。

3. 通用性好，功能完善。根据工业控制特点，PLC 都制成模块式，可以灵活组合，以便用于各种工业控制系统中。PLC 的控制精度高，处理速度快，具有数字量和模拟量输入/输出、逻辑运算、定时、计数控制功能，还具有人机对话、通信、自检、记录及显示等功能。

4. 体积小，重量轻，适应环境能力强。PLC 能适应各种工业环境，能在温度高、震动大、粉尘多的场合工作，而且体积小，能耗低，是实现“机电一体化”的理想控制设备。

8.3 可编程序控制器的指令系统

PLC是以微处理器为核心的电子设备。使用时可将它看成是由继电器、定时器、计数器等器件构成的组合体，这些器件无论是实际器件还是“软继电器”，都必须用不同的编号加以区分，它们的状态存放在指定地址的内存单元中，供编程时调用。不同型号的PLC有不同的编号方式。

8.3.1 可编程序控制器的“软继电器”及其编号

FP1系列PLC编号范围及功能如下：

(1) 输入继电器。输入继电器用来接收外部开关发出的信号。它与PLC的输入端子相连，并带有许多常开、常闭触点供编程时使用。输入继电器只能由外部信号来驱动，不能被程序内部指令来驱动。输入继电器的字母代号为“X”，“X”后跟十六进制数(0～F)，其编号范围为X0～XF，共16点。

(2) 输出继电器。输出继电器是PLC用来传递信号的外部负载的器件。它通过输出接线端与被控电器(如接触器、电磁阀、指示灯等)相连。输出继电器有一个外部输出的常开触点，它是按程序执行的结果而被驱动的。

输出继电器的字母代号为“Y”，其编号范围为Y0～Y7，共8点。

(3) 内部继电器。内部继电器不能直接驱动外设备，它可由PLC中各种电器的触点驱动，内部继电器带有许多常开、常闭触点供编程使用。内部继电器的字母代号为“R”，其编号范围为R0～R62F，共1008点。

(4) 定时器。定时器是延时定时继电器，其触点是定时指令的输出。如果定时器指令定时时间完毕，则与其同号的触点动作。其字母代号为“T”，其编号范围为T0～T99，共100点。

(5) 计数器。计数器是减法继电器，其触点是计数指令的输出。如果计数器指令计数完毕，则与其同号的触点动作。其字母代号为“C”，其编号范围为C100～C143，共44点。

(6) 通用“字”寄存器。每个通用“字”寄存器由相应的16个辅助继电器R构成。其字母代号为“WR”，其编号范围为WR0～WR62，共63点。

8.3.2 可编程序控制器的指令系统

PLC是按用户控制要求编写的程序来进行工作的。程序的编制就是用一定的编程语言把一个控制过程描述出来。程序基本上是用梯形图和指令两种方式来描述的，梯形图和指令的表达方式如图8-5所示。

梯形图是一种图形语言，它与继电器电路很相似，形象直观，容易接受，是PLC首选的编程语言。指令就是采用功能名称的英文缩写字母来表达PLC各种功能的命令。

下面介绍指令的用法及说明。

1. ST、ST/、OT、ED指令

ST(Start)：常开触点与母线连接指令。

ST/(Start not)：常闭触点与母线连接指令。

OT(Out)：线圈驱动指令。

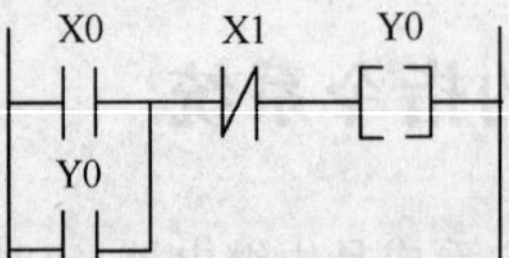

地址	指令
0	ST　X0
1	OR
2	Y0
3	AN/　X1

图 8-5　梯形图和指令

ED(End)：程序结束指令，是程序的最后一条指令。

这几条指令与梯形图配合应用的例子如图 8-6 所示。

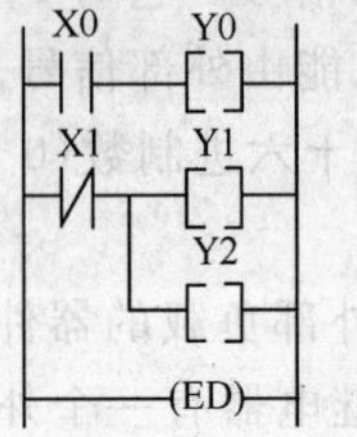

地址	指令
0	ST　X0
1	OT　Y0
3	ST/X1
4	OT　Y2
5	ED

图 8-6　ST、ST/、OT、ED 的应用

使用说明：

(1) 在每一条逻辑行的开始总要使用 ST 或 ST/指令，当逻辑行的开始为常开触点时，使用 ST 指令；当逻辑行的开始为常闭触点时，则使用 ST/指令。

(2) 内部继电器并联时可以连续使用 OT 指令。OT 指令不能用于输入继电器 X。

(3) ED 指令无使用元件。

2. AN、AN/、OR、OR/指令

AN(And)：串联常开触点指令。

AN/(Andnot)：串联常闭触点指令。

OR(Or)：并联常开触点指令。

OR/(Or not)：并联常闭触点指令。

使用说明：

(1) AN、AN/用于串联一个常开、常闭触点，串联触点的数量不限。

(2) OR、OR/用于并联一个常开、常闭触点，并联触点的数量不限。

(3) 这几条指令使用的元件为 X、Y、R、T 和 C。

3. ANS、ORS 指令

ANS(And stack)：把两个并联的触点组串联。

ORS(Or stack)：把两个串联的触点组并联。

这两条指令用于复杂电路的编程。梯形图和指令应用举例如图 8-7、图 8-8 所示。

使用说明：

(1) 每个触点组的开头均使用 ST 或 ST/指令。

(2) 若有多个触点串联或并联，依次以 ANS 或 ORS 指令与前面电路连接，连接组数不限。

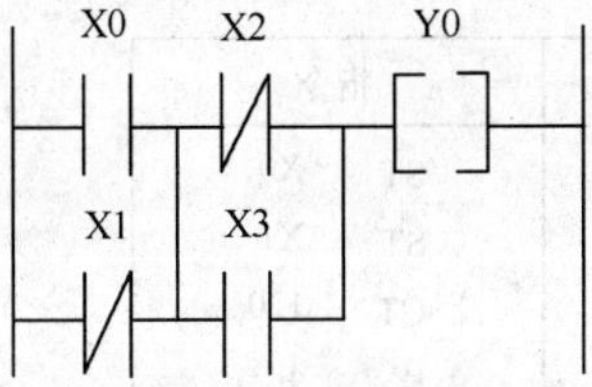

地址	指令
0	ST　X0
1	OR/　X1
2	ST/　X2 OR
3	X3　ANS

图 8-7　ANS 的应用

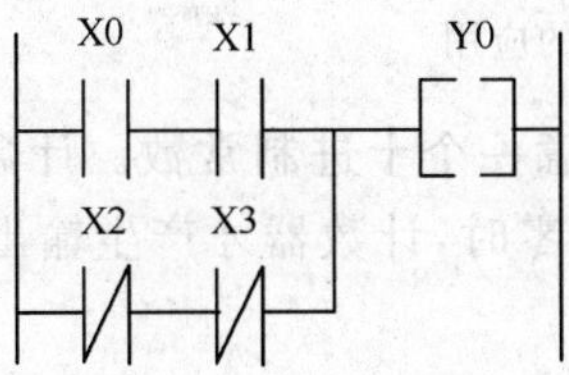

地址	指令
0	ST　X0
1	AN　X1
2	AN/　X3
3	AN/　X3
4	ORS

图 8-8　ORS 的应用

(3) ANS、ORS 指令均无使用元件。

4. TM、CT 指令

当需要定时和计数时，应使用 TM 和 CT 指令。

TM(Timer)：实现导通延时操作的定时指令。

定时指令分三种类型：

(1) TMR：定时时间为 0.01 s；

(2) TMX：定时时间为 0.1 s；

(3) TMY：定时时间为 1 s。

CT(Counter)：实现计数功能的指令。

梯形图和指令应用举例如图 8-9、图 8-10 所示。

图 8-9 中"2"为定时器编号，"100"为定时设置值。定时时间设置值等于定时单位与定时设置值的乘积，因此定时时间为 0.1×100=10(s)。图 8-10 中"120"为计数器编号，"4"为计数设置值。它有两个输入端：计数脉冲端(C 端)、复位端(R 端)。

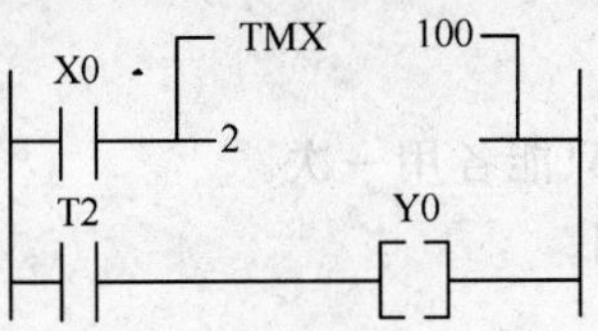

地址	指令	
0	ST	X0
1	TMX	2
	K	100
4	ST	T2
5	OT	Y0
6	EN	

图 8-9　TM 的应用

使用说明：

(1) 定时设置值可为 K0～K32767 范围内的任意一个十进制常数。定时器为减 1 计数，即每来一个时钟脉冲则定时设置值逐次减 1，直至为零时，定时器才产生输出。输入端断开时，定时器立即复位，其数据返回到设置值。

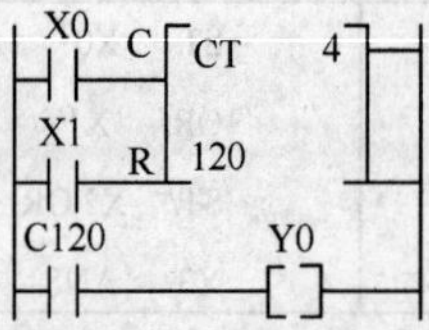

地址	指令	
0	ST	X0
1	ST	X1
2	CT	120
	K	4
5	ST	C120
6	OT	Y0

图 8-10　CT 的应用

(2) 计数设置值为 K0～K32767 范围内的任意一个十进制常数。计数器为减 1 计数,即每来一个时钟脉冲则计数设置值逐次减 1,直至为零时,计数器才产生输出。当 R 端接通时,计数器复位。

(3) 每条 TMR、TMX 和 CT 各占 3 个地址号,TMY 占 4 个地址号。

5. PSHS、RDS、POPS 指令

PSHS、RDS、POPS 指令为堆栈指令,是用来对具有分支的梯形图进行编程的一组指令。

PSHS(Pushstack):推入堆栈指令,即将在该指令以前的运算结果存储起来。

RDS(Readstack):读出堆栈指令,读出由 PSHS 指令存储的运算结果。

POPS(Popstack):弹出堆栈指令,读出并清除由 PSHS 指令存储的结果。

梯形图和指令应用举例如图 8-11 所示。

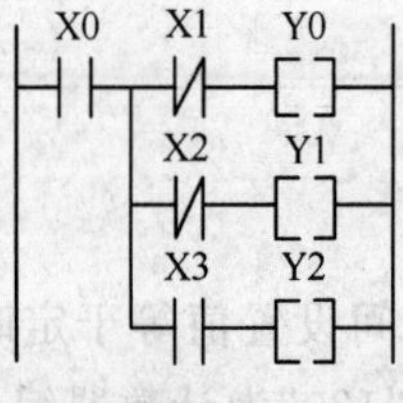

地址	指令	地址	指令
0	ST　X0	5	AN/　X2
1	PSHS	6	OT　Y1
2	AV/X1	7	POPS
3	OT　Y0	8	AN　X3
4	RDS	9	OT　Y2

图 8-11　PSHS、RDS、POPS 的应用

使用说明:

(1) 堆栈指令是一种组合指令,不能单独使用。

(2) PSHS 和 POPS 分别用于分支的开始和最后,只能各用一次。

(3) RDS 用于 PSHS 和 POPS 之间,可以多次使用。

(4) 堆栈指令无使用元件。

6. DF、DF/指令

DF 和 DF/是微分指令,它们的功能是把一个长信号变为脉冲式的断信号。

DF(Differentiationup):当脉冲信号的上升沿来到时,线圈接通一个扫描周期。

DF/(Differentiationdown):当脉冲信号的下降沿来到时,线圈接通一个扫描周期。

功能图、梯形图和指令应用举例如图 8-12 所示。

使用说明:

(1) 这两条指令没有使用次数的限制。

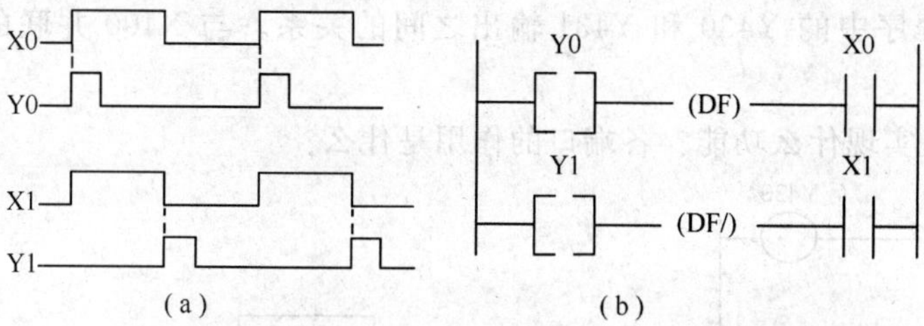

地址	指令	
0	ST	X0
1	DF	
2	OT	Y0
3	ST	X1
4	DF/	
5	OT	Y1

图 8-12　DF、DF/的应用

(2) 这两条指令均无使用元件。

(3) 所产生的输出脉冲的宽度为一个扫描周期。

7. KP 指令

KP(Keep)：保持指令，它的功能是把一个短信号变成长信号。

使用说明：

(1) R 端为复位端。当 R 端和 S 端同时接通时，R 端优先。

(2) 本指令使用的元件为 T 和 R。

8. SR 指令

SR(Shiftregister)：移位指令，它的功能是实现对内部移位寄存器 WR 中的数据移位。梯形图和指令应用举例如图 8-13 所示。

使用说明：

(1) SR 的输入端有 3 个输入端，按数据输入(IN)端、位移脉冲输入(C)端和复位输入(R)端的次序排列，以复位输入为优先。

(2) SR 指令的使用元件为 WR。

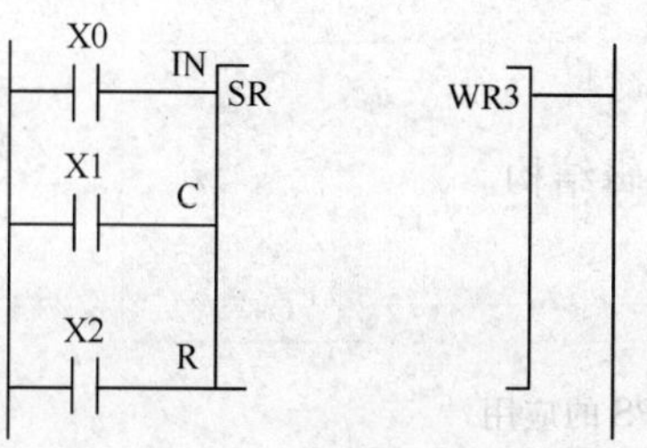

地址	指令	
0	ST	X_0
1	ST	X_1
2	ST	X_2
3	SR	WR_3

图 8-13　SR 的应用

小　结

本章主要介绍了可编程序控制器的组成及工作过程，还介绍了可编程序控制器的基本指令及其应用实例。

习　题　八

8-1　PLC 由哪些基本结构组成？

8-2　什么是 PLC 的周期工作方式？

8-3　解释图 8-14 所示程序中的 Y430 和 Y431 输出之间的关系。与 X400 并联的触点 Y430 实现什么功能？

8-4　图 8-15 所示程序框实现什么功能？各端口的作用是什么？

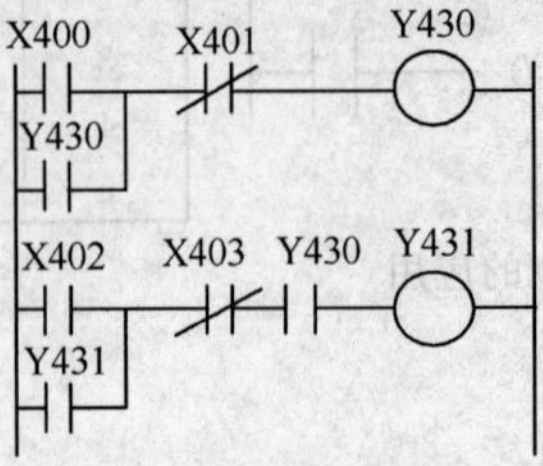

图 8-14

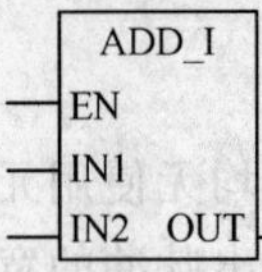

图 8-15

8-5　用实时时钟指令控制路灯的定时接通和断开，20:00 时开灯，07:00 时关灯，请设计出程序。

8-6　试设计满足如图 8-16 所示波形图的梯形图。

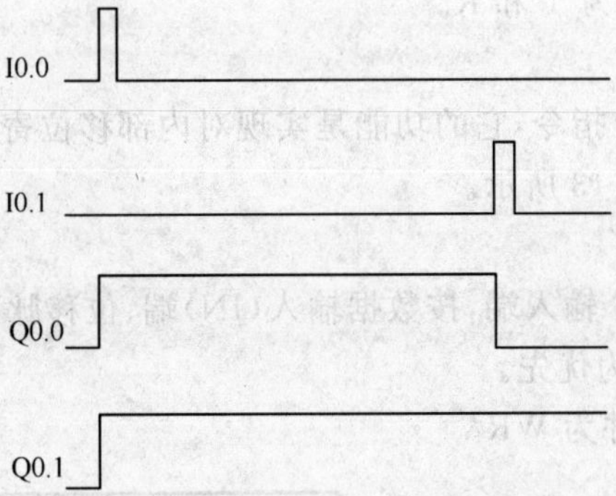

图 8-16

8-7　将下列语句转换为梯形图，并简要说明其逻辑结构。

```
LD    I0.1
AN    I0.0
LPS
AN    I0.2
LPS
A     I0.4
=     Q2.1
LPP
A     I4.6
R     Q0.3,1
LRD
A     I0.5
=     M3.6
LPP
AN    I0.4
TON   T37,25
```

第九章

半导体二极管和晶体三极管

本章要点

半导体二级管和晶体三级管是电路中应用广泛的半导体器件，本章首先介绍半导体的基础知识，然后介绍半导体二极管的工作特性、主要参数及等效电路，最后介绍晶体三极管的基本结构、主要参数及其工作特性。

9.1 半导体基础知识

自然界中的物质，按照导电能力的强弱分为导体、半导体和绝缘体三大类。半导体是导电能力介于导体和绝缘体之间的物质。半导体具有热敏性、光敏性、杂敏性等特殊性能。

(1)热敏性。对温度的变化反应灵敏。当温度升高时，其电阻率减小，导电能力显著增强。半导体器件对温度变化的敏感，也常常会影响其正常工作。

(2)光敏性。某些半导体材料受到光照时，其导电能力显著增强。

(3)杂敏性。在纯净的半导体材料中掺入某种微量元素后，其导电能力将猛增几十万到几百万倍，利用半导体的这种特性，可以制成各种不同的半导体器件，如半导体二极管、晶体三极管、场效应管、晶闸管等。

9.1.1 本征半导体

本征半导体是一种纯净的具有完整晶体结构的半导体。用来制造半导体器件的材料主要是硅、锗和砷化镓等。它们的最外层电子既不像导体那样容易挣脱原子核的束缚，也不像绝缘体那样被原子核束缚得那么紧，因而其导电性介于二者之间。

将纯净的半导体经过一定的工艺过程制成单晶体，即为本征半导体。晶体中的原子在空间形成排列整齐的点阵，称为晶格。由于相邻原子间的距离很小，因此，相邻的两个原子的一对最外层电子不但各自围绕自身所属的原子核运动，而且出现在相邻原子所属的轨道上，形成共价键结构，如图 9-1 所示(以硅为例)。

在一定的温度下，由于热运动转化为电子的动能，少数价电子由于热激发而获得足够的能量挣脱共价键的束缚成为自由电子，并在共价键中留下一个空位置，称为空穴。原子因失掉一个价电子而带正电，或者说空穴带正电。自由电子和空穴都是运载电荷的粒子，称为载流子。同时，自由电子在运动过程中也会填补空位，称为复合。在一定温度下，激发和复合处于动态平衡，在本征半导体中。自由电子与空穴是成对出现的，即自由电子与空穴数目相等，如

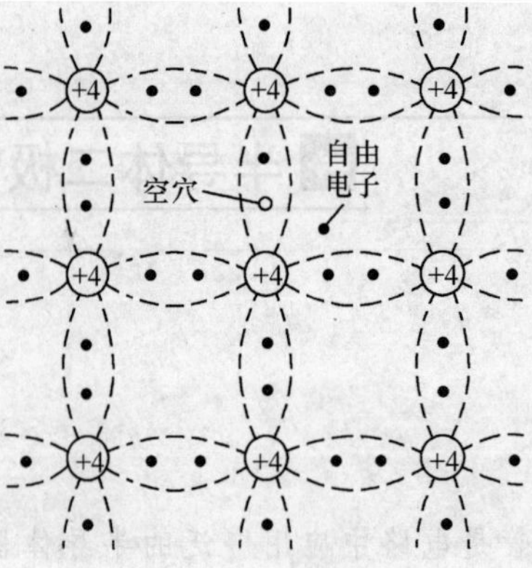

图 9-1　本征半导体(硅)的原子排列及自由电子空穴对

图 9-1所示。这样,若在本征半导体两端外加一电场,则一方面自由电子将产生定向移动,形成电子电流;另一方面由于空穴的存在,价电子将按一定的方向移动,形成空穴电流。由于自由电子和空穴所带电荷极性不同,所以它们的运动方向相反,本征半导体中的电流是这两个电流之和。

导体只有一种载流子——电子,故导体导电的实质是自由电子导电;而本征半导体有两种载流子,即自由电子和空穴均参与导电,这是半导体导电的特殊性质。

本征半导体受热或光照后产生电子空穴对的物理现象称为本征激发。由于常温下本征激发所产生的电子空穴对数目很少,所以本征半导体导电性能很差。当温度升高或光照增强,本征半导体内原子运动加剧,本征激发的电子交穴对增多,与此同时,又使复合的机会相应增多,最后达到一个新的相对平衡,这时电子空穴对的数目自然比常温时多,所以电子空穴对的数目与温度或光照有密切关系。温度越高或光照越强,本征半导体内载流子数目越多,导电性能越好,这就是本征半导体的热敏性和光敏性。

本征半导体的导电能力会随温度或光照的变化而变化,但是它的导电能力是很弱的。如果在本征半导体中掺入其他微量元素(这些微量元素的原子称为杂质),就使半导体的导电能力大大加强,掺入的杂质越多,半导体的导电能力越强,这就是半导体的杂敏性。

9.1.2　杂质半导体

半导体器件都是由杂质半导体构成的,通过扩散工艺,在本征半导体内掺入少量合适的杂质元素,便可得到杂质半导体。按掺入的杂质元素不同,可形成 P 型半导体和 N 型半导体,控制掺入杂质元素的浓度,就可控制杂质半导体的导电性能。

1. P 型半导体

在本征半导体硅(或锗)中掺入微量的硼或铝、镓等三价元素,例如硼(B),由于掺人硼的数量相对于硅原子数量极少,所以本征半导体晶体结构不会改变,只是晶体结构中某些位置上的硅原子被硼原子取代,而硼原子只能提供 3 个价电子,它与相邻的 4 个硅原子组成共价键时,必有一个共价键因缺少一个电子而出现空穴,这个空穴将吸引邻近的价电子来填补,使硼原子成为负离子(空间电荷),如图 9-2 所示。一个硼原子就增加一个空穴,由于掺入硼原子的绝对数量很多,因此空穴的数量很多,这种半导体以空穴导电为主,因而称为空穴导电型半导体,简称P型半导体,其中空穴为多数载流子,自由电子为少数载流子。

2. N型半导体

在本征半导体硅(或锗)中掺入少量的磷或砷、锑等五价元素,例如磷(P),由于掺入磷的数量相对硅原子数量极少,所以本征半导体晶体结构不会改变,只是晶体结构中某些位置上的硅原子被磷原子取代。在磷原子的5个价电子中,只需4个价电子与相邻的4个硅原子组成共价键结构,多余的一个价电子不参加共价键,只受磷原子核的微弱吸引,很容易脱离磷原子而成为自由电子,磷原子则因失去了一个电子变成了正离子,称为空间电荷,如图9-3所示。一个磷原子就增加一个自由电子,由于掺入磷原子的绝对数量很多,因此自由电子的数量很多。这种半导体以自由电子导电为主,因而称为电子导电型半导体,简称N型半导体,其中自由电子为多数载流子,空穴为少数载流子。

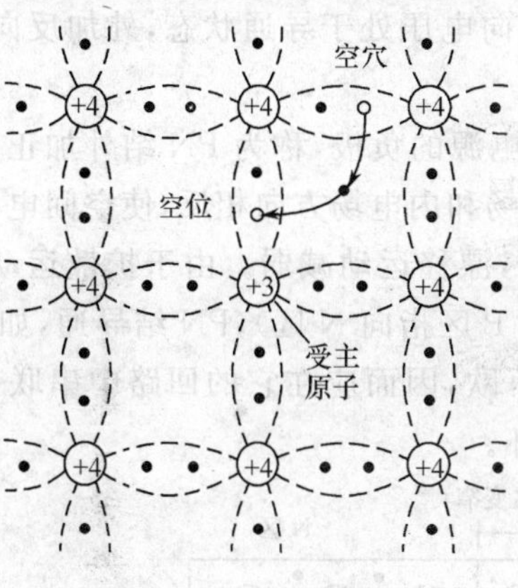

图 9-2　P型半导体

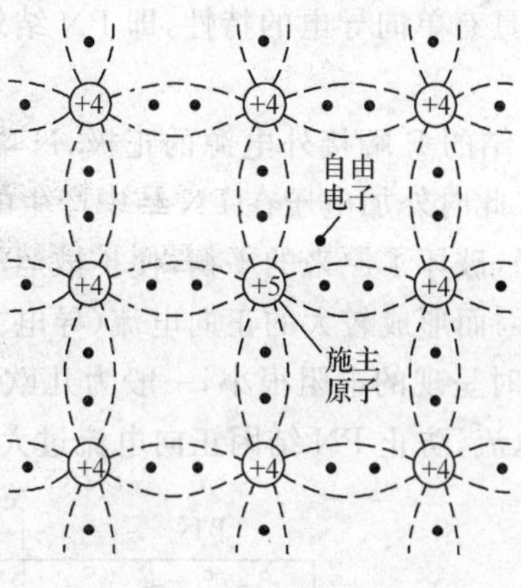

图 9-3　N型半导体

由于掺入杂质,多数载流子的浓度大大增加,可以认为,多数载流子的浓度由掺杂浓度决定,因而它受温度的影响很小;而少数载流子是本征激发形成的,所以尽管其浓度很低,却对温度非常敏感,这将影响半导体器件的性能。

9.1.3　PN结

采用工艺措施,将P型半导体与N型半导体制作在同一块硅片上,在它们的交界面附近就形成PN结。

1. PN结的形成

如图9-4所示,由于P区中的空穴浓度远高于N区,故空穴就从P区向N区扩散,并与N区的电子复合,这种由于浓度差而产生的运动称为扩散运动。同样,N区的电子也向P区扩散,并与P区的空穴复合。于是在交界面附近多数载流子的浓度下降,P区出现负离子区,N区出现正离子区,它们是不能移动的,称为空间电荷区,从而形成内电场。随着扩散运动的进行,空间电荷区加宽,内电场增强。内电场的方向正好阻止多数载流子(P区的空穴和N区的电子)继续扩散,并推动少数载流子(P区的电子和N区的空穴)越过空间电荷区进入对方区域,这种在电场力的作用下,少数载流子的运动称为漂移运动。在无外电场和其它激发作用下,参与扩散运动的多数载流子数目等于参与漂移运动的少数载流子数目,从而达到动态平衡,空间电荷区的宽度就稳定下来,这个空间电荷区(也称阻挡层、耗尽层)就是PN结。

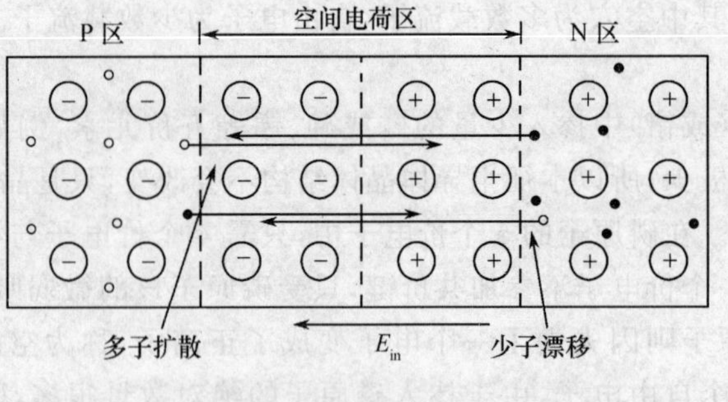

图 9-4　PN 结的形成

2. PN 结的导电性能

PN 结具有单向导电的特性，即 PN 结外加正向电压处于导通状态，外加反向电压处于截止状态。

当 PN 结的 P 端接外电源的正极，N 端接外电源的负极，称为 PN 结外加正向电压，也称正向偏置。此时外加电压在 PN 结中产生的外电场和内电场方向相反，使空间电荷区变窄，削弱了内电场，破坏了原来的平衡，使扩散运动加剧，漂移运动减弱。由于扩散运动是多数载流子的运动，因而形成较大的正向电流（导电方向从 P 区指向 N 区），PN 结导通，如图 9-5 所示。PN 结导通时呈现的电阻很小，一般为几欧到几百欧，因而应在它的回路中串联一个电阻，以限制回路电流，防止 PN 结因正向电流过大而损坏。

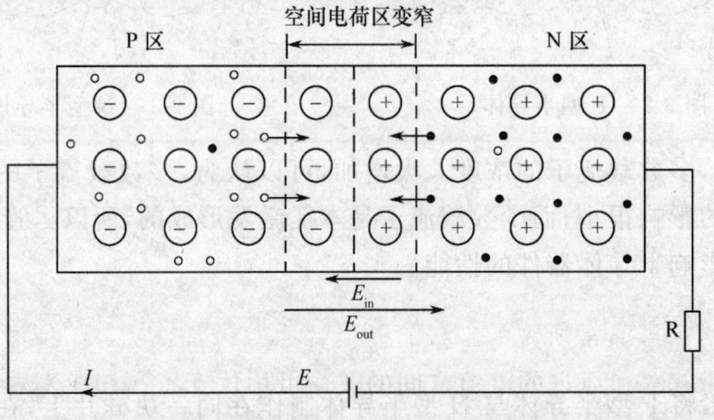

图 9-5　PN 结加正向电压时导通

当 PN 结的 P 端接外电源的负极，N 端接外电源的正极，称为 PN 结外加反向电压，也称反向偏置。此时外电场和内电场方向相同，使空间电荷区变宽，加强了内电场。使扩散运动减弱，漂移运动加剧，形成反向电流（导电方向从 N 区指向 P 区）。由于漂移运动是少数载流子的运动，因而形成的反向电流很小，在近似分析中常将它忽略不计，认为 PN 结基本上不导电，处于截止状态，如图 9-6 所示。虽然反向电流很小，但由于它是少数载流子产生的，所以它受环境温度的影响较大。

综上所述，PN 结正向偏置时，正向电流很大；PN 结反向偏置时，反向电流很小，这就是 PN 结的单向导电性。理想情况下，可认为 PN 结正向偏置时，电阻为零，PN 结正向导通；PN 结反向偏置时，电阻为无穷大，PN 结反向截止。

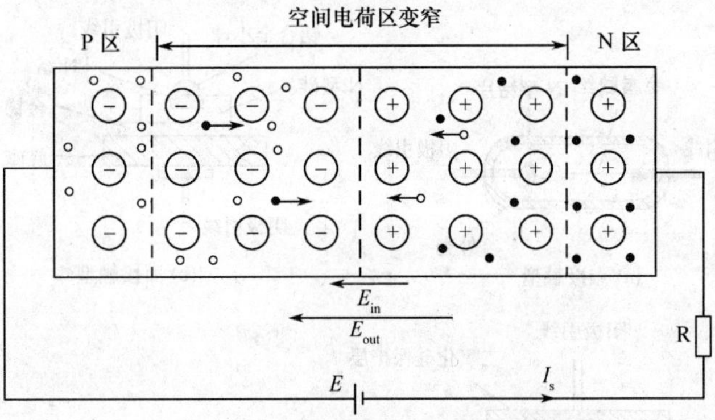

图 9-6　PN 结加反向电压时截止

9.2　半导体二极管

9.2.1　二极管的特性

半导体二极管简称二极管。在 PN 结两端接上相应的电极引线，外面用金属（或玻璃、塑料）管壳封装起来，就成为半导体二极管。常用的二极管外形如图 9-7 所示。

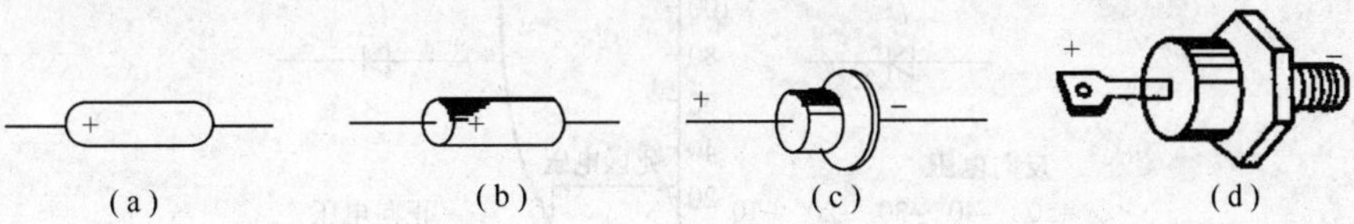

图 9-7　二极管外形

按内部结构，二极管可分为点接触型（图 9-8(a)）、面接触型（9-8(b)）和平面型（图 9-8(c)）等类型。按所用的导体材料分类，有硅二极管和锗二极管等。除了普通二极管外，二极管还有一些特殊类型，如稳压二极管、开关二极管、发光二极管、光电二极管、变容二极管等。二极管符号如图 9-8(d)所示。通常所说的二极管是指普通二极管。

二极管两端的电压和通过的电流之间的关系可用伏安特性曲线来表示。伏安特性曲线可通过实验测出，如图 9-9 所示。

1. 正向特性

当外加正向电压很低时，由于外电场还不能克服 PN 结内电场对多数载流子扩散运动的阻力，故正向电流很小，几乎为零。当正向电压超过一定值后，电流急剧上升，二极管处于正向导通，这个定值正向电压叫做死区电压 U_T。一般硅管的死区电压约为 0.5 V，锗管的死区电压约为 0.1 V。对于理想二极管，认为 $U_T=0$。二极管正向导通后，二极管的阻值变得很小，其两端电压很小，一船硅管的正向电压约为 0.6～0.7 V，锗管的正向电压约为 0.2～0.3 V。对于理想二极管，认为正向电压为 0。

2. 反向特性

在二极管加反向电压时，由少数载流子漂移而形成的反向电流很小，且在一定电压范围内基本上不随反向电压的变化而变化，处于饱和状态，故这一段的电流称为反向饱和电流。对于

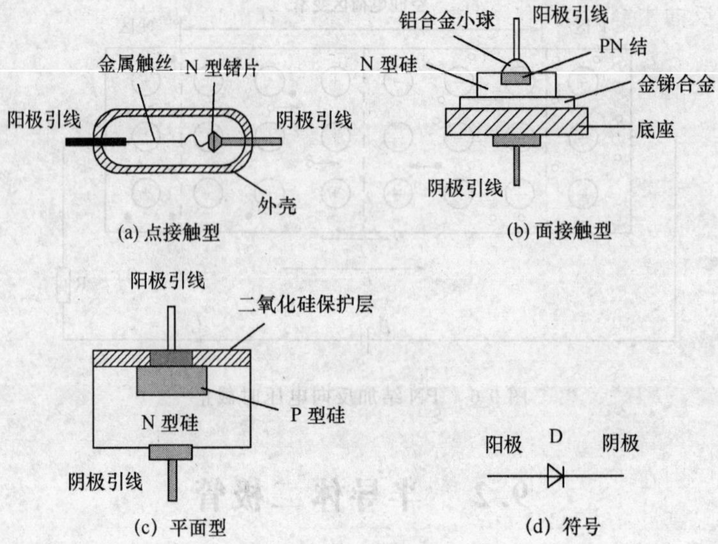

图 9-8　半导体二极管的结构和符号

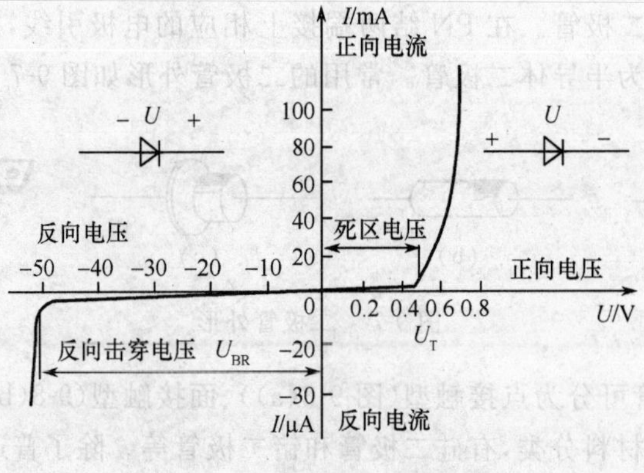

图 9-9　二极管的伏安特性曲线

理想二极管，认为反向饱和电流为零，二极管处于反向截止状态。

3. 反向击穿特性

当反向电压增加到 U_{BR}时，反向电流突然急剧增加，二极管失去单向导电性，这种现象称为击穿。产生反向击穿时加在二极管上的反向电压称为反向击穿电压 U_{BR}，反向击穿包括电击穿和热击穿，电击穿指反向电压去除后，二极管能恢复原来的性能；热击穿指反向电压去除后，二极管不能恢复原来的性能。

9.2.2　二极管的主要参数

为描述二极管的性能，常引用以下几个主要参数：

(1) 最大整流电流 I_{FM}。指二极管长期工作时允许通过的最大正向平均电流，其值与 PN 结的面积及外部散热条件等有关。在规定散热条件下，二极值正向平均电流若超过此值。则将会因过热而使二极管损坏。

(2) 最高反向工作电压 U_{RM}。指二极管工作时允许外加的最大反向电压。超过此值时，二极管有可能因反向击穿而损坏。通常 U_{RM} 为反向击穿电压 U_{BR} 的一半。

(3) 反向电流 I_R。指二极管未击穿时的反向电流。I_R 是二极管质量指标之一，I_R 愈小说明二极管的单向导电性愈好，I_R 对温度非常敏感。

(4) 最高工作频率 f_M。即二极管的上限额率。超过此值时，由于结电容的作用，将不能很好地体现单向导电性。

在实际应用中，应根据所用场合，按其承受的最高反向电压、最大正向平均电流、工作频率、环境温度等条件，选择满足要求的二极管。各类二极管的参数可查阅产品手册。

9.2.3 稳压二极管

稳压二极管是一种特殊的二极管，是由硅材料制成的面接触型晶体二极管，简称稳压管。稳压管有与普通二极管相类似的伏安特性，图 9-10 是稳压管的伏安特性和符号。稳压管和普通二极管的主要区别在于，稳压管是工作在 PN 结的反向击穿状态。通过在制造过程中的工艺措施和使用时限制反向电流的大小，能保证稳压管在反向击穿状态下不会因过热而损坏。在反向击穿状态下，反向电流在一定范围内变化时，稳压管两端的电压变化很小，利用这一特性，稳压管可以起到稳定电压的作用。

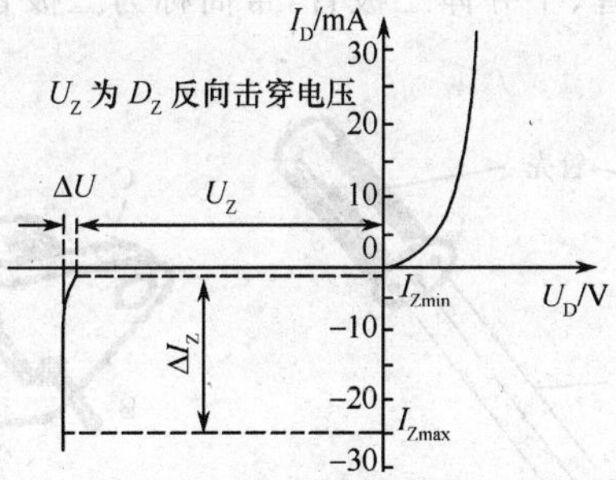

(a) 伏安特性

(b) 符号

图 9-10　稳压管的伏安特性和符号

稳压管的主要参数为：

(1) 稳定电压 U_Z。当通过稳压管的电流为规定的测试电流 I_Z 时，通过稳压管两端的电压值。由于半导体器件参数的分散性，同一型号的稳压管的 U_Z 存在一定差别。例如，型号为 2CWl1 的稳压管的稳定电压为 3.2～4.5 V。但就某一只管子而言，U_Z 应为确定值。

(2) 稳定电流 I_Z。指稳压管具有正常稳压作用且不被热击穿时的工作电流。要求在 I_{min}～I_{max} 范围内。工作电流小于 I_{min}，则没有稳压作用；工作电流大于 I_{max}，则稳压管可能被热击穿。

(3) 动态电阻 r_Z。指稳压管工作在稳压区时，两端电压变化量与其电流变化量之比，即 $\Delta U_Z/\Delta I_Z$。r_Z 愈小，电流变化时队的变化愈小，即稳压管的稳压特性愈好。

(4) 电压温度系数 α：表示温度每变化 1℃时稳压值的变化量，$\alpha=\Delta U_Z/\Delta T$。稳定电压为 6 V 左右的稳压管的温度稳定性较好。

(5) 最大耗散功率 P_{ZM}。P_{ZM} 等于稳压管的稳定电压 U_Z 与最大稳定电流 I_{Zmax} 的乘积。稳压管的功耗超过此值时，会因结温升高而损坏。

用稳压管构成的稳压电路如图 9-11 所示。图中 R 为限流电阻，用来限制流过稳压管的电流。R_L为负载电阻。当稳压管处于反向击穿状态时，U_Z基本不变，负载电阻 R_L 两端的电压 $U_o=U_Z$基本稳定，在一定范围内不受 U_i或 R_L变化的影响。

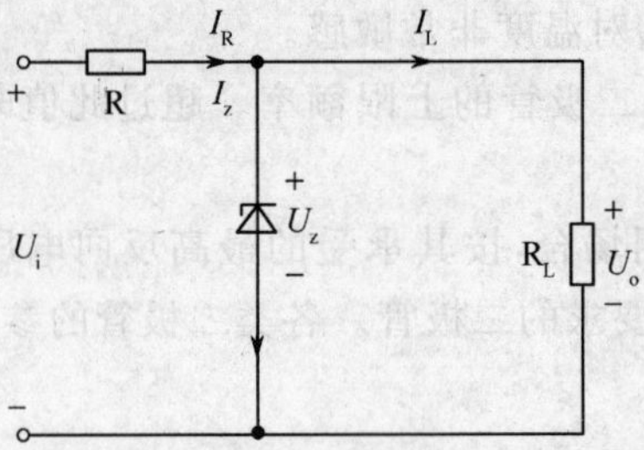

图 9-11　稳压管构成的稳压电路

9.3　晶体三极管

9.3.1　晶体管的基本结构和主要参数

晶体三极管又称为双极性晶体管、半导体三极管，常简称为三极管或晶体管。常见的晶体管的外形如图 9-12 所示。

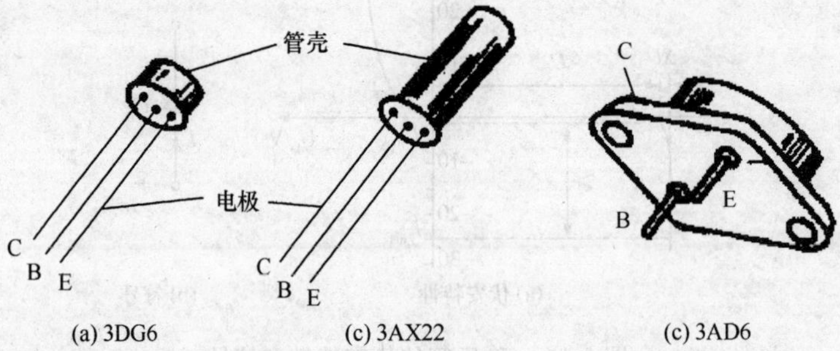

图 9-12　晶体管外形

1. 晶体管的结构及类型

晶体管有 NPN 和 PNP 两种类型，它们是根据不同的掺杂方式在同一个硅片上制造出 3 个掺杂区，形成两个 PN 结。采用平面工艺制成的 NPN 型硅材料三极管的结构如图 9-13(a)和(b)所示，位于中间的 P 区称为基区，它很薄且杂质浓度很低；发射区掺杂浓度很高；集电区集电结面积很大；晶体管的外特性与 3 个区域的上述特点紧密相关。发射区和基区间的 PN 结称为发射结，集电区和基区间的 PN 结称为集电结。由发射区、基区和集电区分别引出发射极 E、基极 B 和集电极 C。晶体管的图形符号如图 9-13(c)所示，发射极上的箭头表示发射极电流的方向。

2. 晶体管的电流放大作用

晶体管是一个具有放大作用的元件。下面以 NPN 型晶体管为例，讨论晶体管的电流放大作用。

晶体管工作在放大状态的外部条件是发射结正向偏置且集电结反向偏置，所以把 NPN 型晶体管接成图 9-14 所示电路。图中晶体管的发射极、基极和基极电阻 R_B、基极电源 U_{BB} 相

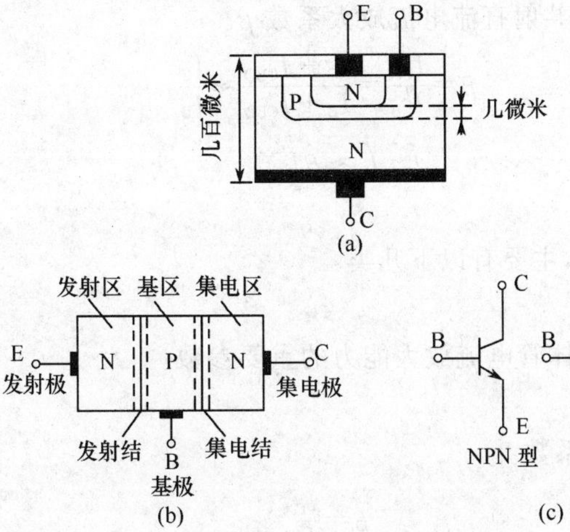

图 9-13　晶体管的结构和符号

连接，组成基极回路。发射极、集电极和集电极电阻 R_C、集电极电源 U_{CC} 相连接，组成集电极回路。由于发射极是基极回路和集电极回路的公共端，故称此电路为共发射极电路。

在图 9-14 中，基极电源 U_{BB} 使发射结获得正向偏置，故发射区的电子因扩散运动不断越过发射结到达基区。基区空穴也向发射区扩散，但由于基区杂质浓度低，所以空穴形成的电流非常小，近似分析时可忽略不计。可见扩散运动形成了发射极电流 I_E。因基区很薄且空穴浓度很低，故发射区注入基区的电子只有一小部分和基区的空穴复合形成基极电流 I_B，而绝大部分电子成为基区的非平衡少数载流子，因集电结加反向偏置电压而继续向集电区漂移，形成漂移电流。同时，集电区与基区的平衡少数载流子也参与漂移运动，但它们的数量很少，近似分析中可忽略不计。因此，漂移运动形成集电极电流 I_C。

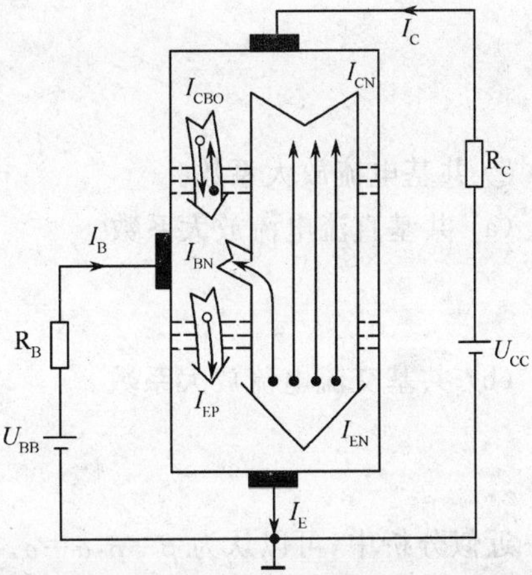

图 9-14　共发射极电路中载流子的运动

由以上分析可知，晶体管各个电极上的电流关系为

$$I_E = I_{EN} + I_{EP} = I_{CN} + I_{BN} + I_{EP}$$

$$I_C = I_{CN} + I_{CBO}$$

$$I_B = I_{BN} + I_{EP} - I_{CBO} = I'_B - I_{CBO}$$

综合以上三个等式可得

$$I_E = I_B + I_C$$

由于晶体管制成后，其内部尺寸和杂质浓度是确定的，所以发射区所发射的电子在基区复合，与被集电极收集的数量比例大体上是确定的。因此晶体管内部电流存在一种比例分配关系，I_C 和 I_B 分别占 I_E 的一定比例，且 I_C 接近于 I_E，$I_C \gg I_B$。这样，当基极回路由于外加电压或电阻改变而引起 I_B 的微小变化时，I_C 必定会发生较大的变化，这就是晶体管的电流放大作用。

电流 I_{CN} 与 I'_B 之比称为共射直流电流放大系数 $\bar{\beta}$。

$$\bar{\beta}=\frac{I_{CN}}{I'_B}=\frac{I_C-I_{CBO}}{I_B+I_{CBO}}\approx\frac{I_C}{I_B} \tag{9-1}$$

即

$$I_C\approx\bar{\beta}I_B$$

3. 晶体管的主要参数

表征晶体管的参数很多，主要有以下几类：

(1) 电流放大系数。

电流放大系数是反映晶体管电流放大能力的重要参数。

① 共射电流放大系数。

(a) 共射直流电流放大系数。

$$\bar{\beta}=\frac{I_C}{I_B} \tag{9-2}$$

(b) 共射交流电流放大系数。

若在图 9-14 中加输入电压 Δu_i，则晶体管的基极电流将在 I_B 基础上叠加动态电流 ΔI_B，当然集电极电流也将在 I_C 基础上叠加动态电流 ΔI_C，ΔI_B 与 ΔI_C 之比称为共射交流电流放大系数 β。

$$\beta=\frac{\Delta I_C}{\Delta I_B} \tag{9-3}$$

② 共基电流放大系数。

(a) 共基直流电流放大系数。

$$\bar{\alpha}=\frac{I_C}{I_E} \tag{9-4}$$

(b) 共基交流电流放大系数。

$$\alpha=\frac{\Delta I_C}{\Delta I_E} \tag{9-5}$$

近似分析中，可以认为 $\bar{\beta}=\beta$，$\bar{\alpha}=\alpha$。

(2) 板间反向电流。

① 集电极-基极反向饱和电流 I_{CBO}。

当晶体管的发射极断路时，在其集电极上加反向电压得到的电流，称为集电极-基极反向饱和电流。它实际上就是一个 PN 结的反向饱和电流。

② 集电极-发射极反向饱和电流 I_{CEO}。

当晶体管的基极断路时，在集电极和发射极之间加反向电压得到的反向电流，称为集电极-发射极反向电流。由于有这个电流从集电极穿过基区到达发射极，因此，也称为穿透电流。可知

$$I_{CEO}\approx(1+\beta)I_{CBO} \tag{9-6}$$

I_{CBO} 与 I_{CEO} 是与少数载流子密切相关的电流，受温度影响很大。

(3) 极限参数。

① 集电极最大允许电流 I_{CM}。

I_C 在相当大的范围内 β 值基本不变，但当 I_C 增大到一定程度时，β 值将减小。集电极最大

允许电流 I_{CM} 就是集电极电流从最大值减小到 70%左右时所对应的集电极电流。晶体管工作时，其集电极电流一般不应该超过 I_{CM}。

② 集电极最大允许功耗 P_{CM}。

晶体管集电极与发射极之间的电压主要降落在集电结上。晶体管的功耗主要由集电结承担。$P_{CM}=i_C u_{CE}$ 为一个常数。集电极功耗会转换为温升。如果功耗过大，温度过高将会使晶体管烧环。

③ 反向击穿电压。

晶体管有两个 PN 结，如果其反向电压超过允许值，都有可能被反向击穿。击穿电压有以下几种：

(a) $U_{(BR)EBO}$ 表示集电极断路时，发射极与基极之间允许的最大反向电压。

(b) $U_{(BR)CBO}$ 表示发射极路时，集电极与基极之间允许的最大反向电压。

(c) $U_{(BR)CEO}$ 表示基极断路时，集电极与发射极之间允许的最大反向电压。

(4) 特征频率 f_T。

晶体管的 β 值不仅与工作电流有关，而且与工作频率有关。由于结电容的影响，当信号频率增加时，晶体管的 β 值将会下降。当 β 值下降到 1 时，所对应的频率称为特征频率 f_T。可见，超过该频率使用，晶体管就没有电流放大作用了。

9.3.2 晶体管的特性曲线

晶体管的各个电极上电压和电流之间的关系曲线称为晶体管的伏安特性曲线或特性曲线。它是晶体管内部特性的外部表现，是分析由晶体管组成的放大电路和选择晶体管参数的重要依据。常用的是输入特性曲线和输出特性曲线。

晶体管在电路中的连接方式(组态)不同，其特性曲线也不同。在共射极放大电路中所测得的特性曲线称为共射特性曲线。

1. 输入特性曲线

晶体管的共射输入特性曲线是表示当管子的输出电压 u_{CE} 为常数时，输入电流 i_B 与输入电压 u_{BE} 之间的函数关系，即

$$i_B=\frac{f(u_{BE})}{u_{CE}}=\text{常量} \tag{9-7}$$

当 $u_{CE}=0$ 时，相当于集电极与发射极短路，即发射结与集电结并联。因此，输入特性曲线与 PN 结的伏安特性曲线相类似，呈指数函数图像，如图 9-15 所示。

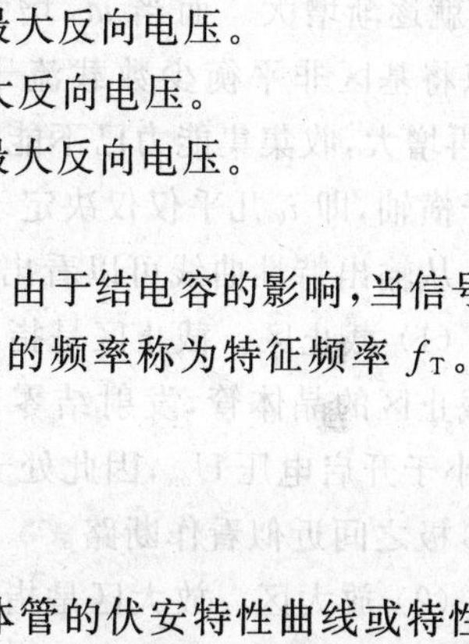

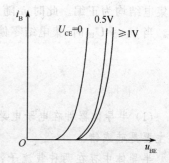

图 9-15 晶体管的输入特性曲线

当 u_{CE} 增大时，曲线右移。这是因为，由发射区注入基区的非平衡少数载流子有一部分越过基区和集电结形成集电极电流 i_C，而另一部分在基区参与复合运动的非平衡少数载子将随 u_{CE} 的增大而减少。因此，要获得同样的 i_B，就必须加大 u_{BE}，使发射区向基区注入更多的电子。

实际上，对于确定的 u_{BE}，当 u_{CE} 增大到一定值(如 1 V)以后，集电结的电场已足够强，可以将发射区注入基区的绝大部分非平衡少数载流子都收集到集电区，而使 u_{CE} 再增大，i_C 也不可能明显增大，也就是说 i_B 已基本不变。因此，u_{CE} 超过一定数值后，特性曲线不再明显右移而基本重合。对于小功率管，可以近似地用 u_{CE} 大于 1 V 的任何一条特性曲线来代表 u_{CE} 大干 1 V 的所有特性曲线。

2. 输出特性曲线

晶体管的共射输出特性曲线是表示当晶体管的输入电流 i_B 为某一常数时，输出电流 i_C 与输出电压 u_{CE} 之间的函数关系。即

$$ {}_{C}=\frac{f(u_{CE})}{i_B}=\text{常量} \tag{9-8}$$

对于每一个确定的 i_B，都有一条特性曲线。所以输出特性曲线是一族曲线，如图 9-16 所示。对于某一条曲线，当 u_{CE} 从零逐渐增大时，集电结电场随之增强，收集基区非平衡少数载流子的能力逐渐增强，因当 i_C 也就逐渐增大。而当 u_{CE} 增大到一定数值时，集电结电场足以将基区非平衡少数载流子的绝大部分收集到基区来，u_{CE} 再增大，收集集能力已不能明显提高，表现为曲线几乎平行于横轴，即 i_C 几乎仅仅决定于 i_B，如图 9-16 所示。

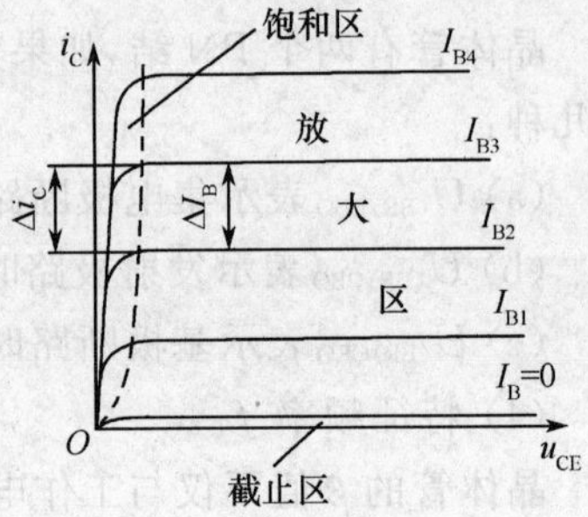

图 9-16　晶体管的输出特性曲线

从输出特性曲线可以看出，晶体管有 3 个工作区：

(1) 截止区。截止区是指 $i_B=0$ 曲线以下的区域。工作在截止区的晶体管，发射结零偏或反偏，集电结反偏。由于 u_{BE} 小于开启电压 U_{on}，因此处于截止状态。此时晶体管各极电流均很小（接近或等于零），E、B、C 极之间近似看作断路。

(2) 放大区。放大区是指 $i_B>0$ 和 $u_{CE}>0.3$ V 的区域，就是曲线的平坦部分。要使晶体管静态时工作在放大区（处于放大状态），发射结必须正偏，集电结必须反偏。此时，晶体管是电流受控源，i_B 控制 i_C，$i_C=\beta i_B$。当 i_B 有一个微小变化时，i_C 将发生较大变化，这体现了晶体管的电流放大作用。

(3) 饱和区。饱和区是指 $i_B>0$ 和 $u_{CE}\leqslant 0.3$ V 的区域。工作在饱和区的晶体管，发射结和集电结均为正编。此时 i_C 随着 u_{CE} 变化而变化，却几乎不受 i_B 的控制，晶体管失去放大作用。当 $U_{CE}=U_{BE}$ 时，集电结零偏，晶体管处于临界饱和状态。

小　　结

(1) 半导体器件在电子电路中的应用非常广泛，主要有二极管、晶体管、晶闸管等，制造材料主要是硅或锗。

半导体中存在两种载流子：自由电子和空穴。杂质半导体分为两种：N 型和 P 型。其中 N 型半导体的多数载流子是自由电子，P 型半导体的多数载流子是空穴。将 P 型半导体和 N 型半导体制作在同一块硅片上时，它们的交界面上就形成 PN 结，它是制造各种半导体器件的基础。

(2) 二极管是由一个 PN 结加上外壳，引出两个电极制成的。它的主要持点是具有单向导电性。

(3) 晶体管按结构分成 NPN 型和 PNP 型。但无论何种类型，内部都包含 3 个区、两个结、并由 3 个区引出 3 个电极。

习 题 九

9-1 能否将 1.5 V 的干电池以正向接法接到二极管两端？为什么？

9-2 电路如图 9-17 所示，已知 $u_i = 10\sin\omega t$ V，试画出 u_i 与 u_o 的波形。设二极管正向导通电压可忽略不计。

9-3 电路如图 9-18 所示，已知 $u_i = 5\sin\omega t$ V，二极管导通电压 $U_D = 0.7$ V。试画出 u_i 与 u_o 的波形，并标出幅值。

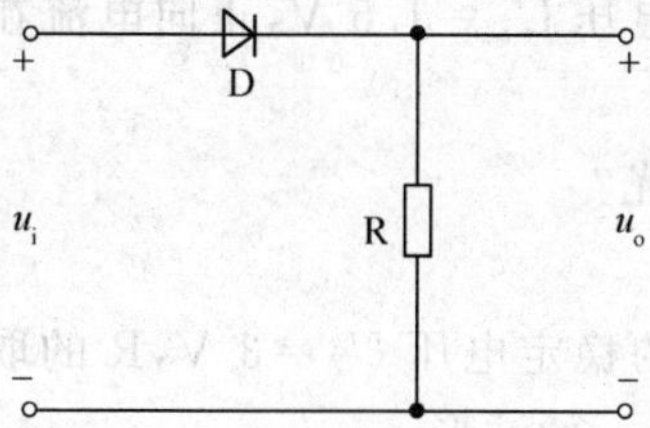

图 9-17

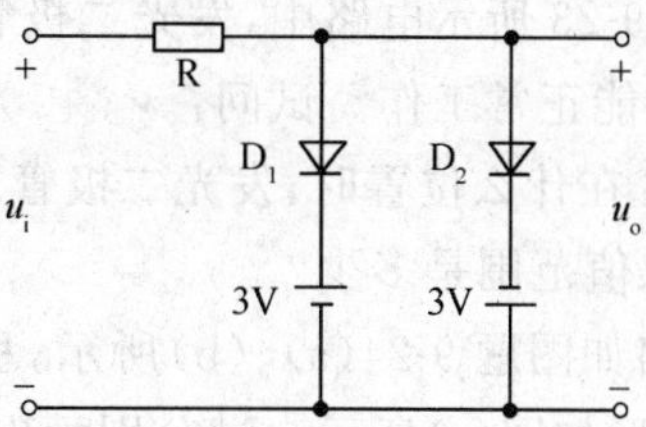

图 9-18

9-4 电路如图 9-19(a)所示，其输入电压 u_{I1} 和 u_{I2} 的波形如图 9-19(b)所示，二极管导通电压 $U_D = 0.7$ V。试画出输出电压 u_O 的波形，并标出幅值。

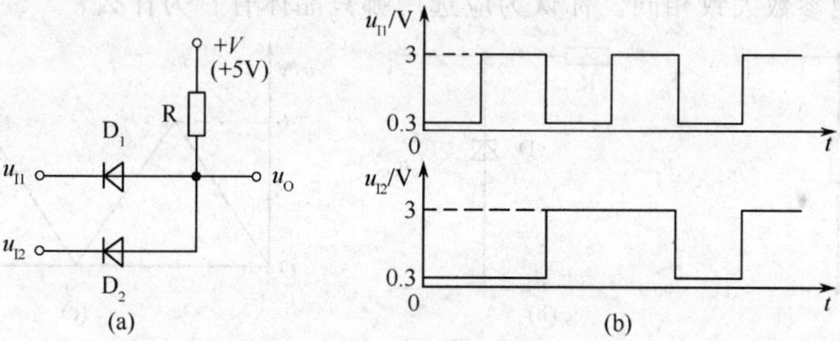

图 9-19

9-5 电路如图 9-20 所示，二极管导通电压 $U_D = 0.7$ V，常温下 $U_T \approx 26$ mV，电容 C 对交流信号可视为短路；u_i 为正弦波，有效值为 10 mV。试问二极管中通过的交流电流有效值为多少？

9-6 现有两只稳压管，它们的稳定电压分别为 6 V 和 8 V，正向导通电压为 0.7 V。试问：

(1) 若将它们串联相接，可得到几种稳压值？各为多少？

(2) 若将它们并联相接，又可得到几种稳压值？各为多少？

9-7 已知稳压管的稳定电压 $U_Z = 6$ V，稳定电流的最小值 $I_{Zmin} = 5$ mA，最大功耗 $P_{ZM} = 150$ mW。试求图 9-21 所示电路中电阻 R 的取值范围。

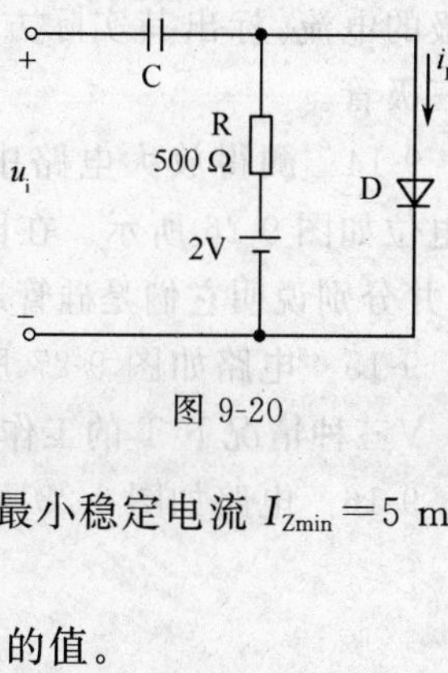

图 9-20

9-8 已知如图 9-22 所示电路中稳压管的稳定电压 $U_Z = 6$ V，最小稳定电流 $I_{Zmin} = 5$ mA，最大稳定电流 $I_{Zmax} = 25$ mA。

(1) 分别计算 U_I 为 10 V、15 V、35 V 三种情况下输出电压 U_O 的值。

(2) 若 $U_I = 35$ V 时，负载断路，则会出现什么现象？为什么？

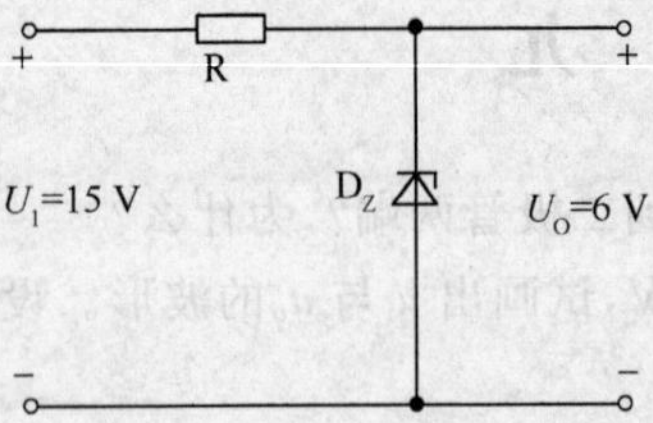

图 9-21

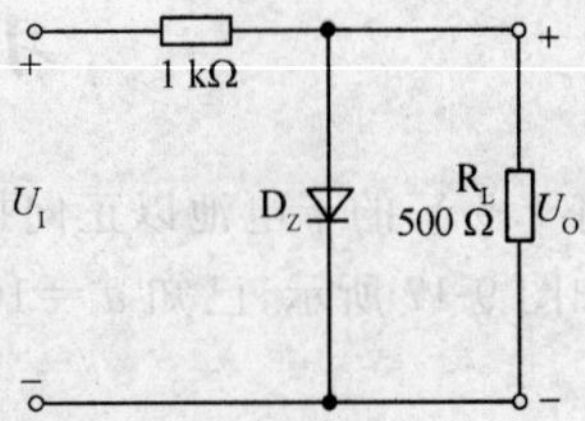

图 9-22

9-9　在图 9-23 所示电路中，发光二极管导通电压 $U_D = 1.5$ V，正向电流在 5～15 mA 时才能正常工作。试问：

(1) 开关 S 在什么位置时，发光二极管才能发光？

(2) R 的取值范围是多少？

图 9-23

9-10　电路如图题 9-24(a)、(b)所示，稳压管的稳定电压 $U_Z = 3$ V，R 的取值合适，u_I的波形如图(c)所示。试分别画出 u_{O1} 和 u_{O2} 的波形。

9-11　在温度 20℃时，某三极管 $I_{CBO} = 2$ μA，试问温度是 60℃时，I_{CBO} 约为多少？

9-12　有两只晶体管，其中一只 $\beta = 200$，$I_{CEO} = 200$ μA；另一只 $\beta = 100$，$I_{CEO} = 10$ μA，其他参数大致相同。你认为应选用哪只晶体管？为什么？

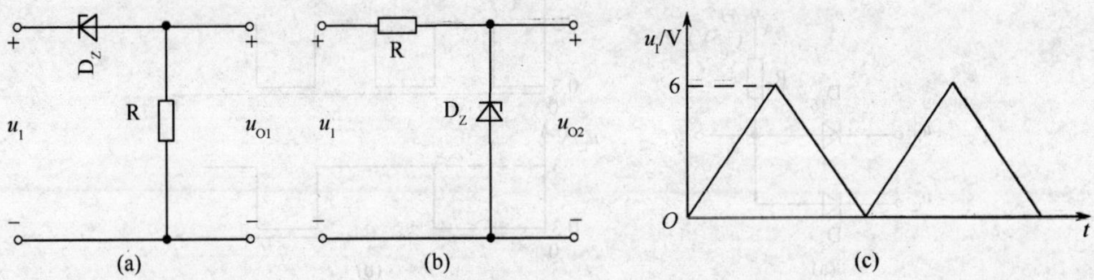

图 9-24

9-13　已知两只晶体管的电流放大系数 β 分别为 50 和 100，现测得放大电路中这两只管两个电极的电流如图 9-25 所示。分别求另一电极的电流，标出其实际方向，并在圆圈中画出三极管。

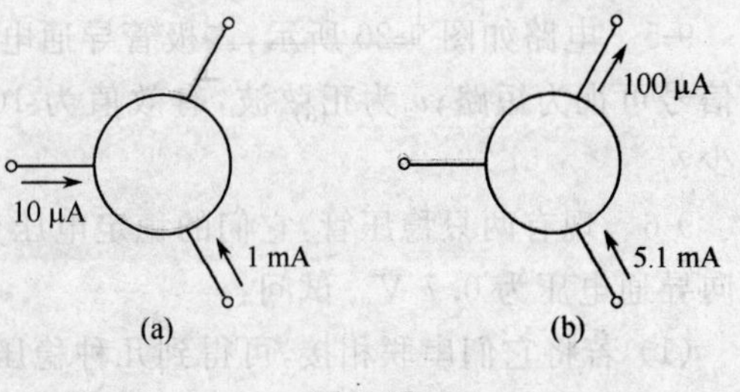

图 9-25

9-14　测得放大电路中 6 只三极管的直流电位如图 9-26 所示。在圆圈中画出晶体管子，并分别说明它们是硅管还是锗管。

9-15　电路如图 9-27 所示，晶体管导通时 $U_{BE} = 0.7$ V，$\beta = 50$。试分析 V_{BB} 为 0、1 V、1.5 V三种情况下 T 的工作状态及输出电压 u_O的值。

9-16　电路如图 9-28 题所示，试问 β 大于多少时，三极管饱和？

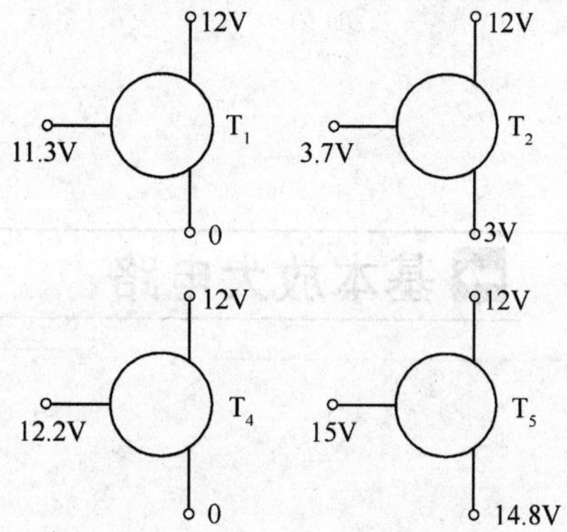

图 9-26

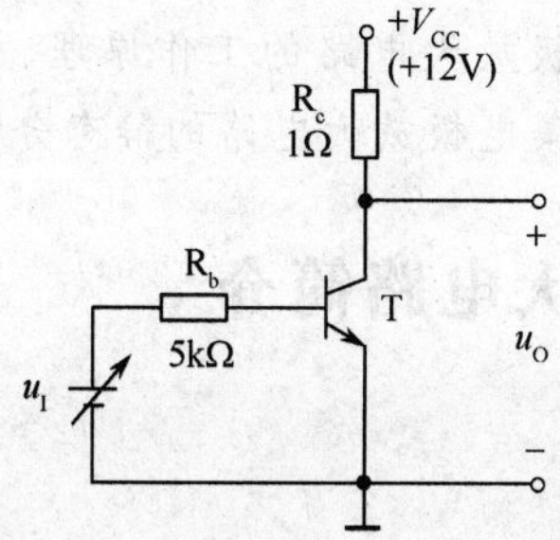

图 9-27

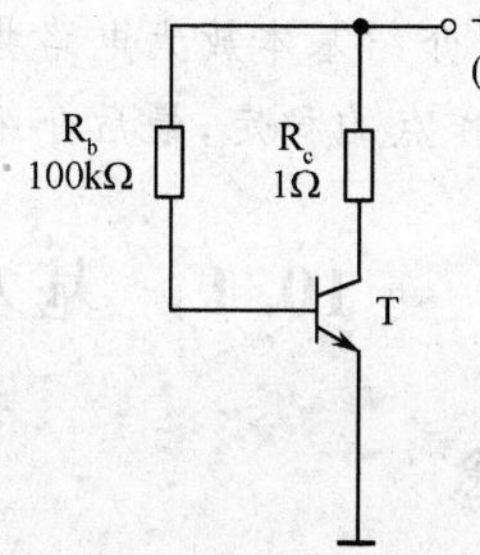

图 9-28

9-17 分别判断图 9-29 所示各电路中三极管是否有可能工作在放大状态。

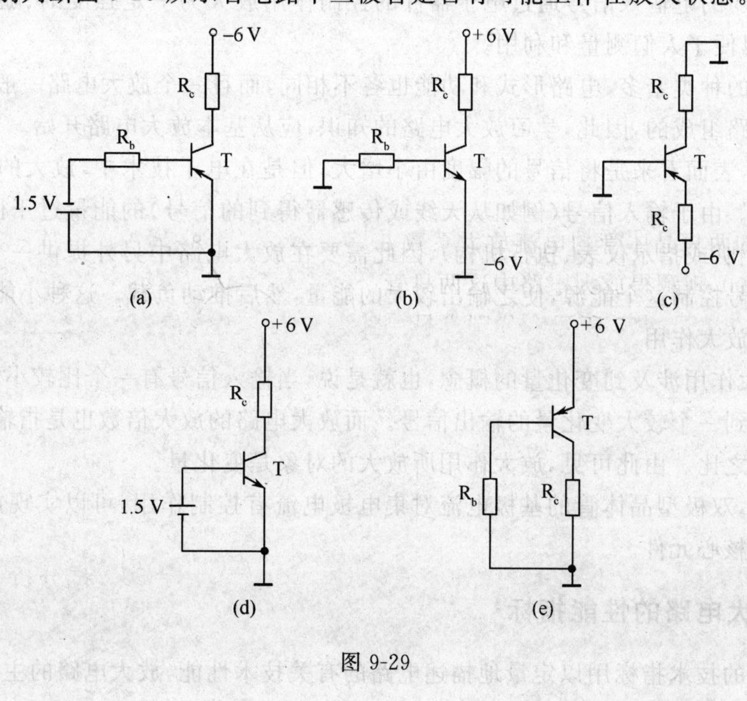

图 9-29

第十章 基本放大电路

本章要点

基本放大电路是电子技术领域中应用极为广泛的一种电子线路，是大多数模拟集成电路的基本单元。本章首先介绍基本放大电路共发射极放大电路的工作原理、放大电路的静态分析和动态分析、静态工作点的稳定；最后介绍了共集电极放大电路的静态分析和动态分析。

10.1 基本放大电路简介

10.1.1 放大的概念

放大电路是电子设备中最基础、最重要的单元电路，习惯上也称为放大器，广泛地应用于各种视听设备、现代通信设备、精密的电子测量仪器及复杂的自动控制系统中。放大电路的主要功能是将微弱的电输入信号通过电子器件的控制作用放大为一定强度的、随输入信号变化的输出信号，以便于人们测量和利用。

放大电路的种类繁多，电路形式和功能也各不相同，而且一个放大电路一般是由多个基本的单级放大电路组成的，因此，学习放大电路的知识，应从基本放大电路开始。

所谓放大，表面看来是将信号的幅度由小增大，但是在电子技术中，放大的本质首先是实现能量的控制。由于输入信号（例如从天线或传感器得到的信号）的能量过于微弱，不足以推动负载（例如喇叭或指示仪表、执行机构），因此需要在放大电路中另外提供一个能源，由能量较小的输入信号控制这个能源，使之输出较大的能量，然后推动负载。这种小能量对大能量的控制作用就是放大作用。

另外，放大作用涉及到变化量的概念，也就是说，当输入信号有一个比较小的变化量时，要求在负载上得到一个较大变化量的输出信号。而放大电路的放大倍数也是指输出信号与输入信号的变化量之比。由此可见，放大作用所放大的对象是变化量。

如前所述，双极型晶体管的基极电流对集电极电流有控制作用，可以实现放大作用，是组成放大电路的核心元件。

10.1.2 放大电路的性能指标

放大电路的技术指标用以定量地描述电路的有关技术性能，放大电路的主要性能指标有：放大倍数、输入电阻、输出电阻、最大不失真输出电压、通频带、最大输出功率、效率、非线性失真系数等。本节主要介绍前 3 种性能指标。放大电路示意图如图 10-1 所示。

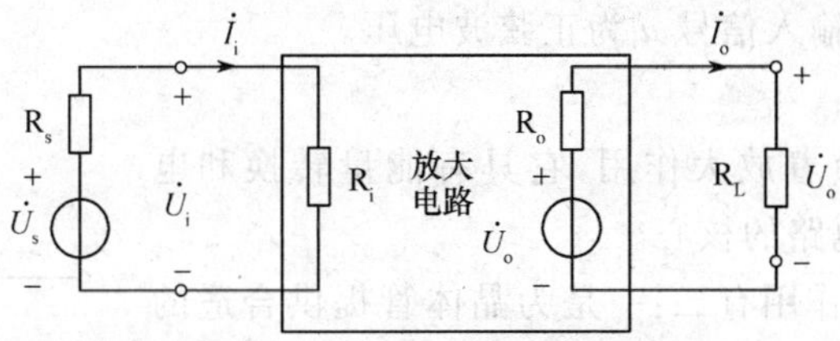

图 10-1　放大电路示意图

1. 放大倍数

放大倍数是衡量放大电路放大能力的指标，常用 A 表示。放大倍数可分为电压放大倍数、电流放大倍数和功率放大倍数等。

放大电路输出电压与输入电压之比，称为电压放大倍数，用 $\dot{A}_u$ 表示，即

$$\dot{A}_u=\frac{\dot{U}_O}{\dot{U}_i} \tag{10-1}$$

2. 输入电阻

输入电阻是从放大电路输入端看进去的交流等效电阻，用 R_i 表示。在数值上等于输入电压有效值 U_i 与输入电流有效值 I_i 之比，即

$$R_i=\frac{U_i}{I_i} \tag{10-2}$$

R_i 相当于信号源的负载，R_i 的值越大，放大电路从信号源“索取”的电流越小，放大电路所得到的输入电压越接近于信号源电压。在电压放大电路中，希望 R_i 大一些。

工程上常用对数来表示放大倍数，称为增益 G_u，单位为分贝(dB)。

$$G_u=20\lg|A_u| \tag{10-3}$$

3. 输出电阻

任何放大电路的输出都可以等效成一个有内阻的电压源，从放大电路输出端看进去的等效内阻称为输出电阻，用 R_o 表示。如图 10-1 所示，U'_o 为空载时的输出电压有效值，U_o 为带负载后的输出电压有效值，因此有

$$U_o=\frac{R_L}{R_o+R_L}\cdot U'_o \tag{10-4}$$

输出电阻

$$R_o=\left(\frac{U'_o}{U_o}-1\right)R_L \tag{10-5}$$

R_o 愈小，负载电阻 R_L 变化时，u_o 的变化愈小，表示放大电路的带负载能力愈强。在电压放大电路中，希望 R_o 小一些。

10.2　基本共射放大电路的组成

根据输入和输出回路公共端的不同，放大器有 3 种基本形式：共射放大器、共基放大器和共集放大器。

图 10-2 所示为基本共射放大电路，它由 NPN 型晶体管及若干电阻组成，其中晶体管是起

放大作用的核心元件。输入信号 u_i 为正弦波电压。

各元件的作用如下：

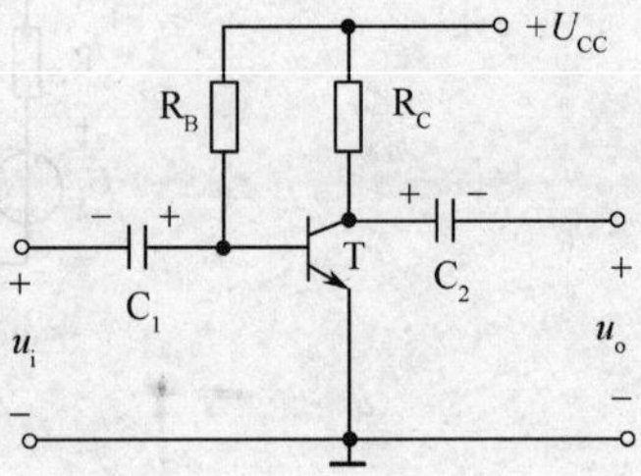

图 10-2　基本共射放大电路

NPN 型晶体管担负着放大作用，它具有能量转换和电流控制的能力，是放大电路的核心。

U_{CC} 是直流电源，其作用有二：一是为晶体管提供合适的直流偏置（使发射结正偏、集电结反偏，保证晶体管工作在放大状态）；二是为信号的功率放大提供能量。U_{CC} 一般为几伏到几十伏。

R_C 是集电极负载电阻，也有两个作用：一是配合 U_{CC} 使晶体管工作在放大区；二是将集电极电流的变化量转换为电压的形式输出。R_C 的值一般在几千欧范围内。

基极电阻 R_B 与直流电源 U_{CC} 配合，为晶体管的发射结提供合适的正向偏置电压。R_B 的值一般在几十千欧至几百千欧范围内。

电容 C_1、C_2 称为耦合电容，也称隔直电容。C_1 将输入信号 u_i 传送到晶体管的基极，同时可隔断信号源与晶体管基极之间的直流联系。C_2 将 u_{CE} 中的交流分量传递到输出端作为输出电压，同时限断放大电路与负载之间的直流联系。C_1、C_2 一般为几微法到几十微法。

10.3　静态工作情况分析

从基本放大电路的组成中可看出，在放大电路中，交流量和直流量共存。当输入信号为零时，电路中各处的电压、电流都是直流值，称为直流工作状态或静止状态，简称静态。静态值主要为 I_B、I_C、U_{CE}、U_{BE}。静态分析就是分析放大电路的直流工作情况，以确定晶体管各电极的静态值，即直流电压和直流电流值。静态分析主要在直流通路中进行，所谓直流通路，就是静态电流通过的通路。对于直流通路：①电容视为开路，②电感线圈视为短路；③信号源视为短路，但应保留内阻。静态分析的主要方法是图解法和估算法。

1. 图解法

在已知放大管的输入特性、输出特性以及放大电路中其他各元件参数的情况下，利用作图的方法对放大电路进行分析即为图解法。

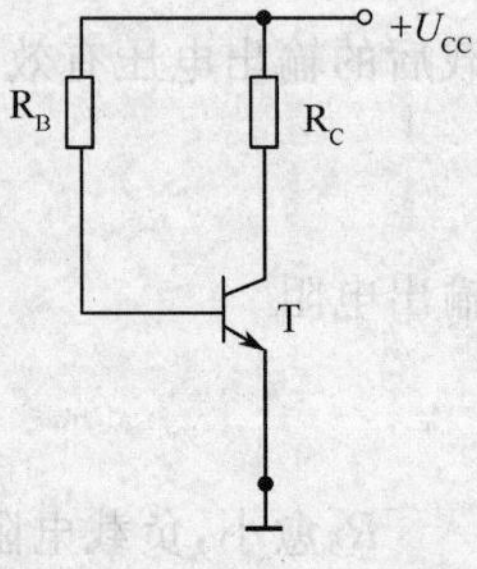

图 10-3　直流通路图

静态时 $u_i=0$，由于电容 C_1、C_2 具有隔直作用，因此可将 u_i 短路，C_1、C_2 开路，画出如图 10-3 所示电路。此电路中只有直流信号，没有交流信号，为直流通路。

在直流通路中，可列出输入回路电压方程为

$$U_{BE}=U_{CC}-R_B I_B \qquad (10\text{-}6)$$

它描述的 I_B 和 U_{BE} 的关系是一条直线。它可以由两个特殊点来确定：当 $I_B=0$ 时，$U_{BE}=U_{CC}$；当 $U_{BE}=0$ 时，$I_B=\dfrac{U_{CC}}{R_B}$。另一方面，I_B 和 U_{BE} 的关系又要符合晶体管的输入特性曲线。故直线和曲线的交点就称为输入电路的静态工作点 Q。如图 10-4 所示，静态工作点对应的基极电流为 I_{BQ}。

输出回路电压方程为

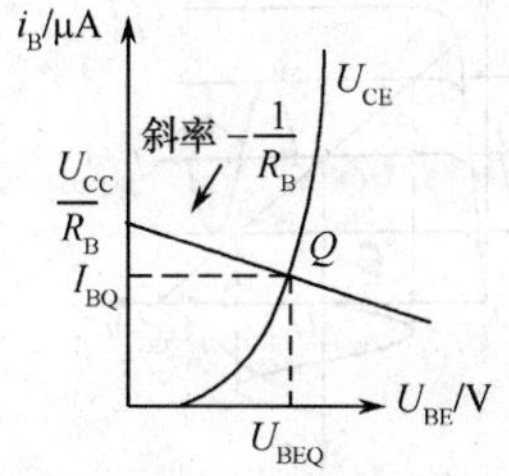

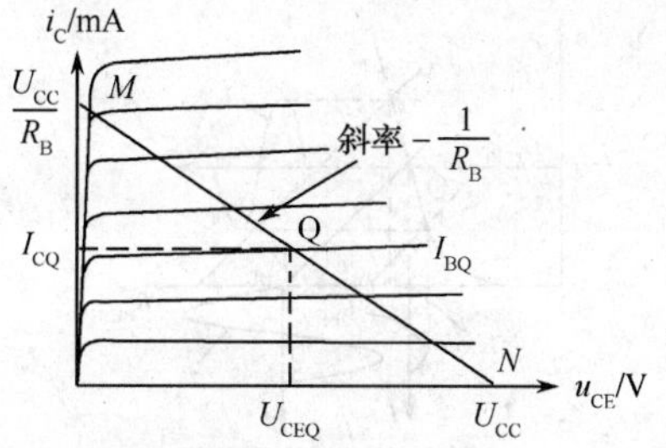

图 10-4　静态工作情况的图解分析

$$U_{CE}=U_{CC}-I_C R_C \tag{10-7}$$

它描述的 I_C 和 U_{CE} 的关系也是一条直线，直线的斜率与直流通路中的负载电阻 R_C 有关，为 $-1/R_C$ 该直线称为直流负载线，它同样可以由两个特殊点来确定。直流负载线与基极电流 I_{BQ} 所对应的晶体管输出特性曲线交点，就是输出电路的静态工作点。

2. 估算法

由于晶体管的输入特性比较陡直，故可近似地认为发射结导通后的电压基本上为一定值（硅管约为 0.7 V，锗管约为 0.2 V）。也就是说，在静态分析时可以近似地认为输入特性是一条垂直于横轴的直线，u_{BE} 为恒定值 u_{BEQ}，不随 i_B 变化，这样就可方便地对静态值进行估算。在图 10-4 所示的直流通路中，用估算法可得静态时基极电流为

$$I_{BQ}=\frac{U_{CC}-U_{BEQ}}{R_B} \tag{10-8}$$

$$I_{CQ}=\beta I_{BQ} \tag{10-9}$$

$$U_{CEQ}=U_{CC}-I_{CQ}R_C \tag{10-10}$$

10.4　动态工作情况分析

当放大电路有信号输入时，电路中各处的电压、电流都处于变动的工作状态，简称动态。动态分析就是分析有变化的输入信号时，电路中各种变化量的变动情况和相互关系。动态分析主要在交流通路中进行。所谓交流通路，就是交流信号通过的通路。对于交流通路：①容量大的电容视为短路；②无内阻的直流电源视为短路。动态分析的方法有图解法和微变等效电路法。

1. 图解法

当图 10-2 所示电路中加入正弦信号 u_i 后，由于电容 C_1 的耦合作用，使晶体管 B、E 之间的电压 u_{BE} 在原来静态值的基础上加上 u_i，如图 10-5(a)所示。u_i 的加入使 u_{BE} 发生变化，导致基极电流 i_B 变化。由于晶体管的输入特性在小范围内近似为线性，因此基极电流 i_B 也按正弦规律变化，可画出 i_B 的波形如图所示。可见 i_B 也是在原来静态值的基础上叠加一正弦量 i_b 于是有

$$u_{BE}=U_{BEQ}+u_i$$

$$i_B=I_{BQ}+i_b$$

以上两式表明，u_{BE}、i_B 可视为由直流分量 U_{BEQ}、I_{BQ} 和交流分量 u_i、i_b 组成。其中，直流分量是由直流电源 U_{CC} 建立起来的静态工作点，而交流分量则是由输入信号 u_i 引起的。

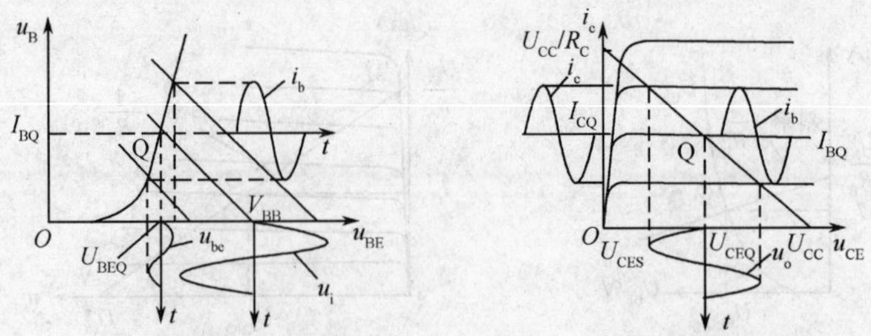

(a) 输入回路的波形分析　　　　(b) 输出回路的波形分析

图 10-5　动态工作情况的图解分析

为了便于区分，通常直流分量用大写字母和大写下标表示，交流分量用小写字母和小写下标表示，总的电压、电流瞬时值用小写字母和大写下标表示。

晶体管工作在放大状态时，i_C由i_B控制，因此，当i_B在原来静态值的基础上叠加一弦分量时，i_C也在原来静态值的基础上按同样的规律变化，i_C的变化引起U_{CE}的变化。因此，i_C和U_{CE}也包含直流分量和交流分量两部分，如图 10-5(b)所示，于是有

$$i_C = I_{CQ} + i_c$$

$$u_{CE} = U_{CEQ} + u_{ce}$$

由于电容的“隔直”作用和交流耦合作用，u_{CE}中的直流分量U_{CEQ}被电容C_2隔断，而交流分量u_{ce}则可经C_2传送到输出端，故输出端电压

$$u_o = u_{ce} - U_{CEQ}$$

从以上图解分析过程中，可以总结以下几点：

(1) 无输入信号时，晶体管的电流、电压都是直流量。当放大电路输入信号电压后，i_B、i_C和u_{CE}都在原来直流值的基础上叠加了一个交流量。

(2) 输出电压u_o与u_i为同频率的正弦波，且输出电压u_o的幅度比输入电压u_i大得多。

(3) 电流i_b、i_c与输入电压u_i同相，而输出电压u_o与输入电压u_i反相，即共发射极放大电路具有倒相作用。

2. 微变等效电路分析法

图解法的特点是直观形象地反映晶体管的工作情况，但误差较大，一般适用于分析输出幅度比较大而工作频率不太高时的情况。对于小信号作用的放大电路，通常采用微变等效电路分析法。

由图解分析法可以看到，当放大电路的输入信号较小，且静态工作点选择合适时，晶体管的工作情况接近于线性状态，电路中各电流、电压的波形基本上是正弦波，因而可以把晶体管这个非线性元件组成的电路当作线性电路来处理，这就是微变等效电路分析法。所谓“微变”，就是变化量微小的意思，即晶体管在小信号情况下工作。利用微变等效电路，可以求出放大器的动态性能指标，如电压放大器倍数$\dot{A}_u$、输入等效电阻R_i和输出等效电阻R_o等。

采用微变等效电路对放大电路动态情况分析时，应先画出与放大电路相对应的交流通路，再把晶体管用小信号线性模型来代替，则可得到放大电路的微变等效电路，然后按线性电路的一般分析方法进行求解。

1) 晶体管的小信号模型

在图 10-2 所示电路中，当基极和发射极之间的电压在U_{BEQ}的基础上出现一个微小的变化

量 ΔU_{BE}时，基极电流也产生一个变化量 ΔI_B。因 I_C受 I_B控制，故在集电极就产生 ΔI_C和 ΔU_{CE}。由于在 Q 点附近的变化量比较小，于是可以把 Q 点附近的一段曲线近似地看成是直线。ΔU_{BE}和 ΔI_B之比就是动态电阻，即

$$r_{be}=\frac{\Delta U_{BE}}{\Delta I_B}$$

r_{be}称为晶体管的输入电阻。在常温下，小功率晶体管的 r_{be}为

$$r_{be}=r_b+(\beta+1)\frac{26}{I_{EQ}} \tag{10-11}$$

式中 I_{EQ}为发射极静态电流，r_b为基极电阻。当 $I_{EQ}\leqslant 5$ mA 时，r_b约为 200 Ω。由此可以看出，r_{be}的大小和 Q 点有关，Q 点上移，r_{be}变小。

由以上所述可以看出，对变化量来说，晶体管的基极和发射极之间可以用输入电阻 r_{be}来等效。因晶体管工作在放大区时，可以近似认为其输出特性是一组以 I_B为参变量的平行于横轴的直线，ΔI_C只受 ΔI_B的“控制”，而与 U_{CE}几乎无关，故晶体管的集电极和发射极之间可以用一个值为 $\beta\Delta I_B$的电流源来等效。由此可以画出晶体管的微变等效模型，如图 10-6 所示。

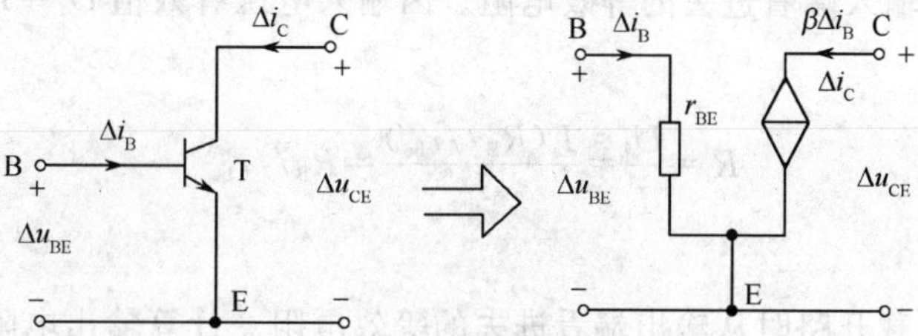

图 10-6　晶体管的微变等效模型

2）放大电路的交流通路和微变等效电路

放大电路的交流通路是在输入信号作用下交流信号通过的通路，用于研究动态参数。放大电路的输出端通常接有负载电阻 R_L，如图 10-7 所示。把耦合电容 C_1、C_2视为短路，无内阻的直流电源 U_{CC}视为短路，则可得到它的交流通路，如图 10-8 所示。把交流通路中的晶体管用小信号等效模型代替，就可得到放大电路的微变等效电路，如图 10-9 所示。设输入为正弦信号，故图中的电流、电压用相量形式表示。

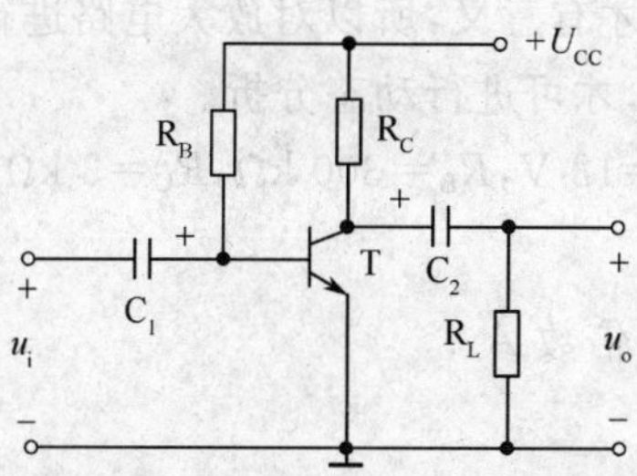

图 10-7　输出端接负载的放大电路

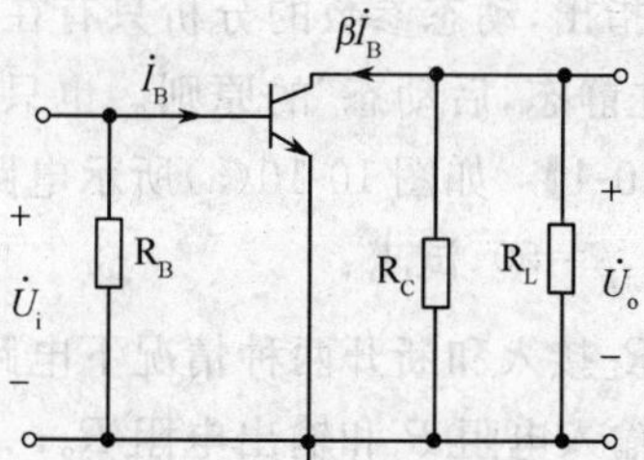

图 10-8　放大电路的交流通路

3）动态指标参数的分析

(1) 电压放大倍数 $\dot{A}_u$。

根据放大倍数的定义，利用晶体管 $\dot{I}_b$对 $\dot{I}_c$的控制关系，可得电压放大倍数。在图 10-9 所

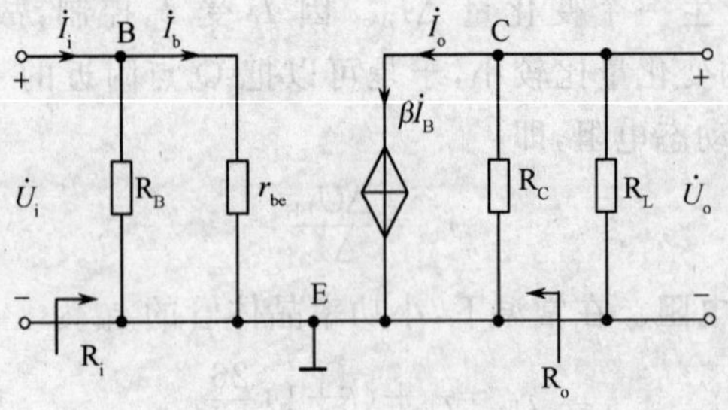

图 10-9　放大电路的微变等效电路

示电路中，$\dot{U}_i=\dot{I}_b r_{be}$，$\dot{U}_o=-\dot{I}_o R'_L$，$R'_L=R_C//R_L$，故 $\dot{A}_u$ 的表达式为

$$A_u=\frac{\dot{U}_o}{\dot{U}_i}=-\beta\frac{R'_L}{r_{be}} \tag{10-12}$$

(2) 输入电阻 R_i。

R_i是从放大电路输入端看进去的等效电阻。因输入电压有效值 $\dot{U}_i=I_i(R_B//r_{be})$，故输入电阻为

$$R_i=\frac{\dot{U}_i}{\dot{I}_i}=\frac{I_i(R_B//r_{be})}{I_i}=R_B//r_{be} \tag{10-13}$$

(3) 输出电阻 v。

输出电阻 r_o是负载开路时从输出端看进去的等效电阻。计算输出电阻 r_o时，可令其输入电压 $U_i=0$，但保留其内阻。然后，在输出端加一正弦波测试信号 U_o，必然产生动态电流 I_o，则

$$r_o=\frac{U_o}{U_i}\Big/_{u_i=0}$$

在图 10-9 所示电路中，所加信号 U_i为恒压源，内阻为 0。当 $U_i=0$ 时，$I_b=0$，当然 $I_c=0$，因此

$$r_o=\frac{U_o}{U_i}=R_C \tag{10-14}$$

应当指出，动态参数的分析只有在 Q 点合适时才有意义，所以对放大电路进行分析时，总是遵循“先静态，后动态”的原则。也只有 Q 点合适，才可进行动态分折。

【例 10-1】 如图 10-10(a)所示电路，已知 $U_{CC}=12$ V，$R_B=300$ kΩ，$R_C=3$ kΩ，$R_L=3$ kΩ，$R_s=3$ kΩ，$\beta=50$，试求：

(1) R_L接入和断开两种情况下电路的电压放大倍数 $\dot{A}_u$；

(2) 输入电阻 R_i和输出电阻 R_o；

(3) 输出端开路时的，源电压放大倍数 $\dot{A}_{us}=\dfrac{\dot{U}_o}{\dot{U}_s}$。

解： 先求静态工作点，由图 10-10(b)所示静态工作电路得

$$I_{BQ}=\frac{U_{CC}-U_{BEQ}}{R_B}\approx\frac{U_{CC}}{R_B}=\frac{12}{300\times10^3}=40(\mu\text{A})$$

$$I_{CQ}=\beta I_{BQ}=50\times0.04=2(\text{mA})$$

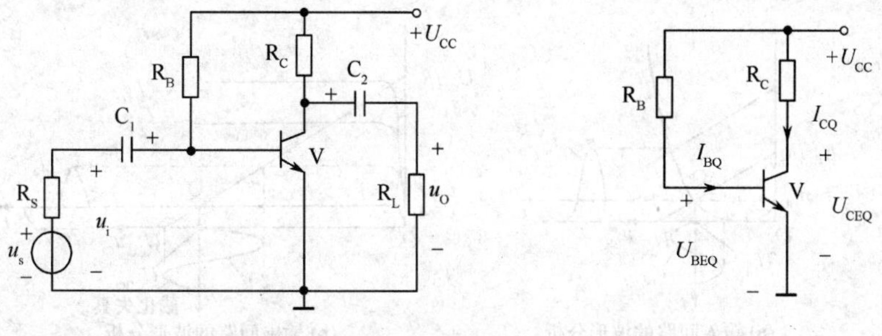

图 10-10　例 10-1 图

$$U_{CEQ}=U_{CC}-I_{CQ}R_C=12-2\times 3=6(\text{V})$$

再求晶体管的动态输入电阻

$$r_{be}=300+(1+\beta)\frac{26\times 10^{-3}}{I_{EQ}}=300+(1+50)\times\frac{26\times 10^{-3}}{2\times 10^{-3}}=963(\Omega)=0.963\ \text{k}\Omega$$

(1) R_L接入时的电压放大倍数 $\dot{A}_u$ 为

$$\dot{A}_u=-\frac{\beta R'_L}{r_{be}}=-\frac{50\times\frac{3\times 3}{3+3}}{0.963}\approx -78$$

R_L断开时的电压放大倍数 $\dot{A}_u$ 为

$$\dot{A}_u=-\frac{\beta R_C}{r_{be}}=-\frac{50\times 3}{0.963}\approx -156$$

(2) 输入电阻 R_i 为

$$R_i=R_B//r_{be}=300//0.963\approx 0.96(\text{k}\Omega)$$

输出电阻 R_o的值为

$$R_o=R_C=3\ \text{k}\Omega$$

(3) $\dot{A}_{us}=\frac{\dot{U}_o}{\dot{U}_s}=\frac{\dot{U}_i}{\dot{U}_s}\times\frac{\dot{U}_o}{\dot{U}_i}=\frac{R_i}{R_s+R_i}\dot{A}_u=\frac{1}{3+1}\times(-156)=-39$

10.5　静态工作点与输出波形失真的关系

从图 10-5 所示的波形图中可以看出，当输入电压为正弦波时，若静态工作点合适且输入信号幅值较小，则晶体管 B-E 间的动态电压为正弦波，基极、集电极动态电流、C-E 间的动态管电压也为正弦波。

若静态工作点过低或过高，电路中的电流、电压还会不会是正弦波呢？下面对这一问题进行分析。

若静态工作点过低，在输入信号负半周靠近峰值的某段时间内，晶体管 B-E 间电压总量 u_{BE}小于其开启电压 U_{on}，晶体管截止，此时 $i_B=0$，因此基极电流将产生底部失真。i_B的失真必将引起 i_C和 u_{CE}的波形失真，所以输出电压一定失真。由于输出电压 u_o与 R_C上电压的变化相位相反，从而导致 u_o波形产生顶部失真，如图 10-11 所示。这种由于 Q 点过低导致晶体管截止而产生的失真，称为截止失真。

若静态工作点过高，从输入特性上看，此时 i_B仍为不失真的正弦波，但由于输入信号正半

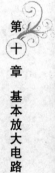

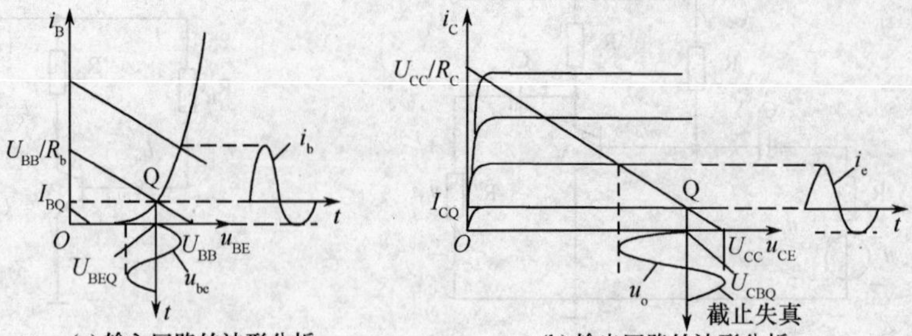

(a) 输入回路的波形分析　　(b) 输出回路的波形分析

图 10-11　放大电路的截止失真

周靠近峰值的某段时间内晶体管进入了饱和区，导致集电极电流 i_C 产生顶部失真，集电极电阻 R_C 上的电压波形随之产生同样的失真。由于输出电压 u_o 与 R_C 上电压的变化相位相反，从而导致 R_C 波形产生底部失真，如图 10-12 所示。这种由于 Q 点过高导致晶体管饱和而产生的失真，称为饱和失真。

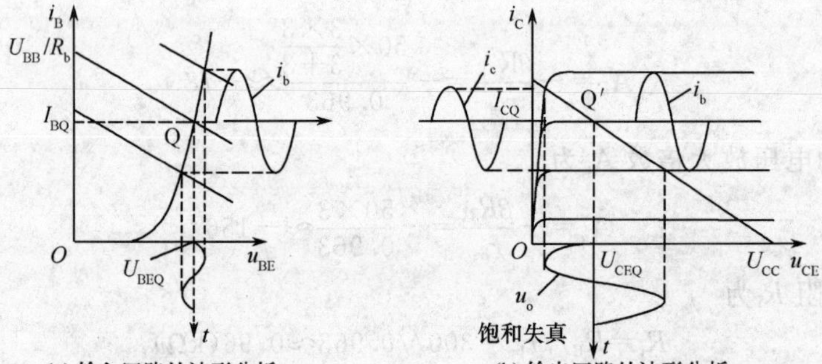

(a) 输入回路的波形分析　　(b) 输出回路的波形分析

图 10-12　放大电路的饱和失真

从以上分析可以看出，要不失真地放大输入信号，必须合适地设置静态工作点。

10.6　静态工作点的稳定

从前面的分析知道，放大电路应有合适的静态工作点，才能保证有良好的放大效果。静态工作点不但决定了放大电路是否会产生失真，而且影响着放大电路的电压放大倍数、输入电阻等动态参数。实际上，外部因素（例如温度变化、晶体管参数变化、电源电压被动等）的影响会造成静态工作点不稳定，严重时会致使电路无法正常工作。

在影响静态工作点的诸多因素中，以温度的影响最大。当温度升高时，由于晶体管的 I_{CEQ} 和 β 的增大以及 U_{BE} 的减小，会使 I_C 增大，静态工作点将沿负载线上移。因此需要采取措施，使环境温度改变时，静态工作点能够自动稳定在合适的位置。

图 10-13(a)是一种典型的静态工作点稳定电路，图 10-13(b)是它的直流通路。电路中基极电路采用 R_{B1}、R_{B2} 组成分压电路，只要 R_{B1}、R_{B2} 取值适当，使 $I_2 >> I_{BQ}$，则基极电位为

$$U_{BQ}=\frac{R_{B1}}{R_{B1}+R_{B2}}U_{CC} \tag{10-15}$$

上式表明基极电位几乎仅决定于 R_{B1} 与 R_{B2} 对 U_{CC} 的分压，而与环境温度无关，即当温度变

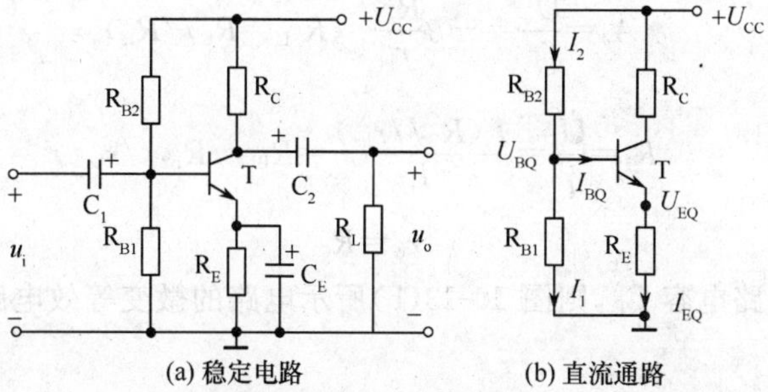

图 10-13　静态工作点稳定电路及其直流通路

化时，U_{BQ}基本不变。因此称这种电路为分压式静态工作点稳定电路。

当温度升高时，集电极电流 I_C增大，发射极电流 I_E也增大，因而发射极电阻 R_E上的电压 U_E(即发射极电位)随之增大；因为 U_{BQ}基本不变，而 $U_{BE}=U_B-U_E$，所以 U_{BE}势必减小，导致基极电流 I_B减小，I_C随之相应减小，即抑制了 I_C的增加，达到稳定 I_C的目的。这种通过电路的自动调节作用来抑制电路工作状态变化的技术称为负反馈。

1. 静态工作点的估算

由于 $I_2>>I_{BQ}$，因此

$$U_{BQ}=\frac{R_{B1}}{R_{B1}+R_{B2}}U_{CC} \tag{10-16}$$

$$I_{EQ}=\frac{U_{BQ}-U_{BEQ}}{R_E}\approx I_{CQ} \tag{10-17}$$

$$I_B=\frac{I_{EQ}}{1+\beta} \tag{10-18}$$

$$U_{CE}\approx U_{CC}-I_{CQ}(R_C-R_E) \tag{10-19}$$

2. 动态参数的计算

画出图 10-13(a)所示电路的微变等效电路，如图 10-14(a)所示，则

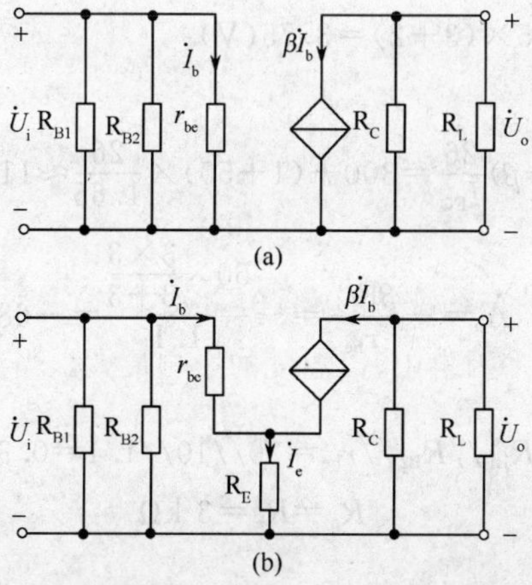

图 10-14　静态工作点稳定电路的微变等效电路

$$A_u=\frac{\dot{U}_o}{\dot{U}_i}=-\beta\frac{R'_L}{r_{be}}\quad(R'_L=R_C//R_L) \tag{10-20}$$

$$R_i=\frac{\dot{U}_i}{\dot{I}_i}=\frac{I_i(R_B//r_{be})}{I_i}=R_{B1}//R_{B2}//r_{be} \tag{10-21}$$

$$r_o=R_C \tag{10-22}$$

若电路中没有旁路电容 C_E，则图 10-13(b)所示电路的微变等效电路如图 10-14(b)所示。由图可知

$$\dot{U}_i=\dot{I}_b r_{be}+\dot{I}_e R_E=\dot{I}_b r_{be}+(1+\beta)\dot{I}_b R_E$$

$$\dot{U}_o=-\beta\dot{I}_b R'_L(R'_L=R_c//R_L)$$

所以

$$A_u=\frac{\dot{U}_o}{\dot{U}_i}=-\frac{\beta R'_L}{r_{be}+(1+\beta)R_E} \tag{10-23}$$

$$R_i=\frac{U_i}{I_i}=R_{B1}/\!/R_{B2}/\!/[r_{be}+(1+\beta)R_E] \tag{10-24}$$

$$R_o=R_c \tag{10-25}$$

【例 10-2】 图 10-15 所示电路中，已知 $U_{CC}=12$ V，$R_{B1}=20$ kΩ，$R_{B2}=10$ kΩ，$R_C=3$ kΩ，$R_E=2$ kΩ，$R_L=3$ kΩ，$\beta=50$。试估算静态工作点，并求电压放大倍数、输入电阻和输出电阻。

解：(1) 用估算法计算静态工作点。

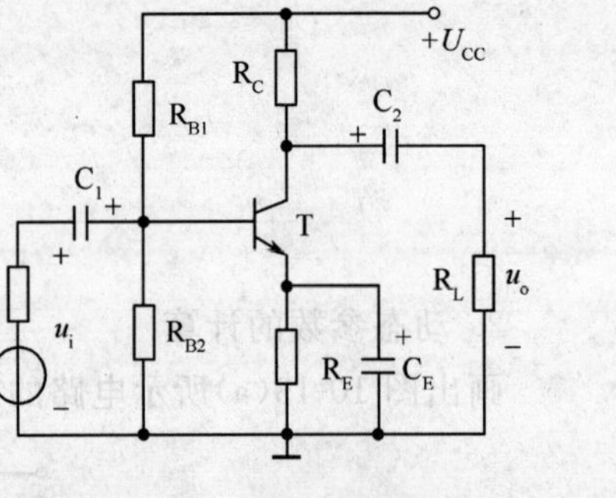

图 10-15 例 10-2 图

$$U_B=\frac{R_{B2}}{R_{B1}+R_{B2}}U_{CC}=\frac{10}{20+10}\times12=4(\text{V})$$

$$I_{CQ}\approx I_{EQ}=\frac{U_B-U_{BEQ}}{R_E}=\frac{4-0.7}{2}=1.65(\text{mA})$$

$$I_{BQ}=\frac{I_{CQ}}{\beta}=\frac{1.65}{50}(\text{mA})=33\ \mu\text{A}$$

$$U_{CEQ}=U_{CC}-I_{CQ}(R_C+R_E)$$
$$=12-1.65\times(3+2)=3.75(\text{V})$$

(2) 求电压放大倍数。

$$r_{be}=300+(1+\beta)\frac{26}{I_{EQ}}=300+(1+50)\times\frac{26}{1.65}\approx1100(\Omega)=1.1\ \text{k}\Omega$$

$$\dot{A}_u=-\frac{\beta R'_L}{r_{be}}=-\frac{50\times\frac{3\times3}{3+3}}{1.1}=-68$$

求输入电阻和输出电阻

$$R_i=R_{B1}//R_{B2}//r_{be}=20//10//1.1=0.994\ \text{k}\Omega$$

$$R_o=R_C=3\ \text{k}\Omega$$

10.7 共集电极放大电路

根据输入与输出回路公共端的不同，单管放大电路有 3 种基本组态。除了前面讨论的共

发射极组态，还有共集电极和共基极组态。本节主要介绍共集电极组态。

共集电极放大电路如图 10-16(a)所示，集电极作为交流信号的公共端，由发射极输出信号，因此也称为射极输出器。

放大电路的静态分析和动态分析如下。

10.7.1 静态分析

根据直流通路(见图 10-16(b))，求解 Q 点。

列输入回路电压方程

$$U_{CC}=I_{BQ}R_B+U_{BEQ}+(1+\beta)I_{BQ}R_E$$

得

$$I_{BQ}=\frac{U_{CC}-U_{BEQ}}{R_B+(1+\beta)R_E} \tag{10-26}$$

$$I_{Eq}=(1+\beta)I_{BQ} \tag{10-27}$$

$$U_{CEQ}=U_{CC}-I_{EQ}R_E \tag{10-28}$$

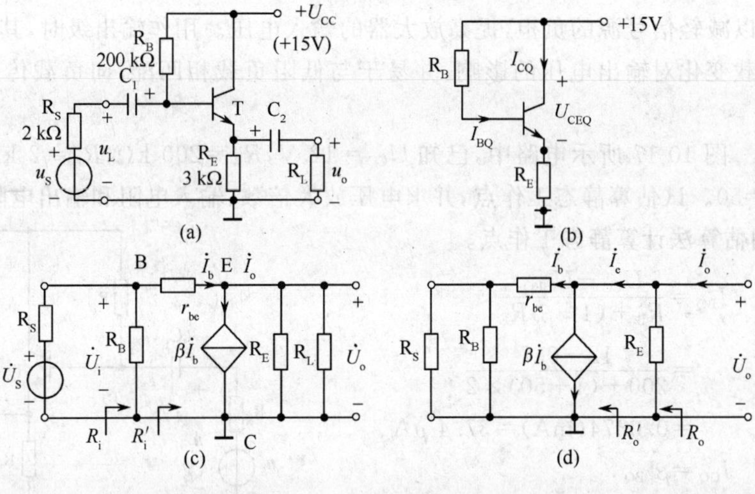

图 10-16　共集电集放大电路

10.7.2 动态分析

共集电极放大电路的微变等效电路如图 10-16(c)所示。

1. 电压放大倍数

列输入回路和输出回路方程：

$$\dot{U}_i=\dot{I}_b r_{be}+\dot{I}_e R'_L=\dot{I}_b r_{be}+(1+\beta)\dot{I}_b R'_L \quad R'_L=R_E//R_L$$

$$\dot{U}_o=\dot{I}_e(R_E//R_L)=(1+\beta)\dot{I}_b R'_L$$

$$\dot{A}_u=\frac{(1+\beta)R'_L}{r_{be}+(1+\beta)R'_L}\approx 1 \tag{10-29}$$

2. 输入电阻

输入电阻计算如下：

$$R'_i=\frac{U_i}{I_b}=r_{be}+(1+\beta)R'_L$$

$$R_i=U_i/I_i=R_B//[r_{be}+(1+\beta)R'_L] \tag{10-30}$$

3. 输出电阻

将信号源$\dot{U}_S$短路，保留其内阻 R_S，负载 R_L 断路，在输出端加一信号源$\dot{U}_o$，则产生电流$\dot{I}_o$，$\dot{U}_o$与$\dot{I}_o$之比即为输出电阻，如图 10-16(d)所示。

$$R'_o=\frac{U_o}{I_E}=\frac{I_B(r_{be}+R_S//R_B)}{(1+\beta)I_B}=\frac{(r_{be}+R_S//R_B)}{(1+\beta)}$$

$$R_o=R'_o//R_E=R_E//\frac{(r_{be}+R_S//R_B)}{(1+\beta)} \tag{10-31}$$

由以上分析可知，射极输出器（又称射极跟随器）具有下列特点：①电压放大倍数小于 1，并约等于 1，即电压跟随；②输入电阻较高；③输出电阻较低。

射极跟随器具有较高的输入电阻和较低的输出电阻，这是射极跟随器最突出的优点。射极跟随器常用作多级放大器的第一级或最末级，也可用于中间隔离级。用作输入级时，其较高的输入电阻可以减轻信号源的负担，提高放大器的输入电压。用作输出级时，其较低的输出电阻可以减小负载变化对输出电压的影响，并易于与低阻负载相匹配，向负载传送尽可能大的功率。

【例 10-3】 图 10-17 所示电路中，已知 $U_{CC}=12\ \text{V}$，$R_B=200\ \text{k}\Omega$，$R_E=2\ \text{k}\Omega$，$R_L=3\ \text{k}\Omega$，$R_S=100\ \Omega$，$\beta=50$。试估算静态工作点，并求电压放大倍数、输入电阻和输出电阻。

解：(1) 用估算法计算静态工作点。

$$I_{BQ}=\frac{U_{CC}-U_{BEQ}}{R_B+(1+\beta)R_E}$$
$$=\frac{12-0.7}{200+(1+50)\times 2}$$
$$=0.0374(\text{mA})=37.4\ \mu\text{A}$$
$$I_{CQ}=\beta I_{BQ}$$
$$=50\times 0.0374=1.87(\text{mA})$$
$$U_{CEQ}\approx U_{CC}-I_{CQ}R_E$$
$$=12-1.87\times 2=8.26(\text{V})$$

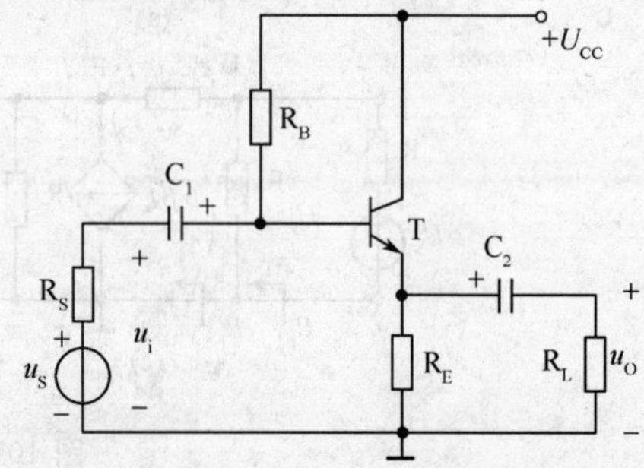

图 10-17　例 10-3 图

(2) 求电压放大倍数 $\dot{A}_u$、输入电阻 R_i和输出电阻 R_o。

$$r_{be}=300+(1+\beta)\frac{26}{I_{EQ}}=300+(1+50)\times\frac{26}{1.87}\approx 1009(\Omega)\approx 1\ \text{k}\Omega$$

$$\dot{A}_u=\frac{\dot{U}_o}{\dot{U}_i}=\frac{(1+\beta)R'_L}{r_{be}+(1+\beta)R'_L}=\frac{(1+50)\times 1.2}{1+(1+50)\times 1.2}\approx 0.98$$

式中 $R'_L=R_E//R_L=2//3=1.2(\text{k}\Omega)$

$$R_i=R_B//[r_{be}+(1+\beta)R'_L]=200//[1+(1+50)\times 1.2]\approx 47.4(\text{k}\Omega)$$

$$R_o\approx\frac{r_{be}+R'_s}{\beta}=\frac{1000+100}{50}=22(\Omega)$$

式中 $R'_s=R_B//R_s=200\times 10^3//100\approx 100\Omega$

小　结

本章介绍了基本的分立元件放大电路，按信号类别来分，包括交流放大电路和直流放大电路。对于普通晶体管电路，按输入和输出公共端来分，包括共射极电路、共基极电路和共集电极电路。

(1) 放大器按工作状态分为静态和动态两种情况。在交流放大电路中又分为直流通路和交流通路。为了使信号不失真地放大，必须给放大电路设置合适的静态工作点，而且静态工作点的设置应尽可能使动态范围大一些。

(2) 放大电路的分析方法主要有两种，一是图解法，二是计算法。图解法比较形象、直观，能确定Q点和 A_u；计算法可计算 A_u、R_i、R_o。计算法所利用的微变等效电路是在小信号的条件下，把晶体管线性化后而导出的。

(3) 放大器的电压放大倍数是放大器的一个重要指标，它是指输出正弦电压与输入正弦电压的复数之比，它表示输出电压相对于输入电压放大的倍数及相位关系。

(4) 对放大器的输入电阻和输出电阻的分析，能帮助我们正确解决放大电路前后级、放大电路与信号源或负载间的相互影响。

(5) 射极输出器的特点决定了它应用的范围，即主要用它来进行功率放大和变换阻抗。

习 题 十

10-1　按要求填写表10-1。

表 10-1

电路名称	连接方式(e、c、b)			性能比较(大、中、小)				
	公共极	输入极	输出极	$\|\dot{A}_u\|$	$\dot{A}_i$	R_i	R_o	其他
共射电路								
共集电路								
共基电路								

10-2　分别改正图10-18所示各电路中的错误，使它们有可能放大正弦波信号。要求：保留电路原来的共射接法和耦合方式。

10-3　画出图10-19所示各电路的直流通路和交流通路。设所有电容对交流信号均可视为短路。

10-4　电路如图10-20(a)所示，图(b)是晶体管的输出特性，静态时 $U_{BEQ}=0.7$ V。利用图解法分别求出 $R_L=\infty$ 和 $R_L=3$ kΩ 时的静态工作点，以及最大不失真输出电压 U_{om}（有效值）。

10-5　电路如图10-21所示，已知晶体管 $\beta=50$，在下列情况下，用直流电压表测晶体管的集电极电位，应分别为多少？设 $U_{CC}=12$ V，晶体管饱和管电压 $U_{CES}=0.5$ V。

(1) 正常情况；(2) R_{b1} 短路；(3) R_{b1} 断路；(4) R_{b2} 断路；(5) R_C 短路。

10-6　电路如图10-22所示，晶体管 $\beta=80$，$r_{bb'}=100$ Ω。分别计算 $R_L=\infty$ 和 $R_L=3$ kΩ

时的 Q 点、$\dot{A}_u$、R_i和 R_o。

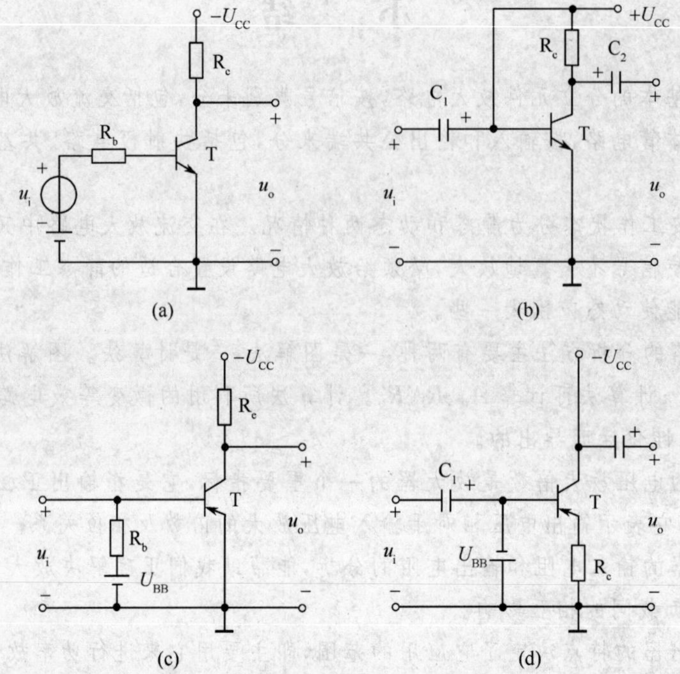

图 10-18

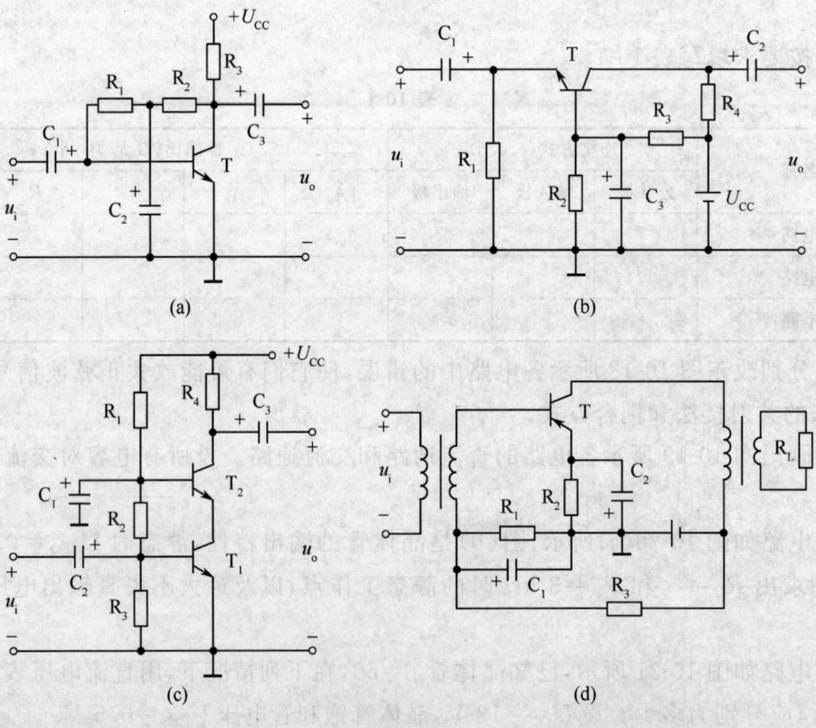

图 10-19

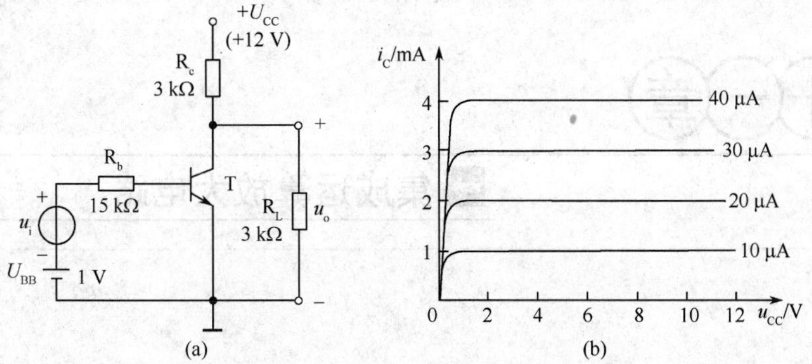

图 10-20

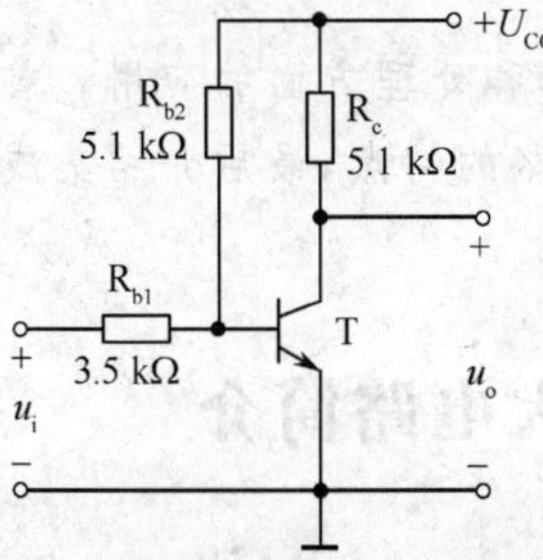

图 10-21

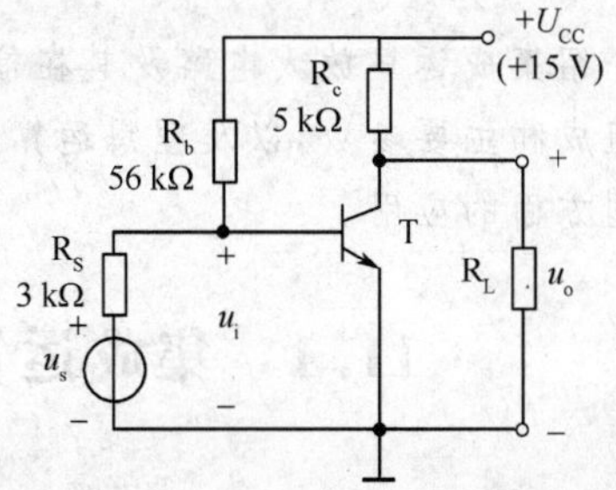

图 10-22

10-7　在图 10-22 所示电路中，由于电路参数不同，在信号源电压为正弦波时，测得输出波形如图 10-23(a)、(b)、(c)所示，试说明电路分别产生了什么失真？如何消除？

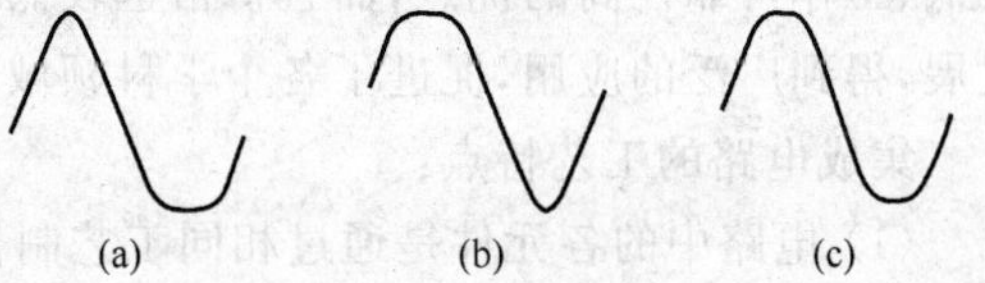

图 10-23

10-8　电路如图 10-24 所示，晶体管 $\beta=100$，$r_{bb'}=100\ \Omega$。

(1) 求电路的 Q 点、$\dot{A}_u$、R_i 和 R_o；

(2) 若电容 C_e 断路，则将引起电路的哪些动态参数发生变化？如何变化？

10-9　电路如图 10-25 所示，晶体管 $\beta=80$，$r_{be}=1\ k\Omega$。

(1) 求出 Q 点；

(2) 分别求出 $R_L=\infty$ 和 $R_L=3\ k\Omega$ 时电路的 $\dot{A}_u$ 和 R_i；

(3) 求出 R_o。

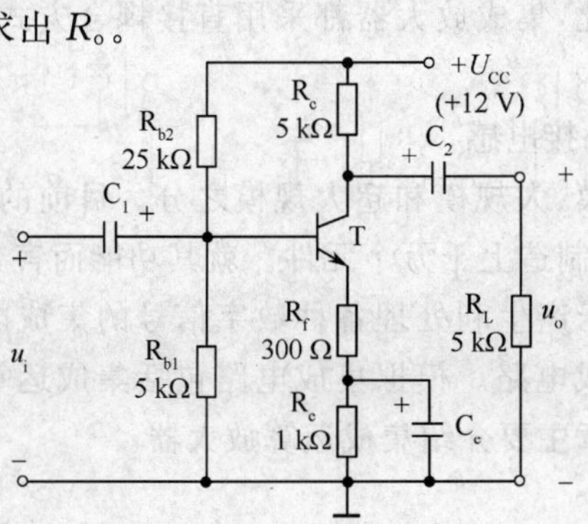

图 10-24

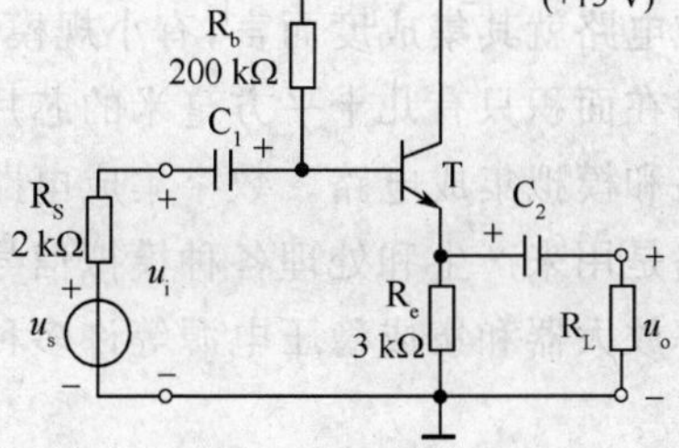

图 10-25

第十一章

集成运算放大电路

本章要点

本章主要介绍集成运算放大电路及其在信号运算和处理方面的应用。首先介绍集成运算放大器的基本组成和主要参数，以及理想运算放大电路的特点，最后介绍集成运算放大电路在信号运算与处理方面的应用。

11.1 集成运算放大电路简介

11.1.1 集成电路

集成电路是把整个电路的各个元件以及相互之间的连接同时制造在一块半导体芯片上，组成一个不可分割的整体。与分立元件连接成的电路相比，集成电路具有体积小、质量轻、功耗低、工作可靠性高的优点，而且价格也较低。因此，集成电路自从问世以来，有了突飞猛进的发展，得到广泛的应用，促进了各个学科领域先进技术的发展。

集成电路的工艺特点：

(1) 电路中的各元件是通过相同工艺制作在同一硅片上的，同型的元件参数偏差、温度特性基本一致，因而特别有利于实现需要对称结构的电路。

(2) 集成电路的芯片面积小，集成度高，所以各元件的工作电流很小，一般为毫安级；功耗很小，一般为毫瓦级。

(3) 电阻元件由硅半导体构成。因此，电阻的阻值不大，精度不高。需要高阻值电阻时，往往使用有源负载或外接负载。

(4) 只能制作几十皮法以下的小电容。因此，集成放大器都采用直接耦合方式。如需大电容，只能使用外接电容。

(5) 不能制造电感，如需电感，也只能使用外接电感。

集成电路就其集成度而言，有小规模、中规模、大规模和超大规模之分。目前的超大规模集成电路在面积只有几十平方毫米的芯片上，可制造上千万个元件。就其功能而言，包括数字集成电路和模拟集成电路。数字集成电路是用于产生利处理各种数字信号的集成电路；模拟集成电路是用来产生和处理各种模拟信号的集成电路。模拟集成电路包括集成运算放大器、集成功率放大器和集成稳压电源等许多种。本章主要介绍集成运算放大器。

11.1.2 集成运算放大器及其组成

集成运算放大器(简称集成运放、运放)是一种高增益的直流多级放大器,由于最初用于数学运算,所以称为运算放大器,现在,它已广泛用于模拟信号的运算、放大、检测、变换、处理、信号产生等,成为使用最广泛的一种线性集成电路。图 11-1 是集成运算放大器外形图。

图 11-1 集成运算放大器外形图

集成运算放大器在电路的选择及构成形式上因为受到集成工艺条件的制约,在电路设计上具有许多特点,主要有:

(1) 级间采用直接耦合方式。

(2) 尽可能用有源器件代替无源元件。

(3) 利用对称结构改善电路性能。

集成运算放大器的组成框图如图 11-2 所示。该电路可分为输入级、中间级、输出级和偏置电路 4 个基本组成部分。

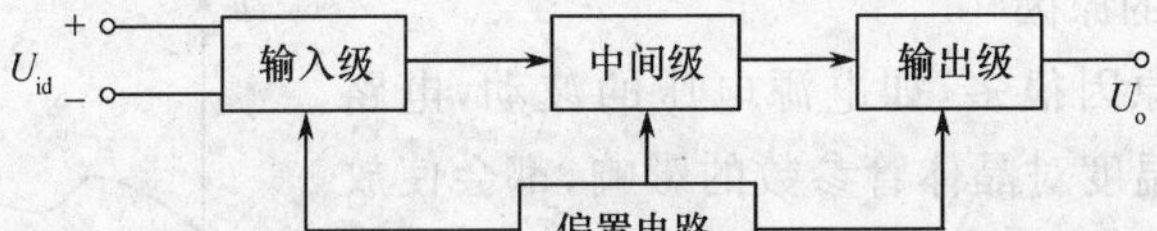

图 11-2 集成运算放大器的组成框图

输入级又称前置级,它往往是一个双端输入的高性能差分放大电路。它是提高运算放大器质量的关键部分,一般要求其输入电阻高,差模放大倍数大,抑制共模信号的能力强,静态电流小,从而有效地抑制零点漂移和干扰。输入级有同相和反相两个输入端。

中间级是整个放大电路的主要放大电路。其作用是使集成运放具有较强的放大能力,多采用共射(或共源)放大电路。而且为了提高电压放大倍数,经常采用复合管作为放大管,以恒流源作集电极负载。其电压放大倍数可达千倍以上。

输出级与负载相接,具有输出电压线性范围宽,输出电阻小(即带负载能力强),非线性失真小，带负载能力强等优点。多采用互补对称发射极输出电路。

偏置电路用于设置集成运放各级放大电路的静态工作点。与分立元件不同，集成运放多采用电流源电路为各级提供合适的集电极（或发射极、漏极）静态工作电流，从而确定了合适的静态工作点。

集成运算放大器的图形符号如图 11-3 所示。本书采用简化符号。

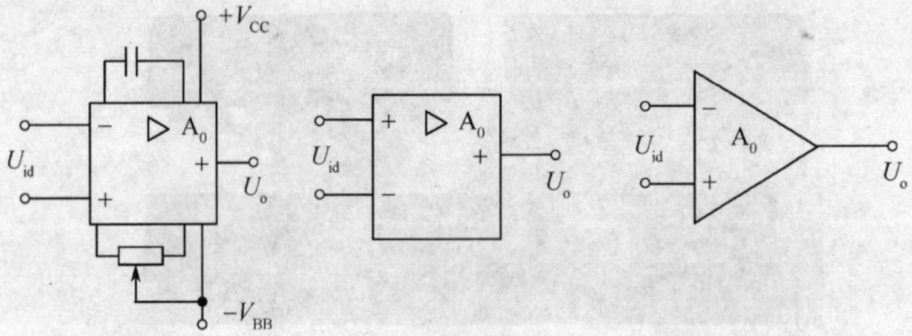

(a) 标准符号　　(b) 简化符号　　(c) 沿用的旧符号

图 11-3　集成运算放大器图形符号

11.2　差动放大电路

集成运算放大器实质上是一种高增益的直接耦合多级放大器，输入级的性能对整个运算放大器性能的影响至关重要，运算放大器的输入级一般都采用高性能的差动放大电路，以克服温度带来的零点漂移问题。

11.2.1　直接耦合放大电路的特殊问题——零点漂移

1. 零点漂移现象

当放大器的环境温度或电源电压发生变化时，晶体管的静态工作点也要随之发生变化，即使在输入信号 $U_i=0$ 时，在输出端测量其 U_o 并不为零，而是有一个随机变化的输出电压，如图 11-4所示，这种现象称为“零点漂移”。

2. 产生零点漂移的原因

产生零点漂移的原因很多，如电源电压的波动，电路元件参数的变化以及温度对晶体管参数的影响，都会使放大电路的静态工作点发生变动。即使这种变动很微小，都会传送到下一级去进行放大，这样逐级放大下去就产生了零点漂移现象。这些原因中以温度的影响最为严重（所以浮点漂移也常叫温漂）。而在多级直接耦合放大电路的各级漂移中，又以第一级的漂移影响最大，因为第一级的漂移会被送到后面各级逐级放大，最终在输出端产生较大的电压漂移。这种漂移电压大到一定程度时，就无法与正常放大的信号区分，使得放大器不能正常工作。因此，抑制零漂要着重于第一级。采用高性能的差动放大电路是克服零点漂移问题的有效方法。

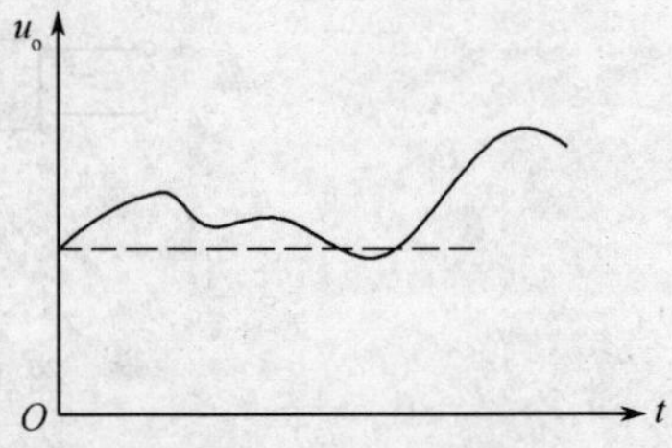

图 11-4　直接耦合放大电路的零点漂移

11.2.2 差动放大器的基本电路和工作原理

1. 基本电路

基本差动放大器如图 11-5 所示。它由两个性能参数完全相同的共射放大电路组成，通过两个管射极连接并经公共电阻 R_E 将它们耦合在一起，所以也称为射极耦合差动放大器。

2. 电路的静态工作点分析

为了使差动放大器输入端的直流电位为零，通常都采用正、负两路电源供电。由于 T_1 和 T_2 两管参数相同，电路结构对称，所以两管工作点必然相同。由图 11-5 可知，当

$$U_{i1}=U_{i2}=0 \text{ 时},$$

$$U_E=-U_{BE}=-0.7\ \text{V}$$

则通过 R_E 的电流 I 为

$$I=\frac{U_E-(-U_{EE})}{R_E}=\frac{U_E-0.7}{R_E}$$

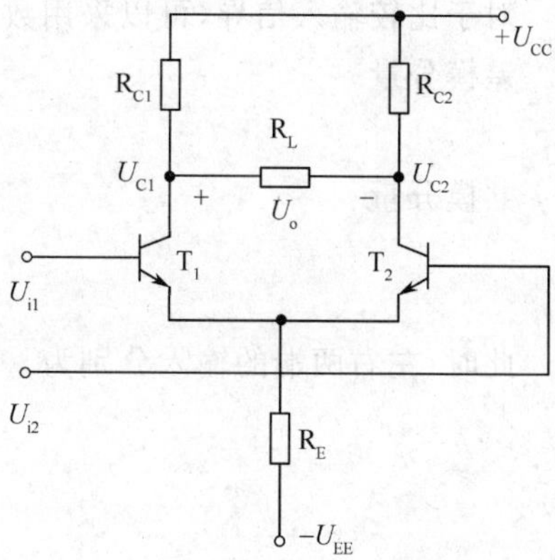

图 11-5 基本差动放大器

所以

$$I_{C1}=I_{C2}\approx I_{E1}=I_{E2}=\frac{1}{2}I$$

$$U_{CE1}=U_{CE2}\approx U_{CC}+0.7-I_{C1}R_C$$

$$U_{C1}=U_{C2}=U_{CC}-I_{C1}R_C$$

因为 $U_{C1}=U_{C2}$，可见，静态时，差动放大器两输出端之间的直流电压为零。

3. 抑制零点漂移的工作原理

当温度发生变化时，就会引起两管集电极电流和集电极电位发生相同的变化，即

$$\Delta I_{C1}=\Delta I_{C2}$$

$$\Delta U_{C1}=\Delta U_{C2}$$

所以输出电压

$$U_o=\Delta U_{C1}-\Delta U_{C2}=0$$

可见，差动放大电路若左右两边理想对称，从两管集电极之间输出信号时，零点漂移就可完全被抑制。

4. 信号输入方式

当有信号输入时，对称差动放大电路的工作情况可以分为下列几种输入方式来分析：

(1) 共模输入。两个输入信号电压的大小相等，极性相同，即 $U_{i1}=U_{i2}$。

在共模输入信号的作用下，对于完全对称的差动放大电路来说，两管的集电极电位变化相同，因此输出电压等于零。所以它对共模信号没有放大能力，即这时放大倍数为零。

(2) 差模输入。两个输入信号电压的大小相等，极性相反，即 $U_{i1}=-U_{i2}$。

在差模输入信号的作用下，对于完全对称的差动放大电路来说，两管的集电极电位变化相反，因此输出电压为 $U_o=\Delta U_{C1}-\Delta U_{C2}=2\Delta U_{C1}$。

可见，在输入差模信号时，差动放大电路的输出电压为两管各自输出电压变化量的两倍。此时输出电压 U_o 与差模输入电压 U_{id} 的比值称为差模电压放大倍数或差模电压增益，用 A_{ud} 表

示，即

$$A_{ud}=\frac{U_o}{U_{id}}$$

（3）比较输入。两个输入电压信号的大小和极性是任意的，这种信号称为比较输入信号，这是自动控制系统中常见的输入信号。

对于比较输入信导，可以采用数学方法将其分解成一对共模分量和差模分量，即：

差模分量

$$U_{id}=U_{i1}-U_{i2}$$

共模分量

$$U_{ic}=\frac{U_{i1}+U_{i2}}{2}$$

此时，左右两端的输入分别为

$$U_{i1}=U_{ic}+\frac{U_{id}}{2}$$

$$U_{i2}=U_{ic}-\frac{U_{id}}{2}$$

11.2.3 差动放大电路的输入输出方式

差动放大电路一般有两个输入端，即同相输入端和反相输入端。

根据规定的正方向，在一个输入端加上一定极性的信号，如果所得到的输出信号极性与其相同，则该输入端称为同相输入端。反之，如果所得到的输出信号的极性与其相反，则该输入端称为反相输入端。

信号的输入方式：若信号同时加到同相输入端和反相输入端，称为双端输入；若信号仅从一个输入端加入，称为单端输入。

差动放大电路可以有两个输出端，一个是 T_1 的集电极 C_1，另一个是 T_2 的集电极 C_2。

从 C_1 或 C_2 输出，称为双端输出；仅从集电极 C_1 或 C_2 对地输出，称为单端输出。

差动放大电路有两个输入端和两个输出端。组合起来有双端输入-双端输出、双端输入-单端输出、单端输入-双端输出、单端输入-单端输出 4 种形式。这里讨论常用的双端输入-双端输出、单端输入-单端输出两种方式。另外两种输入输出方式分析方法类似，本书不再详细介绍。

1. 双端输入-双端输出电路

双端输入差动放大电路如图 11-6 所示。u_i 接在两输入端之间，也可看成 $u_i/2$ 各接在两输入端与地之间。负载电阻接在两集电极之间。

在输入差模信号时，通过 R_E 的交流分量电流 i_{e1} 和 i_{e2} 大小相等、方向相反，所以可将 R_E 视为无电流流过，因此差动放大电路的交流通路可变化为如图 11-7 所示。

由图可见，因为

$$U_{i1}=-U_{i2}=\frac{1}{2}U_{id}$$

$$U_{o1}=-U_{o2}=\frac{1}{2}U_o$$

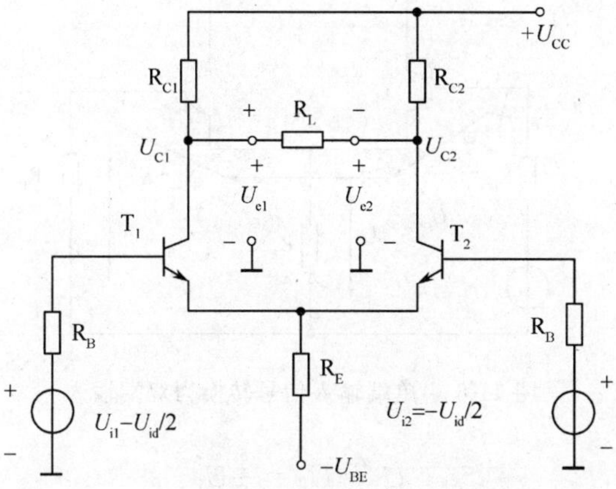

图 11-6　双端输入-双端输出差动放大电路

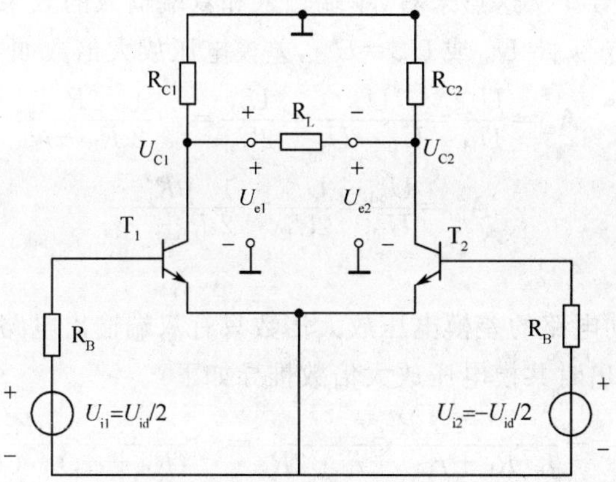

图 11-7　双端输入-双端输出差动放大电路交流通路

所以
$$A_{ud}=\frac{u_{od}}{u_{id}}=\frac{u_{o1}-u_{o2}}{u_{i1}-u_{i2}}=\frac{u_{o1}}{u_{i1}}$$

所以，双端输入-双端输出的差动放大电路的差模电压放大倍数与单管共发射极放大电路的电压放大倍数相等，即

$$A_{ud}=-\frac{\beta R'_L}{R_B+r_{be}}$$

式中，
$$R'_L=R_C//\frac{R_L}{2}$$

在输入共模信号时，因为两管信号大小相等、极性相同，在电路对称的情况下，两管的电流同时增加或同时减少相同数量，其输出电压 $U_{oc}=U_{oc1}-U_{oc2}\approx 0$，所以双端输出的共模电压放大倍数 $A_{uc}=0$。

2. 单端输入-单端输出

单端输入信号可以转换为双端输入，其转换过程如图 11-8 所示。

右侧的 R_B+r_{be} 归算到发射极回路的值为 $(R_B+r_{be})/(1+\beta)\ll R_E$，故 R_E 对 i_e 分流极小，可忽略，于是有

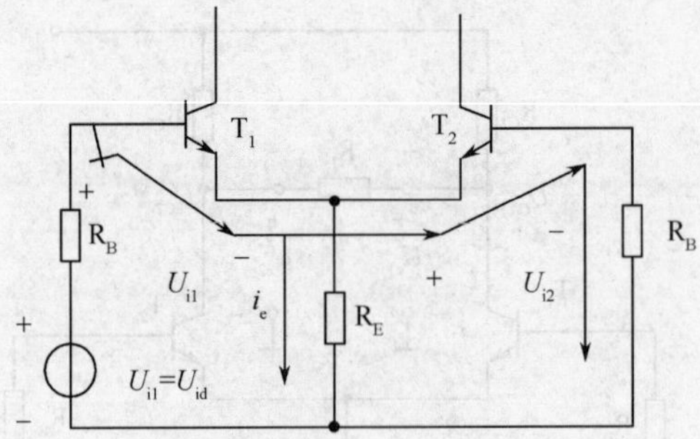

图 11-8　单端输入信号转换为双端输入

$$U_{i1}=U_{i2}=\frac{1}{2}U_i$$

可见在单端输入的差动放大电路中，只要共模反馈电阻 R_E 足够大，两管所取得的信号就可以认为是一对差模信号。从这点来看，单端输入和双端输入的效果是一样的。

而在单端输出时，有 $U_{od}=U_{o1}$ 或 $U_{od}=U_{o2}$，差模电压放大倍数如下：

反相输出时，有
$$A_{ud}=\frac{U_{od}}{U_{id}}=\frac{U_{o1}}{U_{i1}-U_{i2}}=\frac{U_{o1}}{2U_{i1}}=-\frac{1}{2}\frac{\beta R'_L}{R_B+r_{be}}$$

同相输出时，有
$$A_{ud}=\frac{U_{od}}{U_{id}}=\frac{U_{o2}}{2U_{i2}}=\frac{1}{2}\frac{\beta R'_L}{R_B+r_{be}}$$

式中，$R'_L=R_C//R_L$。

所以，单端输出差动电路的差模电压放大倍数只有双端输出电路的一半。

差动电路在单端输出时共模电压放大倍数推导如下：

$$A_{uc}=\frac{U_{oc1}}{U_i}=-\frac{i_c R'_L}{i_b(R_B+r_{be})+i_E\cdot 2R_E}=-\frac{\beta R'_L}{(R_B+r_{be})+(1+\beta)\cdot 2R_E}$$

通常 $\beta>>1$，$R_E>>R_B+r_{be}$，故上式可简化为

$$A_{uc}\approx-\frac{R'_L}{2R_E}$$

3. 差模输入电阻

不论是单端输入还是双端输入，差模输入电阻均为

$$R_{id}=2(R_B+r_{be})$$

4. 输出电阻

在单端输出时，有　$R_o=R_C$

在双端输出时，有　$R_o=2R_C$

5. 共模抑制比

对差动放大电路来说，差模信号是有用信号，要求对它有较大的放大倍数，而共模信号是需要抑制的，因此对它的放大倍数要越小越好。对共模信号的放大倍数越小，就意味着零点漂移越小，抗共模干扰能力越强，当用作比较放大时，就越能准确、灵敏地反映出信号的偏差值。通常用共模抑制比 K_{CMR} 来全面衡量差动放大电路放大差模信号和抑制共模信号的能力。定义 K_{CMR} 为差模放大倍数 A_{ud} 与共模放大倍数 A_{uc} 之比，即：

$$K_{CMR}=\frac{A_{ud}}{A_{uc}}$$

共模抑制比也可用对数形式表示为

$$K_{CMR}=20\lg\frac{A_{ud}}{A_{uc}}\ (dB)$$

单位为分贝(dB)。

对于双端输出的差动电路,若电路完全对称,其共模放大倍数 $A_{uc}=0$,共模抑制比为无穷大。

对于单端输出的差动电路,共模抑制比为

$$K_{CMR}=\left|\frac{A_{ud}}{A_{uc}}\right|\approx\frac{\beta R'_L}{R_B+r_{be}}$$

上式表明,提高共模抑制比的主要途径是增大 R_E 的阻值。

11.3 集成运算放大器的应用

11.3.1 集成运算放大器的模型和主要参数

1. 集成运算放大器的电压传输特性

集成运放的电压传输特性,是指开环时输出电压与差模输入电压之比。

典型运放的电压传输特性如图 11-9 所示。

由图 11-9 可知,电压传输特性可以分为 3 个工作区:一个线性区和两个饱和区。当工作在线性区范围内时,输出电压与差模输入电压之间呈线性关系,即:

$$u_o=A_{ud}(U_+-U_-)=A_{ud}u_{id}$$

因为集成运放的开环电压放大倍数很高,而电源电压只有有限大,因此,集成运放线性放大区所对应的输入信号变化范围很小。

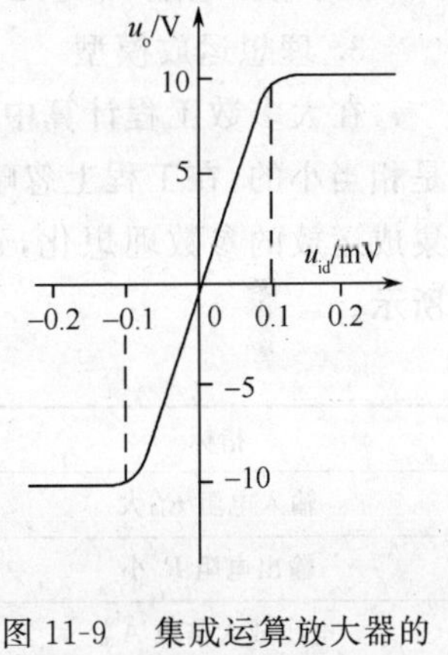

图 11-9 集成运算放大器的电压传输特性

2. 集成运放的主要参数

集成运放的性能好坏,可用其参数来衡量。为了正确地选择和使用集成运放,必须明确其参数的意义。下面介绍几个主要的参数。

(1) 输入失调电压 U_{io}。

对于理想的集成运放,当输入电压为零时,输出电压也应为零。但是,实际运放的差动输入级不可能实现完全对称,因此,即使输入电压为零,也有一定的电压输出。在输入电压为零时,将输出电压除以电压增益,即为折算到输入端的失调电压。它是表征运放内部电路对称性的指标。一般 U_{io} 为 0.1～10 V。

(2) 输入失调电压温漂 dU_{io}/dT。

它是指在规定工作温度范围内,输入失调电压随温度的变化量与温度变化量之比值。它是运放温漂的重要参数,一般为 0.3～30(μV/℃)。

(3) 输入偏置电流 I_{IB}。

集成运放的两个输入端是差动对管的基极,因此,总需要一定的静态基极电流。输入偏置电流 I_{IB} 定义为输入电压为零时,运放两个输入端偏置电流的平均值,用于衡量差动放大对管

输入电流的大小，即

$$I_{IB}=\frac{1}{2}(I_{B1}+I_{B2})$$

通常 I_{IB}为 0.1～10 μA。实际使用中，希望 I_{IB}越小越好。

(4) 输入失调电流 I_{io}。

输入电路不完全对称，两边的静态基极电流就不相等。在零输入时，差动输入级的差动对管基极电流之差，称为输入失调电流 I_{io}，即

$$I_{io}=(I_{B1}-I_{B2})$$

I_{io}用于表征差动级输入电流不对称的程度。显然，I_{io}愈小愈好，一般为 0.5 nA～5 μA。

(5) 输入失调电流温漂 $\mathrm{d}i_{io}/\mathrm{d}T$。

在规定工作温度范围内，输入失调电流随温度的变化量与温度变化量之比值，称为输入失调温漂。其值一般为 3pA/℃～50nA/℃。

(6) 差模输入电阻 R_{id}。

运放两输入端之间的等效电阻称为差模输入电阻。双极型管输入电阻约为 10^5～10^6 Ω。

集成运放的主要参数，除上述几个外，还有开环差模电压放大倍数 A_{ud}、共模抑制比 K_{CMR}、输出电阻 R_o、静态功耗 P_D等，这些参数的含义大家已经熟悉，这里只简单介绍它们的数值范围：一般开环差模电压放大倍数 A_{ud}为 104～107；共模抑制比 K_{CMR}在 80 dB 以上，好的可达 180 dB；输出电阻 R_o为几百欧姆，静态功耗 P_D大多在几十毫瓦至 200 mW。

3. 理想运放模型

在大多数工程计算中，常用运放的理想模型来代替实际模型，这种理想模型所带来的误差是相当小的，在工程上忽略该误差完全可以满足要求，但分析计算大大简化。这样，就可以把集成运放的参数理想化，建立起运放的理想模型。实际运放和理想运放性能比较如表 11-1 所示。

表 11-1　实际运放和理想运放性能比较

指标	实际运放	理想运放
输入电阻 R_{id}大	几十千欧～几百千欧	$R_{id}\to\infty$
输出电阻 R_o小	几十欧～几百欧	$R_o\to 0$
电压放大倍数 A_{ud}	10^4～10^7	$A_{ud}\to\infty$
共模抑制比 K_{CMR}	很大	$K_{CMR}\to\infty$

根据理想运放的上述特点，可以推导出分析运放时两条十分有用的依据。

(1) 虚短。

因为
$$u_o=A_{ud}(u_+-u_-)$$
而 $A_{ud}\to\infty$，所以 $u_+\approx u_-$。

所以在分析处于线性状态的运算放大器时，可把两输入端视为等电位，这一特性称为虚假短路，简称虚短。显然不能将两输入端真正短路。

若此时电路中运放的同相输入端接地（或通过一个电阻接地），即 $u_+=0$，因 $u_+=u_-$，故可以认为反相输入端的电压 u_-也等于零。此时，称运放的反相输入端为“虚地”。显然“虚地”是“虚短”在特殊条件下的表现形式。

(2) 虚断。

因为 $R_{id}\to\infty$，所以 $i_i=(u_+-u_-)/R_{id}\approx 0$。

所以在分析处于线性状态的运放时，可以把两输入端视为等效断路，这一特性称为虚假断路，简称虚断。显然也不能将两输入端真正断路。

11.3.2 比例运算电路

输出信号电压与输入信号电压存在比例关系的电路称为比例运算电路。比例运算电路是最基本的运算电路，是其他运算电路的基础。按输入方式的不同，比例运算电路分为反相比例运算电路和同相比例运算电路两种。

1. 反相比例运算电路

图 11-10 所示电路为反相比例运算电路，信号从反相端输入，同相端通过一电阻接地，反馈电阻 R_f 跨接在输入端和输出端之间，形成深度电压并联负反馈，因此运放工作在线性区。

由于运放工作在线性区，由“虚断”和“虚短”可得

$$i_i=i_f$$

$$u_-=u_+=0$$

即
$$\frac{u_i-u_-}{R_i}=\frac{u_--u_o}{R_i}$$

将 $u_-=u_+=0$ 代入上式，得 $u_o=\frac{R_f}{R_i}u_i$。

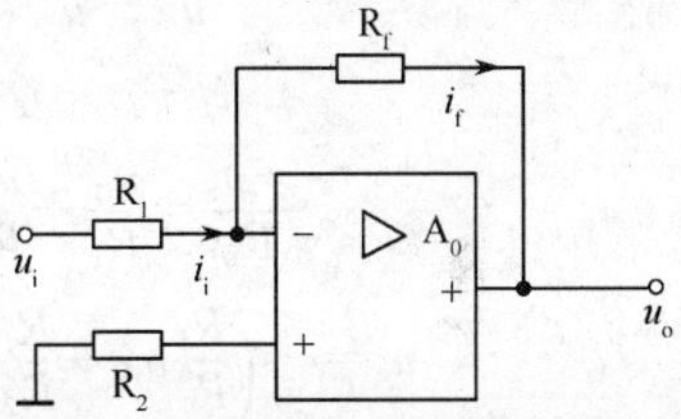

图 11-10 反相比例运算电路

电压增益
$$A_{ud}=\frac{u_o}{u_i}=-\frac{R_f}{R_i}$$

根据上述关系式，输出电压与输入电压是比例运算关系，如果 R_i 和 R_f 足够精确，而且运放的开环电压放大倍数很高，就可以认为 u_o 与 u_i 之间的关系只取决于 R_f 与 R_i 的比值，而与运放本身的参数无关。这就保证了比例运算的精度和稳定性。式中的负号表示 u_o 与 u_i 反相。

图 11-10 中 R_2 是一平衡电阻，$R_2=R_f//R_1$。当 $R_1=R_f$ 时，可得 $u_o=u_i$，即 $A_{ud}=-1$，这就是反相器。

2. 同相比例运算电路

图 11-11 所示为同相比例运算电路，信号从同相端输入，反馈电阻仍接在反相端和输出端之间，形成串联电压负反馈。

由“虚短”和“虚断”可得

$$u_-\approx u_+=u_i$$

$$i_i\approx i_f$$

由图可列出下式

$$-\frac{u_-}{R_1}=\frac{u_--u_o}{R_f}$$

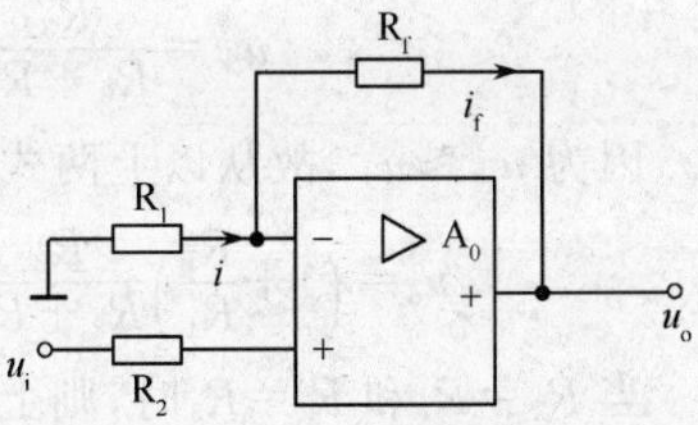

图 11-11 同相比例运算电路

解得
$$u_o=\left(1+\frac{R_f}{R_1}\right)u_i$$

闭环电压放大倍数为

$$A_{uf}=\frac{u_o}{u_i}=1+\frac{R_f}{R_1}$$

特别地，当 $R_1=\infty$（断开）或 $R_f=0$ 时，$A_{uf}=\frac{u_o}{u_i}=1$，输出电压与输入电压大小相等，相位相同，两者之间是一种跟随关系，所以该电路又称为电压跟随器，常用于阻抗变换。其电路图如图 11-12 所示。

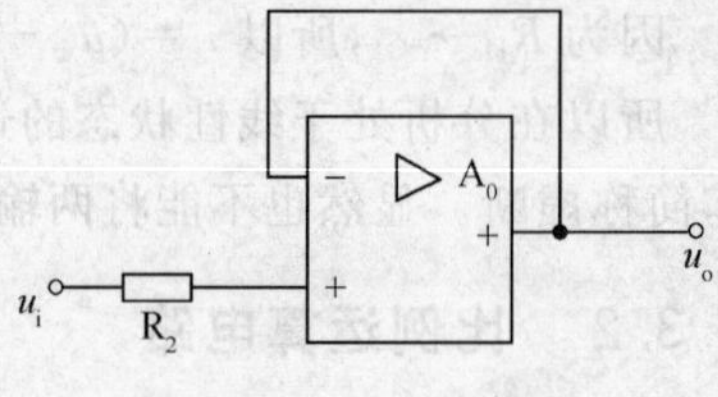

图 11-12　电压跟随器

11.3.3　加法运算电路

在同一输入端增加若干输入电路，则构成加法运算电路。加法运算电路也分为同相输入和反相输入两种，这里只介绍反相输入加法电路。

图 11-13 所示为具有 3 个输入端的反相输入加法电路，信号从反相端输入。

由"虚断"和"虚短"得

$$u_-=u_+=0$$

$$i_1+i_2+i_3=i_f$$

即
$$\frac{-u_o}{R_f}=\frac{u_{i1}}{R_1}+\frac{u_{i2}}{R_2}+\frac{u_{i3}}{R_3}$$

故
$$u_o=-\left(\frac{R_f}{R_1}u_{i1}+\frac{R_f}{R_2}u_{i2}+\frac{R_f}{R_3}u_{i3}\right)$$

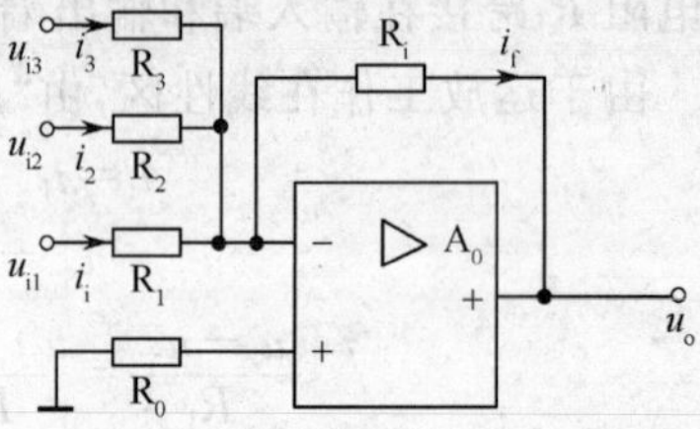

图 11-13　反相加法运算电路

输出电压反映了输入电压以一定形式相加的结果。在比例运算和加法运算电路中，信号从反相端输入时，运放的两个输入端"虚地"，无共模信号；信号从同相端输入时，运放两输入端有共模信号，要使运算精确，对运放的共模放大倍数就有较高的要求。因此，反相运算电路的应用要比同相运算电路广泛。

11.3.4　减法运算电路

图 11-14 所示为由单运放组成的两个信号的减法运算电路，实际上就是差动输入电路。由"虚断"和叠加定理可得

$$u_-=u_{i1}-R_1i_1=u_{i1}-\frac{R_1}{R_1+R_f}(u_{i1}-u_o)$$

$$u_+=\frac{R_3}{R_2+R_3}u_{i2}$$

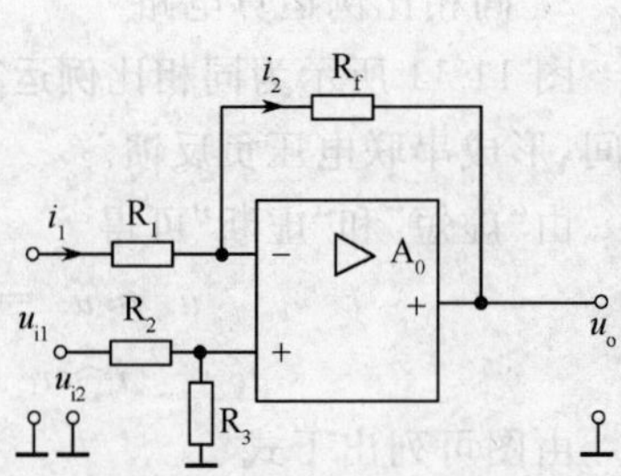

图 11-14　减法运算电路

因为 $u_-\approx u_+$，故从以上两式可得

$$u_o=\left(1+\frac{R_f}{R_1}\right)\frac{R_3}{R_2+R_3}u_{i2}-\frac{R_f}{R_1}u_{i1}$$

当 $R_1=R_2$ 和 $R_f=R_3$ 时，则上式为

$$u_o=\frac{R_f}{R_1}(u_{i2}-u_{i1})$$

当 $R_f=R_1$ 时，可得

$$u_o=(u_{i2}-u_{i1})$$

由以上两式可见，输出电压与两个输入电压的差值成正比。从而实现了信号的减法运算，并且可以通过改变两个输入信号的相对大小，控制输出信号的极性。差动输入电路作减法电

路时有两个不足之处：一是电路的输入电阻不高；二是有共模输入电压，要使运算精确，必须要求运放有较高的共模抑制比。

11.3.5　积分运算电路

与反相比例运算电路比较，用电容 C_f代替 R_f就成为积分运算电路，如图 11-15 所示。

由于是反相输入，$u_- \approx 0$，故

$$i_1 = i_f = \frac{u_i}{R_1}$$

$$u_o = -u_C = -\frac{1}{C_f}\int i_1 \, dt = -\frac{1}{R_1 C_f}\int u_i \, dt$$

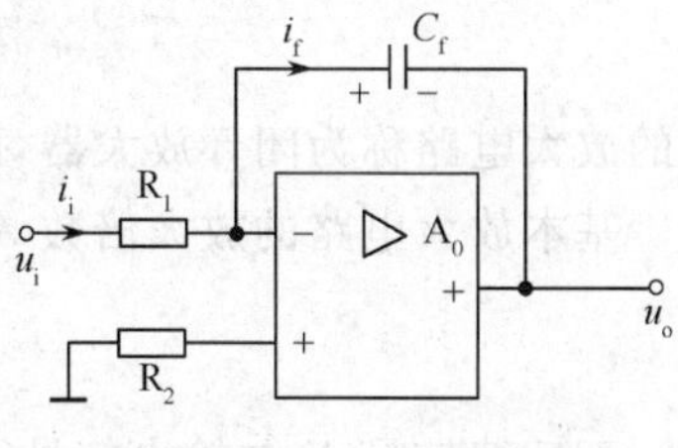

图 11-15　积分运算电路

上式表明输出电压与输入电压对时间的积分成比例，式中的负号表示两者反相。R_1C_f称为积分时间常数。

11.3.6　微分运算电路

微分运算是积分运算的逆运算，将反相积分电路中的电阻和电容调换位置，就得到微分运算电路，如图 11-16 所示。由图可知：

$$i_1 = C_1 \frac{du_C}{dt} = C_1 \frac{du_i}{dt}$$

$$u_o = -R_f i_f = -R_f i_1$$

所以　　$$u_o = -R_f C_1 \frac{du_i}{dt}$$

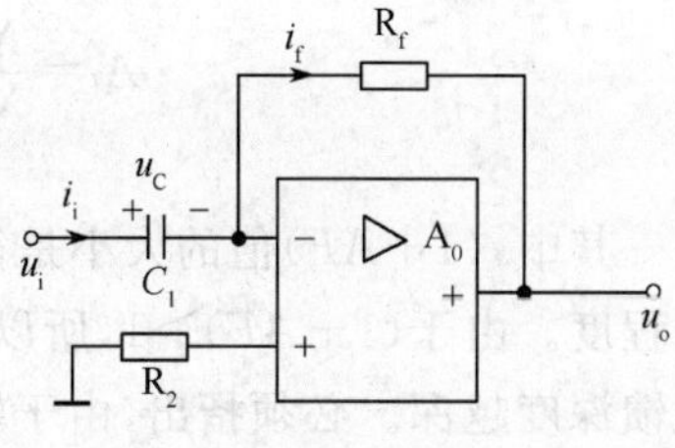

图 11-16　微分运算电路

即输出电压与输入电压的微分成比例。

11.4　反　　馈

11.4.1　反馈的基本概念

把放大电路的输出信号（电压或电流）的一部分或全部，通过一定电路（反馈网络或反馈通路）送回到放大电路的输入端，并与输入信号（电压或电流）相合成的过程，叫作反馈。

有反馈的放大器称为反馈放大器，构成反馈网络的元件叫反馈元件，送回到输入端的信号叫反馈信号。

如图 11-17 所示为反馈放大电路的基本框图。反馈网络可能是电阻、电感、电容、变压器、二极管等单个元件及其组合，也可能是较为复杂的电路。图中取样环节是表示反馈信号从放大电路的输出端取出，取出的方式不同，反映了反馈的类型不同。比较环节是表示反馈信号送回到放大电路的输入端和原来的输入信号进行比较合成，同样，合成的方式不同，也反映了反馈的类型不同。

图 11-17 中 X_i表示输入信号，X_o表示输出信号，A 是放大器的放大倍数，是反馈电路的反馈系数，它表示反馈的强弱。X_f是反馈信号，X_i与反馈信号 X_f合成后得到的净输入信号为 X'_i。所谓合成，就是将 X_i与 X_f相加或相减，使输入信号 X_i增强或减弱，从而得到净输入信号 X'_i。箭头方向表示信号传输方向。放大电路与反馈网络组成一个封闭系统。所以把引入反

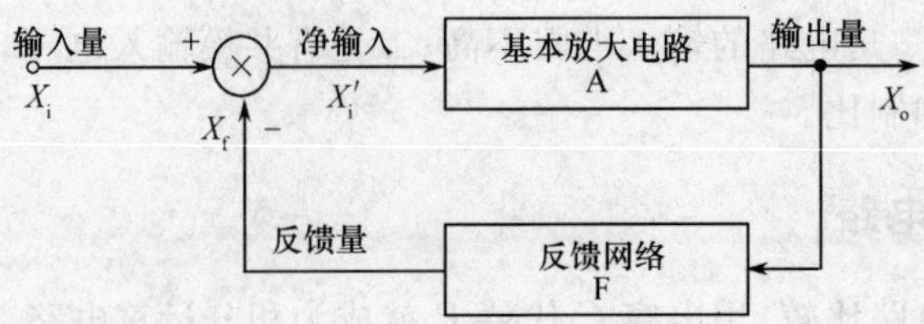

图 11-17　反馈放大电路的基本框图

馈的放大电路称为闭环放大器，而未引入反馈的基本放大电路称为开环放大器。

基本放大电路的放大倍数 A 称为开环放大倍数(也称开环增益)，即

$$A=\frac{X_o}{X_i}$$

而反馈信号 X_f与输出信号 X_o之比，称为反馈系数 F，即

$$F=\frac{X_f}{X_o}$$

反馈放大电路的放大倍数 A_f，称为闭环放大倍数(也称闭环增益)，即

$$A_f=\frac{X_o}{X'_i}=\frac{X_o}{X_i+X_f}=\frac{\dfrac{X_o}{X'_i}}{1+\dfrac{X_o}{X'_i}\cdot\dfrac{X_f}{X_o}}=\frac{\mathrm{A}}{1+\mathrm{AF}}$$

其中，$(1+AF)$值的大小是衡量负反馈程度的重要指标，称为反馈深度。它反映了负反馈的程度。由于$(1+AF)>1$，所以 $A_f<A$，即引入负反馈后，放大倍数下降。$(1+AF)$值越大，反馈深度越深。必须指出，由于输入输信号的不同，放大倍数的含义是广义的，不一定是电压放大倍数，具体情况视反馈类型而定。

11.4.2　反馈的分类

根据反馈的极性不同，反馈的信号的取样对象不同，以及反馈电路在放大电路的连接方式不向，大致可分为以下几类。

1. 正反馈和负反馈

凡是反馈信号起到增强输入信号作用，使净输入信号增强的反馈，称为正反馈，即$X'_i=X_i+X_f$；凡是反馈信号起到消弱输入信号作用，使净输入信号减小的反馈称为负反馈，即 $X'_i=X_i+X_f$。负反馈使放大电路的放大倍数降低，常被用来改善放大电路的性能；而正反馈提高了放大电路的放大倍数，使放大电路的性能不稳定，在放大电路中很少使用，一般用于振荡电路中。

2. 直流反馈和交流反馈

反馈信号如果只是含直流分量的，则反馈的作用只影响电路的直流性能，称为直流反馈。直流负反馈用来稳定静态工作点。

如图 11-18 所示，R_E将输出电流 I_C的变化送回到输入回路，能够形成直流负反馈，以稳定静态工作点。

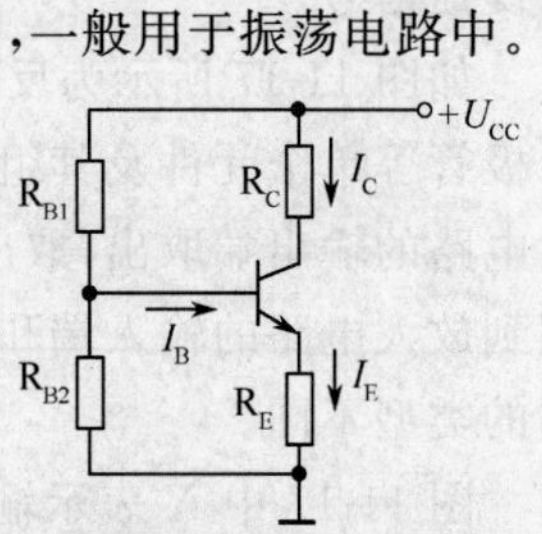

图 11-18　直流负反馈

温度 $T\uparrow\rightarrow I_C\uparrow\rightarrow I_E\uparrow\rightarrow U_E\uparrow\rightarrow U_{BE}\downarrow\rightarrow I_B\downarrow$

$I_C\downarrow\leftarrow$

可见，通过 R_E的作用得到U_E，它与U_B共同控制U_{BE}，达到稳定I_C的目的。

值得注意的是，当温度升高时，负反馈只能抑制I_C的增大过程，并不能误认为会使I_C比原来的小。

负反馈信号只含交流分量，反馈的作用只影响电路的交流性能，这样的反馈称为交流反馈。

若反馈信号既有直流量又有交流量，则称为交直流反馈。

3. 电压反馈和电流反馈

根据反馈信号从放大电路输出端取样的方式不同，如果反馈信号取自输出电压，称为电压反馈，如图 11-19(a)所示。反馈信号正比于输出电压，即X_f正比于U_o。电压反馈电路的取样端与放大电路的输出端是并联的。电压负反馈具有稳定输出电压的作用。

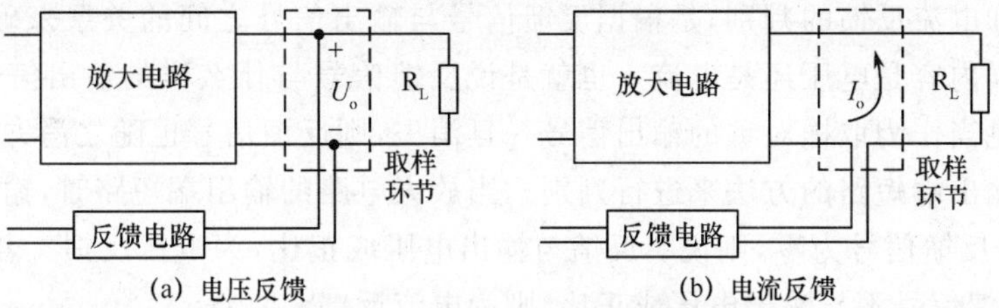

图 11-19　电压反馈和电流反馈

如果反馈信号取自输出电流，其反馈信号X_f正比于输出电流，称为电流反馈，如图 11-19(b)所示，其反馈信号正比于输出电流，即X_f正比于I_o。电流负反馈电路的取样端与放大电路的输出端是串联的，电流负反馈具有稳定输出电流的作用。

由此可见，是电压反馈还是电流反馈，是按照反馈信号在放大电路输出端的取样方式来确定的。

4. 串联反馈和并联反馈

根据反馈电路和放大电路输入端合成方式的不同，反馈信号X_f送到基本放大电路的输入端时，如果与输入信号X_i是串联关系，即以电压形式合成，这种反馈称为串联反馈。反馈信号X_f与输入信号是并联关系，即以电流形式合成时，称为并联反馈。图 11-20 所示为串联反馈电路框图，图 11-21 所示为电路框图并联反馈电路框图。

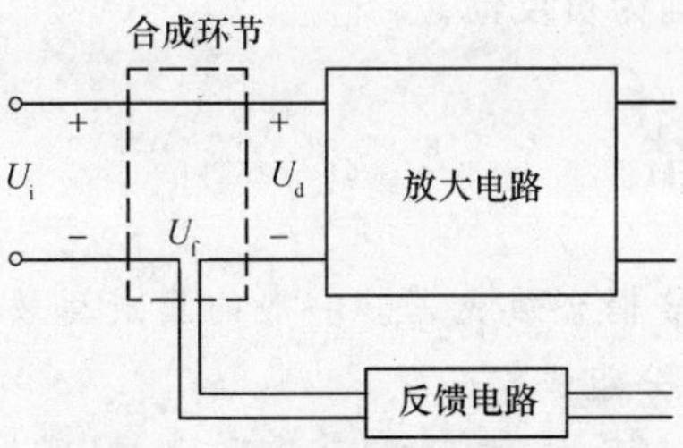

图 11-20　串联反馈电路框图

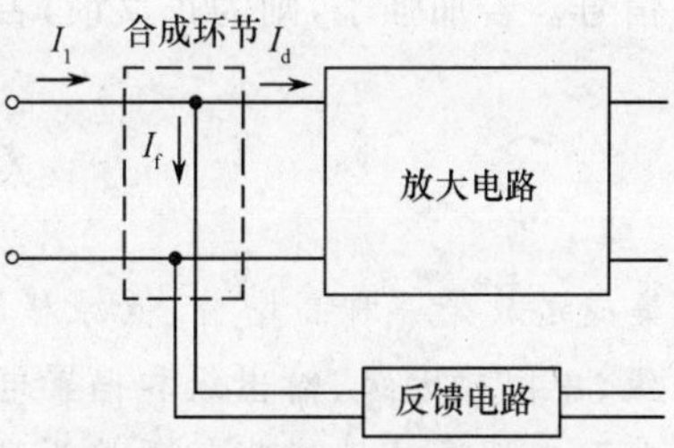

图 11-21　并联反馈电路框图

由此可见，是串联反馈还是并联反馈，是按照放大电路的反馈与输入信号的合成方式来确定的。

必须指出，电压反馈不应该理解为反馈到输入端的信号一定以电压形式出现，电流反馈也不应该理解为反馈到输入端的信号一定以电流形式出现。反馈信号在输入端以哪种方式反映出来,取决于反馈信号与输输入信号的合成方式。输入端为串联反馈时,反馈信号在输入端以电压方式出现;输入端是并联反馈时,反馈信号以电流方式出现。

11.4.3 反馈的判断

1. 反馈网络的查找

输出回路与输入回路有联系的电路便是反馈回路。反馈网络可以是一个或若干个元件,也可以是一个复杂电路,它们可以具有不同的性质和不同的位置,但它们都有共同点,即它们的一端直接或间接与输入端相接,而另一端直接或间接地与输出端相接。

2. 反馈类型的判断

(1) 电压反馈和电流反馈的判别。

电压反馈和电流反馈的判别,是根据反馈信号与输出信号之间的关系来确定的。即判断反馈信号的取样内容是电压还是电流。也就是说反馈信号与什么样的输出信号成正比,就是什么反馈。可见当作为取样对象的输出信号一旦消失,则反馈信号也随之消失。据此,常采用把放大电路的输出端短路的方法来进行判别。当放大电路的输出端短路时,输出电压为零,但$i_o \neq 0$。此时,若反馈信号为零,则说明反馈与输出电压成正比,为电压反馈。若反馈信号依然存在,则说明反馈信号不与输出电压成正比,则为电流反馈。

(2) 串联反馈和并联反馈的判别

串联反馈和并联反馈是根据反馈信号与输入信号的合成方式来确定的。若反馈信号与输入信号的合成方式是串接的,即反馈信号与输入信号以电压方式合成,则为串联反馈;若反馈信号与输入信号的合成方式是并接的,即反馈信号与输入信号以电流方式合成,则为并联反馈。常用的方法是把放大电路的输入端短路。若此时反馈信号为零,说明反馈信号是以并联方式与输入信号合成的,输入端短路,反馈信号同样被短路,使净输入信号为零,则反馈为并联反馈。反之,若反馈信号没有消失,则为串联反馈。

3. 判断正反馈和负反馈

通常采用瞬时极性法来判断:首先,假设放大电路的输入信号在第一瞬间对地的极性为"+"("+"表示升高,"-"表示降低),然后根据各级电路输出端与输入端的相位关系(同相或反相)分别推出其他有关各点的瞬时极性,最后判别反馈信号的作用是加强了输入信号还是消弱了输入信号。若加强了,则为正反馈;若削弱了,则为负反馈。

小　结

(1) 集成运放是一种高增益、低漂移的多级直接耦合放大器。一般的集成运放基本结构均由输入级、中间放大级、输出级和偏置电路四大部分组成。

(2) 由于实际运放性能指标很接近理想化条件,因此,在很多场合下,将实际运放当作理想运放来对待,这使集成运放的分析简化了。在分析集成运放的线性应用电路时,可利用"虚短"和"虚断"这两个特性,直接对它的应用电路列写方程、进行分析。

(3) 由集成运放构成的最基本运算电路有反相输入运算电路、同相输入运算电路和差分输入运算电路三种,它们是集成运放线性应用的基础电路,当集成运放用于数学运算时,在集成运放电路中必须引入深度负反馈,此时,运放工作在线性区。集成运放的运算关系由外部反馈电路来决定，通过改变外接元件，可实现输出电压与输入电压之间的各种特定的函数关系。

习题十一

11-1　两个直接耦合放大电路在温度由 20 ℃变化到 50 ℃时，电压放大倍数为 100 的 A 电路输出电压漂移了 1 V，电压放大倍数为 500 的 B 电路输出电压漂移了 2 V。问：哪个放大器的温度漂移较小？为什么？

11-2　测得一个多级直接耦合电压放大器在输入频率为 1 kHz、有效值为 10 mV 的正弦交流输入信号时，输出电压有效值为 3.6 V。当温度由 20 ℃变化到 50 ℃时，输出电压的零点发生了 0.6 V 的漂移。问：折合到输入端的零点漂移电压是多少？

11-3　当差动放大电路的两个输入端分别输入以下正弦交流电压有效值时，分别相当于输入了多大的差模信号和共模信号？对于同一理想差动放大电路来说，哪一组输入信号对应的输出电压幅值最大？哪一组最小？为什么？

(1) $u_{i1}=-20$ mV，$u_{i2}=20$ mV；

(2) $u_{i1}=1000$ mV，$u_{i2}=990$ mV；

(3) $u_{i1}=100$ mV，$u_{i2}=40$ mV；

(4) $u_{i1}=-30$ mV，$u_{i2}=0$。

11-4　基本差动放大电路如图 11-22 所示，设差模电压放大倍数为 120。

(1) 若 $u_{i1}=20$ mV，$u_{i2}=10$ mV，双端输出时的差模输出电压为多少？

(2) 若取 u_{o1} 为输出电压，此时的差模输出电压为多少？

(3) 若输出电压 $u_o=-996u_{i1}+1000u_{i2}$ 时，分别求电路的差模电压放大倍数、共模电压放大倍数和共模抑制比。

11-5　基本差动放大电路如图 11-22 所示。其中 $U_{BE1}=U_{BE2}=0.7$ V，$\beta_1=\beta_2=50$，$R_b=200$ kΩ，$R_s=12$ kΩ，$r_{be1}=r_{be2}=2$ kΩ，$R_{c1}=R_{c2}=10$ kΩ，$u_{s1}=0.06$ V，$u_{s2}=0.04$ V。试求：

(1) 差动放大电路的差模电压放大倍数、共模电压放大倍数和共模抑制比；

(2) 若 $R_{c1}=10$ kΩ，$R_{c2}=9.9$ kΩ，在同样的 u_{s1} 和 u_{s2} 的作用下，放大器的共模输出电压为 $u_{oc}=0.02$ V，求此时的差模电压放大倍数、共模电压放大倍数和共模抑制比。

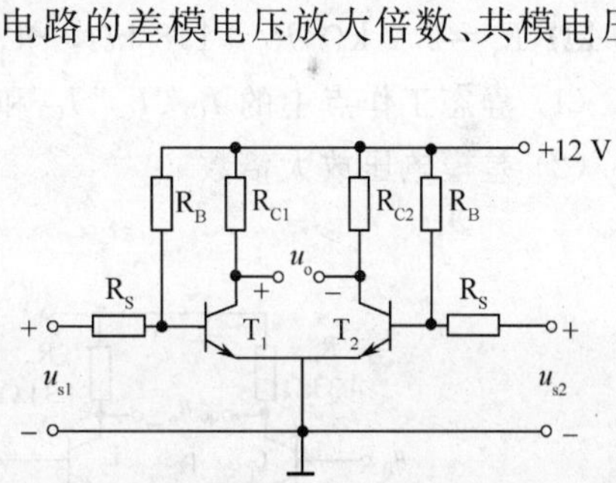

图 11-22

11-6　差动放大电路如图 11-23 所示，$\beta_1=\beta_2=50$，发射结压降为 0.7 V。试计算：

(1) 静态时的 I_{E1}、I_{B1}、U_{C1}；

(2) 差模电压放大倍数和共模电压放大倍数；

(3) 差模输入电阻；

(4) 单端输出时的共模抑制比。

11-7　差动放大电路如图 11-24 所示，$\beta_1=\beta_2=50$，发射结压降为 0.7 V，可变电阻 R_p 的动端在中点，其余参数如图所示。

(1) 确定电路的静态工作点 I_E、I_B 和 U_C；

（2）当输入电压 $u_{s1}=0.01\ \text{V}$、$u_{s1}=-0.01\ \text{V}$ 时，计算输出电压 u_o 的值；

（3）差模输入电阻和输出电阻；

（4）计算单端输出时的差模电压放大倍数、共模电压放大倍数，并求出共模抑制比。

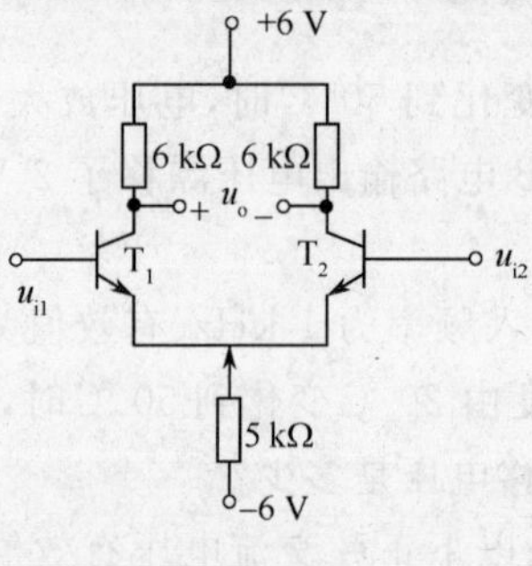

图 11-23

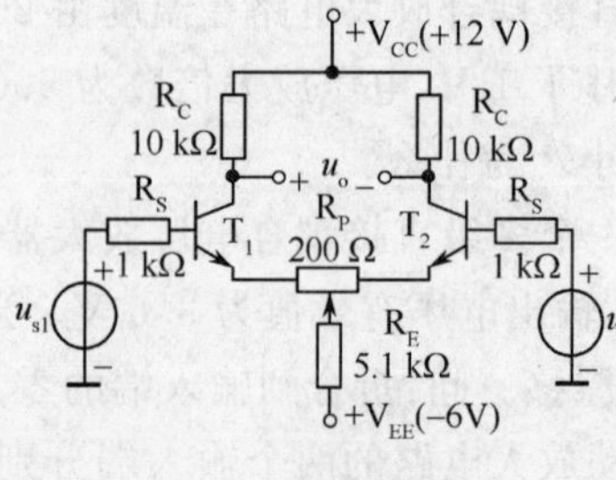

图 11-24

11-8　差放电路如图 11-25 所示，$\beta_1=\beta_2=50$，发射结压降可忽略，可变电阻 R_e 的动端在中点，其余参数如图。求：

（1）静态时的 I_E、I_B 和 U_C；

（2）空载时的差模电压放大倍数；

（3）在输出端接入 6.8 kΩ 的负载时，分别计算单端输出和双端输出时的差模电压放大倍数；

（4）差模输入电阻和输出电阻。

11-9　差动放大电路如图 11-26 所示，已知 $\beta_1=\beta_2=100$，$U_{BE1}=U_{BE2}=U_{BE3}=0.6\ \text{V}$，$R_c=5.6\ \text{k}\Omega$，$R_e=2.7\ \text{k}\Omega$，$R_b=1.8\ \text{k}\Omega$，$+U_{CC}=12\ \text{V}$，$-U_{EE}=-12\ \text{V}$。试求：

（1）静态工作点上的 I_{C1}、I_{C2}、I_{C3} 和 U_{C1}、U_{C2} 的数值；

（2）差模电压放大倍数。

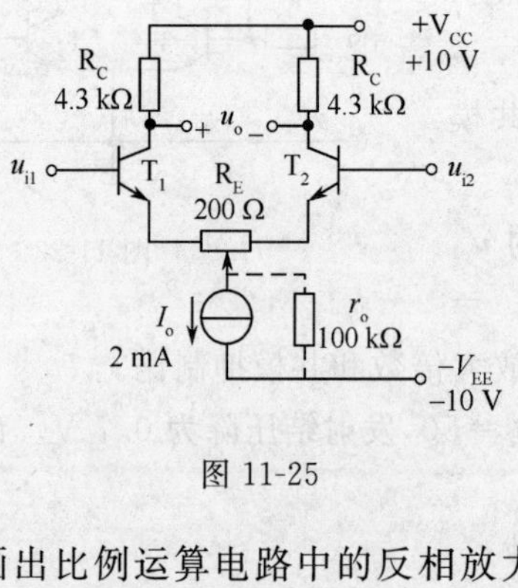

图 11-25

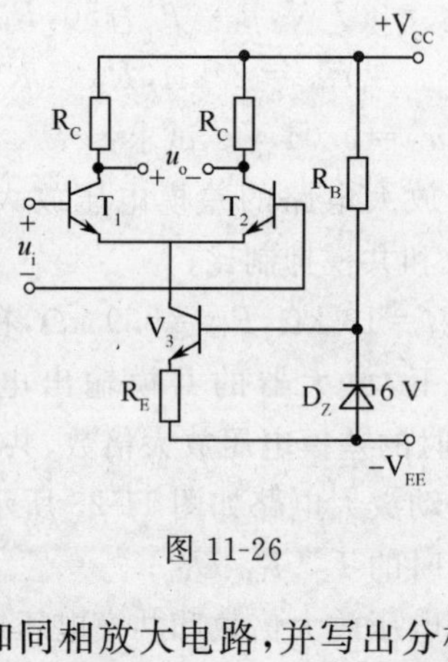

图 11-26

11-10　画出比例运算电路中的反相放大电路和同相放大电路，并写出分析每种电路的运算关系。

11-11　根据提供的输出电压与输入电压的关系表达式，画出它们所对应的运算电路（设 $R_F=20\ \text{k}\Omega$）。

（1）$\dfrac{u_o}{u_i}=-1$；

(2) $\frac{u_o}{u_i}=1$；

(3) $\frac{u_o}{u_{I1}+u_{I2}+u_{I3}}=1$。

11-12　根据图 11-27，求出每个电路的输出电压表达式。

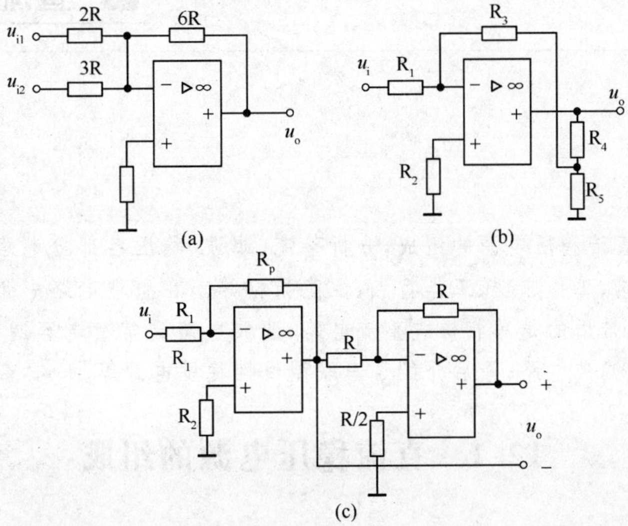

图 11-27

第十二章 直流稳压电源

本章要点

本章主要介绍直流稳压电源的组成，分析整流、滤波、稳压各部分电路的工作原理和各种不同类型电路的结构、工作原理、工作特点、性能指标等。在整理电路中介绍了半波和全波两种整流电路，其中最常用的是单相桥式整流电路；滤波电路通常有电容滤波、电感滤波和复式滤波，重点介绍电容滤波电路；最后介绍了串联型线性稳压电源等。

12.1 直流稳压电源的组成

许多电子线路、电子设备和自动控制装量都要由直流稳压电源供电。获得直流稳压电源的方法很多，如干电池、蓄电池、直流电机等。但比较经济实用的方法是把交流电源变为直流电源。一般直流稳压电源的组成如图 12-1 所示。

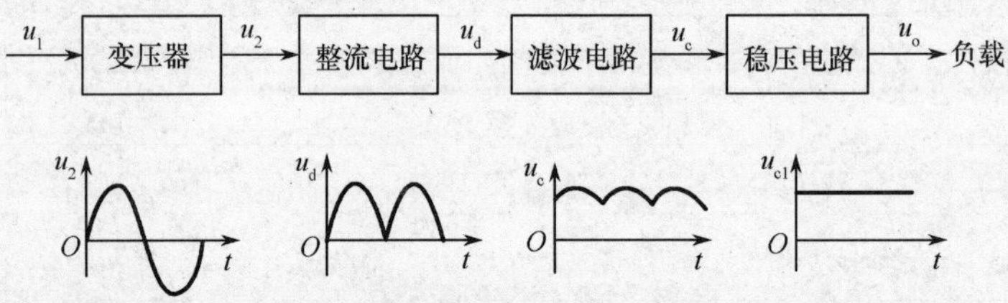

图 12-1　直流稳压电源的组成

1. 电源变压器

由于所需的直流电压比电网的交流电压相差较大，因此常用电源变压器降压得到适合的交流电压以后，再进行交、直流转换。

2. 整流电路

整流电路的作用是利用二极管的单向导电性，将正负交替变化的正弦交流电变为单一方向的脉动直流电。

3. 滤波电路

经过整流电路输出的单一方向的脉动直流电幅度变化比较大，这种直流电一般不能直接供给电子线路使用。滤波电路的任务就是滤除脉动直流电小的交流成分，使输出电压变为比较平滑的直流电压。常采用的元件有电容和电感。

4. 稳压电路

经过降压、整流、滤波后输出的直流电具有较好的平滑程度，但由于电网电压的波动以及负载变化的影响，使输出电压不稳定。稳压电路的作用就是能自动稳定输出电压，使输出电压在电网电压波动，以及负载变化时仍能输出稳定电压。

12.2 单相整流电路

整流电路的作用是利用二极管的单向导电性，将正负交替变化的正弦交流电变为单一方向的脉动电压。在小功率的直流电源中，单相整流电路的主要形式有单相半波、单相全波和单相桥式整流电路。其中，单相桥式整流电路使用得最为广泛。

12.2.1 单相半波整流电路

1. 工作原理

单相半波整流电路是一种最简单的整流电路，电路组成如图 12-2 所示。设二极管 D 为理想二极管，R_L为纯电阻负载。设 $u_2=U_2\sin\omega t$，其中 U_2为变压器副边电压有效值。

在 0～π 范围内，即在 u_2的正半周内，变压器副边电压是上端为正、下端为负，二极管 D 承受正向电压而导通，此时有电流通过负载，并且和二极管上的电流相等，即 $i_o=i_D$。忽略二极管上的电压，负载上输出电压 $u_o=u_2$，输出波形与 u_2相同。在 π～2π 范围内，即在 u_2负半周内，变压器次级绕组的上端为负、下端为正，二极管 D 承受反向电压，此时二极管截止，负载上无电流通过，输出电压 $u_o=0$，此时 u_2电压全部加在二极管 D 上。其电路波形如图 12-3 所示。

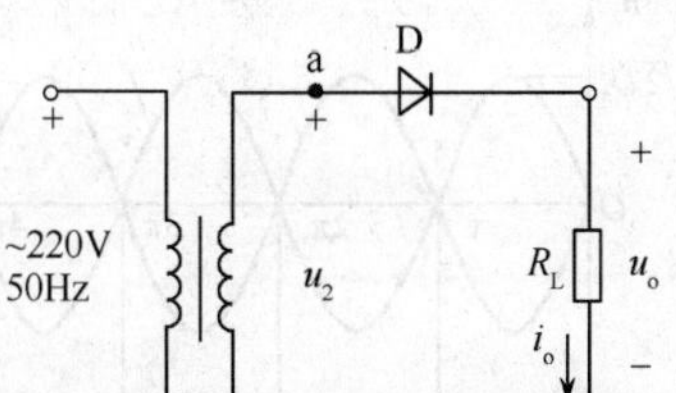

图 12-2 单相半波整流电路

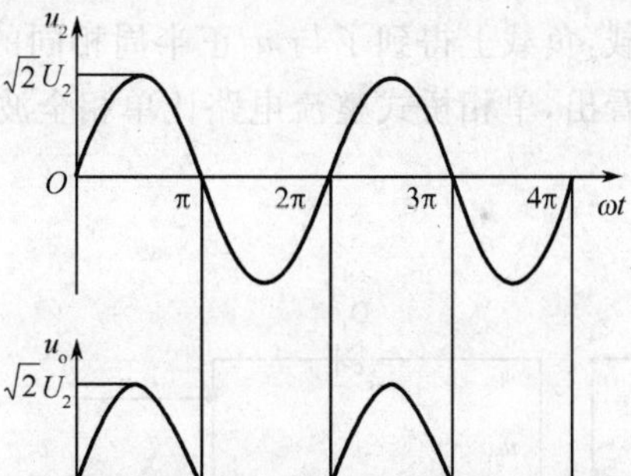

图 12-3 半波整流电路波形图

2. 主要参数

(1) 输出电压 u_o平均值 U_o。

半波整流电路电压的平均值为

$$U_o=\frac{1}{2\pi}\int_0^{\pi}\sqrt{2}U_2\sin\omega t=\frac{\sqrt{2}}{\pi}U_2=0.45U_2 \tag{12-1}$$

U_o越高，表明整流电路性能越好。

(2) 输出电流平均值 I_o。

通过二极管的电流等于负载电流，其输出电流的平均值为

$$I_o=\frac{U_o}{R_L}\approx\frac{0.45U_2}{R_L} \tag{12-2}$$

(3) 二极管承受的最高反向峰值电压 U_{RM}。

u_2的负半周内，二极管截止，$u_D=u_2$，因此

$$U_{RM}=\sqrt{2}U_2 \tag{12-3}$$

选择二极管时，除根据负载确定直流电压U_o和直流电流I_o之外，还要考虑二极管截止时承受的最高反向电压U_{RM}，即通常根据U_o、I_o和U_{RM}来选择二极管。

(4) 输出电压脉动系数S。

半波整流电路的脉动系数为

$$S=\frac{\sqrt{2}U_2/2}{\sqrt{2}U_2/\pi}\approx 1.57 \tag{12-4}$$

S越小，表明输出电压的脉动越小，整流电路性能越好。

单相半波整流电路结构简单，只需一只整流二极管，但输出电压脉动大，平均值低。将其改进之后，可得到单相全波整流电路。

12.2.2 单相全波整流电路

1. 单相全波整流电路的工作原理

单相半波整流电路有很明显的不足之处，针对这些不足，在实践中又产生了单相全波整流电路，如图 12-4 所示。

在u_2的正半周时，二极管D_1导通而D_2截止，负载R_L的电流是自上而下通过负载；而在u_2的负半周时，u_2的实际极性是下正上负，二极管D_2导通而D_1截止，负载R_L上的电流仍是自上而下通过负载，负载上得到了与u_2正半周相同的电压，其电路工作波形如图 13-5 所示。从波形图上可以看出，单相桥式整流电路比单相全波整流电路的波形增加了 1 倍。

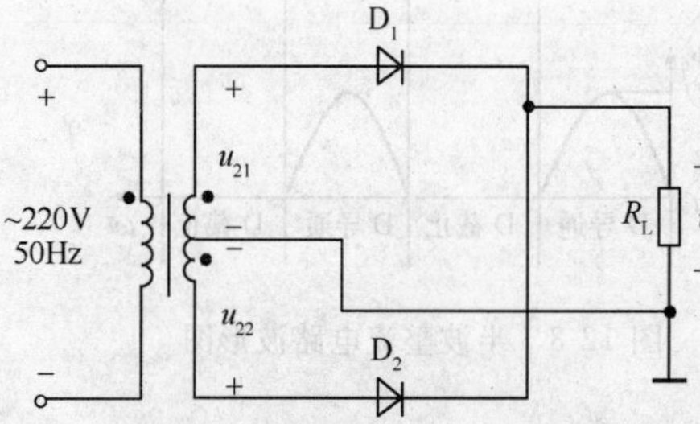

图 12-4　单相全波整流电路

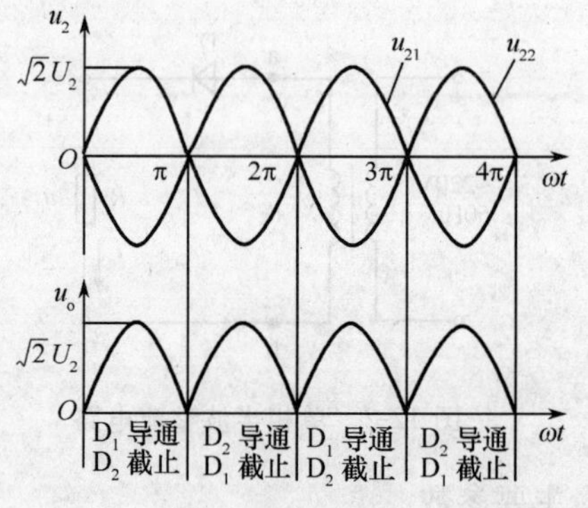

图 12-5　单相全波整流电路波形图

2. 单相全波整流电路的指标

(1) 输出电压的平均值U_o。

全波整流电路的输出电压平均值为

$$U_o=\frac{1}{\pi}\int_0^{\pi}\sqrt{2}U_2\sin\omega t=\frac{2\sqrt{2}}{\pi}U_2\approx 0.9U_2 \tag{12-5}$$

(2) 输出电流平均值I_o。

$$I_o=\frac{U_o}{R_L}\approx\frac{0.9U_2}{R_L} \tag{12-6}$$

(3) 最大反向电压 U_{RM}。

二极管承受的最大反向电压为

$$U_{RM}=2\sqrt{2}U_2 \tag{12-7}$$

(4) 输出电压脉动系数 S。

输出电压脉动系数为

$$S=\frac{4\sqrt{2}U_2/(3\pi)}{2\sqrt{2}U_2/\pi}\approx 0.67 \tag{12-8}$$

单相全波整流电路的特点：电路使用二极管数量少，但变压器副边绕组要有抽头，对变压器副边绕组的对称性要求较高，对二极管的反向电压要求较高。

12.2.3　单相桥式整流电路

单相桥式整流电路如图 12-6 所示。与单相全波整流电路相比，桥式整流电路的变压器次级无中心抽头，但二极管数目增加，由 4 个二极管 $D_1 \sim D_4$ 构成整流桥。设 $D_1 \sim D_4$ 均为理想二极管。

在 u_2 正半周，a 端电位高于 b 端电位，故 D_1、D_3 导通，D_2、D_4 截止，电流通过路径为 a 端→D_1→R_L→D_3→b 端（如图中实心箭头所指）；在 u_2 负半周，b 端电位高于 a 端电位，D_2、D_4 导通，D_1、D_3 截止，电流路径为 b 端→D_2→R_L→D_4→a 端（通过负载 R_L 时，方向如图中空心箭头所指）。即两对交替导通的二极管引导正、负半周电流在整个周期内以同一方向通过负载，u_2 及 u_o 波形如图 12-7 所示。

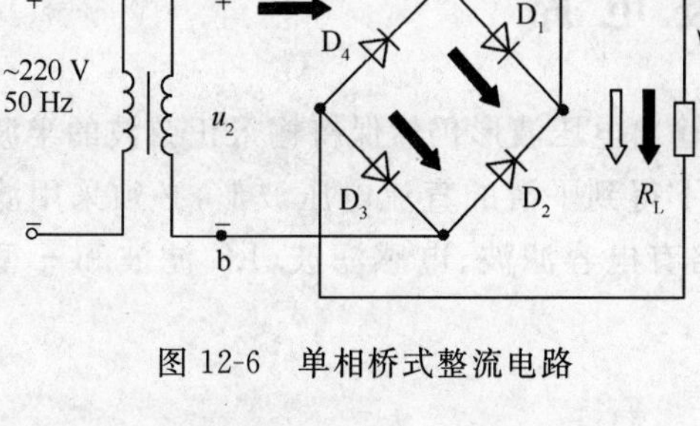

图 12-6　单相桥式整流电路

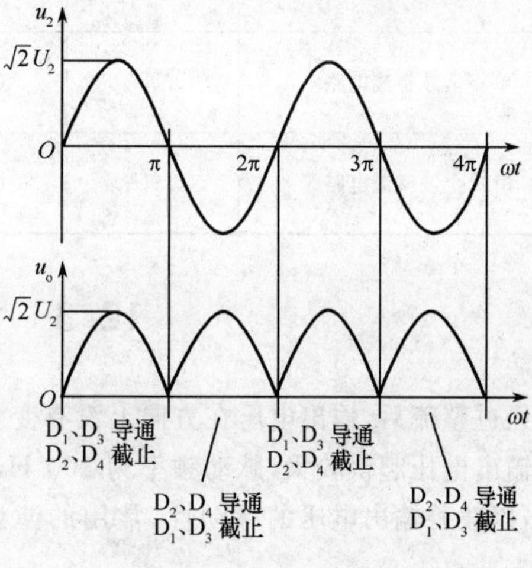

图 12-7　桥式整流电路波形图

桥式整流电路各参数计算如下。

(1) 输出平均电压 U_o。

桥式整流电路的输出电压平均值为

$$U_o=\frac{1}{\pi}\int_0^{\pi}\sqrt{2}U_2\sin\omega t=\frac{2\sqrt{2}}{\pi}U_2=0.9U_2 \tag{12-9}$$

(2) 输出电流平均值 I_o。

$$I_o=\frac{U_o}{R_L}=\frac{0.9U_2}{R_L} \tag{12-10}$$

(3) 通过二极管的平均电流 I_D。

由于 D_1、D_3 和 D_2、D_4 轮流导通，因此通过每个二极管的平均电流只有负载电流的一半，即

$$I_D=\frac{1}{2}I_o=\frac{1}{2}\frac{U_o}{R_L} \tag{12-11}$$

(4) 二极管承受的最高反向峰值电压 U_{RM}。

当 u_2 上正、下负时，D_1、D_3 导通，D_2、D_4 截止，D_2、D_4 相当于并联后跨接在 u_2 上，因此反向最高峰值电压为

$$U_{RM}=\sqrt{2}U_2 \tag{12-12}$$

电路的特点：单相桥式整流电路只比全波整流电路多用了两个二极管，由于二极管的反向耐压值要求较低，电路的效率较高，所以应用较为广泛。

为方便对照，现将单相半波整流电路、单相全波整流电路和桥式全波整流电路的主要参数示于表 12-1。由表可知，桥式整流全波电路的性能最佳。目前市场上有不同性能指标的整流桥产品，实际使用时只需将电源变压器与整流桥相连即可，非常方便。

表 12-1 三种整流电路主要参数对比

电　路	U_o	S	I_D	U_D
单相半波整流电路	$0.45U_Z$	1.57	$\frac{0.45U_Z}{R_L}$	$\sqrt{2}U_Z$
单相全波整流电路	$0.9U_Z$	0.67	$\frac{0.45U_Z}{R_L}$	$2\sqrt{2}U_Z$
桥式全波整流电路	$0.9U_Z$	0.67	$\frac{0.45U_Z}{R_L}$	$\sqrt{2}U_Z$

12.3 滤波电路

经过整流后，输出电压在方向上没有变化，但输出电压波形仍然保持输入正弦波的半波波形。输出电压起伏较大，脉动频率为 100 Hz。为了得到平滑的直流电压波形，必须采用滤波电路，以改善输出电压的脉动性，常用的滤波电路有电容滤波、电感滤波、LC 滤波和 π 型滤波等。

12.3.1 电容滤波电路

最简单的电容滤波是在负载 R_L 两端并联一只较大容量的电容器，如图 12-8(a)所示。

当负载断路($R_L=\infty$)时，设电容无能量储存，输出电压从 0 开始增大，电容器开始充电。一般充电速度很快，$u_o=u_C$ 可达到 u_2 的最大值。

$$u_o=u_C=\sqrt{2}U_2 \tag{12-13}$$

此后，由于 u_2 下降，二极管处于反向偏置而截止，电容无放电回路。所以 u_o 保持在 $\sqrt{2}U_2$ 的

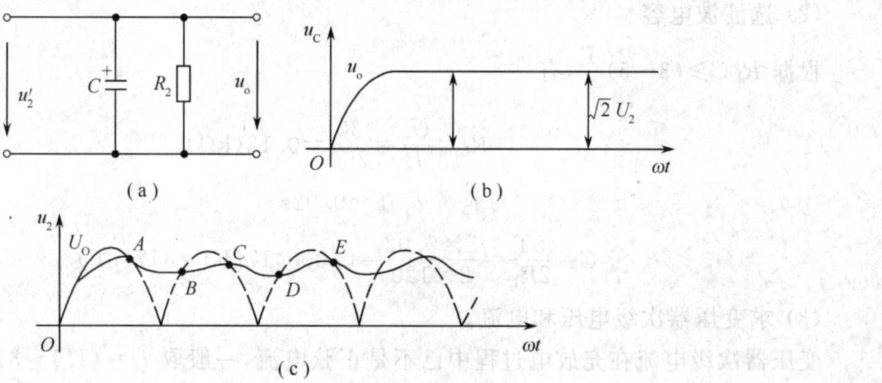

图 12-8　电容滤波电路

数值上，其波形如图 12-8(b)所示。当接入负载后，前半部分和负载开路时相同，当 u_2 从最大值下降时，电容通过负载 R_L 放电，放电的时间常数为

$$\tau = R_L C \tag{12-14}$$

在 R_L 较大时，τ 的值比充电时的时间常数大。u_o 按指数规律下降，如图 12-8(c)所示的 AB 段。当 u_2 的值再增大后，电容再继续充电，同时也向负载提供电流。电容上的电压仍会很快地上升。

这样不断地进行，在负载上得到的直流电压波形要比无滤波电路时平滑。在实际应用中，为了保证输出电压的平滑，使脉动成分减小，电容器 C 的容量选择应满足

$$R_L C \geqslant (3\sim5)\frac{T}{2} \tag{12-15}$$

其中 T 为交流电的周期。在单相桥式整流、电容滤波时，直流电压输出一般为

$$U_O \approx 1.2U_2 \tag{12-16}$$

电容滤波电路的特点是电路简单，可以减小输出电压的波动。缺点是启动时有冲击电流，负载电流不能过大(即 R_L 不能太小)，否则会影响滤波效果。所以电容滤波适用于负载变动不大、电流较小的场合。另外，由于输出直流电压较高，整流二极管截止时间长，导通角小，故整流二极管冲击电流较大，所以在选择管子时要注意选整流电流 I_F 较大的二极管。

【例 12-1】　一单相桥式整流电容滤波电路的输出电压 $U_O = 30$ V，负载电流为 250 mA，试选择整流二极管的型号和滤波电容 C 的大小，并计算变压器次级的电流、电压值。

解：(1) 选择整流二极管。

$$I_D = \frac{1}{2}I_L = \frac{1}{2}\times 250 = 125(\text{mA})$$

二极管承受最大反向电压为

$$U_{RM} = \sqrt{2}U_2$$

由式(12-16)可知

$$U_2 = \frac{U_O}{1.2} = \frac{30}{1.2} = 25(\text{V})$$

$$U_{RM} = \sqrt{2}U_2 = \sqrt{2}\times 25 \approx 35(\text{V})$$

查手册，选 2CP21A，参数 $I_{FM} = 3000$ mA $= 3$ A，$U_{RM} = 50$ V。

(2) 选滤波电容。

根据 $R_L C \geqslant (3\sim5)\frac{T}{2}$，有

$$R_L=\frac{U_o}{I_o}=\frac{30}{250}=0.12(k\Omega)$$

$$T=0.02s$$

$$C=\frac{5T}{2R_L}=\frac{5\times0.02}{2\times120}=0.000417(F)=417(\mu F)$$

(3) 求变压器次级电压和电流。

变压器次级电流在充放电过程中已不是正弦电流，一般取 $I_2=(1.1\sim3)I_L$，所以取

$$I_2=1.5I_L=1.5\times250=375(mA)$$

12.3.2 电感滤波电路

利用电感的电抗性，同样可以达到滤波的目的。在整流电路和负载 R_L 之间，串联一个电感 L 就构成了一个简单的电感滤波电路，如图 12-9 所示。

根据电感的特点，在整流后电压的变化引起负载的电流改变时，电感 L 上将感应出一个与整流输出电压变化相反的反电动势，两者的叠加使得负载上的电压比较平缓，输出电流基本保持不变。对抑制电流波动效果非常明显。

电感滤波电路中，R_L 越小，则负载电流越大，电感滤波效果越好。在电感滤波电路中，输出的直流电压一般为 $U_o=0.9U_2$；二极管承受的反向峰值电压仍为 $\sqrt{2}U_2$。

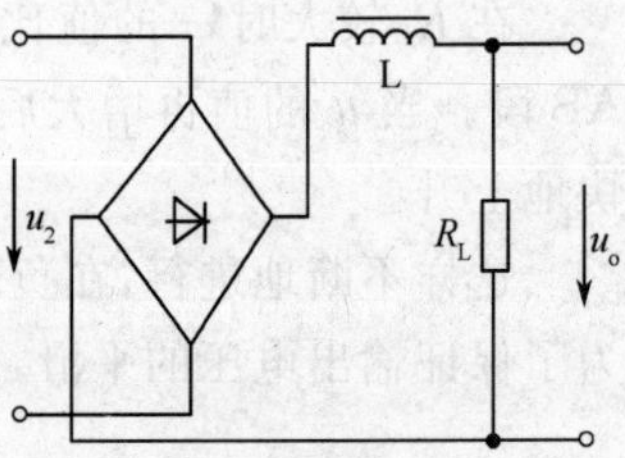

图 12-9 电感滤波电路

12.3.3 LC 滤波电路

采用单一的电容或电感滤波时，电路虽然简单，但滤波效果欠佳，大多数场合对滤波效果的要求都很高，即要求电压要稳定，电流也要稳定。为了达到这一目的，人们将前两种滤波电路结合起来，构成了一种新的滤波电路——LC 滤波电路。LC 滤波电路最简单的形式如图 12-10所示。

与电容滤波电路比较，LC 滤波电路的优点是：外特性比较好，输出电压对负载影响小，电感元件限制了电流的脉动峰值，减小了对整流二极管的冲击。它主要适用于电流较大，要求电压脉动较小的场合。

LC 滤波电路的直流输出电压和电感滤波电路一样，为

$$U_o=0.9U_2$$

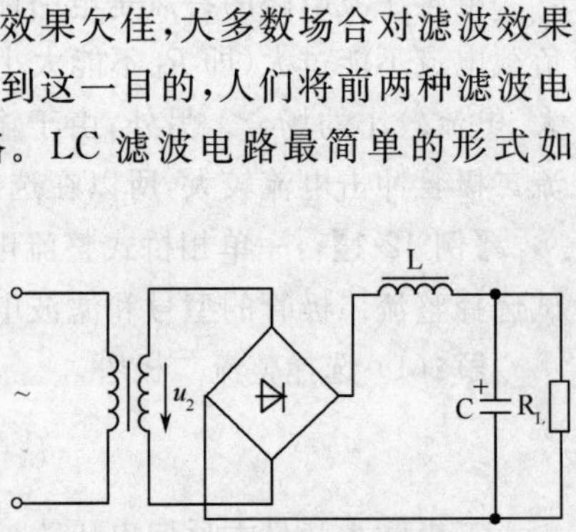

图 12-10 LC 滤波电路

12.3.4 π 型滤波电路

1. RCπ 型滤波器

图 12-11 所示是 RCπ 型滤波器。图中 C_1 电容两端电压中的直流分量，有很小一部分降落

在 R 上，其余部分加到了负载电阻 R_L上；而电压中的交流脉动，大部分被滤波电容 C_2衰减掉，只有很小的一部分加到负载电阻 R_L上。此种电路的滤波效果虽好一些，但电阻上要消耗功率，所以只适用于负载电流较小的场合。

2. LCπ 型滤波器

图 12-12 所示是 LCπ 型滤波器。可见只是将 RCπ 型滤波器中的 R 用电感 L 做了替换。由于电感具有阻交流、通直流的作用，因此在增加了电感滤波的基础上，此种电路的滤波效果更好，而且 L 上无直流功率损耗，所以一般用在负载电流较大和电源频率较高的场合。缺点是电感的体积大，使电路笨重。

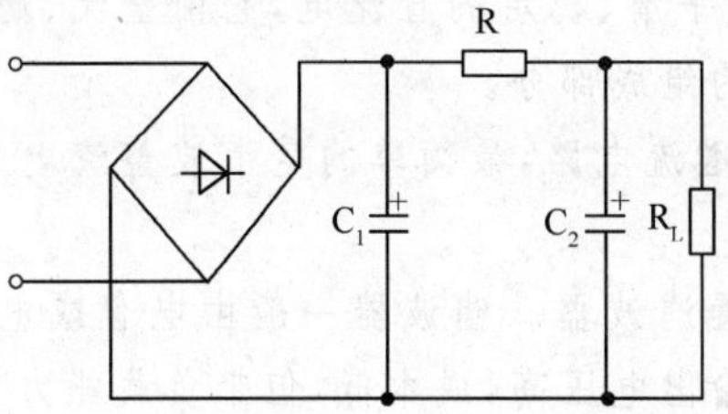

图 12-11　RC π 型滤波器

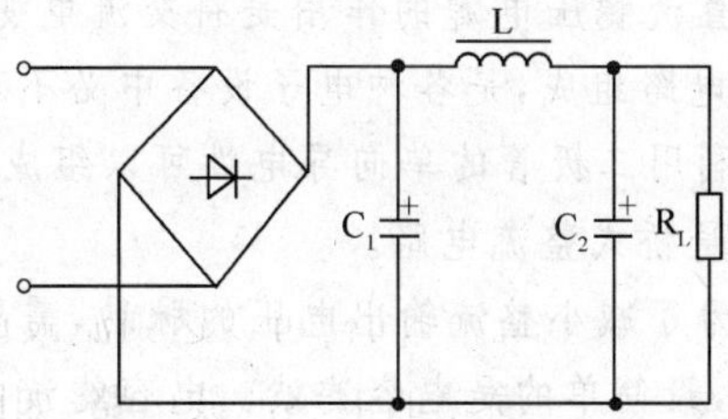

图 12-12　LC π 型滤波器

12.4　直流稳压电路

经过整流、滤波后得到的直流输出电压往往会因受到各种影响而发生变化，造成这种直流输出电压不稳定的原因主要有两个：其一是当负载改变时，负载电流将随之改变，原因是整流变压器和整流二极管、滤波电容都有一定的等效电阻。因此当负载电流变化时，即使交流电网电压不变，直流输出电压也会改变。其二是电网电压常有变化，在正常情况下变化±10%是正常的，也是允许的。当电网电压变化时，即使负载未变，直流输出电压也会改变。因此，在整流滤波电路后面再加一级稳压电路，以获得稳定的直流输出电压。

由于直流稳压电路的输出电压 U_o是随输入电压及整流滤波电路的输出电压、负载电流 I_o和环境温度的变化而变化的。因此，可以用与上述因素有关的几个指标来衡量直流稳压电路的质量。

1. 电压调整率 S_U

当负载电流和环境温度不变，输入电网电压波动±10%时，输出电压的相对变化量被称为电压调整率，即

$$S_U=\frac{\Delta U_o}{U_o}\bigg|_{\substack{\Delta I_0=0\\ \Delta T=0}} \tag{12-17}$$

它反映了直流稳压电源克服电网电压波动影响的能力。

2. 输出电阻 r_o

$$r_o=\frac{\Delta U_o}{\Delta I_o}\bigg|_{\substack{\Delta U_I=0\\ \Delta T=0}} \tag{12-18}$$

它反映了负载电流 I_o变化对 U_o的影响，单位为欧姆(Ω)。

3. 温度系数 S_T

当输入电压和负载电流均不变时，输出电压的变化量与环境温度变化量之比，即

$$S_T=\frac{\Delta U_o}{\Delta T}\bigg|_{\substack{\Delta U_I=0\\ \Delta I_o=0}} \tag{12-19}$$

它反映了直流稳压电源克服温度影响的能力，单位为毫伏每摄氏度(mV/℃)。

除上述指标外，还有反映输出端交流分量的纹波电压。它是指输出端叠加在直流电压上的交流基波分量的峰值。

小　结

(1) 直流稳压电源的作用是将交流电变换成平滑、稳定的直流电，它由整流、滤波及稳压等几部分电路组成，是各种电子设备中必不可少的组成部分。

(2) 利用二极管的单向导电性可以组成各种继流电路，最简单的是半波整流电路，使用比较普遍的是桥式整流电路。

(3) 为了减小整流输出电压的脉动，需要设置滤波器。滤波器一般由电容或电感等贮能元件组成，最简单的是电容滤波。电容滤波电路输出电压高，成本低，但带负载能力差，适用于输出电流较小的场合。电感滤波适用于大电流场合。为提高滤波效果，还可采用各种形式的复式滤波。

习题十二

12-1　在图 12-13 所示电路中，已知输入电压 u_i 为正弦波，试分析哪些电路可以作为整流电路？哪些不能，为什么？应如何改正？

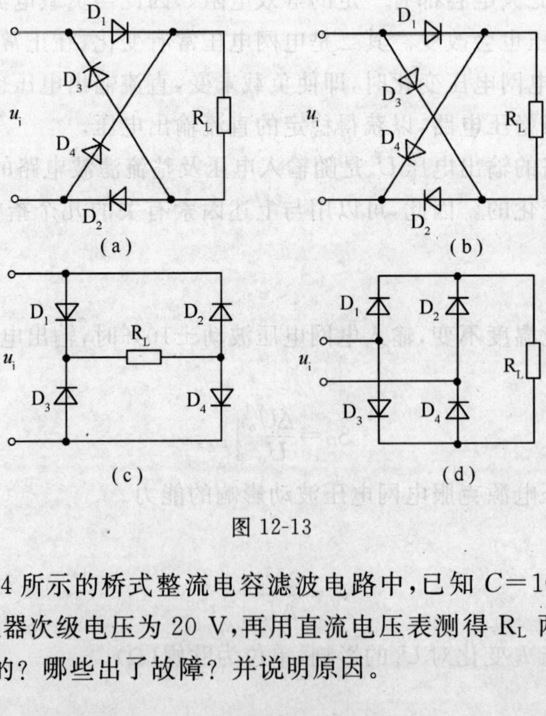

图 12-13

12-2　在如图 12-14 所示的桥式整流电容滤波电路中，已知 $C=1000\ \mu\text{F}$，$R_L=40\ \Omega$。若用交流电压表测得变压器次级电压为 20 V，再用直流电压表测得 R_L 两端电压为下列几种情况，试分析哪些是合理的？哪些出了故障？并说明原因。

(1) $U_o=9$ V；

(2) $U_o = 18$ V;

(3) $U_o = 28$ V;

(4) $U_o = 24$ V。

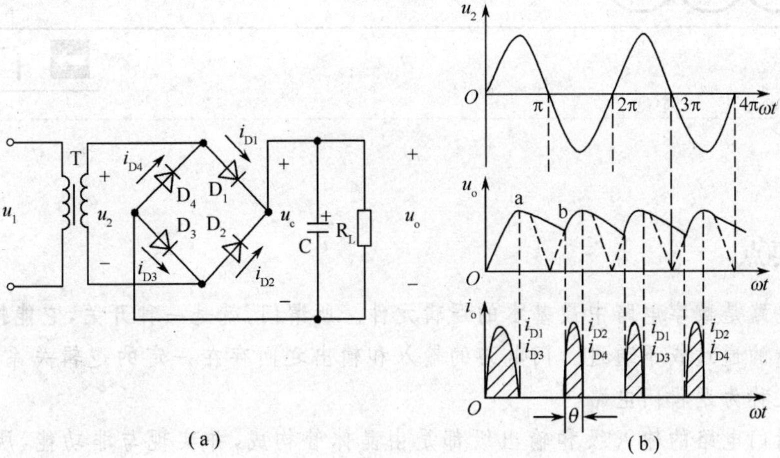

图 12-14

12-3 已知桥式整流电路负载 $R_L = 20\ \Omega$,需要直流电压 $U_o = 36$ V。试求变压器次级电压、电流及通过整流二极管的平均电流。

12-4 在桥式整流电容滤波电路中,已知 $R_L = 120\ \Omega$,$U_o = 30$ V,交流电源频率 $f = 50$ Hz。试选择整流二极管,并确定滤波电容的容量和耐压值。

12-5 如图 12-15 所示,已知稳压管的稳定电压 $U_Z = 12$ V,硅稳压管稳压电路输出电压为多少?R 值如果太大,能否稳压?R 值太小又如何?

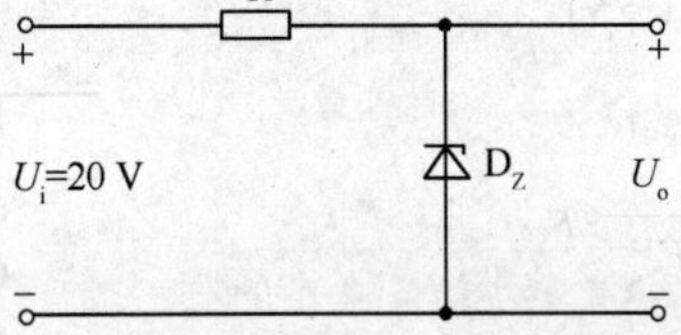

图 12-15

第十三章

门电路

本章要点

逻辑门电路是数字电路中最基本的逻辑元件。所谓门，就是一种开关，它能按照一定的条件去控制信号的通过或不通过。门电路的输入和输出之间存在一定的逻辑关系（因果关系），所以门电路又称为逻辑门电路。

集成逻辑门电路的输入级和输出级都是由晶体管构成，并实现与非功能，所以称为晶体管-晶体管逻辑“与非”门，简称 TTL“与非”门。

13.1 逻辑门电路

基本逻辑关系及其门电路介绍如下。

1. “与”逻辑和“与”门电路

当决定某事件的全部条件同时具备时，结果才会发生，这种因果关系叫做“与”逻辑。实现“与”逻辑关系的电路称为“与”门，如图 13-1 所示。“与”门真值表如表 13-1 所示。

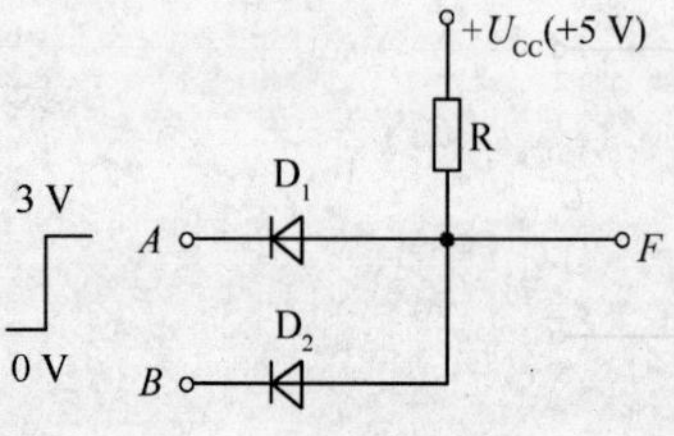

图 13-1 “与”逻辑关系电路

表 13-1 “与”门真值表

A	B	F
0	0	0
0	1	0
1	0	0
1	1	1

逻辑表达式为

$$F=A\cdot B$$

逻辑符号为

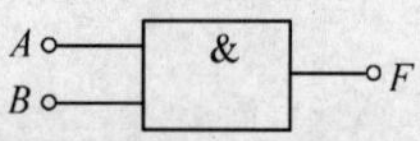

“与”门的逻辑功能可概括为：输入有 **0**，输出为 **0**；输入全 **1**，输出为 **1**。

逻辑“与”（逻辑乘）的运算规则为：

$$0\cdot 0=0 \quad 0\cdot 1=0 \quad 1\cdot 0=0 \quad 1\cdot 1=1$$

“与”门的输入端可以有多个。图 13-2 所示为一个三输入“与”门电路的输入信号 A、B、C 和输出信号 F 的波形图。

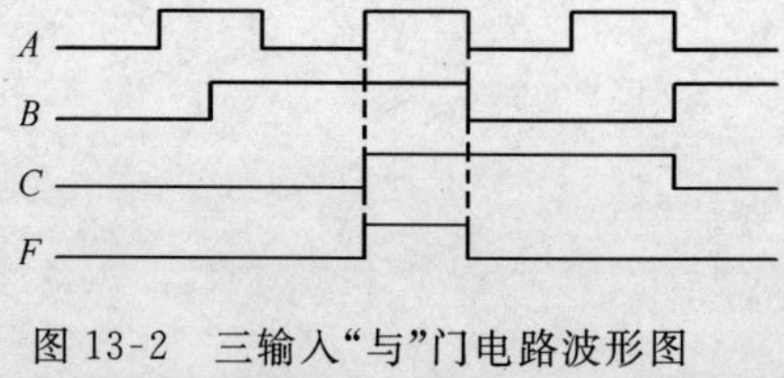

图 13-2 三输入“与”门电路波形图

2. “或”逻辑和“或”门电路

在决定某事件的条件中，只要任一条件具备，事件就会发生，这种因果关系叫做“或”逻辑。实现“或”逻辑关系的电路称为“或”门，如图 13-3 所示。“或”门真值表如表 13-2 所示。

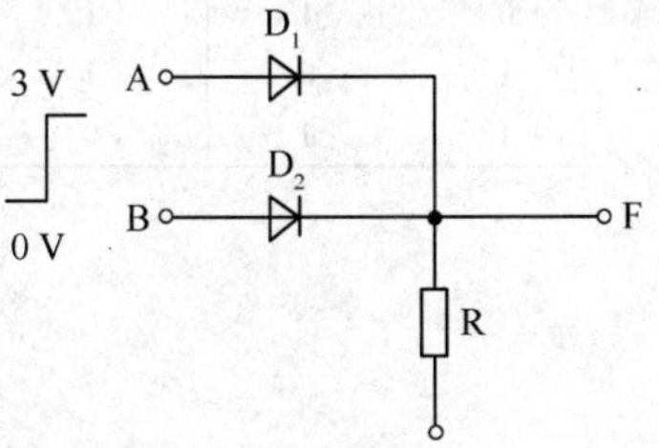

图 13-3　“或”逻辑关系电路

表 13-2　“或”门真值表

A	B	F
0	**0**	**0**
0	**1**	**1**
1	**0**	**1**
1	**1**	**1**

逻辑表达式为　　$F=A+B$

逻辑符号为

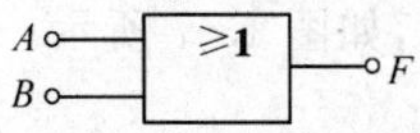

“或”门的逻辑功能可概括为：输入有 **1**，输出为 **1**；输入全 **0**，输出为 **0**。

逻辑“或”（逻辑加）的运算规则为

$$\mathbf{0+0=0} \quad \mathbf{0+1=1} \quad \mathbf{1+0=1} \quad \mathbf{1+1=1}$$

“或”门的输入端也可以有多个。图 13-3 所示为一个三输入“或”门电路的输入信号 A、B、C 和输出信号 F 的波形图。

3. “非”逻辑和“非”门电路

决定某事件的条件只有一个，当条件出现时事件不发生，而条件不出现时，事件发生，这种因果关系叫做“非”逻辑。实现“非”逻辑关系的电路称为“非”门，也称反相器，如图 13-5 所示。“非”门真值表如表 13-3 所示。

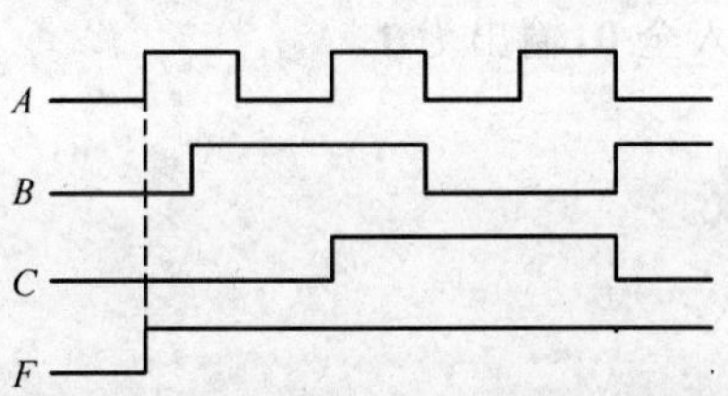

图 13-4　三输入“或”门电路波形图

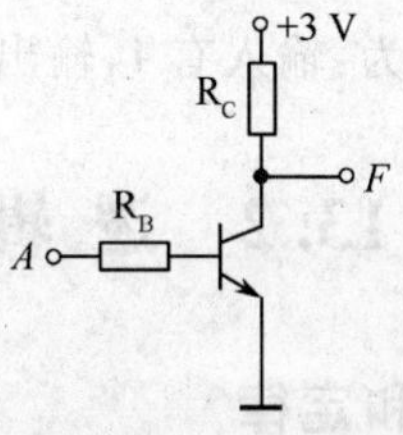

图 13-5　“非”逻辑关系电路

表 13-3　“非”门真值表

A	F
0	**1**
1	**0**

逻辑表达式为　　$F=\overline{A}$

逻辑符号为

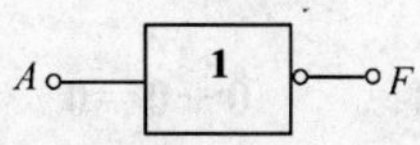

逻辑“非”的运算规则为　　$\mathbf{\overline{0}=1} \quad \mathbf{\overline{1}=0}$

4. 复合门电路

将“与”门、“或”门、“非”门组合起来，可以构成多种复合门电路。

（1）“与非”门

由“与”门和“非”门构成“与非”门，如图 13-6 所示。“与非”门真值表如表 13-4 所示。

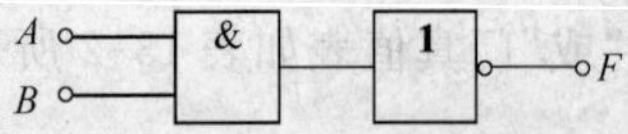

图 13-6　与非门的构成

表 13-4　“与非”门真值表

A	B	F
0	**0**	**1**
0	**1**	**1**
1	**0**	**1**
1	**1**	**0**

逻辑表达式为　　　　$F=\overline{AB}$

逻辑符号为

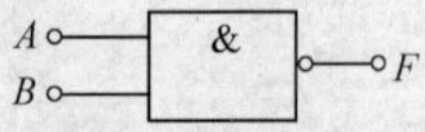

“与非”门的逻辑功能可概括为：输入有 **0**，输出为 **1**；输入全 **1**，输出为 **0**。

(2)“或非”门

由“或”门和“非”门构成“或非”门，如图 13-7 所示。“或非”门真值表如表 13-5 所示。

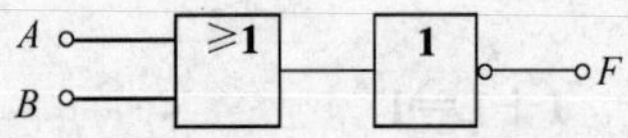

图 13-7　或非门的构成

表 13-5　“或非”门真值表

A	B	F
0	**0**	**1**
0	**1**	**0**
1	**0**	**0**
1	**1**	**0**

逻辑表达式为　　　　$F=\overline{A+B}$

逻辑符号为

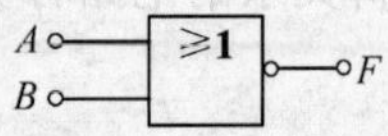

“或非”门的逻辑功能可概括为：输入有 **1**，输出为 **0**；输入全 **0**，输出为 **1**。

13.2　逻辑代数

13.2.1　逻辑代数基本公式和定律

逻辑代数是研究数字电路的数学工具，它为数字电路的分析与设计提供了理论基础。而逻辑代数的核心是逻辑函数的化简问题。

1．逻辑常量运算公式

$$0\cdot 0=0 \qquad 0+0=0$$

$$0\cdot 1=0 \qquad 0+1=1 \qquad \overline{1}=0$$

$$1\cdot 0=0 \qquad 1+0=1 \qquad \overline{0}=1$$

$$1\cdot 1=1 \qquad 1+1=1$$

2．逻辑变量与常量的运算公式

0-1 律	重叠律	互补律	还原律
$0+A=A$			
$1+A=1$	$A+A=A$	$A+\overline{A}=1$	
$1\cdot A=A$	$A\cdot A=A$	$A\cdot\overline{A}=0$	$\overline{\overline{A}}=A$
$0\cdot A=0$			

3. 与普通代数相似的定律

交换律：$A+B=B+A$　　　　　　　$A\cdot B=B\cdot A$

结合律：$(A+B)+C=A+(B+C)$　　　$(A\cdot B)\cdot C=A\cdot(B\cdot C)$

分配律：$A(B+C)=AB+AC$　　　　　$A+BC=(A+B)(A+C)$

4. 逻辑代数中的特殊定律

吸收律：$A+AB=A$　$AB+A\overline{B}=A$　$AB+\overline{A}C+BC=AB+\overline{A}C$

消去律：$A+\overline{A}B=A+B$

反演律：$\overline{A\cdot B}=\overline{A}+\overline{B}$　　$\overline{A+B}=\overline{A}\cdot\overline{B}$

13.2.2 逻辑函数的化简

使逻辑式最简，以便设计出最简的逻辑电路，从而节省元器件、优化生产工艺、降低成本和提高系统可靠性。不同形式逻辑式有不同的最简式，一般先求取最简与或式，然后通过变换得到所需最简式。

例如：

$$Y=A\overline{B}+B\overline{C}\quad\text{（与或表达式）}$$
$$=(A+B)(\overline{B}+\overline{C})\quad\text{（或与表达式）}$$
$$=\overline{\overline{A\overline{B}}\cdot\overline{B\overline{C}}}\quad\text{（与非-与非表达式）}$$
$$=\overline{\overline{A+B}+\overline{\overline{B}+\overline{C}}}\quad\text{（或非-或非表达式）}$$
$$=\overline{\overline{A}\,\overline{B}+BC}\quad\text{（与或非表达式）}$$

在实际应用当中，与或表达式是比较常见的，同时，它也可以比较容易与其他形式的表达式相互转换。对于一个最简的与或表达式，首先要求与项的数目最少；其次在满足与项最少的条件下，要求每个与项中变量的个数也最少。

化简函数的方法有代数化简法和卡诺图法，这里主要介绍代数化简法。

代数化简法是运用逻辑代数的基本公式和定律对函数化简的一种方法，常用方法有以下几种。

1. 并项法

运用 $AB+A\overline{B}=A$ 将两项合并成一项并消去一个变量。

例如：

$$Y=A(BC+\overline{B}\,\overline{C})+A(B\overline{C}+\overline{B}C)$$
$$=A\overline{B\oplus C}+A(B\oplus C)$$
$$=A$$

2. 吸收法

运用 $A+AB=A$ 和 $AB+\overline{A}C+BC=AB+\overline{A}C$ 消去多余的与项。

例如：

$$Y=ABC+\overline{A}D+\overline{C}D+BD$$
$$=ABC+D(\overline{A}+\overline{C})+BD$$

$$=ACB+\overline{AC}\cdot D+BD$$
$$=ACB+\overline{AC}D$$
$$=ABC+\overline{A}D+\overline{C}D$$

3. 消去法

运用消去律 $A+\overline{A}B=A+B$，消去多余因子。

例如：
$$Y=A\overline{B}+\overline{A}B+ABCD+\overline{A}\,\overline{B}CD$$
$$=A\overline{B}+\overline{A}B+CD(AB+\overline{A}\,\overline{B})$$
$$=A\oplus B+CD\cdot\overline{A\oplus B}$$
$$=A\oplus B+CD$$
$$=A\overline{B}+\overline{A}B+CD$$

4. 配项法

通过 $A+A=A$、$AA=A$、$A+\mathbf{1}=A$ 等公式，进行配项，然后再化简。

例如：
$$Y=AB+\overline{B}\,\overline{C}+A\overline{C}D$$
$$=AB+\overline{B}\,\overline{C}+A\overline{C}D\cdot(B+\overline{B})$$
$$=AB+\overline{B}\,\overline{C}+AB\overline{C}D+A\overline{B}\,\overline{C}D$$
$$=AB+\overline{B}\,\overline{C}$$

在实际化简时，要灵活运用上述各种方法才能将逻辑函数化为最简。

例如：
$$Y=AD+A\overline{D}+AB+\overline{A}C+\overline{C}D+A\overline{B}EF$$
$$Y=A+AB+\overline{A}C+\overline{C}D+A\overline{B}EF$$
$$=A+\overline{A}C+\overline{C}D$$
$$=A+C+\overline{C}D$$
$$=A+C+D$$

又如：
$$Y=AC+\overline{A}D+\overline{B}D+B\overline{C}$$
$$Y=AC+B\overline{C}+D(\overline{A}+\overline{B})$$
$$=AC+B\overline{C}+D\overline{AB}$$
$$=AC+B\overline{C}+AB+D\overline{AB}$$
$$=AC+B\overline{C}+AB+D$$
$$=AC+B\overline{C}+D$$

13.3 集成逻辑门电路

13.3.1 典型 TTL"与非"门电路

1. 电路组成

图 13-8 是典型 TTL"与非"门电路，它由三部分组成：输入级由多发射极管 T_1 和电阻 R_1 组成，完成与逻辑功能；中间级由 T_2、R_2、R_3 组成，其作用是将输入级送来的信号分成两个相位相反的信号来驱动 T_3 和 T_5 管；输出级由 T_3、T_4、T_5、R_4 和 R_5 组成，其中 T_5 为反相管，T_3、T_4 组成的复合管是 T_5 的有源负载，完成逻辑上的"非"。

由于中间级提供了两个相位相反的信号，使 T_4、T_5 总处于一管导通而另一管截止的工作状态。这种形式的输出电路称为"推拉式输出"电路。

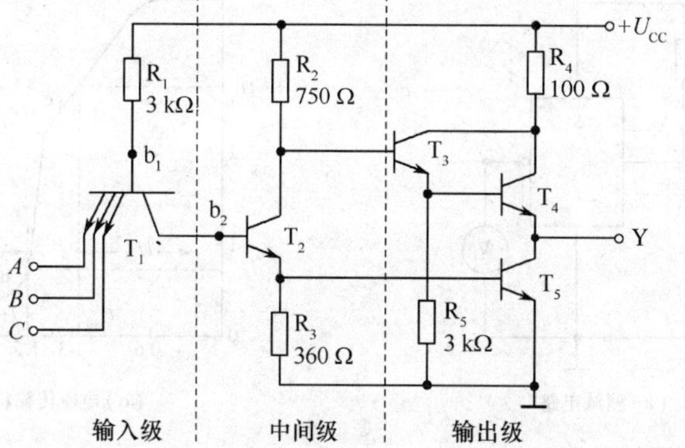

图 13-8　典型 TTL"与非"门电路

2. 工作原理

1）当输入端有低电平时($U_{iL}=0.3$ V)

在图 14-8 所示电路中，假如，输入信号 A 为低电平，即 $U_A=0.3$ V，$U_B=U_C=3.6$ V($A=0$，$B=C=1$)，则对应于 A 端的 V_1 管的发射结导通，V_1 管基极电压 U_{B1} 被钳位在 $U_{B1}=U_A+U_{beA}=0.3+0.7=1$(V)。该电压不足以使 T_1 管集电结 T_2 及 T_5 管导通，所以 T_2 及 T_5 管截止。由于 T_2 管截止，U_{C2} 约为 5 V。此时，输出电压 U_o 为 $U_o=U_{oH}\approx U_{C2}-U_{be3}-U_{be4}=5-0.7-0.7=3.6$(V)，即输入有低电平时，输出为高电平。

2）当输入端全为高电平时($U_{iH}=3.6$ V)

假如，输入信号 $A=B=C=1$，即：$U_A=U_B=U_C=3.6$ V，T_1 管的基极电位升高，使 T_2 及 T_5 管导通，这时 T_1 管的基极电压钳位在 $U_{b1}=U_{bc1}+U_{be2}+U_{be5}=0.7+0.7+0.7=2.1$(V)。

于是 T_1 的三个发射结均反偏截止，电源 U_{CC} 经过 R_1、T_1 的集电结向 T_2、T_5 提供基流，使 T_2、T_5 管饱和，输出电压 U_o 为 $U_o=U_{oL}=U_{CES5}=0.3$ V，故输入全为高电平时，输出为低电平。

由以上分析可知，当电路输入有低电平时，输出为高电平；而输入全为高电平时，输出为低电平。电路的输出和输入之间符合"与非"逻辑，即 $Y=\overline{ABC}$。

13.3.2　TTL"与非"门电路的特性与主要参数

1. 电压传输特性及主要参数

1）电压传输特性

电压传输特性是指"与非"门电路输出电压 u_o 随输入电压 u_i 变化的关系曲线。图 13-9(a)、(b) 分别为电压传输特性的测试电路和电压传输特性曲线。

图 13-9 所示电压传输特性曲线可分成下列四段：

(1) ab 段(截止区)：$0\leqslant u_i<0.6$ V，$u_o=3.6$ V；

(2) bc 段(线性区)：0.6V$\leqslant u_i<1.3$ V，u_o 线性下降；

(3) cd 段(转折区)：1.3V$\leqslant u_i<1.5$ V，u_o 急剧下降；

(4) de 段(饱和区)：$u_i\geqslant1.5$ V，$u_o=0.3$ V。

2）主要参数

从电压传输特性可得以下主要参数：

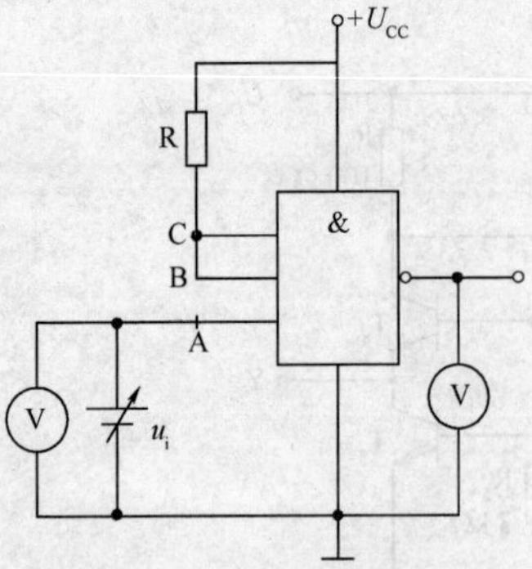

(a) 测试电路

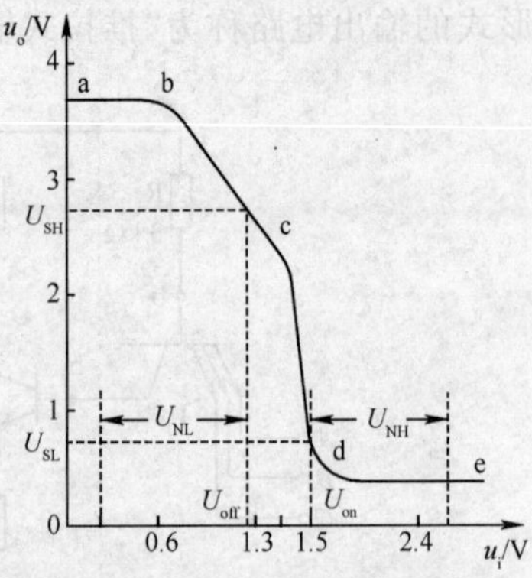

(b) 电压传输特性曲线

图 13-9　TTL“与非”门电路的电压传输特性

(1) 输出高电平 U_{oH} 和输出低电平 U_{oL}。U_{oH} 是指输入端有一个或一个以上为低电平时的输出高电平值；U_{oL} 是指输入端全部接高电平时的输出低电平值。U_{oH} 的典型值为 3.6 V，U_{oL} 的典型值为 0.3 V。但是，实际门电路的 U_{oH} 和 U_{oL} 并不是恒定值，考虑到元件参数的差异及实际使用时的情况，手册中规定高、低电平的额定值为：$U_{oH}=3$ V，$U_{oL}=0.35$ V。有的手册中还对标准高电平（输出高电平的下限值）U_{SH} 及标准低电平（输出低电平的上限值）U_{SL} 规定：$U_{SH}\geqslant 2.7$ V，$U_{SL}=0.5$ V。

(2) 阈值电压 U_{TH}。U_{TH} 是电压传输特性的转折区中点所对应的 u_i 值，是 T_5 管截止与导通的分界线，也是输出高、低电平的分界线。它的含义是：

当 $u_i<U_{TH}$ 时，“与非”门“关门”（T_5 管截止），输出为高电平；

当 $u_i>U_{TH}$ 时，“与非”门“开门”（T_5 管导通），输出为低电平。

实际上，阈值电压有一定范围，通常取 $U_{TH}=1.4$ V。

(3) 关门电平 U_{off} 和开门电平 U_{on}。在保证输出电压为标准高电平 U_{SH}（即额定高电平的 90%）的条件下，所允许的最大输入低电平，称为关门电平 U_{off}。在保证输出电压为标准低电平 U_{SL}（额定低电平）的条件下，所允许的最小输入高电平，称为开门电平 U_{on}。U_{off} 和 U_{on} 是与非门电路的重要参数，表明正常工作情况下输入信号电平变化的极限值，同时也反映了电路的抗干扰能力。一般为

$$U_{off}\geqslant 0.8\text{ V}, U_{on}\leqslant 1.8\text{ V}.$$

(4) 噪声容限。低电平噪声容限是指“与非”门截止，保证输出高电平不低于高电平下限值时，在输入低电平基础上所允许叠加的最大正向干扰电压，用 U_{NL} 表示。由图 14-9 可知，$U_{NL}=U_{off}-U_{iH}$。高电平噪声容限是指“与非”门导通，保证输出低电平不高于低电平上限值时，在输入高电平基础上所允许叠加的最大负向干扰电压，用 U_{NH} 表示。由图 13-9 可知，$U_{NH}=U_{iH}-U_{on}$。显然，为了提高器件的抗干扰能力，要求 U_{NL} 与 U_{NH} 尽可能地接近。

2. 输入特性及主要参数

1) 输入伏安特性及主要参数

输入伏安特性是指“与非”门输入电流随输入电压变化的关系曲线。图 13-10(a) 所示为测试电路，图 13-10(b) 所示为 TTL“与非”门电路的输入伏安特性曲线。一般规定输入电流以流入输入端为正。

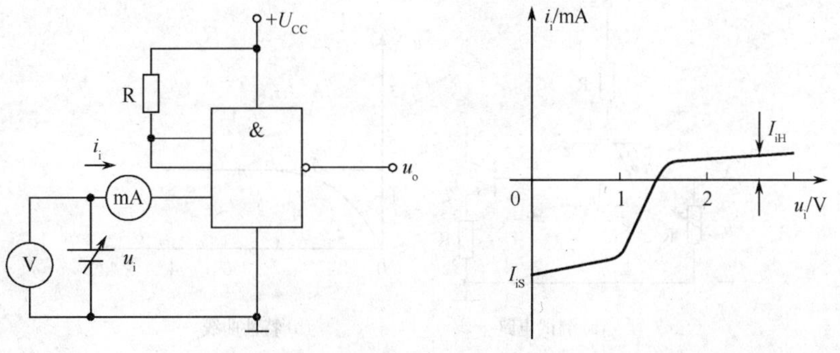

（a）测试电路　　（b）输入伏安特性曲线

图 13-10　TTL"与非"门电路的输入伏安特性

由图 13-10 可以得到以下几个主要参数：

(1) 输入短路电流 I_{iS}。当输入端有一个接地时，通过这个输入端的电流为输入短路电流，如图 13-11 所示。由图 13-10，得

$$I_{iS}=\frac{U_{CC}-U_{be1}-U_i}{R_1}$$

当 $U_i=0$ 时，

$$I_{iS}=-\frac{5-0.7}{3\times10^3}\approx-1.4(\mathrm{mA})$$

式中，负号表示电流是流出的，当"与非"门是由前级门驱动时，I_{iS}就是流入（灌入）前级与"非"门 T_5 的负载电流，因此，它是一个和电路负载能力有关的参数，它的大小直接影响前级门的工作情况。一般情况下，$I_{iS}\leqslant 2$ mA。

(2) 输入漏电流 I_{iH}。当任何一个输入端接高电平时，通过这个输入端的电流为输入漏电流，如图 13-12 所示。由于此电流是流入"与非"门的，因而是正值。当"与非"门的前级驱动门输出为高电平时，I_{iH}就是前级门的流出电流，因此，它也是一个和电路负载能力有关的参数。显然，I_{iH}越大，前级门输出级的负载就越重。一般情况下，$I_{iH}<40$ μA。

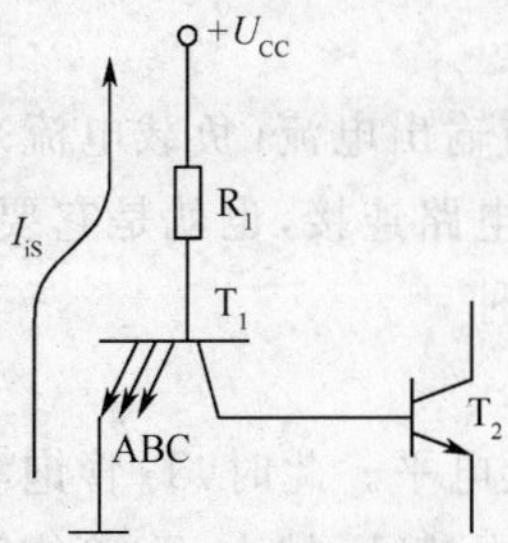

图 13-11　I_{iS}的定义

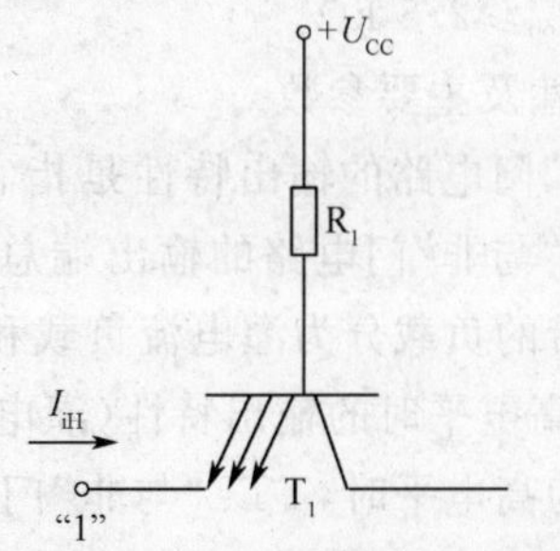

图 13-12　I_{iH}的定义

I_{iS}和 I_{iH} 都是 TTL"与非"门电路的重要参数，是估算前级门带负载能力的依据之一。

2) 输入端负载特性及主要参数

输入端负载特性是指输入端接上电阻 R_i 时，输入电压 U_i 随 R_i 的变化关系。图 13-13(a)所示为测试电路，图 13-13(b)所示为 TTL"与非"门电路的输入负载特性曲线。

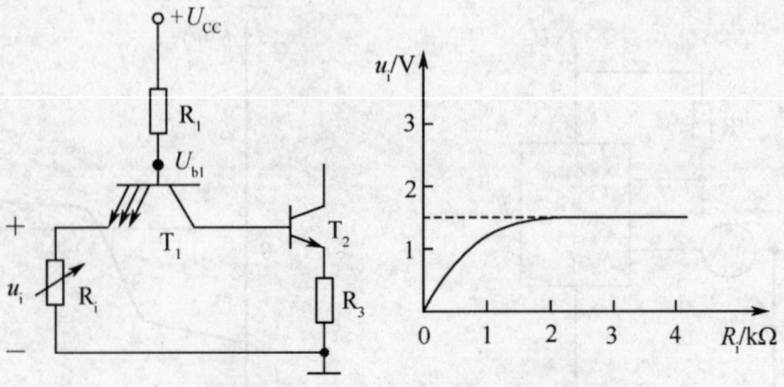

(a) 测试电路　　(b) 特性曲线

图 13-13　TTL"与非"门电路的输入端负载特性

当 TTL"与非"门电路的一个输入端外接电阻 R_i 时(其余输入端悬空),在一定范围内,输入电压 U_i 随着 R_i 的增大而升高。在 T_5 管导通前,输入电压为

$$U_i \approx \frac{(U_{CC}-U_{be1})R_i}{R_1+R_i}=\frac{4.3R_i}{R_1+R_i}$$

由图 13-13(b)可知,开始 U_i 随 R_i 增大而上升,但当 $U_i=1.4$ V 后,T_5 导通,T_1 的基极电位钳位在 2.1 V 不变,U_i 亦被钳位在 1.4 V,不再随 R_i 增大而增大。这时,T_5 饱和导通,输出为低电平 0.3 V。

由以上分析可知,输入端外接电阻的大小,会影响门电路的工作情况。当 R_i 较小时,相当于输入信号是低电平,门电路输出为高电平;当 R_i 较大时,相当于输入信号是高电平,门电路输出为低电平。

(1) 关门电阻 R_{off}。使 TTL"与非"门输出为标准高电平 U_{SH} 时,所对应的输入端电阻 R_i 的最大值称为关门电阻,用 R_{off} 表示。

(2) 开门电阻 R_{on}。使 TTL"与非"门输出为标准低电平时,输入端外接电阻的最小值称为开门电阻,用 R_{on} 表示。

这两个参数是"与非"门电路中的重要参数。当 $R_i<R_{off}$ 时,TTL"与非"门截止,输出高电平;当 $R_i>R_{on}$ 时,TTL"与非"门导通,输出低电平。在 TTL"与非"门典型电路中,一般选 $R_{off}=0.9$ kΩ,$R_{on}\geqslant 2.5$ kΩ。

3. 输出特性及主要参数

TTL"与非"门电路的输出特性是指它的输出电压与输出电流(负载电流)的关系。在实际应用中,TTL"与非"门电路的输出端总是要与其他门电路连接,也就是它要带负载。TTL"与非"门电路带的负载分为灌电流负载和拉电流负载两种。

1) 输入为高电平时的输出特性(灌电流负载特性)

当输入全为高电平时,TTL"与非"门导通,输出为低电平。此时,T_5 管饱和,负载电流为灌电流,如图 13-14(a)所示。负载 R_L 越小,灌入 T_5 管的电流 I_{oL} 越大,T_5 管饱和程度变浅,输出低电平值增大,如图 13-14(b)所示。为了保证 TTL"与非"门电路的输出为低电平,对 I_{oL} 要有一个限制。一般将输出低电平 $U_{oL}=0.35$ V 时灌电流定为最大灌电流 I_{oLmax}。

2) 输入为低电平时的输出特性(拉电流负载特性)

当输入端有一个低电平时,TTL"与非"门截止,输出为高电平。此时 T_5 管截止,负载为拉电流,如图 13-15(a)所示。T_3、T_4 管工作于射极跟随器状态,其输出电阻很小。负载 R_L 越小,

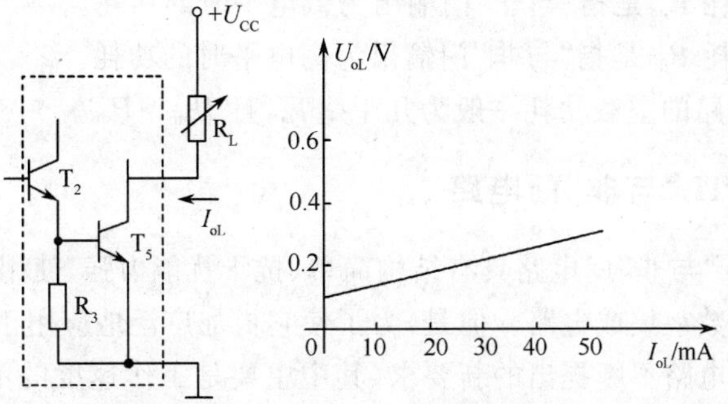

(a) 测试电路　　　　　　　　(b) 输出特性曲线

图 13-14　输入高电平时的输出特性

从 TTL“与非”门“拉出”的电流 I_{oH} 越大，门电路的输出高电平 U_{oH} 将下降，如图 13-15(b) 所示。为了保证 TTL“与非”门电路的输出为高电平，I_{oH} 不能太大，一般将输出高电平 $U_{oH}=2.7$ V 时的拉电流定为最大拉电流 I_{oHmax}。

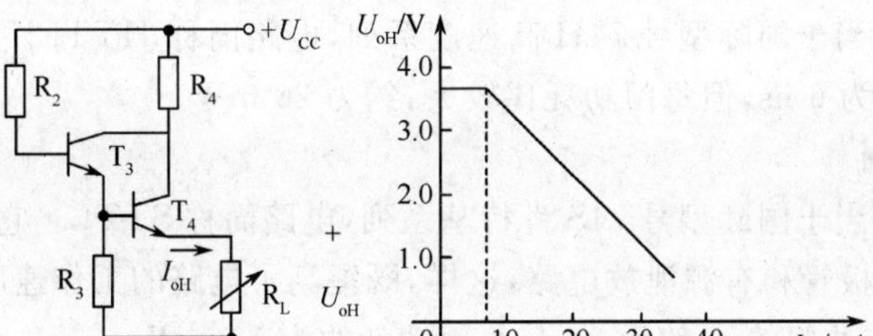

(a) 测试电路　　　　　　　　(b) 输出特性曲线

图 13-15　输入低电平时的输出特性

3) 主要参数

TTL“与非”门电路在保证输出为额定电平的前提下，所能驱动同类型与非门的最大数目，称为扇出系数 N_o。它是衡量门电路带负载能力的一个重要参数。

因为驱动同类型与非门时最大电流是发生在输出低电平带灌电流负载的情况下，因此，$N_o=I_{oL}/I_{iS}$，一般扇出系数 $N_o\geqslant 8$。

4. 其他参数

1) 平均传输延迟时间 t_{pd}

平均传输延迟时间 t_{pd} 是指 TTL“与非”门电路导通传输延迟时间 t_{p1} 和截止延迟时间 t_{p2} 的平均值，即 $t_{pd}=(t_{p1}+t_{p2})/2$，如图 13-16 所示。t_{pd} 是衡量门电路开关速度的一个重要参数。一般，$t_{pd}=10\sim 40$ ns。

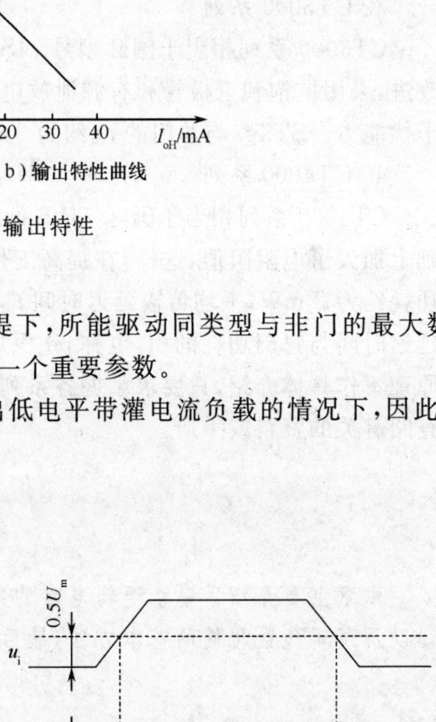

图 13-16　t_{pd} 的定义

2) 空载功耗 P

空载功耗是指 TTL“与非”门电路空载时电源总电流 I_C 与电源电压 U_{CC} 的乘积。

$$P=U_{cc}I_c$$

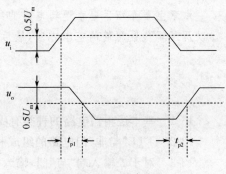

(1) 空载导通功耗 P_{on}是指“与非”门输出为低电平时的功耗。

(2) 空载截止功耗 P_{off}是指“与非”门输出为高电平时的功耗。

TTL“与非”门电路的空载功耗一般为几十毫瓦，且 $P_{on} > P_{off}$。

13.3.3 改进型 TTL“与非”门电路

前面介绍的 TTL“与非”门电路具有结构简单、抗干扰能力强、使用方便等优点，所以它是应用最为普遍的一种数字集成电路。但是，为了使它更加广泛地应用于各个领域，满足各种需要以及实际应用对于电路不断提出的新要求(其中主要是工作速度的不断提高和功耗的逐步下降)，因此必须在电路的结构形式和工艺方面进行改进。这样，就出现了各具特色的不同系列的 TTL 门电路。

1. CT1000 系列

CT1000 系列相当于国际型号 74 通用系列(即标准系列)。它是二输入端与非门的典型电路。每门功耗约为 10 mW，平均传输延迟时间约为 10 ns。

2. CT2000 系列

CT2000 系列相当于国际型号 74H 高速度系列，电路简称 HTTL。它的特点是工作速度较标准系列高，t_{pd}约为 6 ns，但每门功耗比较大，约为 20 mW。

3. CT3000 系列

CT3000 系列相当于国际型号 74S 肖特基系列，电路简称 STTL。它在电路结构上进行了改进，采用抗饱和三极管和有源泄放电路，这样，既提高了电路的工作速度，也提高了电路的抗干扰能力。STTL 与非门的 t_{pd} 约为 3 ns，每门功耗约为 19 mW。

4. CT4000 系列

CT4000 系列相当于国际 74LS 低功耗肖特基系列，电路简称 LSTTL，它是在 STTL 的基础上加大了电阻阻值，这样，在提高工作速度的同时，也降低了功耗。LSTTL“与非”门的每门功耗约为 2 mW，平均传输延迟时间 t_{pd} 约为 5 ns，这是 TTL 门电路中速度—功耗积(平均传输延迟时间与每门功耗的积，也称 pd 积)最小的系列。这里，对以上四种系列的电路结构及工作原理不作具体介绍，只要求掌握各系列的特点，应用时可根据实际情况选择合适的产品型号，查阅有关的资料或手册。

小　结

本章主要介绍了基本逻辑电路的组成及其工作原理，还介绍了逻辑代数的基本公式和定律以及逻辑代数化简的基本方法，最后介绍了典型 TTL“与非”门电路的组成和工作特点。

习题十三

13-1　基本逻辑门电路的种类有哪些？各有什么特点？

13-2　TTL“与非”门电路的组成和工作原理是什么？

13-3　对于二输入端“与”门，输入波形如图 13-17 所示。画出输出 X 的波形。

13-4　对于二输入端“与非”门，输入波形如图 13-18 所示。画出输出 X 的波形。

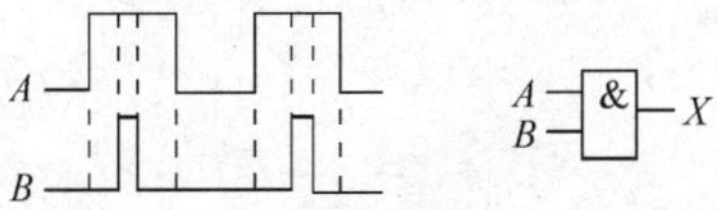

图 13-17

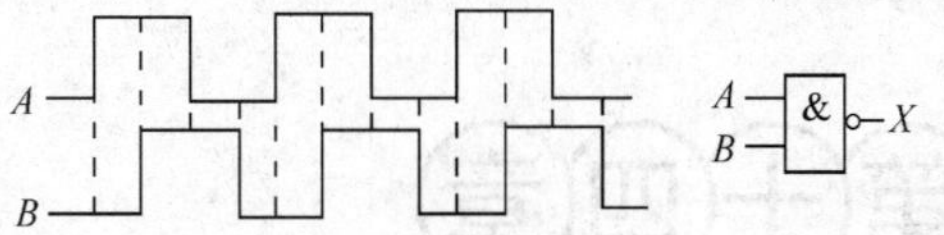

图 13-18

13-5　对于图示各门电路，当输入固定逻辑电平时，输出电平如图所示。判断哪些门电路可能是坏的。

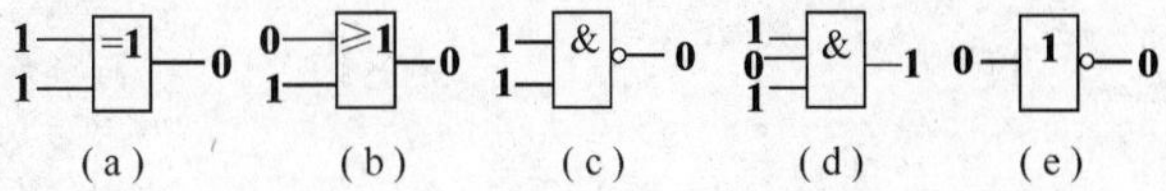

图 13-19

第十四章

触发器

本章要点

电路的输出状态不仅取决于当时的输入信号，而且与电路原来的状态有关，当输入信号消失后，电路状态仍维持不变。这种具有存储记忆功能的电路称为时序逻辑电路。而触发器，就是构成时序逻辑电路的基本单元。本章主要介绍触发器的逻辑功能及不同结构触发器的动作特点。

14.1 基本 *RS* 触发器

14.1.1 基本 *RS* 触发器的电路构成和逻辑符号

RS 触发器由两个"与非"门交叉连接而成，图 14-1 是它的逻辑图和逻辑符号。其中 S_d 为置 **1**(置位)输入端，R_d 为置 **0**(复位)输入端，在逻辑符号中用小圆圈表示输入信号为低电平有效。Q 和 $\overline{Q}$ 是一对互补输出端，同时用它们表示触发器的输出状态，即 $Q=\mathbf{1}$、$\overline{Q}=\mathbf{0}$ 表示触发器的 **1** 态，$Q=\mathbf{0}$、$\overline{Q}=\mathbf{1}$ 表示触发器的 **0** 态。

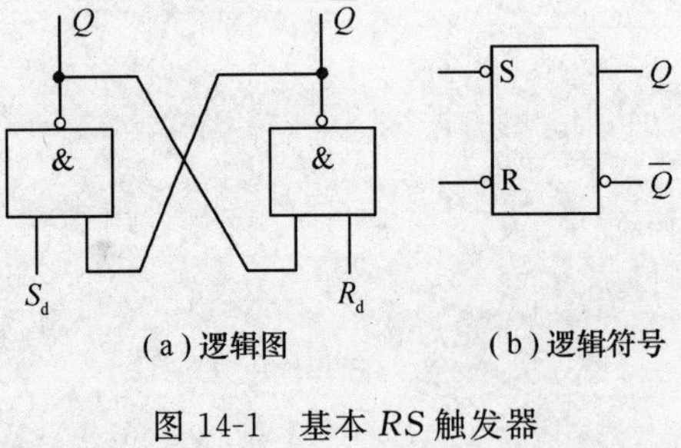

(a) 逻辑图　　(b) 逻辑符号

图 14-1　基本 *RS* 触发器

14.1.2 基本 *RS* 触发器的逻辑功能描述

通常用状态真值表、特征方程(次态方程)和状态转移图来描述触发器的逻辑功能。

1. 状态真值表

基本 *RS* 触发器的逻辑功能可以用表 14-1 所示的状态真值表来描述。

表 14-1 中，S_d、R_d 为触发器的两个输入信号；Q^n 为触发器的现态(初态)，即输入信号作用前触发器 Q 端的状态；Q^{n+1} 为触发器的次态，即输入信号作用后触发器 Q 端的状态。

表 14-1 基本 *RS* 触发器状态真值表

S_d	R_d	Q^n	Q^{n+1}	说 明
0	**0**	**0**	**1**	不允许
0	**0**	**0**	**1**	
0	**1**	**0**	**1**	置 **1**
0	**1**	**1**	**1**	($Q^{n+1}=1$)
1	**0**	**0**	**0**	置 **0**
1	**0**	**1**	**0**	($Q^{n+1}=0$)
1	**1**	**0**	**0**	保持
1	**1**	**1**	**1**	($Q^{n+1}=Q^n$)

当 $S_d=0$、$R_d=1$ 时，不管触发器原来处于什么状态，其次态一定为 **1**，即 $Q^{n+1}=1$，故触发器处于置 **1** 状态(置位状态)。

当 $S_d=1$、$R_d=0$ 时，不管触发器原来处于什么状态，其次态一定为 **0**，即 $Q^{n+1}=0$，故触发器处于置 **0** 状态(复位状态)。

当 $S_d=R_d=1$ 时，触发器状态保持不变，即 $Q^{n+1}=Q^n$。

当 $S_d=R_d=0$ 时，触发器两个输出端 Q 和 $\overline{Q}$ 不互补，破坏了触发器的正常工作，使触发器失效。

2. 特征方程(次态方程)、状态转移图及波形图

描述触发器逻辑功能的函数表达式称为触发器的特征方程或次态方程。由表 14-1，可得基本 *RS* 触发器的卡诺图如图 14-2(a)所示。

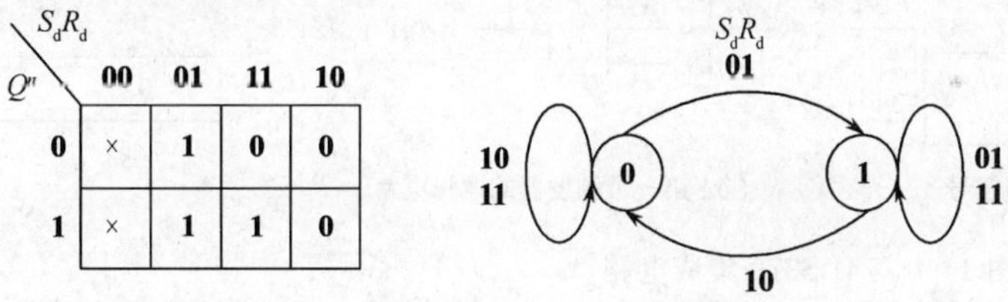

(a) 卡诺图　　(b) 状态转移图

图 14-2 基本 *RS* 触发器的卡诺图及状态转移图

由卡诺图化简得基本 *RS* 触发器的特征方程为

$$Q^{n+1}=\overline{S}_d+R_dQ^n \tag{14-1}$$

$$R_d+R_d=1$$

式中，$S_d+R_d=1$ 称为约束项。由于 S_d 和 R_d 同时为 **0** 又同时恢复为 **1** 时，状态 Q^{n+1} 不确定，为了获得确定的 Q^{n+1}，输入信号 S_d 和 R_d 应满足约束条件 $S_d+R_d=1$。

基本 *RS* 触发器共有两个状态：**0** 态和 **1** 态。当 $Q=0$，输入 $S_dR_d=10$ 或 **11** 时，使触发器状态保持为 **0** 态；只有 $S_dR_d=01$ 时，才能使状态转移到 **1** 态。当 $Q^n=1$，输入 $S_dR_d=01$ 或 **11** 时，状态将保持为 **1** 态；只有 $S_dR_d=10$ 时，才使状态转移到 **0** 态。基本 *RS* 触发器的状态转移图如图 14-2(b)所示。

如果已知 S_d 和 R_d 的波形和触发器的起始状态，则可画出触发器 Q 端的工作波形如图 14-3所示。

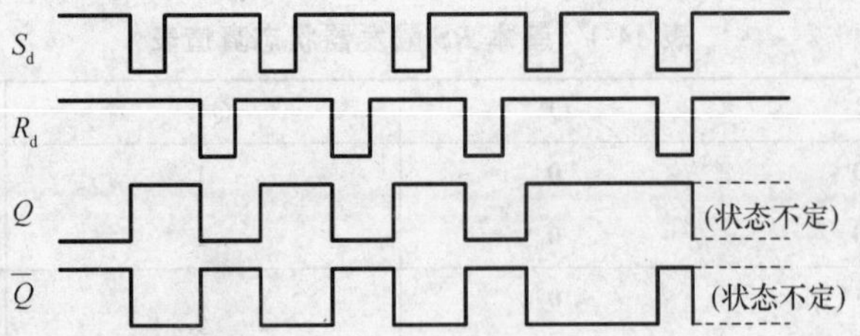

图 14-3　基本 RS 触发器波形图

14.1.3　集成基本 *RS* 触发器

以 TTL 集成触发器 74LS279 为例，其逻辑符号如图 14-4(a)所示。每片 74LS279 中包含 4 个独立的用与非门组成的基本 RS 触发器。其中第一个和第 3 个触发器各有两个 R_d输入端(S_1和 S_3)，在任一输入端上加入低电平均能将触发器置 **1**；每个触发器只有一个 R_d输入端(R)。图 14-4(b)所示为第一个触发器的逻辑电路。

可用表 14-2 所示的功能表来描述 74LS279 集成电路的逻辑功能。

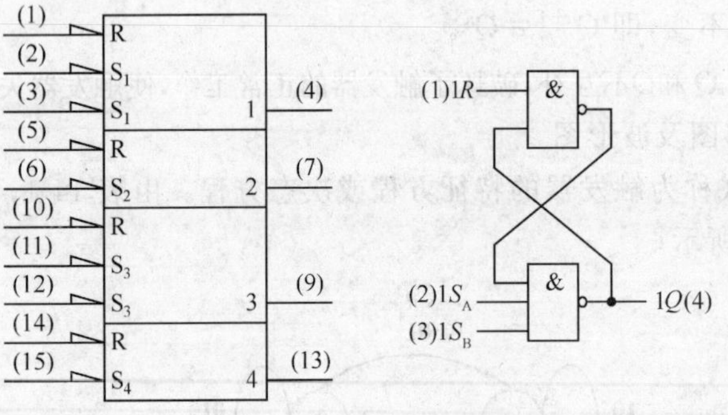

(a) 逻辑符号　(b) 第一个触发器的逻辑电路

图 14-4　74LS279 集成电路

表 14-2　功能表

输 入		输 出
$\overline{S}$	$\overline{R}$	Q
1	**1**	$\overline{Q}$
0	**1**	**1**
1	**0**	**0**
0	**0**	×

14.2　时钟控制的触发器

基本 RS 触发器具有直接置 **0**、置 **1** 的功能，当 S_d和 R_d的输入信号发生变化时，触发器的状态就立即改变。在实际使用中，通常要求触发器按一定的时间节拍动作。这就要求触发器的翻转时刻受时钟脉冲的控制，而翻转到何种状态由输入信号决定，从而出现了各种时钟控制的触发器(简称钟控触发器)。按其功能，钟控触发器分为 RS 触发器、JK 触发器、D 触发器和 T 触发器。

14.2.1　*RS* 触发器

在基本 RS 触发器的基础上，加上两个与非门即可构成 RS 触发器，其逻辑图如图 14-5(a)所示，逻辑符号如图 14-5(b)所示。S_d为直接置位端，R_d为直接复位端。当用作 RS 触发器时，$S_d=R_d=\mathbf{1}$。S 为置位输入端，R 为复位输入端，CP 为时钟脉冲输入端。

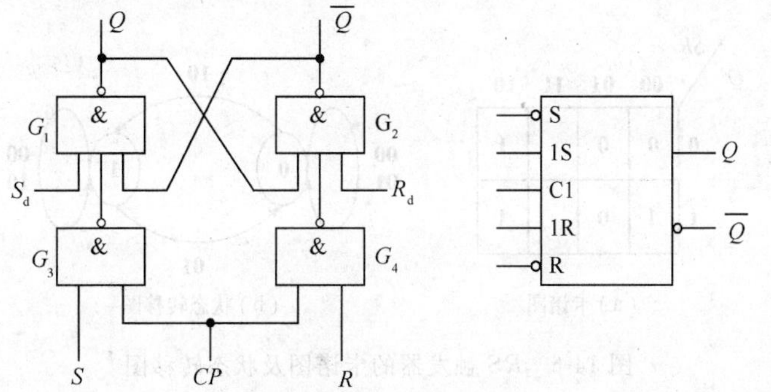

(a) 逻辑图　　　　(b) 逻辑符号

图 14-5　*RS* 触发器

1. *RS* 触发器状态真值表

当 $CP=\mathbf{0}$ 时，G_3、G_4 被封锁，输出均为 **1**，G_1、G_2 门构成的基本 *RS* 触发器处于保持状态。此时，无论 *R*、*S* 输入端的状态如何变化，均不会改变 G_1、G_2 门的输出，故对触发器状态无影响。

当 $CP=\mathbf{1}$ 时，触发器处于工作状态，其逻辑功能见表 14-3。

$S=\mathbf{1}, R=\mathbf{0}, Q^{n+1}=\mathbf{1}$，触发器置 **1**；

$S=\mathbf{0}, R=\mathbf{1}, Q^{n+1}=\mathbf{0}$，触发器置 **0**；

$S=R=\mathbf{0}, Q^{n+1}=Q^n$，触发器状态不变(保持)；

$S=R=\mathbf{1}$，触发器失效，禁止此状态出现。

2. 特征方程、状态转移图及波形图

与基本 *RS* 触发器一样，可由表 14-3 得 *RS* 触发器的卡诺图，如图 14-6(a)所示。对卡诺图化简得 *RS* 触发器的特征方程为

$$\begin{cases} Q^{n+1}=S+\overline{R}Q^n \\ SR=\mathbf{0} \end{cases} \qquad (14\text{-}2)$$

式中，$SR=\mathbf{0}$ 为约束项。

表 14-3　*RS* 触发器功能表

S	*R*	Q^n	Q^{n+1}	说　明
0	**0**	**0**	**0**	保持
0	**0**	**1**	**1**	$Q^{n+1}=Q^n$
0	**1**	**0**	**0**	置 **0**
0	**1**	**1**	**0**	$Q^{n+1}=\mathbf{0}$
1	**0**	**0**	**1**	置 **1**
1	**0**	**1**	**1**	$Q^{n+1}=\mathbf{1}$
1	**1**	**0**	×	禁止
1	**1**	**1**	×	

由真值表得到的 *RS* 触发器的状态转移图，如图 14-6(b)所示。如果已知 *CP*、*S* 和 *R* 的波形，可画出触发器的工作波形，如图 14-7 所示。

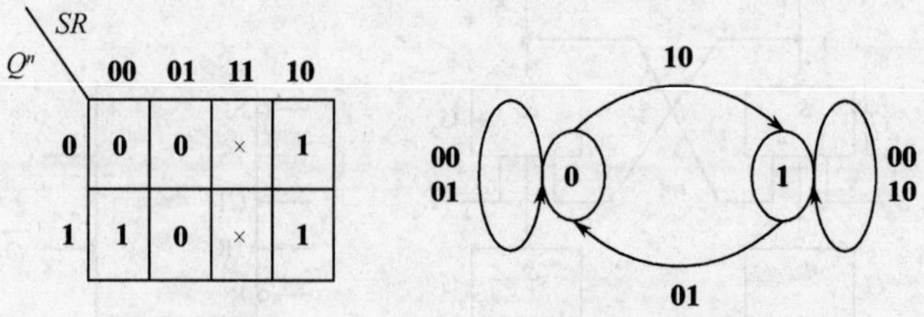

(a) 卡诺图　　(b) 状态转移图

图 14-6　*RS* 触发器的卡诺图及状态转移图

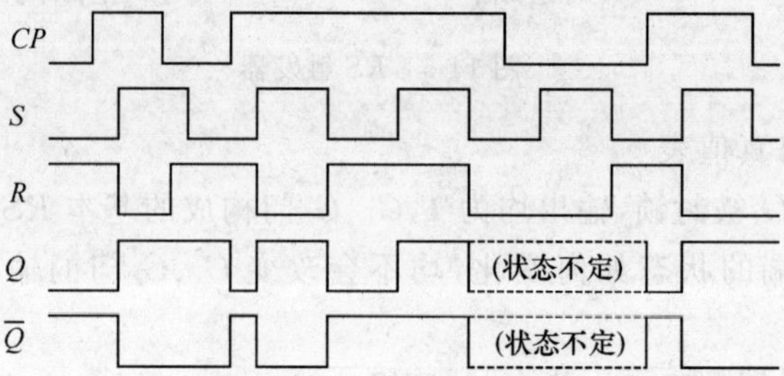

图 14-7　*RS* 触发器波形图

14.2.2　*JK* 触发器

在钟控 *RS* 触发器中，必须限制输入 *R* 和 *S* 同时为 **1** 的出现，这给使用带来不便。为了从根本上消除这种情况，可将钟控 *RS* 触发器接成如图 14-8(a)所示的形式，同时将输入端 *S* 改成 *J*，*R* 改成 *K*，这样就构成了 *JK* 触发器。它的逻辑符号如图 14-8(b)所示。

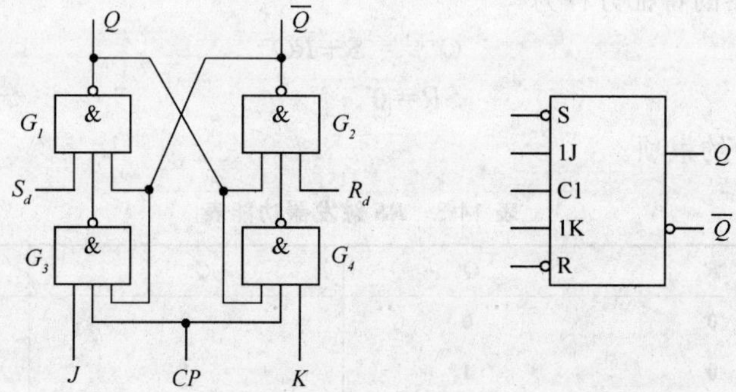

(a) 逻辑图　　(b) 逻辑符号

图 14-8　*JK* 触发器

1. *JK* 触发器真值表

当 $CP=\mathbf{0}$ 时，G_3、G_4 门被封锁，*J*、*K* 输入端的变化对 G_1、G_2 门的输入无影响，触发器处于保持状态。

当 $CP=\mathbf{1}$ 时，如果 *J*、*K* 输入端状态依次为 **00**、**01** 或 **10**，输出端 Q^{n+1} 状态与 *RS* 触发器输出状态相同；如果 $JK=\mathbf{11}$，触发器必将翻转。*JK* 触发器状态真值表如表 14-4 所示。

表 14-4　*JK* 触发器状态真值表

J	*K*	Q^n	Q^{n+1}	说明
0	0	0	0	保持
0	0	1	1	($Q^{n+1}=Q^n$)
0	1	0	0	置 0
0	1	1	0	($Q^{n+1}=0$)
1	0	0	1	置 1
1	0	1	1	($Q^{n+1}=1$)
1	1	0	1	必翻
1	1	1	0	($Q^{n+1}=\overline{Q}^n$)

2. 特征方程、状态转移图及波形图

由真值表得 *JK* 触发器的卡诺图如图 14-9(a)所示，化简得 *JK* 触发器的特征方程为

$$Q^{n+1}=J\overline{Q}^n+KQ^n \tag{14-3}$$

由真值表得 *JK* 触发器的状态转移图如图 14-9(b)所示。

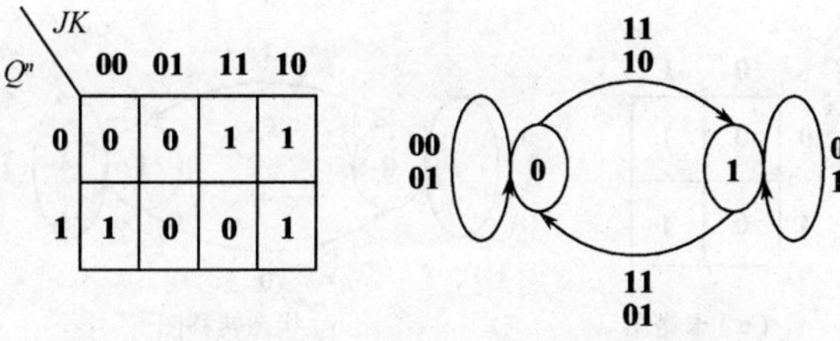

(a) 卡诺图　　(b) 状态转移图

图 14-9　*JK* 触发器的卡诺图及状态转移图

如果已知 *CP*、*J*、*K* 的波形，可画出 *JK* 触发器的工作波形如图 14-10 所示。

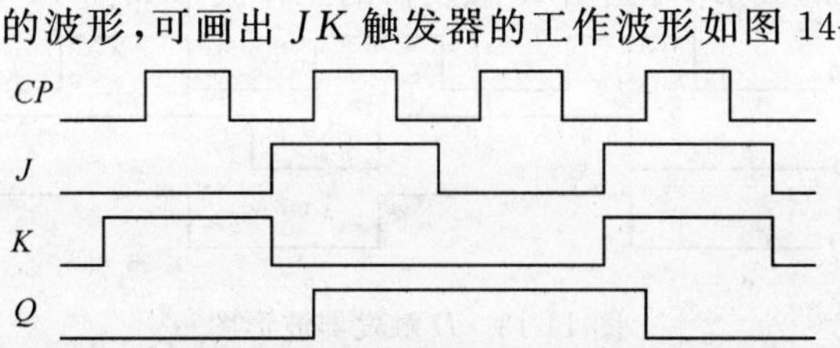

图 14-10　*JK* 触发器波形图

14.2.3　*D* 触发器

RS 触发器和 *JK* 触发器有两个输入端。有时需要只有一个输入端的触发器，于是将 *RS* 触发器接成图 14-11(a)所示的形式，这样就构成了只有单输入端的 *D* 触发器。它的逻辑符号如图 14-11(b)所示。

1. *D* 触发器状态真值表

当 $CP=0$ 时，*D* 触发器保持原来状态。

当 $CP=1$ 时，如果 $D=0$，无论 *D* 触发器原来状态为 **0** 或 **1**，*D* 触发器输出均为 **0**；如果$D=1$，无论 *D* 触发器原来状态为 **0** 或 **1**，*D* 触发器输出均为 **1**。*D* 触发器的状态真值表如表 14-5 所示。

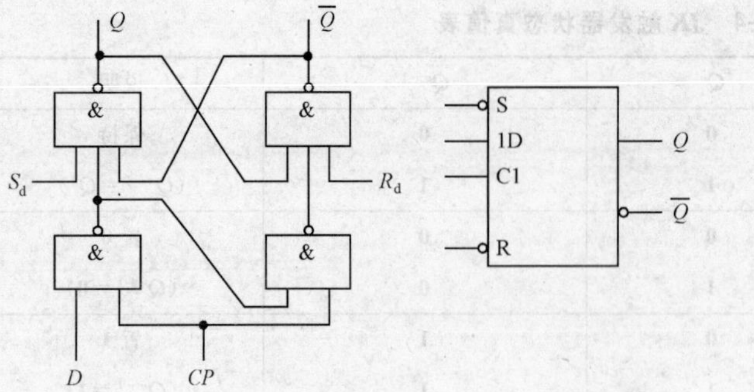

(a)逻辑图　　(b)逻辑符号

图 14-11　D 触发器

表 14-5　**D 触发器状态真值表**

D	Q^n	Q^{n+1}
0	**0**	**0**
0	**1**	
1	**0**	**1**
1	**1**	

2. 特征方程、状态转移图及波形图

由真值表得 D 触发器的卡诺图如图 14-12(a)所示，化简得 D 触发器的特征方程为

$$Q^{n+1}=D$$

由真值表得 D 触发器的状态转移图如图 14-12(b)所示。

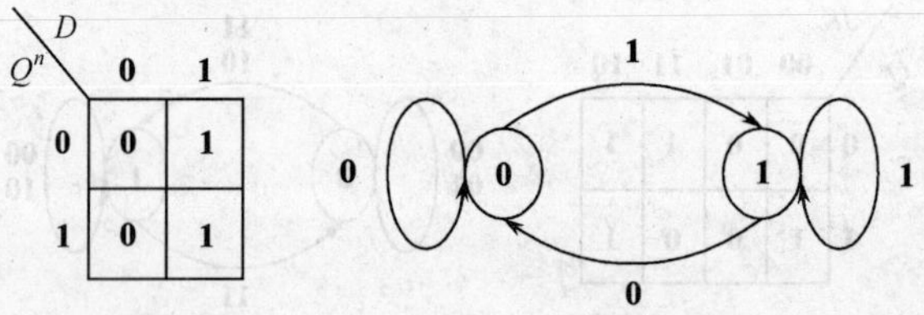

(a)卡诺图　　(b)状态转移图

图 14-12　D 触发器的卡诺图及状态转移图

如果已知 CP 和 D 的波形，可画出 D 触发器的工作波形如图 14-13 所示。

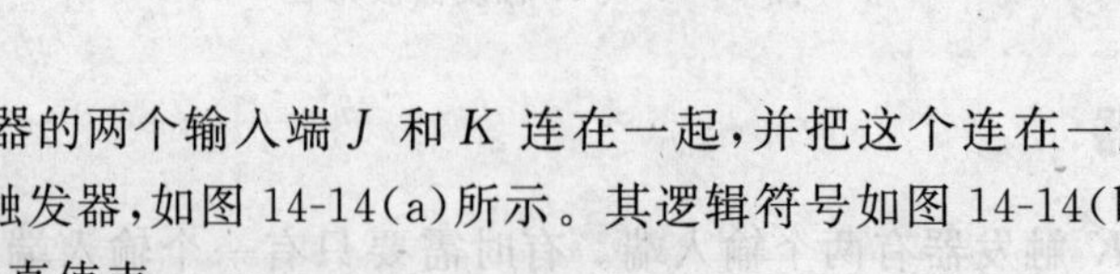

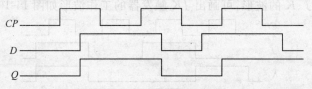

图 14-13　D 触发器波形图

14.2.4　*T* 触发器

如果把 JK 触发器的两个输入端 J 和 K 连在一起，并把这个连在一起的输入端用 T 表示，这样就构成了 T 触发器，如图 14-14(a)所示。其逻辑符号如图 14-14(b)所示。

1. T 触发器状态真值表

当 $CP=\mathbf{0}$ 时，T 触发器保持原来状态。

当 $CP=\mathbf{1}$ 时，如果 $T=\mathbf{0}$，则 T 触发器保持原来状态；如果 $T=\mathbf{1}$，则 T 触发器翻转，相当于一位计数器。T 触发器的状态真值表如表 14-6 所示。

2. 特征方程、状态转移图

由真值表得 T 触发器的卡诺图如图 14-15(a)所示，化简得 T 触发器的特征方程为

$$Q^{n+1}=T\,\overline{Q^n}+\overline{T}Q^n \tag{14-4}$$

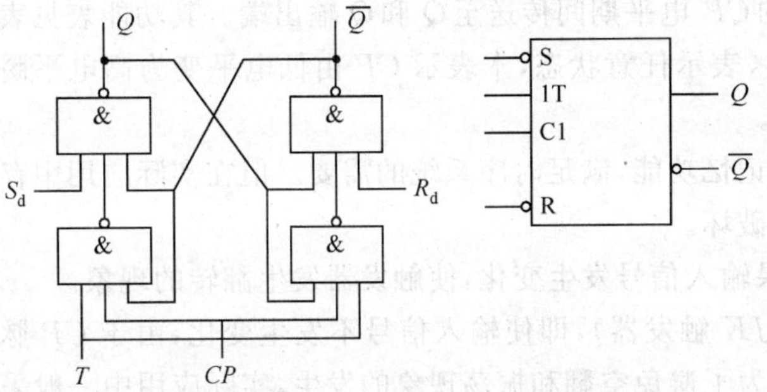

(a) 逻辑图　　(b) 逻辑符号

图 14-14　T 触发器逻辑图及逻辑符号

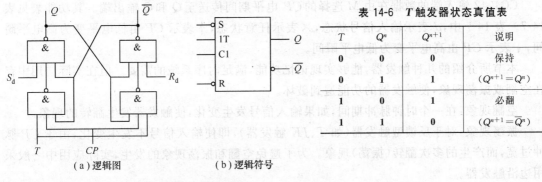

表 14-6　T 触发器状态真值表

T	Q^n	Q^{n+1}	说明
0	0	0	保持
0	1	1	($Q^{n+1}=Q^n$)
1	0	1	必翻
1	1	0	($Q^{n+1}=\overline{Q^n}$)

由真值表得 T 触发器状态转移图如图 14-15(b)所示。

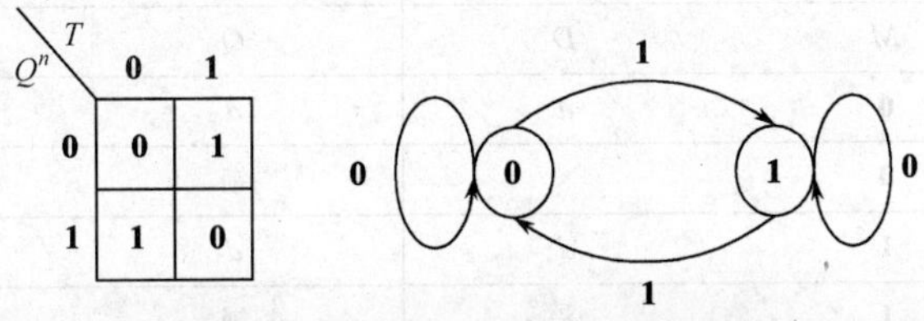

(a) 卡诺图　　(b) 状态转移图

图 14-15　T 触发器的卡诺图及状态转移图

14.2.5　集成 D 锁存器

一位钟控 D 触发器只能传送或存储一位数据，而在实际应用中，往往希望一次传送或存储多位数据。为此，把若干个钟控 D 触发器的控制端 CP 连接起来，用一个公共的控制信号来控制，而各输入端仍然是各自独立的输入端。这样所构成的能一次传送或存储多位二进制代码的电路就称为锁存器。集成锁存器绝大多数是 D 锁存器。

以 COMS 集成 D 锁存器 CC4042 为例，其逻辑符号如图 14-16(a)所示，它内部集成了四个 D 触发器，由公共时钟选通，每个触发器有互补输出端 Q 和 $\overline{Q}$。U_{DD} 为正电源端，U_{SS} 为负电源端。该锁存器的逻辑电路如图 14-16(b)所示。

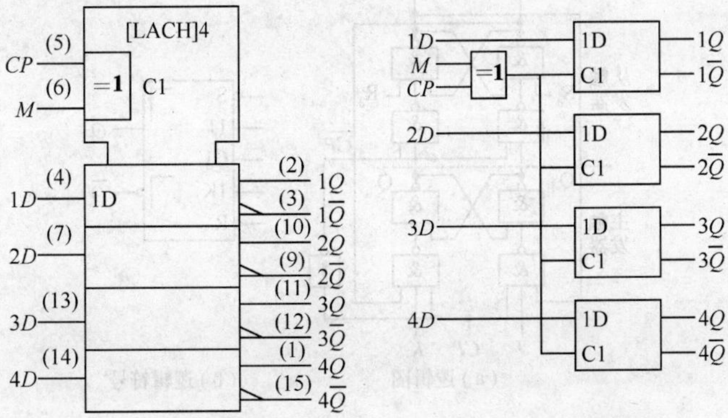

(a) 逻辑符号　　(b) 逻辑电路图

图 14-16　CC4042 集成电路逻辑符号及逻辑电路图

CC4042 输入端的数据在由 M 选择的 CP 电平期间传送至 Q 和 $\overline{Q}$ 输出端。其功能表见表 14-7。表 14-7 中，d 表示输入信号状态，× 表示任意状态，↑ 表示 CP 由低电平变为高电平瞬间，↓ 表示 CP 由高电平变为低电平瞬间。

本节所介绍的几种触发器，能够实现记忆功能，满足时序系统的需要。但在实际应用中存在空翻或振荡现象，使触发器的功能遭到破坏。

空翻现象：在一个时钟脉冲期间，如果输入信号发生变化，使触发器发生翻转的现象。

振荡现象：对于反馈型触发器（如 T、JK 触发器），即使输入信号不发生变化，由于 CP 脉冲过宽，而产生的多次翻转（振荡）现象。为了避免空翻和振荡现象的发生，实际应用中一般采用边沿触发器。

表 14-7　功能表

输入			输出	
CP	M	D	Q	$\overline{Q}$
0	0	d	d	$\overline{d}$
↑	0	×	锁	存
1	1	d	d	$\overline{d}$
↓	1	×	锁	存

14.3　主从触发器

主从触发器具有主从结构，能够克服空翻现象。实际使用的主从触发器主要是主从 JK 触发器，主从 JK 触发器能够解决多次翻转问题。本节只介绍主从 JK 触发器。

14.3.1　逻辑电路图和逻辑符号

主从 JK 触发器的逻辑图和逻辑符号如图 14-17 所示。它由主触发器、从触发器和“非”门组成。Q 主和 $\overline{Q}$ 主是主触发器输出端（内部），时钟信号为 CP；Q 和 $\overline{Q}$ 为从触发器输出端，时钟信号为 $\overline{CP}$。

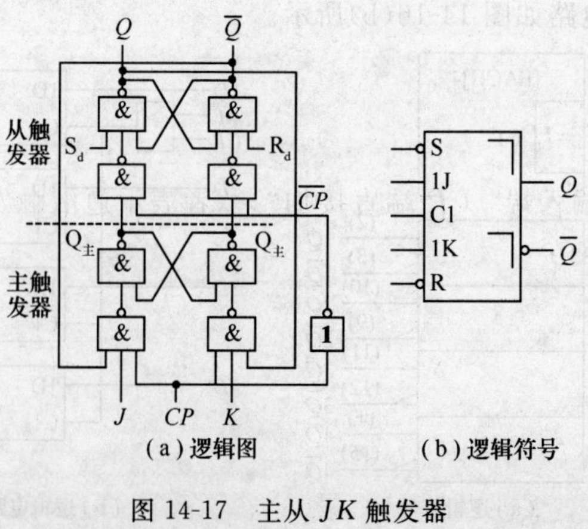

（a）逻辑图　　（b）逻辑符号

图 14-17　主从 JK 触发器

14.3.2 逻辑功能描述

如图 14-18 所示，当 $CP=\mathbf{1}$ 时，主触发器工作，即 Q 主的状态取决于输入信号 J、K 以及从触发器现态 Q^n、$\overline{Q}^n$ 的状态（一次性翻转问题从略），而从触发器被封锁，即保持原来状态。

当 CP 由 **1** 变 **0** 时（即下降沿），主触发器被封锁，从触发器打开，从触发器输出端 Q、$\overline{Q}$ 的状态取决于主触发器 $Q_主$、$\overline{Q}_主$ 的状态，即 $Q=Q_主$。

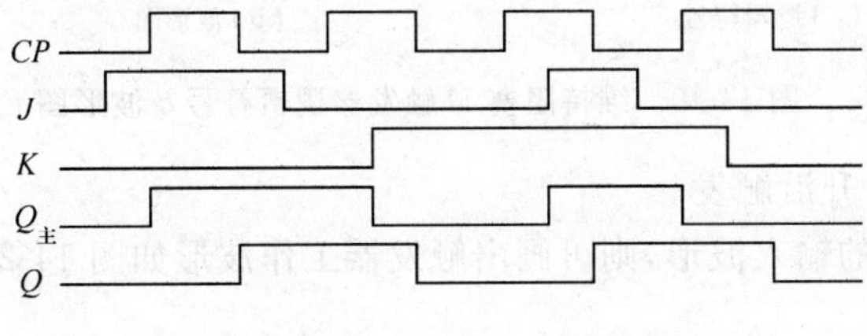

图 14-18　主从 JK 触发器波形图

14.4 集成边沿触发器

边沿触发器是在时钟信号的某一边沿（上升沿或下降沿）才能对输入信号作出响应并引起状态翻转，也就是说，只有在时钟的有效边沿附近的输入信号才是真正有效的，而其他时间触发器均处于保持状态。因而大大地提高了抗干扰能力，从根本上解决了触发器的空翻与振荡现象，工作更为可靠。

14.4.1 维持阻塞触发器

维持阻塞触发器是利用电路内部的维持阻塞线产生的维持阻塞作用克服空翻现象的。

维持：在 CP 脉冲期间，输入信号发生变化的情况下，应该开启的门维持畅通无阻，使其完成预定的操作。

阻塞：在 CP 脉冲期间，输入信号发生变化的情况下，不应开启的门处于关闭状态，阻止产生不应该的操作。

维持阻塞触发器是一种边沿触发器，一般是在 CP 脉冲的上升沿接收输入信号并使触发器翻转，其他时间均处于保持状态。使用较多的是上升沿触发的维持阻塞 D 触发器，其逻辑符号如图 14-19(a)所示。其中，S_d 为直接置位端，R_d 为直接复位端，1D 为输入端，$\overline{Q}$和为互补输出端，C1 为脉冲触发输入端。CP 端直接加“＞”者表示边沿触发（上升沿），不加“＞”者表示电平触发。

如果已知 CP 和 D 的波形，可画出其工作波形如图 14-19(b)所示。维持阻塞 D 触发器状态真值表和状态转移图同钟控 D 触发器。

14.4.2 边沿触发器

边沿触发器是利用电路内部门电路的速度差来克服空翻现象的。以边沿 JK 触发器为例，下降沿触发的边沿 JK 触发器逻辑符号如图 14-20(a)所示；上升沿触发的边沿 JK 触发器逻辑符号如图 14-20(b)所示。图(a)中 C1 输入端加“＞”并且加“。”，表示下降沿触发；图(b)

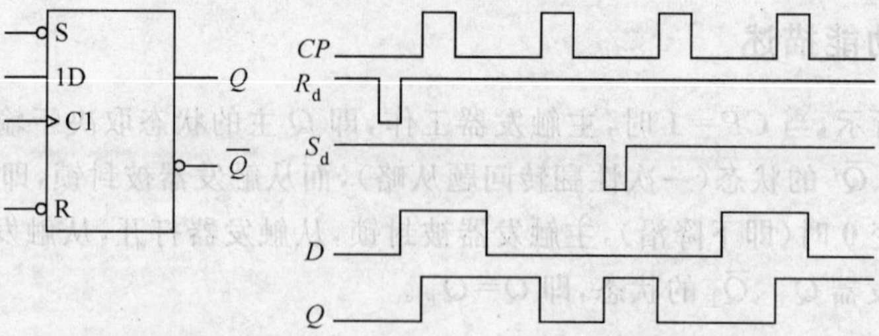

(a)逻辑符号　　(b)波形图

图 14-19　维持阻塞 D 触发器逻辑符号及波形图

中 $C1$ 不加“。”,表示上升沿触发。

如已知 CP、J、K 的输入波形,则可画出触发器工作波形如图 14-21 所示(以下降沿 JK 触发器为例)。

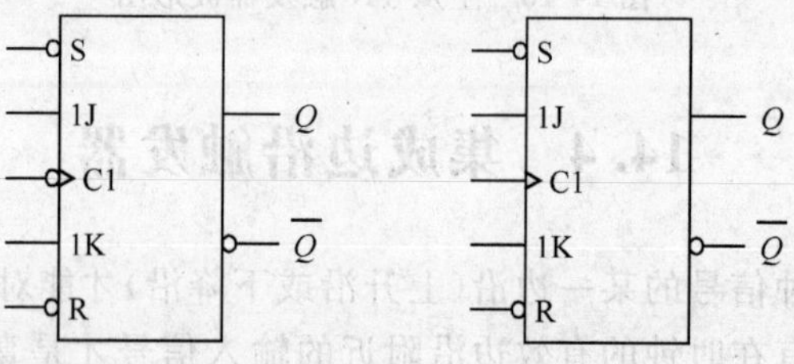

(a)下降沿触发的JK触发器　　(b)上升沿触发的JK触发器

图 14-20　边沿 JK 触发器逻辑符号图

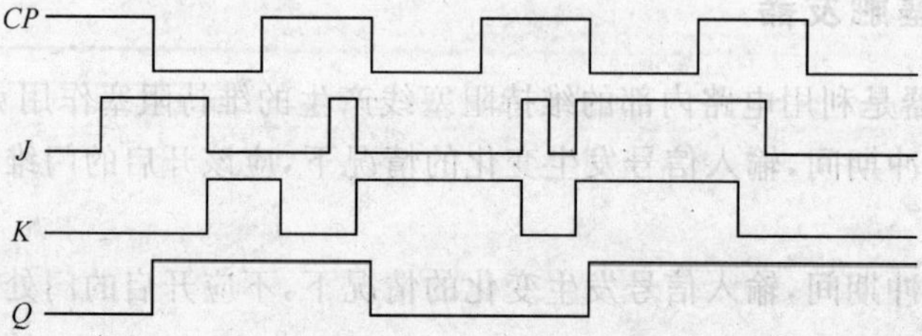

图 14-21　下降沿触发的 JK 触发器波形图

14.4.3　集成边沿触发器举例

1. 双下降沿 JK 触发器 74LS112(TTL 集成电路)

双下降沿 JK 触发器 74LS112 的逻辑符号如图 14-22(a)所示,逻辑电路如图 14-22(b)所示。它集成了两个独立的下降沿 JK 触发器。

2. 双上升沿 D 触发器 CC4013(CMOS 集成电路)

图 14-23 为 CC4013 的逻辑符号。它集成了两个独立的上升沿 D 触发器。其中 $1S_d$ 和 $2S_d$ 为直接置位端(高电平有效),$1R_d$、$2R_d$ 为直接复位端(高电平有效)。

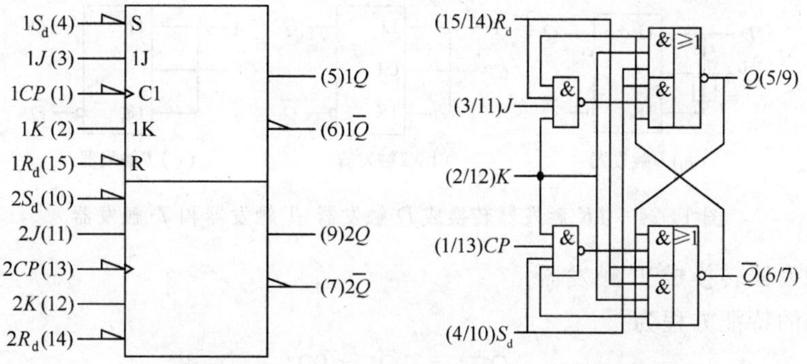

(a) 逻辑符号　　　　(b) 逻辑电路

图 14-22　74LS112 逻辑符号及逻辑电路

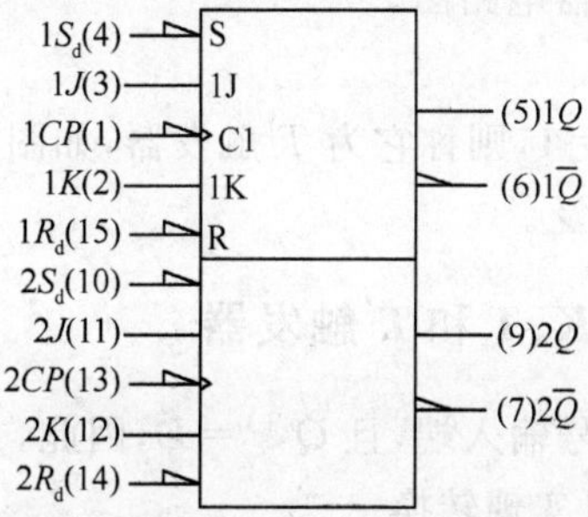

图 14-23　CC4013 逻辑符号

14.5　不同触发器的转换

从逻辑功能来分，触发器共有 4 种类型：*RS*、*JK*、*D* 和 *T* 触发器。在数字装置中往往需要各种类型的触发器，而市场上出售的触发器多为集成 *D* 触发器和 *JK* 触发器，没有其他类型触发器，因此，这就要求我们必须掌握不同类型触发器之间的转换方法。转换逻辑电路的方法，一般是先比较已有触发器和待求触发器的特征方程，然后利用逻辑代数的公式和定理实现两个特征方程之间的变换，进而画出转换后的逻辑电路。

14.5.1　*JK* 触发器转换成 *D*、*T* 触发器

JK 触发器的特征方程为

$$Q^{n+1}=\overline{JQ^n}+\overline{K}Q^n \tag{14-5}$$

1. *JK* 触发器转换成 *D* 触发器

D 触发器的特征方程为

$$Q^{n+1}=D \tag{14-6}$$

对照式(14-5)，对式(14-6)变换得

$$Q^{n+1}=D\overline{Q}^n+DQ^n \tag{14-7}$$

比较式(14-6)和式(14-7)，可见只要取 $J=D$，$K=\overline{Q}$，就可以把 *JK* 触发器转换成 *D* 触发器。图 14-24(a)是转换后的 *D* 触发器电路图。转换后，*D* 触发器的 *CP* 触发脉冲与转换前 *JK* 触发器的 *CP* 触发脉冲相同。

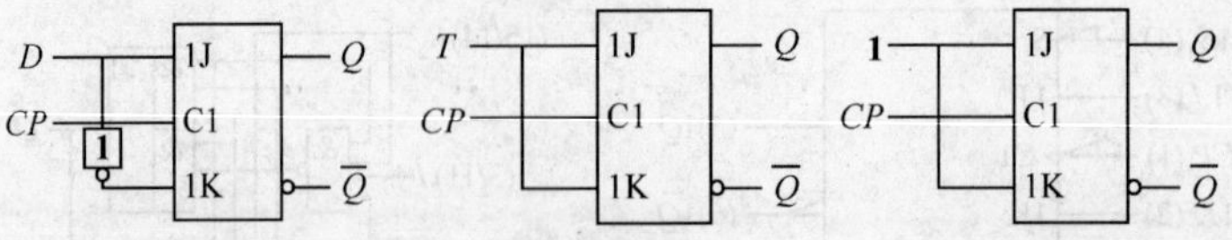

(a) D触发器 (b) T触发器 (c) T′触发器

图 14-24 JK 触发器转换成 D 触发器、T 触发器和 T′触发器

2. JK 触发器转换成 T 触发器

T 触发器的特征方程为

$$Q^{n+1}=T\overline{Q}^n=\overline{T}Q^n \tag{14-8}$$

比较式(14-5)和(14-8),可见只要取 $J=K=T$,就可以把 JK 触发器转换成 T 触发器。图 14-24(b)是转换后的 T 触发器电路图。

3. T′触发器

如果 T 触发器的输入端 $T=\mathbf{1}$,则称它为 T′触发器,如图 14-24(c)所示。T′触发器也称为一位计数器,在计数器中应用广泛。

14.5.2 D 触发器转换成 JK、T 和 T′触发器

由于 D 触发器只有一个信号输入端,且 $Q^{n+1}=D$,因此,只要将其他类型触发器的输入信号经过转换后变为 D 信号,即可实现转换。

1. D 触发器转换成 JK 触发器

令 $D=J\overline{Q}^n+\overline{K}Q^n$,就可实现 D 触发器转换成 JK 触发器,如图 14-25(a)所示。

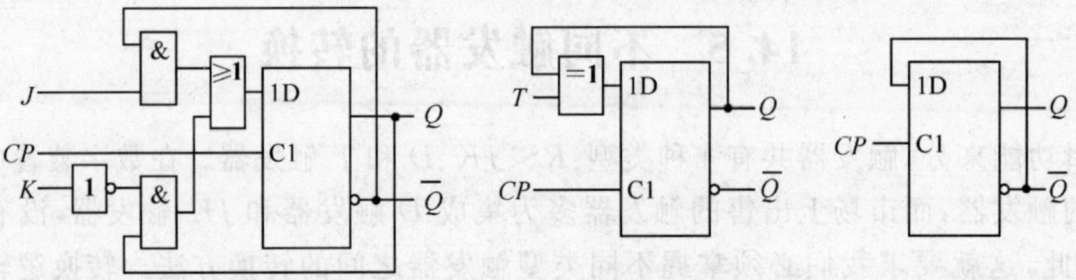

(a) JK触发器 (b) T触发器 (c) T′触发器

图 14-25 JK 触发器、T 触发器和 T′触发器

2. D 触发器转换成 T 触发器

令 $D=J\overline{Q}^n+TQ^n$,就可以把 D 触发器转换成 T 触发器,如图 14-25(b)所示。

3. D 触发器转换成 T′触发器

直接将 D 触发器的 $\overline{Q}^n$ 端与 D 端相连,就构成了 T′触发器,如图 14-25(c)所示。D 触发器到 T′触发器的转换最简单,在计数器电路中用得最多。

小　结

本章主要介绍了基本 RS 触发器的逻辑功能及不同结构触发器的动作特点,还介绍了时钟控制器以及不同触发器之间的转换。

习题十四

14-1　对于上升沿触发的 D 触发器，输入波形如图 14-26 所示，画出输出端 Q 的波形。设 Q 的初始状态为低电平。

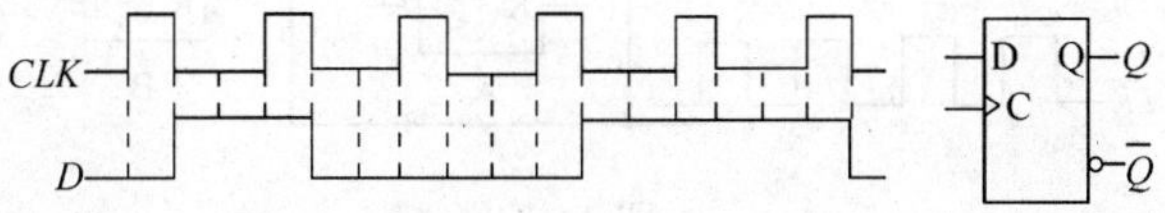

图 14-26

14-2　对于上升沿触发的 JK 触发器，输入波形如图 14-27 所示，画出输出端 Q 的波形。设 Q 的初始状态为低电平。

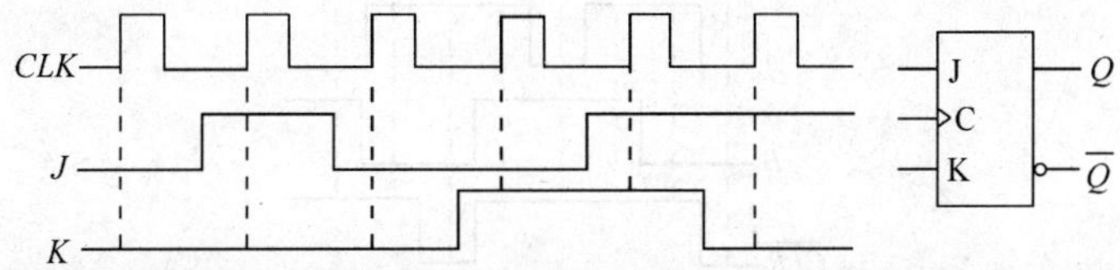

图 14-27

14-3　图 14-28 中的数据从最右边一列开始通过“与”门顺序输入到 JK 触发器，每一个时钟脉冲输入一列，写出输出端 Q 对应的序列数据。设 Q 初始值为 0，且 $\overline{S}_D$ 和 $\overline{R}_D$ 为 **1**。

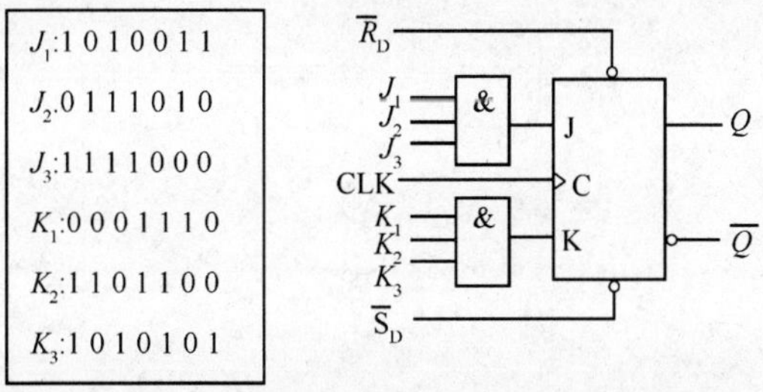

图 14-28

14-4　图 14-29 中的波形输入给一主从型 JK 触发器，画出输出端 Q 的波形。设 Q 初始值为 **0**。

14-5　如图 14-30 所示电路，画出 B 触发器输出端 Q_B 相对于时钟脉冲 CLK 的波形。设两个触发器初始状态都已复位。

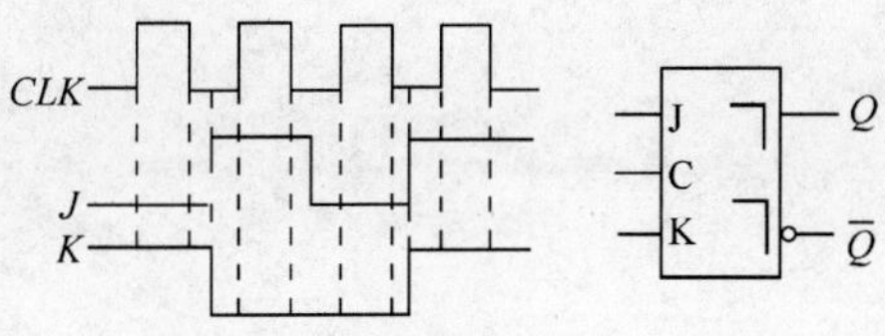

图 14-29

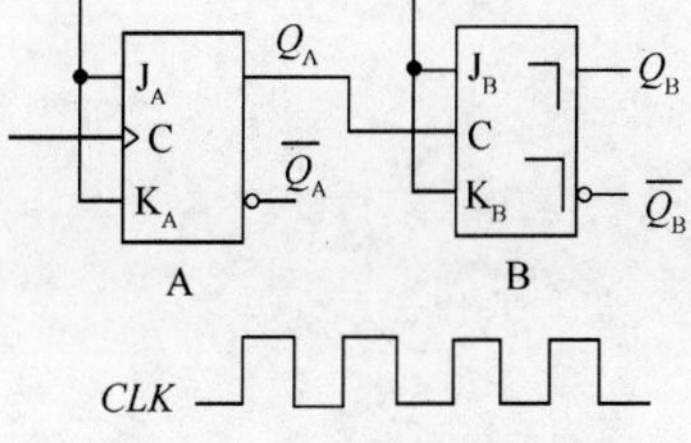

图 14-30

14-6　如图 14-31 所示电路，画出 B 触发器输出端 Q_B 相对于时钟脉冲 CLK 的波形。设两个触发器初始状态都已复位。

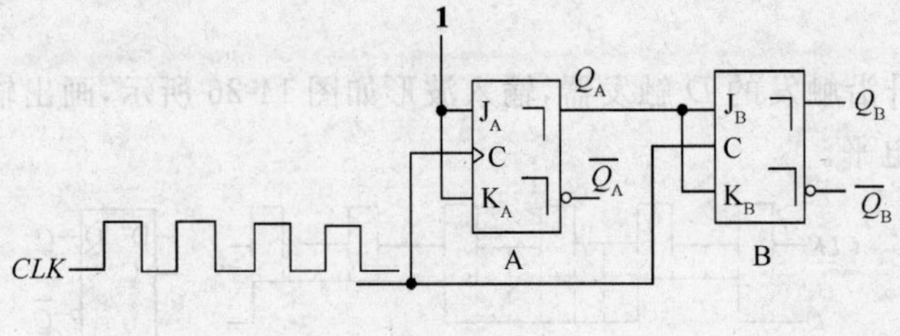

图 14-31

14-7　一个 8 位移位寄存器 74LS164 的输入波形如图 14-32 所示，试确定其输出 $Q_0 \sim Q_7$。

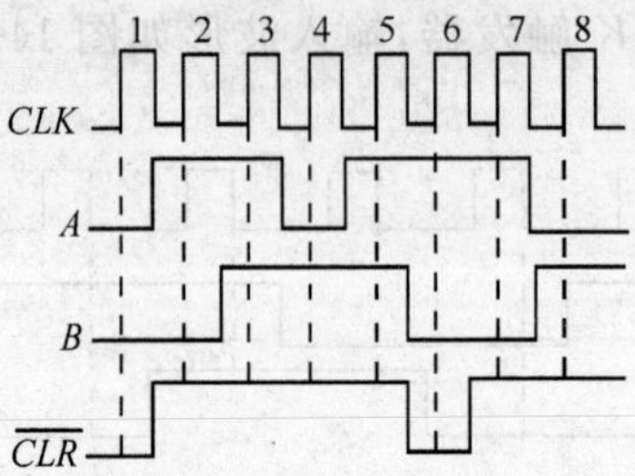

图 14-32

参考文献

[1] 吕厚余. 电工电子学(上册)、(下册)[M]. 重庆:重庆大学出版社,2001.
[2] 吴建强,邹凤科. 电工学习题解答[M]. 哈尔滨:哈尔滨工业大学出版社,2000.
[3] 刘淑英,李晶姣. 电路与电子学解题指导[M]. 沈阳:东北大学出版社,2000.
[4] 赵录怀,王曙鸿. 电路重点难点及典型题精解[M]. 西安:西安交通大学出版社,2000.
[5] 马积勋. 模拟电子技术重点难点及典型题精解[M]. 西安:西安交通大学出版社,2001.
[6] 张畴先. 模拟电子线路常见题型解析及模拟题[M]. 西安:西安工业大学出版社,2000.
[7] 杜清珍,朱建. 电子技术常见题型解析及模拟题[M]. 西安:西安工业大学出版社,2000.
[8] 谢沅清,解元珍. 电子电路学习指导与解题指南[M]. 北京:北京邮电大学出版社,2000.
[9] 张勇. 电机拖动与控制[M]. 北京:机械工业出版社,2001.
[10] 王仁祥. 常用低电压原理及其控制技术[M]. 北京:机械工业出版社,2001.
[11] 沈世锐. 电工学(上册)、(下册)[M]. 北京:中央广播电视大学出版社,1984.
[12] 秦曾煌. 电工学[M]. 4 版. 北京:高等教育出版社,1990.
[13] 余雷声. 电气控制与 PLC 应用[M]. 北京:机械工业出版社,1996.
[14] 刘昭和. 电工学习题及解答[M]. 哈尔滨:哈尔滨工业大学出版社,1998.
[15] 朱承高,孙文卿. 电工学试题汇编[M]. 北京:高等教育出版社,1993.
[16] 廖常初. 可编程序控制器应用技术[M]. 3 版. 重庆:重庆大学出版社,2001.
[17] 浙江大学电气技术和电工学教研室. 电路和电子技术[M]. 北京:高等教育出版社,1989.
[18] 杨福生. 电子技术(电工学Ⅱ)[M]. 北京:高等教育出版社,1989.
[19] 清华大学电子学教研室. 模拟电子技术基础[M]. 2 版. 北京:高等教育出版社,1988.
[20] 清华大学电子学教研室. 数字电子技术基础[M]. 3 版. 北京:高等教育出版社,1989.
[21] 黄俊. 半导体交流技术[M]. 北京:机械工业出版社,1983.
[22] 丁道宏. 电力电子技术[M]. 修订版. 北京:航天工业出版社,1999.
[23] 刘式雍. 电工技术[M]. 北京:高等教育出版社,1992.
[24] 唐介. 电工学[M]. 北京:高等教育出版社,1999.
[25] 李守成. 电子技术[M]. 北京:高等教育出版社,2000.
[26] 王鸿明. 电工技术与电子技术(上册)[M]. 2 版. 北京:清华大学出版社,1999.
[27] 陈宗穆. 电工技术[M]. 2 版. 长沙:湖南科技出版社,2001.

Learn more about it!

笔记栏

Learn more about it!

笔记栏